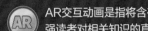

AR交互动画与H5交互页面

 AR AR交互动画是指将含有字母、数字、符号或图形的信息叠加或融合到读者看到的真实世界中，以增强读者对相关知识的直观理解，具有虚实融合的特点。

H5 H5交互页面是指将文字、图形、按钮和变化曲线等元素以交互页面的形式集中呈现给读者，帮助读者深刻理解复杂事物，具有实时交互的特点。

本书为纸数融合的新形态教材，通过运用AR交互动画与H5交互页面技术，将电路课程中的抽象知识与复杂现象进行直观呈现，以提升课堂的趣味性，增强读者的理解力，最终实现高效"教与学"。

AR交互动画识别图

电阻展示

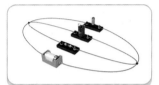
电路拓扑变形

以灯泡亮度演示KCL和KVL
对电路的影响

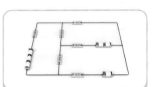
以水流的路径和方向比喻
节点电压法各因素产生的电流

电容和电感展示

以水池蓄水类比电容充电

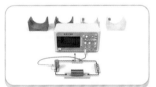
以U型槽内的物体滑动类比
二阶电路的工作状态

以人随地球旋转解释
相量的定义

三相电路实验操作与演示

两个线圈磁场耦合演示

利用二端口网络及其连接
构建滤波器电路并开展实验

以烤火取暖类比含有
运算放大器电路的负反馈

操作演示

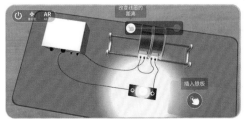
AR 交互动画操作演示·示例1

操作演示视频

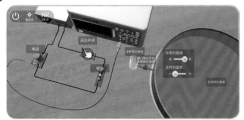
AR 交互动画操作演示·示例2

H5交互页面二维码

集总参数电路和
分布参数电路的判断

最大功率传输

电容和电感的
充放电

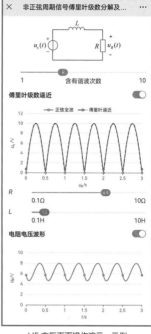

二阶电路的4种
工作状态

正弦交流电路参数
改变对响应的影响

功率因数提高

三相电路的中性点
电压和负载电压

滤波器和谐振电路
输出电流随参数的变化

非正弦周期信号
傅里叶级数分解及
非正弦周期电路的响应

拉普拉斯变换和
反变换配对

蔡氏电路非线性
动力学行为

H5交互页面操作演示·示例

使用指南

01 扫描二维码下载"人邮教育AR"App安装包，并在手机或平板电脑等移动设备上进行安装。

下载App安装包

02 安装完成后，打开App，页面中会出现"扫描AR交互动画识别图"和"扫描H5交互页面二维码"两个按钮。

"人邮教育AR"App首页

03 单击"扫描AR交互动画识别图"或"扫描H5交互页面二维码"按钮，扫描书中的AR交互动画识别图或H5交互页面二维码，即可操作对应的"AR交互动画"或"H5交互页面"，并且可以进行交互学习。H5交互页面亦可通过手机微信扫码进入。

高等学校电子信息类
基础课程名师名校系列教材

电路

慕课版 | 支持AR+H5交互

邹建龙 / 主编

罗先觉 / 主审

人民邮电出版社

北　京

图书在版编目（CIP）数据

电路：慕课版：支持AR+H5交互 / 邹建龙主编. --
北京：人民邮电出版社，2023.4（2023.11重印）
高等学校电子信息类基础课程名师名校系列教材
ISBN 978-7-115-60484-2

Ⅰ．①电… Ⅱ．①邹… Ⅲ．①电路－高等学校－教材
Ⅳ．①TM13

中国版本图书馆CIP数据核字（2022）第221896号

内 容 提 要

本书是在慕课大潮下将纸质图书、讲解视频、AR交互动画、H5交互页面和电子文档等多种元素
紧密结合的新形态教材。

除第1章电路概论外，本书主要内容分为四篇：电路基本概念和分析基础、动态电路的时域分析、
正弦交流电路、电路应用与拓展。前三篇为电路基础知识，共包含10章：电路基本概念、电路基本定
律、电路基本分析方法、电路定理、动态电路的动态元件和微分方程、一阶动态电路、二阶动态电路、
正弦交流电路分析基础、正弦交流电路的相量分析法、正弦交流电路的功率。第四篇为电路基础知识
的应用与拓展，共包含8章：三相电路、磁耦合电路、滤波器和谐振电路、非正弦周期电路、二端口
网络、含有运算放大器的电路、动态电路的s域分析、非线性电路。本书语言通俗易懂，理论联系实
际，立体化呈现电路知识，以加强读者对电路知识的灵活应用。

本书可作为电气类专业、自动化类专业、电子信息类专业、计算机类专业等"电路"及相关课程
的教材，也可供相关领域的科技人员参考使用。

- ♦ 主　　编　邹建龙
- 主　　审　罗先觉
- 责任编辑　王　宣
- 责任印制　王　郁　陈　犇

♦ 人民邮电出版社出版发行　　北京市丰台区成寿寺路 11 号
邮编　100164　电子邮件　315@ptpress.com.cn
网址　https://www.ptpress.com.cn
三河市中晟雅豪印务有限公司印刷

♦ 开本：787×1092　1/16
印张：25.75　　　　　　　　2023 年 4 月第 1 版
字数：688 千字　　　　　　2023 年 11 月河北第 2 次印刷

定价：69.80 元

读者服务热线：**(010)81055256**　印装质量热线：**(010)81055316**
反盗版热线：**(010)81055315**
广告经营许可证：京东市监广登字 20170147 号

推 荐 序

自2012年以来，高等教育发生了极为深刻的变化，这与鲜明的时代背景密切相关。首先，移动互联网和智能手机迅速普及，成为人们工作、生活及学习过程中几乎不可或缺的一部分。其次，伴随移动互联网和智能手机的迅速普及，慕课应运而生，开辟了大规模在线学习这一新途径。再次，虚拟现实、增强现实等高科技蓬勃发展，并开始走入大众，这赋予了高等教育新的育人方式。最后，科技和社会的快速发展决定了高等教育需要与时俱进，因而新工科建设、工程教育专业认证、课程思政育人、两性一度金课建设、线上/线下混合式教学等理念已经深入人心。

为了及时适应高等教育的深刻变化，亟须进行新形态教材的建设，借助现代科技，遵循最新的教育理念，从内容设置和表现形式上均做出调整。本书正是在新时代高等教育大背景下出版的一本新形态教材，其主要有以下特色。

1 将视频和在线文档等电子资源巧妙融入纸质教材

视频包括系统化的慕课视频，以及用于分析重点和难点知识对应例题的微课视频，便于学生课前预习和课后复习。同时，教师可以利用本书配套的视频资源开展线上线下混合式教学。电子文档包括课程PPT、习题参考答案及其他拓展内容等，丰富实用。

读者可以直接扫描纸质教材中的二维码查看相关电子资源，某些电子资源则可通过"人邮教育社区"下载使用，非常方便。

2 支持AR+H5交互

AR（augment reality，增强现实）交互动画通过与三维模型进行交互的形式，呈现电路课程中的重要概念和抽象知识，生动、形象、有趣。

H5（hypertext markup language 5，第5代超文本标记语言，亦可简称HTML5）交互页面通过自主调控参数并观看曲线实时变化情况的形式，呈现电路课程中的复杂现象与规律，非常直观，且内容丰富、深入、宜学。

AR交互动画和H5交互页面均支持交互式操作。读者可以自主操作AR交互动画和H5交互页面，并实时获得操作结果，这可以使读者置身于学习知识的沉浸式环境，激发读者学习兴趣，使读者的体验、感受和理解都能得到显著提升。

3 引入电路应用内容，设置用于启迪读者的"格物致知"栏目

本书将与电路应用相关的理念和实例贯穿始终，特别是在第四篇"电路应用与拓展"的8章内容中，每章都有专门的一节介绍电路的工程应用实例。这有利于读者拓宽视野，并且深刻意识到理论与实际相结合的重要性。

本书各章最后均给出了"格物致知"栏目，从电路知识引申出为人处事的道理及认识世界和人生的方法等。这有利于引导读者思考如何积极面对人生中所遇到的问题，更有利于激发读者科技报国的使命担当和家国情怀。

除了上述特色，本书在语言表述（平易质朴）、知识点讲解、例题习题分层次设置等方面都有自己的特色，相信读者通过学习本书一定能够收获良多，特此推荐读者阅读。

王志功

教育部高等学校电工电子基础课程教学指导分委员会主任委员

2023年春于东南大学

前　言

写作背景

慕课的全称是大规模开放在线课程（Massive Open Online Course，MOOC），2012年被公认为世界慕课元年。多年来，慕课经历了从破土而出到欣欣向荣的发展过程。目前，我国慕课的发展规模已经位居世界第一。慕课和"与慕课密切相关的混合式教学模式"正在深刻地改变教学内容和教学方法。在推动慕课发展的同时，教育部还开展了多项极具变革性和创新性的教育教学行动。

2017年，教育部积极推动"新工科"建设，先后形成了"复旦共识""天大行动""北京指南"。"新工科"建设要求更新教学内容，改革教学方法，推进信息技术与教育教学深度融合，提高课程兴趣度。

2020年，教育部提出要寓价值观引导于知识传授和能力培养之中，帮助学生塑造正确的世界观、人生观、价值观，这是人才培养的应有之义，更是必备内容。

在慕课大潮和教育部针对国内高校人才培养提出各项要求的大背景下，国内亟须出版适应时代发展的新形态电路教材。为此，编者秉持以下理念编成本书：合理构建知识体系，理论与实践紧密结合，巧妙融入新形态元素，配套立体化教辅资源。

本书内容

本书内容共计19章（标有*号的章节为选学内容）。第1章为"电路概论"，带领读者初步了解"电路"课程的全貌，回答"学什么""有什么用""怎么学"这3个关键问题。第2章~第19章为本书的主要内容，可分为四篇：电路基本概念和分析基础、动态电路的时域分析、正弦交流电路、电路应用与拓展。本书各章内容及学时建议如表1所示。

表1　本书各章内容及学时建议

篇名	章名	48学时	64学时
导学	第1章　电路概论	1	1
第一篇 电路基本概念和分析基础	第2章　电路基本概念	3	3
	第3章　电路基本定律	2	2
	第4章　电路基本分析方法	6	6
	第5章　电路定理	6	8

续表

篇名	章名	48学时	64学时
第二篇 动态电路的时域分析	第6章　动态电路的动态元件和微分方程	2	2
	第7章　一阶动态电路	4	6
	第8章　二阶动态电路	2	2
第三篇 正弦交流电路	第9章　正弦交流电路分析基础	3	3
	第10章　正弦交流电路的相量分析法	4	4
	第11章　正弦交流电路的功率	3	3
第四篇 电路应用与拓展	第12章　三相电路	2	4
	第13章　磁耦合电路	4	4
	第14章　滤波器和谐振电路	3	4
	第15章　非正弦周期电路	1	2
	第16章　二端口网络	2	2
	第17章　含有运算放大器的电路	0	2
	第18章　动态电路的s域分析	0	4
	第19章　非线性电路	0	2

本书特色

本书主要有以下5个特色。

1　合理构建知识体系，统筹协调内容布局

本书知识体系完整、内容翔实宜读、表述缜密严谨，同时采用平实质朴的语言描述电路知识，使其通俗易懂。与现有大多数电路教材不同的是，本书将"含有运算放大器的电路"放在倒数第3章。这一方面是因为含有运算放大器的电路在本书的框架下属于电路应用与拓展，另一方面是因为含有运算放大器的电路在"模拟电子技术"课程中会详细讲解，部分高校为避免重复讲解而在"电路"课程中不涉及相关内容。编者将"含有运算放大器的电路"这章放在书中偏后的位置，高校教师可以根据需要进行选择性讲解。

2　编排丰富例题习题，扎实提高实践能力

编者针对本书理论知识的讲解，编排了与知识点密切相关的丰富例题与同步练习。通过例题与同步练习，读者可以及时将电路知识内化，做到真正意义上的理解和掌握。同时，编者为本书第2章~第19章编排了多种类型的课后习题，如复习题（基础题+提高题）、综合题、应用题等，以巩固读者理论所学。此外，为了助力新工科人才培养，本书将电路知识与工程实际紧密结合，在帮助读者掌握理论知识的同时，可以扎实提高读者的知识应用能力和解决工程问题的实践能力。

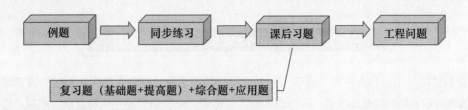

3 深入挖掘电路启示，激发读者使命担当

本书在讲解各章内容的过程中，通过简单的日常生活现象类比复杂的电路概念和相关方法，使读者能够轻松理解电路知识，并激发其学习兴趣与求知热情。同时，编者深入挖掘本书各章电路知识的思想内涵，通过分析有趣的电路现象来启发读者思考，深化读者认知，使读者领悟为人处世的道理和方法，激发读者的使命担当和家国情怀。

4 巧妙融入新形态元素，助力读者高效自学

为了使读者能够随时随地对本书内容展开自学，编者针对本书各章内容录制了系统的慕课视频，读者可以通过"人邮学院"（www.rymooc.com）搜索学习。同时，编者针对书中的重点和难点知识，录制了深入细致的微课视频，读者可以扫描书中微课视频二维码进行观看。此外，编者针对书中的抽象知识录制了生动形象的AR交互动画，针对电路中的复杂现象与规律制作了H5交互页面（利用HTML5技术开发的具有实时交互功能的网站页面），立体化打造新形态教材，助力读者高效自学。

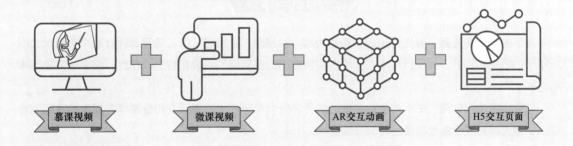

5 配套立体化教辅资源，支持开展混合式教学

编者在完成本书编写工作的同时，为本书配套建设了以下四类教辅资源。

➤ 文本类：如课程PPT、教学大纲、课后习题答案等。

➤ 视频动画类：如慕课视频、微课视频、AR交互动画、H5交互页面等。

➤ 手册类：如学习指导、实验指导、习题解析等。

➤ 平台社群类：如题库系统、教师服务与交流群（提供样书免费申请、教辅资源获取、教学问题解答、同行教师交流等服务）等。

高校教师可以通过"人邮教育社区"（www.ryjiaoyu.com）下载上述文本类、手册类等教辅资源，并获取题库系统等的相关链接，进而灵活开展线上/线下混合式教学。

AR交互动画与H5交互页面使用指南

AR交互动画是指将含有字母、数字、符号或图形的信息叠加或融合到读者看到的真实世界中，以增强读者对相关知识的直观理解，具有虚实融合的特点。H5交互页面是指将文字、图形、按钮和变化曲线等元素以交互页面的形式集中呈现给读者，帮助读者深刻理解复杂事物，具有实时交互的特点。

为了使书中的抽象知识与复杂现象能够生动形象地呈现在读者面前，编者精心打造了与之相匹配的AR交互动画与H5交互页面，以帮助读者快速理解相关知识，进而实现高效自学。

读者可以通过以下步骤使用本书配套的AR交互动画与H5交互页面：

（1）扫描二维码下载"人邮教育AR"App安装包，并在手机或平板电脑等移动设备上进行安装；

下载App安装包

（2）安装完成后，打开App，页面中会出现"扫描AR交互动画识别图"和"扫描H5交互页面二维码"两个按钮；

（3）单击"扫描AR交互动画识别图"或"扫描H5交互页面二维码"按钮，扫描书中的AR交互动画识别图或H5交互页面二维码，即可操作对应的"AR交互动画"或"H5交互页面"，并且可以进行交互学习。H5交互页面亦可通过手机微信扫码进入。

编者致谢

本书由邹建龙主编，罗先觉主审。感谢黄辉、徐昌彪、刘良成、俎云霄等老师针对本书目录大纲所给予的把关和指导，以及针对本书全稿内容所提出的宝贵修改建议和意见。在此，编者一并表示衷心感谢。

鉴于编者水平有限，书中难免存在表达欠妥之处，希望广大读者朋友和专家学者提出修改和完善建议。建议可发送至编者邮箱：superzou@xjtu.edu.cn。

编 者

2022年冬于西安交通大学

目　录

第一篇
电路基本概念和分析基础

第 5 章　电路定理

第二篇　动态电路的时域分析

第 6 章　动态电路的动态元件和微分方程

第 7 章　一阶动态电路

第 8 章

二阶动态电路

3

第三篇 正弦交流电路

第 9 章

正弦交流电路分析基础

第 10 章

正弦交流电路的相量分析法

第四篇
电路应用与拓展

资源索引

✂ AR 交互动画识别图

📚 H5 交互页面二维码

🎥 微课视频二维码

📝 **拓展阅读二维码**

第 1 章

电路概论

在做任何事情之前，心里都应该"有谱"。电路概论是本书的开篇之章，其作用是介绍"电路"这门课程的概貌，使读者了解其学习意义、内容框架和学习方法，从而做好学习电路的心理准备。

虽然本章的内容不多，读者了解即可，但是本章相当于千里之行的第一步，在整个旅程中看似微不足道，却能让行路者开个好头，坚定前行的信念。

本章首先简要介绍大学要学习的电路知识及其与中学电路知识的异同；然后介绍学习电路课程的重要意义；接着梳理电路的知识点脉络，使读者做到通观全局，心中有数；最后给出电路课程的学习方法和建议。

⚙ 学习目标

（1）了解本课程的内容框架；

（2）了解学习本课程的作用；

（3）了解本课程的学习方法；

（4）理解并掌握集总参数电路和分布参数电路的定义；

（5）强化在做事之前先规划的意识。

1.1 大学"电路"课程学什么

在进入大学之前，读者在中学物理中已经学过少量的电路知识，如电阻满足的欧姆定律、电阻串联和并联等效及其分压和分流、负载电阻等于电源内阻时获得最大功率，以及直流和交流的基本概念等。

中学电路知识为大学的电路学习做了一定的铺垫，但内容很少，既不够全面，也不够系统，更谈不上深入。

为了帮助读者清楚地了解大学将要学习的电路知识，表1.1列出了本书主要内容的篇章分布。

表 1.1　本书主要内容的篇章分布

篇号和篇名	章号和章名
第一篇 电路基本概念和分析基础	第2章　电路基本概念
	第3章　电路基本定律
	第4章　电路基本分析方法
	第5章　电路定理
第二篇 动态电路的时域分析	第6章　动态电路的动态元件和微分方程
	第7章　一阶动态电路
	第8章　二阶动态电路
第三篇 正弦交流电路	第9章　正弦交流电路分析基础
	第10章　正弦交流电路的相量分析法
	第11章　正弦交流电路的功率
第四篇 电路应用与拓展	第12章　三相电路
	第13章　磁耦合电路
	第14章　滤波器和谐振电路
	第15章　非正弦周期电路
	第16章　二端口网络
	第17章　含有运算放大器的电路
	第18章　动态电路的s域分析
	第19章　非线性电路

由表1.1可以看出，大学"电路"课程内容很多，并且具有系统性。除了第2章～第4章与中学所学的电路知识有一定联系，其余15章都是全新的内容。

电路知识博大精深，一本书不可能包罗万象。因此，综合考虑多种因素后，本书没有涵盖的电路知识主要有三部分：第一部分为电路方程矩阵形式；第二部分为傅里叶变换分析电路；第三部分为分布参数电路。

1. 本书不包含电路方程矩阵形式内容的原因

当电路非常复杂时，电路求解就超出了人工能够求解的范围，此时只能利用计算机求解。操作者利用计算机进行电路求解需要输入数据，然后解方程；而计算机最擅长解矩阵形式的方程，因此操作者需要了解电路方程的矩阵形式。

早期的计算机性能较差，计算机软件能够实现的功能也有限。在21世纪以前，电路仿真软件一般需要人工输入电路方程矩阵形式的相关数据，这就要求操作者非常熟悉电路方程的矩阵形式，这也是有些电路教材会讲解电路方程矩阵形式的主要原因。

不过，近年来计算机性能突飞猛进，电路仿真软件的功能变得十分强大。目前，电路仿真软件全部采用图形化界面，包含了电路元件库和仿真模块库，操作者只需要将电路元件和仿真模块拖曳到软件窗口内，设置参数并连线，软件就可以自动建立电路方程的矩阵形式并求解。

比较简单的电路，不需要采用矩阵形式列写方程，人工求解即可；大规模复杂电路则必须基于电路方程的矩阵形式求解，而列写电路方程的矩阵形式目前已经可以由计算机自动完成，不需要人工介入。这样一来，再介绍电路方程的矩阵形式意义不大。这就是本书不包含电路方程矩阵形式内容的原因。

以上解释并不意味着学习电路方程矩阵形式没有意义。我们目前所用的电路仿真软件基本上都是国外开发的，而关键技术应该掌握在自己手里，为此，我们应该大力开发国产电路仿真软件。要开发电路仿真软件，就必须深刻理解和掌握电路方程的矩阵形式。

考虑到绝大多数人不会从事开发国产电路仿真软件的工作，因此本书没有包含电路方程矩阵形式的相关内容。读者如果有志于开发国产电路仿真软件，则可以以本书内容为基础，自学电路方程的矩阵形式。

2. 本书不包含傅里叶变换分析电路内容的原因

傅里叶变换功能强大，可以分析周期信号和非周期信号激励下电路的零状态响应。可是，类似功能用本书第18章讲解的拉普拉斯变换同样能实现，并且拉普拉斯变换还可以分析周期信号和非周期信号激励下的非零状态响应。既然傅里叶变换能做到的拉普拉斯变换也能做到，并且拉普拉斯变换还能做得更多，那么介绍傅里叶变换分析电路意义就不大了。

以上解释并不意味着傅里叶变换分析电路没有意义。傅里叶变换是一种双边变换，适用于时间从负无穷到正无穷，而本书第18章介绍的单边拉普拉斯变换只适用于时间从0到正无穷，因此在这一点上傅里叶变换比单边拉普拉斯变换适用范围更广。不过，考虑到现实中绝大部分信号的时间范围都是从0到正无穷，傅里叶变换相对于单边拉普拉斯变换而言增加的适用范围很小。

综合考虑以上因素，本书没有包含傅里叶变换分析电路的相关内容。"电路"课程的后续课程"信号与系统"中有对傅里叶变换的详细介绍，因此读者如果想深入了解这部分内容，可以在"信号与系统"课程中重点学习。

3. 本书不包含分布参数电路内容的原因

按照不同的标准，电路被分为不同的类别。例如，如果按照是否满足可加性和齐性分类，则电路可以分为线性电路（linear circuit）和非线性电路（nonlinear circuit），本书内容以线性电路为主，对非线性电路仅做简要介绍；如果按照参数特点分类，则电路可以分为集总参数电路和分布参数电路，本书介绍的电路全部为集总参数电路，不涉及分布参数电路。那么，什么是集总参数电路（lumped parameter circuit）和分布参数电路（distributed parameter circuit）呢？

电路中信号和能量的传递本质上是电磁场的传播，既然是电磁场的传播，就必然涉及空间位置，而空间中的点有无穷多个，因此如果用电磁场进行分析，难度会非常高！不过，当电路满足一定的条件时，可以不考虑空间位置的影响，问题的分析将会大大简化。

如果电路的尺寸远小于电磁波的波长，则可以认为电路元件首端与末端的电流近似相等，首末两端之间的电压近似唯一，从而可以忽略元件各点位置不同所带来的影响。这不是很容易理解的，下面以图1.1所示的电流正弦波为例进行解释。

如果我们只取图1.1所示正弦波中极小的一段，则可以近似认为这一极小段的值处处相等，并且时长为0，也就是说可以近似认为这一极小段中信号和能量的传播不需要时间。这样一来，分析这一极小段的行为时，就可以不考虑空间位置的影响，也可以不考虑电磁波传播时间的影响。

满足电路尺寸远小于电磁波波长条件的电路元件称为集总电路元件。之所以用"集总"称呼，是因为此时可以将电路元件视为"集中"在一个点，作为一个整体看待。可见"集"的含义是"集中"，"总"的含义是"整体"。下面举一个集总电路元件的例子。

如果图1.2（a）所示的由导线绕制的线圈的尺寸远小于电磁波波长，那么可以近似认为该线圈上电流处处相等，流入的电流等于流出的电流，即线圈电流为唯一值，线圈两端的电压也为唯一值。此时该线圈可以被视为集总电路元件，一般用图1.2（b）所示的图形符号表示，该电感在任意时刻的电压和电流都只有唯一值。

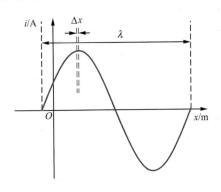

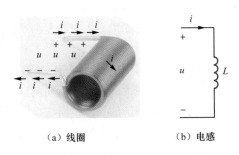

（a）线圈　　　　　（b）电感

图1.1　一个波长的电流正弦波与其中的极小一段　　　图1.2　集总电路元件示例——线圈及其图形符号

上面关于集总电路元件（电感）电流唯一和两端电压唯一的表述很令人困惑：这不是显然的吗？难道还有例外？

我们认为显然是靠直觉的，但科学事实常常不依赖直觉而合理存在。例如，如果图1.2（a）中的线圈长度等于正弦电磁波波长的四分之一，那么当线圈上端的电流为0时，线圈下端的电流恰好为最大值或最小值。

全部由集总电路元件构成的电路被称为集总参数电路。自然，不是全部由集总电路元件构成的电路就被称为非集总参数电路，在电路教材中这类电路被称为分布参数电路。为什么被称为分布参数电路呢？由前面的介绍可知，集总参数电路忽略了空间位置的影响，而非集总参数电路必须考虑电路中每一个位置的影响。这样一来，非集总参数电路中每个位置上都相当于存在一个甚至多个电路元件，例如，图1.2（a）所示的线圈每个位置都有电阻（导线必然有电阻）、电感（只要能产生磁场，就有电感）和电容（任意两段导体之间都有电容）。由于位置有无穷多个，因此电阻、电感和电容也有无穷多个。也就是说，非集总参数电路中分布着无穷多个电路元件，因此将非集总参数电路称为分布参数电路。

以上介绍与分析虽有道理，但是难以令人真正信服，因为并没有给出实例。下面讨论分布参数电路的实例。

现实中的电力系统非常庞大，这种庞大既体现在设备数量和规模上，又体现在电路尺寸上。

假如在中国的新疆发电，然后送到山东，两地距离数千千米。电力系统的电磁波波长是多少呢？我们可以粗略计算一下。我国电力系统传输频率为50Hz的正弦信号，将电磁波的传播速度假定为光速 3×10^8 m/s（实际的传播速度一定低于光速，但与光速接近，为计算方便起见，假定传播速度为光速），因此电力系统电磁波的波长 $\lambda = vT = \dfrac{v}{f} = \dfrac{(3 \times 10^8)\text{m/s}}{50\text{Hz}} = 6 \times 10^6 \text{ m} = 6\ 000 \text{ km}$。新疆与山东的距离为几千千米，与电力系统电磁波的波长6 000千米可以比拟，显然不满足电路尺寸远小于电磁波波长的条件，因此电力系统电路必然是分布参数电路。假设某一时刻新疆发电端的电流为10 000 A，那么山东用电端的电流与发电端的电流一般不相等，可能为1 000 A，甚至可能为0 A，电压也存在类似的情况。

你可能会觉得上面的例子过于极端。假设发电端和用电端都在山东省内，那么该电路就不是分布参数电路了吧？根据地理知识可知，山东省东西长度约721km，南北宽度约437km，电路尺寸不满足远小于电磁波波长的要求（电路尺寸应小于电磁波波长的百分之一，即60km），因此山东省内的电力系统电路仍然是分布参数电路！

电力系统仅仅是电路的一个例子，其他电路的尺寸都远小于电力系统电路的尺寸，那么是否其他电路都是集总参数电路呢？答案是否定的。

一个电路是不是集总参数电路取决于两个因素：电路尺寸和电磁波波长。电力系统的频率是50 Hz，对应的电磁波波长为6 000km，其他电路的信号频率有可能远高于电力系统的信号频率。例如，CPU的工作频率可高达5 GHz，对应的电磁波波长为6cm，而CPU的尺寸为cm级别，不满足电路尺寸远小于电磁波波长的要求，因此CPU也是分布参数电路。

集总参数电路和分布参数电路的判断

以上实例说明分布参数电路很常见。既然分布参数电路很常见，为什么本书不包括分布参数电路的相关内容呢？主要有以下两个原因。

（1）分布参数电路很常见，集总参数电路更常见。只要掌握了集总参数电路的相关知识，就能分析大多数电路。

（2）"电路"课程后续一般会设"电磁场与波"课程，其中会详细介绍分布参数电路（在"电磁场与波"课程中其名称不是分布参数电路，而是传输线系统）。为了避免不同课程的内容重复，在"电路"课程中可以不介绍分布参数电路。

综合考虑以上因素，本书没有包含分布参数电路的相关内容。读者如果想深入了解这部分内容，可以阅读"电磁场与波"课程的相关教材。

1.2　学习"电路"课程有什么用

众所周知，现代社会离不开电。如果没有电，电视机、计算机、手机、网络等将不复存在，我们的生活至少倒退100年！电的主要应用形式是电路，因此电路的用处就不言而喻了。

本节并不是要介绍电路在实际生活中有哪些用处，而是通过"电路"课程与其他课程的关系和"电路"课程在锻炼能力方面的作用来说明学习"电路"课程究竟有什么用。

1."电路"课程与其他课程的关系

"电路"课程在课程体系中的地位是专业基础课。不同专业的课程体系不同，以电气工程及其自动化专业为例，其课程体系中与"电路"课程相关的课程如图1.3所示。

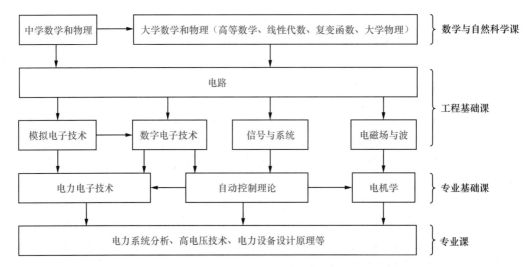

图 1.3　电气工程及其自动化专业课程体系中与"电路"课程相关的课程

由图1.3可见，"电路"课程在课程体系中起着承上启下的桥梁作用，十分关键，是专业基础课中的"基础课"。"电路"课程的学习会影响后续近十门课程的学习，这说明学习"电路"课程极为必要且重要。

由图1.3还可以看出，要想学好"电路"课程，掌握中学和大学的数学和物理知识是必要的。之所以图中有中学数学和物理，是因为有些电路知识直接以中学数学和物理为基础，例如，相量分析法涉及复数的相关知识，这是中学数学的内容。

2."电路"课程在锻炼能力方面的作用

"电路"课程对大学生能力的锻炼起着举足轻重的作用。很多人学了"高等数学""线性代数""复变函数"等基础课以后，由于这些课程偏重理论，与实际离得较远，会产生课程无用的错觉。由图1.3可以看出，"电路"是第一门对基础课知识进行应用的课程，因此"电路"课程能够锻炼学生应用基础理论分析实际问题的能力，而这种能力的锻炼会贯穿大学甚至大学毕业后工作的全过程。"电路"作为锻炼该能力的第一门课程，自然十分重要。

"电路"还是一门"看得见、摸得着"的课程，学生可以做真实的电路实验，并且所做的电路实验在以后的实际生活与工作中都能用得上。因此，"电路"课程可以锻炼学生的动手能力和将理论与实际相结合的能力。虽然基础课中的少量课程也有实验环节，如大学物理和大学化学，但是这些实验以观察现象和验证理论为主，所锻炼的能力难以直接应用于实际。

以上仅介绍了"电路"课程锻炼能力的两个方面，实际上远不止于此。那么"电路"课程到底能锻炼哪些能力，相信读者在学完本课程之后会有更深刻的体会。

正是因为"电路"课程在实际应用、课程体系和能力锻炼等方面都具有非常重要的作用，所以学习"电路"课程非常必要。除了电气工程及其自动化专业，与电相关的其他专业也都要学习"电路"课程。例如，对于通信工程、微电子科学与工程、计算机科学与技术、物联网工程等专业而言，"电路"课程都是必修课。

其他很多工科专业，如机械工程、能源与动力工程、航空航天工程等，虽然不用学习"电路"课程，但也要学习"电工学"课程，涉及"电路"课程的相关知识。在"电路"课程中，我们不但能学到电路知识，还能学到为人处世的道理和方法，这在本书每一章都有的"格物致知"中会有具体的体现。

1.3 "电路"课程的知识点脉络

虽然1.1节的表1.1给出了本书电路知识的篇章分布，使读者对"电路"课程的内容有了大致的了解，但它没有给出各篇之间的联系。了解本书各篇之间的联系，从而厘清电路的知识点脉络，有助于读者更好地学习电路。

本书主要内容分为四篇，四篇之间的联系如图1.4所示。

由图1.4可见，本书四篇有先后顺序，其中第一篇和第四篇分别在最前和最后，第二篇和第三篇为并列关系。

除第1章（即本章）电路概论外，本书总计包含18章内容，18章之间的联系如图1.5所示。由图1.5可见，中间的10章内容为"电路"课程

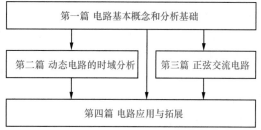

图 1.4 本书四篇之间的联系

的核心，是必须学习的内容。两侧的8章内容为中间10章内容的应用与拓展，既包含概念和方法的应用，也包含电路的实际应用，更包含新元件、新概念和新方法的拓展。针对两侧的8章，读者可以根据需要选择性阅读，且这8章内容为并列关系，学习顺序可以调整。

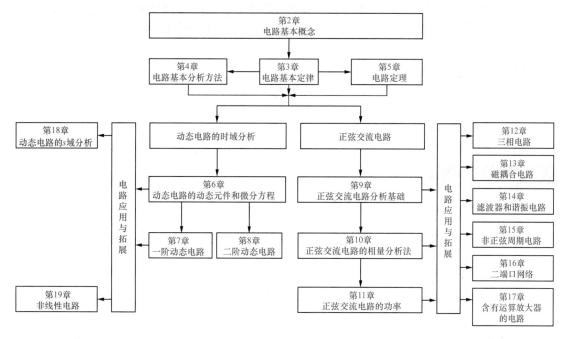

图 1.5 本书主要内容（第2章~第19章）之间的联系

需要说明的是，图1.5仅给出了各章之间的主要联系，实际上各章之间还存在千丝万缕的次要联系，这些次要联系就不再一一说明了。

图1.5还说明，中间10章内容环环相扣，从一开始就要认真学习；如果开始学不好，后面也会学不好。

1.4 怎样学好"电路"课程

由本章前3节的介绍可知，"电路"课程非常重要。"电路"课程的知识点非常多，并且各知识点之间的联系非常紧密。那么，怎样才能学好"电路"课程呢？

认真听讲、认真复习、认真做作业等适用于所有课程的学习建议此处不再强调。这里重点说明学习"电路"课程需要特别注意的地方，这些需要特别注意的地方是学好"电路"课程的关键。

（1）做好笔记。笔记可以根据个人情况和喜好来做，可简洁，可详细，或多或少。笔记中既要有根据课堂讲解和教材所做的整理，也要有自己的总结和体会。

（2）自己做一遍例题和同步练习题，如果不会做或做错，一定要及时弄懂，避免疑难累积和错误再犯。

（3）作业要自己亲自动手做，不要直接借鉴其他同学的作业或习题参考答案。纸上得来终觉浅，绝知此事要躬行。看其他同学的作业或习题参考答案即使能看懂，可当自己动手做时也常常会没有思路或者犯各种错误。总之就是要真正自己做作业，做完以后，如果还有不懂的地方，可以与其他同学讨论，或者看习题参考答案，分析自己为什么不会做或为什么做错。

（4）认真做电路实验（含仿真实验），掌握电路元件的性能，熟悉各电路测量仪器和设备的使用方法，应用电路理论解释实验现象，撰写规范、充实的实验报告。做好电路实验（含仿真实验）是学习"电路"课程必不可少且非常重要的一部分。本书主要内容为电路理论，对电路实验（含仿真实验）的介绍仅仅是为帮助读者更好地理解电路而做的补充说明。电路实验（含仿真实验）有专门的教材，学生要到电路实验室实地做实验，做完实验后还要撰写并提交实验报告。这些都是学好"电路"课程不可缺少的环节。

最后，大家在学习"电路"课程时要特别重视对概念和方法本质的理解，弄清来龙去脉，这样才能举一反三，触类旁通。

祝大家"电路"课程学习之旅轻松愉快！

格物致知

规划未来

电路概论是本书的开篇之章，主要介绍了"电路"课程的概况，包括主要内容及知识点脉络、学习"电路"课程的用处和建议等。这是一种全局的、宏观的介绍，为学习"电路"课程酝酿了情绪，指明了方向，对读者学好"电路"课程非常有帮助。

类似地，我们也应在人生的不同阶段做好下一阶段的规划，对下一阶段要做的事情有所了解，有所准备，未雨绸缪，这样才能更好地完成下一阶段的事情。人生完全随遇而安、临机应变、即兴发挥是不行的。

第1章相当于是对接下来如何学习"电路"课程的规划，并没有讲解多少电路知识，给人的感觉是务虚。其实，这样的务虚行为是非常必要的，务虚与务实相结合，才能更好地学习"电路"课程。同样地，我们在忙碌的人生旅程中，也需要在适当的时候停下来规划一下未来的人生，从而使前路更顺利、更精彩。

第一篇

电路基本概念
和分析基础

第 2 章

电路基本概念

学习一门课程，首先要掌握这门课程涉及的基本概念。基本概念是课程所有内容的基础，因此极为重要。

对于"电路"课程而言，基本概念包括3个部分：电路基本物理量、电路基本元件和电路拓扑。任何一个电路都是由电路基本元件按一定的拓扑构成的。分析电路的根本目标是获得电路的基本物理量，即电流、电压和功率。可见，电路的元件、拓扑和物理量相互关联，密不可分。

由于介绍电路基本元件的特性时需要用到电路物理量的基本概念，因此本章首先介绍电路基本物理量，然后介绍电路基本元件，最后介绍由电路基本元件构成的电路拓扑。

学习目标

（1）掌握电流、电压和功率的定义；

（2）掌握参考方向的定义，深刻理解参考方向的重要作用；

（3）了解电路模型的由来，深刻理解电路模型的重要作用；

（4）初步了解电路基本元件的种类及作用，掌握电路基本元件的特性；

（5）理解并掌握电路拓扑的相关概念和拓扑结构；

（6）锻炼将实际问题抽象化的能力。

2.1 电路基本物理量

电路的物理量很多，包括电流、电压、功率、能量、电量、磁链等。不过，通常电路中最受关注的是3个基本物理量：电流、电压和功率。因此本节将主要介绍这3个基本物理量。

2.1.1 电流

顾名思义，电流（current）是电荷的流动，如图2.1所示。电荷的流动与水的流动类似。衡量水流大小的物理量是流量，定义为单位时间内通过某一截面的水的体积。类似地，衡量电荷流大小的物理量称为电流强度，简称电流，定义为单位时间内通过某一截面的电荷的数量（电荷的数量即电量）。

电荷可能是均匀流动，即任意相同时间内通过截面的电量相等，也可能是非均匀流动。

如果电荷均匀流动，则电流可被定义为电量除以时间，即

$$i = \frac{q}{t} \tag{2.1}$$

式（2.1）中，q、t和i分别为电量、时间和电流。

如果电荷非均匀流动，则可参考物体非匀速运动时速度的定义，将电流定义为

$$i = \frac{\mathrm{d}q}{\mathrm{d}t} \tag{2.2}$$

可见，电荷非均匀流动时电流为电量随时间的变化率。式（2.2）也适用于电荷均匀流动的情况，其是电流的通用定义式。

我们对电流关注两点：一是大小；二是方向。大小很容易理解，方向则需要重点介绍。

电流是电荷的流动，而电荷有正电荷和负电荷之分。通常，电路中的电荷为电子，电子为负电荷。为统一起见，将电流的方向定义为正电荷流动的方向，即电子流动的反方向。这是一种约定俗成的定义。

判断电流方向的难度取决于电路的复杂度。

图2.2（a）和图2.2（b）所示电路很容易看出电流方向分别为顺时针方向和逆时针方向。

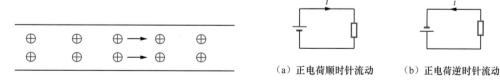

图 2.1　电荷的流动　　　　图 2.2　判断简单电路的电流方向

图2.3所示电路则很难看出任何一个电路元件的电流方向。

常见的电路不会像图2.2所示电路那么简单，因此大多数情况下我们看不出电路中电流的方向。那该怎么办呢？

我们要判断的是电流的真实方向。如果电流的真实方向难以判断，那么第一步就是给电流假定一个方向。例如，可以假定图2.3所示电路中电阻R_3的电流方向为向右，如图2.4所示。

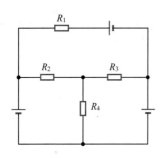

图 2.3　需要判断电流方向的复杂电路

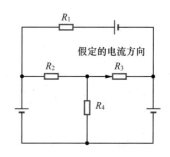

图 2.4　假定电流方向

虽然可以假定电流的方向，但是我们最关心的还是电流的真实方向。那该怎么办呢？

假定电路中所有元件的电流方向后，通过后续章节介绍的方法，可以计算出电流大小。根据电流的正负可以判断出电流的真实方向：如果计算出的电流为正值，那么电流的真实方向就是假定的方向；如果计算出的电流为负值，那么电流的真实方向就是假定方向的反方向。例如，图2.5（a）所示电流的真实方向为向右，而图2.5（b）所示电流的真实方向为向左。

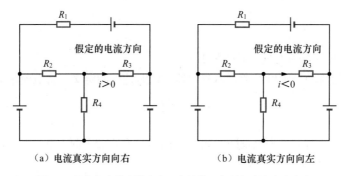

图 2.5　根据假定的电流方向和电流的正负判断电流真实方向

通过以上关于电流假定方向和真实方向的描述可知，在根据假定方向计算出电流大小之后，真实方向就显而易见了。为了避免混淆，"电路"课程中后面提到的所有电流方向均为假定方向，因此不会再特意提及电流的真实方向。

假定电流的方向是不得已而为之。考虑到"假定"方向过于口语化，后面将电流的假定方向称为电流的参考方向。同样地，对电压也需要给出假定方向，即电压的参考方向。电压的参考方向将在2.1.2小节介绍。

电流和电压的参考方向是电路中极为重要的概念，但也极容易引起混淆。这是因为现实中我们关于方向的第一印象是真实方向，而电路中电流和电压的方向均是假定方向，即参考方向。读者在以后的电路分析中要努力忘掉真实方向，牢记所有的方向均为参考方向。

2.1.2　电压

顾名思义，电压（voltage）是电荷制造的压力。电荷怎么会制造压力呢？如果将电荷类比为水，进而将电压类比为水压，就很容易理解了。这样的解释只能用来定性理解电压，但难以定量衡量电压，因此还需要给出电压的定量定义。

电压指的是单位正电荷从一点移动到另一点电场力所做的功。如果电场力做功均匀，电压可

定义为

$$u = \frac{W}{q} \tag{2.3}$$

式（2.3）中，W、q 和 u 分别为功、电量和电压。如果电场力做功不均匀，则电压可定义为

$$u = \frac{\mathrm{d}W}{\mathrm{d}q} \tag{2.4}$$

式（2.4）也适用于电量不变的情况，是电压的通用定义式。

从电压的定量定义很难看出电压与电荷的压力有什么关系，这可以通过类比水压来解释。水从一点移动到另一点，通常是在水压的作用下实现的，在此过程中重力会做功，如图2.6（a）所示。如果不靠水压驱动，水也可能由一点移动到另一点，但在此过程中重力不做功，如图2.6（b）所示。这样就将重力做功与水压联系起来了。

类似地，在电压作用下，电荷可以移动，电场力会做功；如果不靠电压驱动，电荷也可能会移动，但此时电场力做功为0。

我们对电压关注两点：一是大小；二是方向。大小很容易理解，方向则需要重点介绍。

电压的方向定义为电场力做功的正负，一般用极性的正负表示。这不太容易理解，可以用重力做功的正负类比电场力做功的正负。将一个物体从高处移动到低处，重力做正功，如图2.7（a）所示；将一个物体从低处移动到高处，重力做负功，如图2.7（b）所示。可见重力做功的正负取决于移动始末位置的高低。

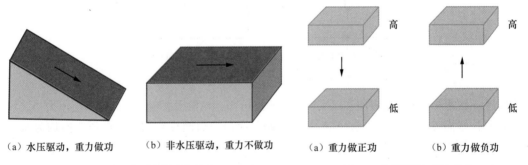

（a）水压驱动，重力做功　（b）非水压驱动，重力不做功　　　（a）重力做正功　　（b）重力做负功

图 2.6　水压与重力做功的关系　　　　　　图 2.7　物体移动与重力做功

类似地，将正电荷从电位高的地方移动到电位低的地方，电场力做正功，反之则做负功，如图2.8所示。这里涉及电位的概念，此处不对电位做详细解释，读者可以将电位类比为物体所处的位置。电位高低通常用极性正负表示。在图2.8中，"+"表示高电位，称为电压正极，"−"表示低电位，称为电压负极，电位差即电压，电压方向即正极和负极的位置。

判断电压方向的难度取决于电路的复杂度。

图2.2（a）所示电路很容易看出电阻的电压方向为上正下负。图2.3所示电路则很难看出任何一个电阻的电压方向。

常见的电路不会像图2.2所示电路那么简单，因此大多数情况下我们看不出电路中电压的方向。那怎么办呢？

我们要判断的是电压的真实方向。如果电压的真实方向难以判断，那么第一步就是给电压假定一个方向。例如，可以假定图2.3所示电路中电阻 R_3 的电压方向为左正右负，如图2.9所示。

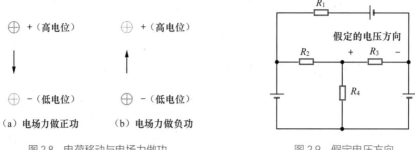

| （a）电场力做正功 | （b）电场力做负功 |

图 2.8　电荷移动与电场力做功

图 2.9　假定电压方向

虽然可以假定电压的方向，但是我们最关心的还是电压的真实方向。那该怎么办呢？

假定电压方向后，通过后续章节介绍的方法，可以计算出电压大小。根据电压的正负可以判断出电压的真实方向：如果计算出的电压为正值，那么电压的真实方向就是假定的方向；如果计算出的电压为负值，那么电压的真实方向就是假定方向的反方向。例如，图2.10（a）所示电压的真实方向为左正右负，而图2.10（b）所示电压的真实方向为左负右正。

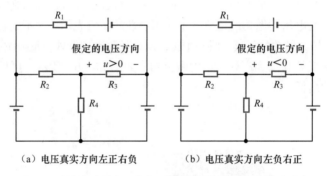

| （a）电压真实方向左正右负 | （b）电压真实方向左负右正 |

图 2.10　根据假定的电压方向和电压的正负判断电压的真实方向

通过以上关于电压假定方向和真实方向的描述可知，在根据假定方向计算出电压大小之后，真实方向就显而易见了。为了避免混淆，"电路"课程中后面提到的所有电压方向均为假定方向，因此不会再特意提及电压的真实方向。

与假定电流的方向类似，假定电压的方向是不得已而为之。考虑到"假定"方向过于口语化，后面将电压的假定方向称为电压的参考方向。

2.1.3　功率

顾名思义，功率（power）指做功的速率。

如果做功的速率不变，则功率可定义为

$$p = \frac{W}{t} \tag{2.5}$$

式（2.5）中，W 和 p 分别为功和功率。

如果做功的速率发生变化，则功率须定义为

$$p = \frac{\mathrm{d}W}{\mathrm{d}t} \tag{2.6}$$

结合电流定义式（2.2）、电压定义式（2.4）和功率定义式（2.6），可得

$$p = \frac{\mathrm{d}W}{\mathrm{d}t} = \frac{\mathrm{d}W}{\mathrm{d}q} \times \frac{\mathrm{d}q}{\mathrm{d}t} = ui \tag{2.7}$$

可见，功率等于电压与电流的乘积。

怎样理解功率等于电压与电流的乘积呢？可以用瀑布来类比。瀑布是自然景观，不同瀑布的气势差异很大。瀑布的气势取决于两个因素：瀑布的高度和瀑布的宽度。图2.11（a）所示高而窄的瀑布气势不足，图2.11（b）所示宽而低的瀑布气势也不足，图2.11（c）所示又高又宽的瀑布气势十足！可见，用瀑布的高度与宽度的乘积来衡量瀑布气势是一种自然选择。瀑布高度类似于电路中的电压，瀑布宽度类似于电路中的电流，衡量电路功率自然选择用电压与电流的乘积。

我们对功率关注两点：一是大小；二是功率的实际发出和实际吸收。大小很容易理解，功率的实际发出和实际吸收则需要重点介绍。

在电路中，电阻永远都是实际吸收功率的。电阻实际吸收功率

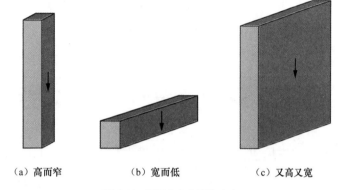

（a）高而窄　　　（b）宽而低　　　（c）又高又宽

图 2.11　用瀑布气势类比功率

后，会将电能转化为其他能量，如热能、光能等。也就是说，电阻是实际发出还是实际吸收功率不需要判断。可是，电路中的其他元件，如电池、电容和电感等，在某一时刻可能会实际吸收功率，也可能会实际发出功率，这就需要进行判断。

以电池为例。电池通常是实际发出功率，将化学能转化为电能，不过手机电池等可充电电池在充电时是实际吸收功率，将电能转化为化学能。

判断电池、电容和电感等电路元件是实际发出功率还是实际吸收功率的难度取决于电路的复杂度。

图2.2所示电路很容易看出电池实际发出功率。图2.3所示电路则很难看出各个电池究竟是实际发出功率还是实际吸收功率。

常见的电路不会像图2.2所示电路那么简单，因此大多数情况下我们难以判断电池、电感和电容等究竟是实际发出功率，还是实际吸收功率。那该怎么办呢？

功率等于电压和电流的乘积，而电压和电流可能为正，也可能为负，方向均为参考方向。功率是实际发出还是实际吸收，既与电压和电流的乘积有关，也与电压和电流的参考方向有关。

判断功率是实际发出还是实际吸收能以电阻为参照物，因为电阻始终实际吸收功率。

对于电阻而言，其实际电流总是从实际的高电位流向低电位。因此，电阻电流和电压的参考方向有4种可能，如图2.12所示。

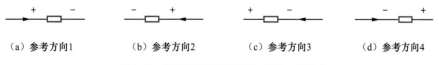

（a）参考方向1　　　（b）参考方向2　　　（c）参考方向3　　　（d）参考方向4

图 2.12　电阻电流和电压所有可能的参考方向

图2.12中的电流和电压参考方向可以分为两类：一类是电流从电压正极流入，称为关联参考方向，如图2.12（a）和图2.12（b）所示；另一类是电流从电压负极流入，称为非关联参考方向，如图2.12（c）和图2.12（d）所示。在关联参考方向下，电阻功率大于零（因为电压和电流都为正，或电压和电流都为负，乘积为正）；而在非关联参考方向下，电阻功率小于零（因为电压和电流正负相反，乘积为负）。

在相同的参考方向下，如果其他电路元件的功率正负与电阻的相同，则功率为实际吸收。在相同的参考方向下，如果其他电路元件的功率正负与电阻的相反，则功率为实际发出。表2.1所示为实际发出或实际吸收功率判断规则。由表2.1可见，总计有4种可能的情况。记住这4种可能的情况比较困难，不过只要记住第1种情况，另外3种情况很容易推论出。

功率与参考方向例题分析

表 2.1　实际发出或实际吸收功率判断规则

电路元件与参考方向		参考是否关联及 $p = ui$ 的含义	功率正负	功率实际发出还是实际吸收
+　u　−　i　元件	−　u　+　元件　i	关联参考方向代表吸收功率	$p = ui > 0$	实际吸收功率
+　u　−　i　元件	−　u　+　元件　i	关联参考方向代表吸收功率	$p = ui < 0$	实际发出功率
+　u　−　元件　i	−　u　+　i　元件	非关联参考方向代表发出功率	$p = ui > 0$	实际发出功率
+　u　−　元件　i	−　u　+　i　元件	非关联参考方向代表发出功率	$p = ui < 0$	实际吸收功率

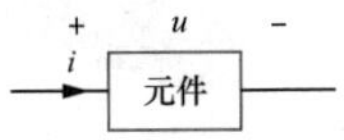

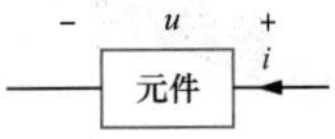

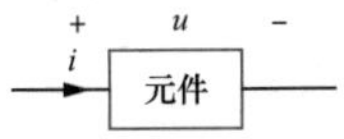

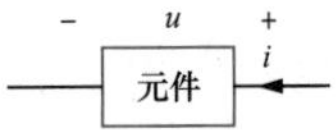

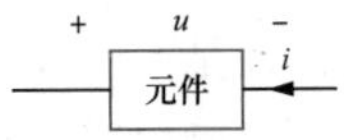

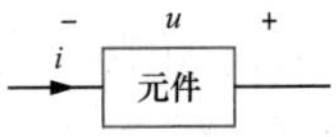

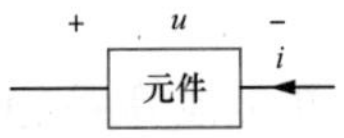

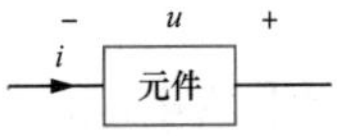

由表2.1可见，确定功率实际发出还是实际吸收取决于两个因素：一是参考方向的关联与否；二是功率计算结果的正负。这一判断过程比较烦琐，因此以后一般不再分析功率是实际发出还是实际吸收，只需要记住关联参考方向时 $p = ui$ 代表吸收功率，非关联参考方向时 $p = ui$ 代表发出功率即可。如果必须确定功率是实际发出还是实际吸收，则需要结合功率计算结果的正负进行判断。

2.2　电路基本元件

电路元件是构成电路的基础，其重要性不言而喻。不过，电路分析中的电路元件并不是实际的电路元件，而是从实际电路中抽象出来的电路模型（circuit model）。因此本节首先介绍电路模型，然后介绍基于电路模型的电路基本元件，包括电阻元件、电容元件、电感元件、独立电压源、独立电流源和受控电源。

2.2.1　电路模型

手电筒是最简单的电路应用之一。分析手电筒的电路特性不必把手电筒画出来，即使画出来也无法分析，关键是要由手电筒电路抽象出能够反映电路特性的电路模型。手电筒的电池、灯泡和按钮可以分别抽象为直流电压源、电阻和开关，如图2.13所示。这种抽象是一种近似，只要近似的程度在可接受的范围内，抽象就是成功的。反过来说，如果近似的程度不可接受，抽象就是失败的。

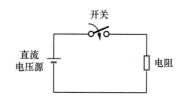

图 2.13　由手电筒电路抽象出的电路模型

　　将实际电路抽象为电路模型，既要求满足物理定律，又要求近似的程度满足实际需求，因此得到电路模型有一定的难度。本书不讨论电路模型的得到过程，而是假定电路模型已经得到，直接分析由电路模型构成的电路拓扑。

　　由于电路分析中的电路元件都是由实际电路抽象出来的理想电路模型，所以电路模型对于电路分析而言极为重要。下面介绍常见的基于电路模型的电路基本元件，重点介绍各元件的定义和特性，为分析电路打下基础。

2.2.2　电阻元件

　　在现实中，电流流过的物质大部分都具有阻碍电流流动的特性。根据阻碍电流流动特性抽象出来的电路模型称为电阻元件（resistor），其图形符号如图2.14所示。

　　电阻元件有线性电阻元件和非线性电阻元件之分，非线性电阻元件将在第19章介绍，本小节仅介绍线性电阻元件。

图 2.14　电阻元件的图形符号

　　线性电阻元件的特性满足欧姆定律，如图2.15所示，电阻元件的电压与电流成正比：

$$u = Ri \qquad (2.8)$$

式（2.8）中，比例系数R称为电阻值（resistance），其单位为欧姆（Ω）。式（2.8）也可以写为$i=Gu$，其中G是电阻的倒数，称为电导值（conductance）。

　　注意，图2.15中电阻元件的电压、电流参考方向为关联参考方向，即电流从电压正极流入。如果将电阻元件的电压、电流参考方向变为图2.16所示的非关联参考方向，则欧姆定律的表达式将会变为

$$u = -Ri \qquad (2.9)$$

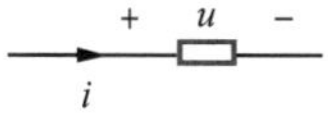

图 2.15　标记电压和电流的电阻元件 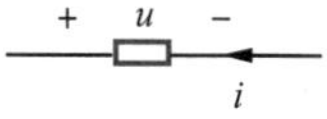　　　　图 2.16　电压和电流取非关联参考方向时的电阻元件

　　可见，参考方向的选择会影响欧姆定律表达式的形式。人们一般不喜欢欧姆定律表达式中出现负号，因此在电路分析中通常默认电阻的电压、电流参考方向选择关联参考方向。除非特别标记或说明，电阻的参考方向一般只标记电压或电流的参考方向，另一个物理量默认为关联参考方向。这样做有两个好处：一是标记更简洁；二是欧姆定律表达式中不会出现负号，符合人们的习惯。

　　电阻元件在电路中总是实际吸收功率，将电能转化为热能、光能等其他形式的能量，因此电阻元件的功率是重要的物理量。

　　根据功率的表达式（2.7），电阻元件的功率等于电阻的电压与电流的乘积。在图2.15所示的

关联参考方向下，将欧姆定律表达式代入电阻功率表达式，可得电阻功率为

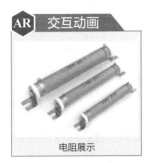

$$p = ui = i^2 R = \frac{u^2}{R} \qquad （2.10）$$

可见，在关联参考方向下，电阻功率一定大于或等于零。反之，如果取图2.16所示的非关联参考方向，则 $p = ui = -i^2 R = -\frac{u^2}{R}$，此时电阻功率一定小于或等于零。

电阻展示

具有电阻元件特性的实际电路器件称为电阻器。选择和使用电阻器时，额定功率是一个关键参数。一个电阻器的额定功率指它在没有过热或损坏的前提下所能吸收的最大功率。可见，选择电阻器时，一定要保证电阻器的实际功率小于或等于额定功率，否则电阻器会被损坏，甚至发生安全事故。

电阻器的额定功率与电阻的体积有关。一般说来，电阻器的体积越大，电阻器的额定功率也越大。可以根据这一点对电阻器的额定功率做出初步的定性判断。

由以上介绍可知，电阻元件、电阻值和电阻器的含义不同。简洁起见，后文将它们统称为电阻，具体含义其实根据上下文很容易理解并确定。

2.2.3　电容元件和电感元件

电阻始终吸收功率，是一个耗能元件。电容元件和电感元件则刚好相反，它们都是非耗能元件，在电路中的作用是储存和释放能量，自身不消耗任何能量。电容元件和电感元件的定义和特性将在第6章详细介绍，本小节仅对电容元件和电感元件进行简要介绍。

电容元件（capacitor）一般由导体极板构成，极板上可以带电荷，从而形成电压。电容元件接到电路中以后，可能充电，也可能放电，从而形成电流。电容元件的图形符号如图2.17所示。

图2.17中电容元件的电流和电压满足微分关系：

$$i_C = C \frac{\mathrm{d}u_C}{\mathrm{d}t} \qquad （2.11）$$

式（2.11）中，C为电容值（capacitance）。

电感元件（inductor）一般由可以导电的线圈构成。如果线圈中有随时间变化的电流，就会产生变化的磁场，根据法拉第电磁感应定律，变化的磁场中会产生感应电压。电感元件的图形符号如图2.18所示。

图 2.17 电容元件的图形符号	图 2.18 电感元件的图形符号

图2.18中电感元件的电压和电流满足微分关系：

$$u_L = L \frac{\mathrm{d}i_L}{\mathrm{d}t} \qquad （2.12）$$

式（2.12）中，L为电感值（inductance）。

由式（2.11）和式（2.12）可见，电容元件、电感元件的电压与电流满足微分关系，而式（2.8）表明电阻元件的电压与电流满足比例关系，可见电容元件、电感元件的特性与电阻元件有着本质的区别，分析方法也会有较大差异。这些都将在后续章节中介绍，读者学习时要特别注意它们的不同之处。

2.2.4　独立电压源

顾名思义,电源指能够提供电能的装置。说起电源,一般人首先想到的是电池。电池将化学能转化为电能,常见的电池有5号电池、7号电池、手机电池等。我们在生活中离不开电池等直流电源,也离不开基于发电机的交流电源。可见,电源极为重要。

电路中的电源可分为独立电源和受控电源:理想的独立电源能够不受外接电路的影响而提供特定形式的电压或电流;理想的受控电源提供的电压或电流受其他电压或电流的控制。

独立电源分为独立电压源和独立电流源。本小节介绍独立电压源。为简洁起见,通常将独立电压源简称为电压源。

电压源(voltage source)指能够不受外接电路影响而提供特定电压的电源。电压源提供的电压可以是恒定的电压,也可以是随时间变化的其他形式的电压。在电路中常用的电压源包括能输出图2.19(a)所示恒定电压的直流电压源和能输出图2.19(b)所示正弦电压的交流电压源。

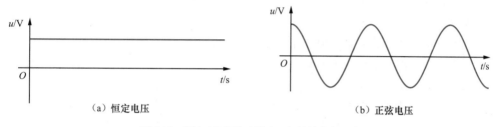

（a）恒定电压　　　　　　　　　　　（b）正弦电压

图 2.19　直流电压源和交流电压源的输出电压波形

电路分析中的电压源都是理想的电压源,不含内阻,其图形符号如图2.20所示。由图2.20可见,电压源的图形符号标记了电压参考方向。电压源的图形符号是通用符号,既适用于直流电压源,也适用于输出电压随时间变化的电压源。前面章节介绍的电路图中的电压源符号只适用于电压恒定的直流电压源,适用范围有限,因此后面不再使用。

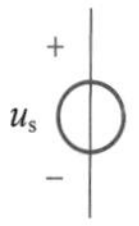

电压源的功能是输出电压,其输出电压由自身决定,与外接电路无关。例如,一个5 V电压源无论接到哪个电路中,电压源的输出电压永远都是5 V。

图 2.20　电压源的图形符号

电压源的电流由外接电路决定。例如,一个5 V电压源外接5 Ω电阻,则电压源的电流为1 A;如果外接电阻变为10 Ω,则电压源的电流也会相应改变,即变为0.5 A。

电压源在外接电路时切记不能直接外接导线(即短路),因为导线的电阻为0(电路分析中的导线通常指理想导线,其电阻率为0,因此电阻为0),根据欧姆定律,电压源输出电压除以0电阻,电流会无穷大,从而会造成电压源烧毁。

2.2.5　独立电流源

独立电流源(简称电流源,英译为current source)指能够不受外接电路影响而提供特定电流的电源,是一种理想的电路模型。电流源提供的电流可以是恒定的电流,也可以是随时间变化的其他形式的电流。电流源的图形符号如图2.21所示。

电流源的功能是输出电流,其输出电流由自身决定,与外接电路无关。例如,一个1 A电流源无论接到哪个电路中,电流源的输出电流永远都是1 A。

图 2.21　电流源的图形符号

电流源的输出电压由外接电路决定。例如，一个 1 A 电流源外接 5 Ω 电阻，则电流源的输出电压为 5 V；如果外接电阻变为 10 Ω，则电流源的输出电压也会相应改变，即变为 10 V。

电流源切记不能开路（即断路），因为这会导致电流被切断。开路可被视为电阻无穷大，根据欧姆定律，电流源输出电流乘以无穷大的电阻，会产生无穷大的电压，从而会造成电流源烧毁。

电压源在实际电路中对应电池、发电机等设备，那么电流源在实际电路中有没有对应的元件和设备呢？在现实中，与电流源对应的元件和设备极其罕见，一般为专门制造的设备。

你可能会问：为什么电流源非常罕见呢？这与电流源的特性有关。前面提到电流源不能开路，否则电流源会烧毁，这在现实中就会导致很严重的问题。在实际环境中，由于误操作等各种原因，开路很难避免，而开路又会导致电流源烧毁，因此电流源极少使用。

你可能会接着问：电压源不存在这种问题吗？答案是确实不存在！因为电压源可以开路，不使用时，不外接电路即可。即使因误操作等原因将电压源与外接电路断开，也不会对电压源产生不利影响。

你可能还会问最后一个问题：既然现实中电流源极为罕见，那么为什么还要介绍电流源呢？

虽然现实中电流源极为罕见，但这并不意味着电流源不重要。除了极少数情况下需要电流源输出电流，其实电流源存在的更大意义在于建模和分析。

例如，太阳能电池的电路模型如图 2.22 所示，可见，其中需要用到电流源。电流源与电压源差异很大，分析起来有时比电压源简单，因此在有些情况下可以将含电压源的电路转换为含电流源的电路，从而简化分析过程。要想真正理解这一点，需要读者继续学习本书接下来将要介绍的知识。

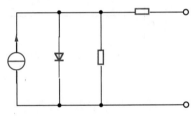

图 2.22　太阳能电池的电路模型

2.2.6　受控电源

受控电源（controlled source）：电路中某一支路的电压或电流受别的支路的电压或电流控制，则该支路可被视为受控电源，简称受控源。这里的"受控制"所对应的控制关系可能是线性控制关系，也可能是非线性控制关系。本节只讨论线性控制关系，即该支路电压或电流与别的支路的电压或电流成正比。当别的支路的电压或电流发生改变时，该支路的电压或电流也会随之改变，就好像受到控制一样，这就是我们称之为受控电源的原因。

受控电源包括受控电压源和受控电流源，其图形符号分别如图 2.23（a）和图 2.23（b）所示。

只凭文字描述受控电源比较抽象，难以理解。下面我们给出受控电源的具体例子。

图 2.24 所示为理想变压器，图中 $N_1 : N_2$ 为变压器的匝数比。理想变压器的电压关系和电流关系分别为

$$\frac{u_1}{u_2} = \frac{N_1}{N_2} \tag{2.13}$$

$$\frac{i_1}{i_2} = \frac{N_2}{N_1} \tag{2.14}$$

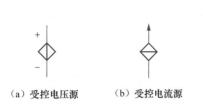

（a）受控电压源　　　（b）受控电流源

图 2.23　受控电源的图形符号

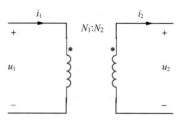

图 2.24　理想变压器

式（2.13）和式（2.14）可以分别改写成

$$u_2 = \frac{N_2}{N_1} u_1 \tag{2.15}$$

$$i_1 = \frac{N_2}{N_1} i_2 \tag{2.16}$$

由式（2.15）可见，右侧支路电压 u_2 受左侧支路电压 u_1 控制，因此右侧支路可被视为一个电压控制电压源。由式（2.16）可见，左侧支路电流 i_1 受右侧支路电流 i_2 控制，因此左侧支路可被视为一个电流控制电流源。据此，我们可以用受控电源来表示理想变压器的电压关系和电流关系，如图2.25所示。

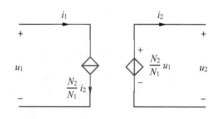

图 2.25　用受控电源表示理想变压器的电压关系和电流关系

由受控电源的定义可知，受控电源并不是真实的电源，也不是实际存在的电路元件。受控电源只是表示了电路中的某种控制关系，因而只是一种电路模型。

除了理想变压器，还有很多电路中的控制关系可以用受控电源来表示。例如，两个邻近线圈，如果其中一个线圈的电流发生变化，就会产生变化的磁场，部分磁场会耦合到另一个线圈，这样一来，变化的磁场就会使另一个线圈上产生感应电压。可见，一个线圈的电流可以控制另一个线圈的电压，相当于电流控制电压源。再如，三极管可以用电流控制电流源建模，金属-氧化物-半导体场效应晶体管（metal-oxide-semiconductor field effect transistor，MOSFET）可以用电压控制电流源建模等。可见，受控电源有一定的适用范围，可以用来表示某些电路的电压电流控制关系。

总体来说，受控电源分为受控电压源和受控电流源两类。受控电压源指的是支路输出电压受控，受控电流源指的是支路输出电流受控。

根据控制量是电压还是电流，受控电源还可以进一步细分为4类：电压控制电压源、电流控制电压源、电流控制电流源和电压控制电流源，如图2.26所示。

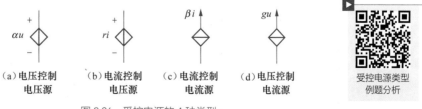

（a）电压控制　　（b）电流控制　　（c）电流控制　　（d）电压控制
　　电压源　　　　　电压源　　　　　电流源　　　　　电流源

图 2.26　受控电源的 4 种类型

受控电源类型
例题分析

由图2.26可见，控制量前的比例系数分别用不同的字母表示。受控电压源输出电压，因此图2.26（a）中的 α 无量纲，图2.26（b）中 r 的单位是欧姆（Ω）。受控电流源输出电流，因此图2.26

（c）中的β无量纲，图2.26（d）中g的单位是西门子（S）。千万不要通过控制量来判断受控电源输出电压还是输出电流，而要根据图形符号来判断：图形符号为受控电压源，输出的一定为电压；图形符号为受控电流源，输出的一定为电流。

受控电源并没有直接对应的实际电路元件或设备，仅是从实际电路元件、设备等中抽象出来的一种电路模型。引入受控电源这种电路模型的目的是反映电路不同位置的电压与电流关系，使电路分析更加简明。

2.3 电路拓扑

电路（circuit）是由电路元件按一定的拓扑结构连接而成的系统。因此，要分析电路，就必须掌握电路拓扑的相关知识。与电路拓扑相关的主要概念包括支路、节点、串联和并联、回路和网孔等，下面分别进行介绍。

2.3.1 支路

一个二端电路元件称为一条支路（branch）。例如，一个电压源或一个电阻都可被视为一条支路。这是支路的狭义定义。实际上，如果多个二端元件串联，其整体可被视为一条支路，如图2.27所示。如果多个电路元件相互连接构成一个二端电路网络（串联只是其中的一种连接形式），则在有需要的时候其整体也可被视为一条支路，称为广义支路，如图2.28所示。

图 2.27 多个二端元件串联可被视为一条支路 　　　　图 2.28 广义支路

2.3.2 节点

两条或两条以上支路的连接点称为节点（node）。例如，图2.29所示电路中的a、b、c均为节点，节点总数为3个。不过，在电路分析中，仅有两条支路连接的连接点通常不会被视为节点，连接处也不打点，如图2.30所示。可见，图2.30所示电路的节点总数为2个。实际上，如果只有两条支路连接，且为串联，则通常将这两条支路视为一条支路。

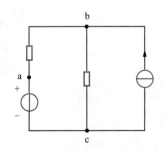

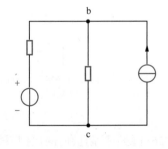

图 2.29 两条或两条以上支路的连接点形成节点 　　　图 2.30 只有两条支路的连接点通常不视为节点

在电路中，等电位且相互连接的多个点通常被视为1个节点。因此，判断电路的节点数也不能仅看电路中有几个点。例如，图2.31所示电路中表面上看有4个点，但其中a、b两点是等电位的，视为1个节点，c、d两点也是等电位的，也视为1个节点。因此，图2.31所示电路的节点总数为2个。

同步练习2.1　（基础题）判断图2.32所示电路的支路总数和节点总数。

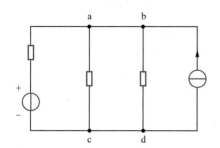

图 2.31　相互连接的等电位的点通常被视为 1 个节点

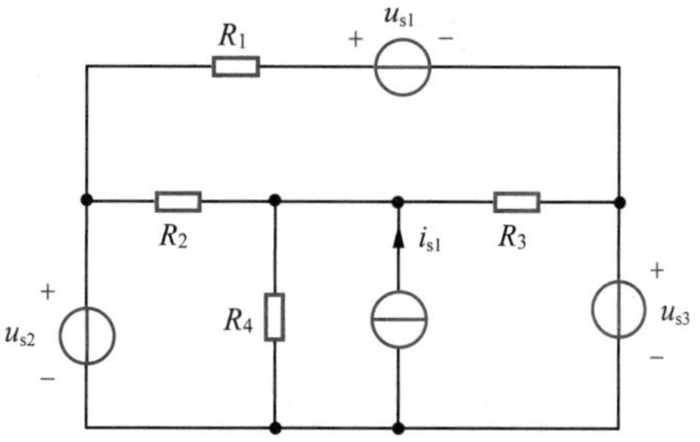

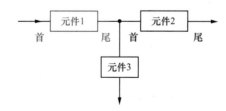

图 2.32　同步练习 2.1 电路图

答案：支路总数为7条，节点总数为4个。

2.3.3　串联和并联

串联和并联是人们熟知的概念。但在电路中，串联和并联有特定的定义，如果不能准确掌握，可能做出错误判断。

串联（series）指两个或多个二端元件首尾相连，并且各元件电流相等。

图2.33所示电路中两个电路元件显然为串联。

图2.34所示电路中，元件1和元件2首尾相连，但电流不一定相等。如果图2.34中的元件3上的电流为0，则元件1和元件2的电流相等，此时元件1和元件2为串联；如果元件3上的电流不为0，则元件1和元件2的电流不相等，此时元件1和元件2不是串联。

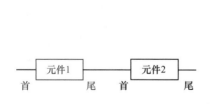

图 2.33　两个电路元件串联

图 2.34　三个电路元件连接

可见，串联必须同时满足首尾相连和电流相等这两个条件，缺一不可。

并联（parallel）指两条或多条支路连接到相同的两个节点之间。

图2.35所示电路中两个电阻显然为并联。

图2.36所示电路中表面上看有4个点，电阻R_1和R_2貌似不是并联。但是，b、c、d这3个点等电位，一般视为1个节点，这样R_1和R_2就满足了并联的条件，也就是说，图2.36中的R_1和R_2是并联。可见，判断是否并联不能仅凭直觉。

人们一般认为多条支路并联还应满足支路电压相等这一条件，但这其实是没有必要的。并联支路电压相等是并联的充分条件，而不是必要条件。因此，并联只需要满足多条支路连接到相同的两个节点之间这唯一的条件。

同步练习2.2 （提高题） 判断图2.37所示电路中电阻的串并联关系。

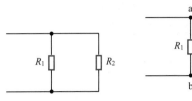

图 2.35 两个电阻并联

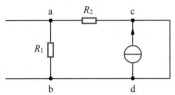

图 2.36 判断两个电阻的连接方式

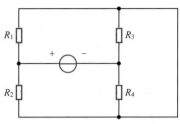

图 2.37 同步练习 2.2 电路图

答案：R_1和R_2是并联，R_3和R_4是并联，R_1和R_2并联后与R_3和R_4并联后串联。

2.3.4 回路和网孔

电路中任何一个闭合路径称为一个回路（loop）。

图2.38所示电路中，左侧和右侧各构成1个回路，外围也构成1个回路，因此该电路中总计有3个回路。

简单的电路很容易确定回路数，但较复杂电路的回路数就难以确定了。例如，要把图2.39所示电路中所有的回路都找出来，将颇费周章。此时可以引入另一个电路拓扑的相关概念：网孔。即使不了解网孔的具体定义，也很容易看出图2.39所示电路中总计有5个网孔。

网孔（mesh）指的是内部通透（即一片空白）的回路。

对于大多数电路，即使电路很复杂，也很容易看出电路中的网孔。但也有少数电路不易看出网孔，甚至有的电路找不出所有网孔，如图2.40所示的电路。

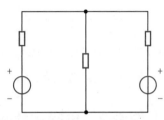

图 2.38 判断简单电路中的回路

平面电路和非平面电路例题分析

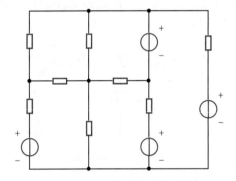

图 2.39 判断复杂电路中的回路

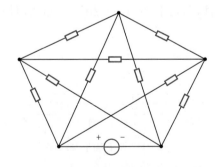

图 2.40 无法找出所有网孔的电路

网孔的概念只适用于平面电路。能够找到所有网孔的电路称为平面电路，反之则称为非平面电路。本书中涉及的电路大都是平面电路。

2.3.5 导线、节点变形记

电路拓扑中的电路元件相互连接，有的时候是直接连接，有的时候是通过导线连接。
电路拓扑中的导线是理想导线，可以任意弯曲、收缩，甚至可以缩为一点，如图2.41所示。
反过来，电路拓扑中的点可以分化为两个或多个通过导线连接的点，如图2.42所示。

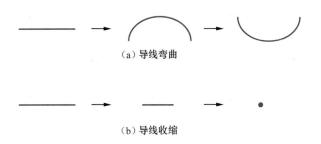

（a）导线弯曲

（b）导线收缩

图 2.41　导线弯曲和收缩

巧妙利用导线和节点的变形，有时能更清晰地反映出电路的本质特点，使电路分析变得更容易。

图 2.42　一个点分化为两个通过导线连接的点

例如，图2.43（a）所示电路不容易看出电阻的串并联关系，通过将c、d之间的导线收缩为一点e，再将e分化为两个点f和g，就很容易看出R_1和R_2是并联，R_3和R_4是并联，R_1和R_2并联后与R_3和R_4并联后串联。

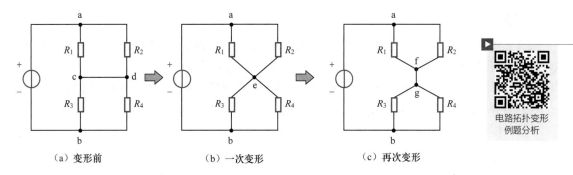

（a）变形前　　　　　　　　　（b）一次变形　　　　　　　　　（c）再次变形

图 2.43　通过导线和节点的变形判断电阻的串并联关系

电路拓扑变形
例题分析

电路分析中有各种各样的技巧。这些技巧可以降低电路分析难度，有时甚至能产生神奇的效果。但要注意，不用刻意追求技巧，因为这些技巧在电路分析中只是锦上添花，掌握了固然好，不掌握也没有关系。

格物致知

本章小结

现实与理想

电路分析中的电路元件都是从实际电路中抽象出来的电路模型。电路模型都是理想化的，能够在一定程度上反映实际电路的本质，但其并不完全等同于实际电路。将实际电路抽象成理想的电路模型，一方面可以简化分析过程，另一方面可以反过来指导实际电路的设计。同样地，我们每个人都有理想，理想来源于现实，反过来又能指导现实。

电路模型与实际电路有或多或少的差异。同样地，理想与现实的差异也是不可避免的。

电路模型不宜与实际电路偏差过大。同样地，理想也不宜过度偏离现实，过度偏离现实的理想是空中楼阁，虚无缥缈，无法指导现实。

实际的线圈可以抽象为一个电阻和一个电感串联，这是线圈的本质属性。在对线圈进行抽象时，没有必要关注线圈的形状、大小、材质、颜色等。同样地，理想应该只从现实中抽象升华出本质的东西，没有必要也不可能反映现实的所有方面。

每个人都应该树立自己的理想，理想应从实际出发，接地气，不能好高骛远。理想树立后，要经常用理想指导、激励自己，不忘初心，牢记使命。

小至个人、家庭，大至社会、国家，都应该有理想。中华民族伟大复兴就是我们国家的理想，勤劳、善良、智慧、勇敢的中国人民是实现这一理想的最大保障。

📝 习题

一、复习题

参考答案

2.1节 电路基本物理量

▶ 基础题

2.1 判断题2.1图所示电路中元件电压和电流是关联参考方向还是非关联参考方向，功率代表发出功率还是吸收功率，并判断元件实际发出还是实际吸收功率。

2.2 假设题2.2图所示电路中各元件的电流参考方向为顺时针方向，电压参考方向如图所示。

（1）判断各元件的参考方向是关联参考方向还是非关联参考方向。

（2）计算各元件的功率，并判断各元件实际发出还是实际吸收功率。

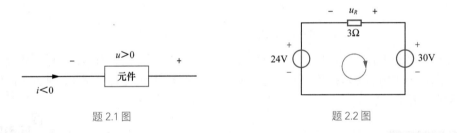

题 2.1 图　　　　　　　　　　　题 2.2 图

2.2节 电路基本元件

▶ 基础题

2.3 判断题2.3图所示两个受控电源的类型，输出电压还是输出电流，并确定图中控制系数的单位。

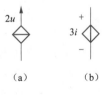

题 2.3 图

2.3节 电路拓扑

▶ 基础题

2.4 确定题2.4图所示电路的支路数、节点数和网孔数。

2.5　判断题2.5图所示电路中5个电阻的串并联关系。

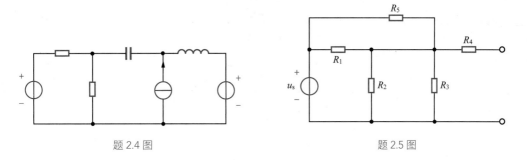

题 2.4 图　　　　　　　　　　　　　　题 2.5 图

▶ **提高题**

2.6　确定题2.6图所示电路的支路数、节点数和网孔数。

2.7　确定题2.7图所示电路的节点数，判断图中电阻的串并联关系，并画出导线、节点变形后的简明电路。

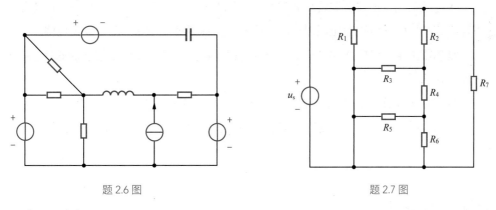

题 2.6 图　　　　　　　　　　　　　　题 2.7 图

二、应用题

2.8　电池容量的单位一般为安培·小时（A·h）。如果某一手机电池的容量为3A·h，手机剩余电量显示为5%，那么当手机电池用恒定电流1A充电时，需要多长时间其电量才能达到95%？

第**3**章

电路基本定律

第2章介绍了电路基本物理量（电流、电压和功率）、电路基本元件和电路拓扑，不过并没有介绍如何求出电路基本物理量。本章将介绍求电路基本物理量中电压与电流的依据和方法。由于功率等于电压与电流的乘积，只要求出电压与电流，自然就可以求出功率。

求电压与电流一方面需要知道电路基本元件的电压与电流关系，另一方面需要确定电路拓扑所满足的电压规律与电流规律，即本章将要介绍的基尔霍夫定律。

基尔霍夫定律包括两部分：节点满足的基尔霍夫电流定律和回路满足的基尔霍夫电压定律。

基尔霍夫定律是分析电路的基石，极为重要。本章首先介绍基尔霍夫电流定律，然后介绍基尔霍夫电压定律，最后介绍基于基尔霍夫定律的电路求解方法。

学习目标

（1）深刻理解和掌握基尔霍夫电流定律和基尔霍夫电压定律的内容；

（2）熟练运用基尔霍夫定律进行电路求解；

（3）锻炼根据具体问题选择较为合适的解决方法的能力。

3.1 基尔霍夫电流定律

基尔霍夫电流定律（Kirchhoff's current law，KCL）是电路中节点所连接支路的电流所满足的定律。KCL有两种等价的表述形式，各有优缺点。下面分别介绍KCL的两种表述形式。

3.1.1 基尔霍夫电流定律表述形式一

KCL表述形式一：在集总参数电路中，对任意一个节点而言，流入该节点的支路电流等于流出该节点的支路电流，即流入电流等于流出电流。KCL反映了电荷守恒的规律，即流入节点的电量等于流出该节点的电量。

KCL表述形式一对应的方程很容易写出，例如，图3.1所示电路中支路电流对应的KCL方程为

$$i_1 = i_2 + i_3 \tag{3.1}$$

需要注意的是，图3.1电路中支路电流的方向均为参考方向，即假定方向。如果改变图3.1中电流的参考方向，同样可以写出对应的KCL方程，例如，图3.2所示电路的KCL方程为

$$i_1 + i_2 + i_3 = 0 \tag{3.2}$$

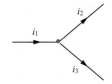
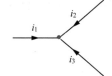

图 3.1　KCL 示意电路 1　　　　图 3.2　KCL 示意电路 2

式（3.2）中，支路电流 i_1、i_2、i_3 均为流入。图3.2电路中没有流出的电流，所以流出电流为0。

图3.2电路及其对应的KCL方程看起来很奇怪：对于一个节点，怎么可能只有流入电流，而没有流出电流呢？

产生这一奇怪现象的原因是，我们习惯性地认为图中电流的流入和流出都是真实的，而实际上电路中标记的电流方向都是参考方向，即假定方向。图3.2电路中如果 i_1 为1 A流入，i_2 为2 A流入，那么将它们代入式（3.2）可得 i_3 为−3 A，负号说明 i_3 的真实方向是流出。这样一来，图3.2电路真实流入的电流为3 A，真实流出的电流也是3 A，满足KCL表达形式一。可见，无论是从参考方向的角度，还是从真实方向的角度，KCL都成立。因此，不要再纠结真实的电流方向，记住电路中标记的所有电流方向都是参考方向即可。

KCL不仅对节点成立，对封闭的曲线也成立，即对于电路中任意一条封闭曲线，流入该封闭曲线的支路电流等于流出该封闭曲线的支路电流。例如，图3.3所示电路的KCL方程为

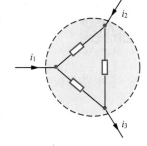

图 3.3　KCL 示意电路 3

$$i_1 + i_2 = i_3 \tag{3.3}$$

3.1.2 基尔霍夫电流定律表述形式二

式（3.3）是KCL表述形式一对应的方程，它可以变为

$$i_1 + i_2 - i_3 = 0 \tag{3.4}$$

也可以变为

$$-i_1 - i_2 + i_3 = 0 \tag{3.5}$$

可见，式（3.3）、式（3.4）和式（3.5）是相互等价的三个方程。其中式（3.4）和式（3.5）是 KCL 表述形式二对应的方程。

　　KCL 表述形式二：在集总参数电路中，对任意一个节点而言，该节点的支路电流代数和等于零。这里的代数和是很少用到的概念。在数学中，通常"和"指的是两个或多个变量相加的结果，而"代数和"把相加和相减都视为求和。这是很容易理解的，因为 $x - y$ 也可以写为 $x + (-y)$。

　　由于是代数和，因此 KCL 表述形式二的方程中需要判断正负。正负根据电流流入还是流出判断。图3.3电路中 i_1 和 i_2 为流入电流，i_3 为流出电流。如果流入电流变量前面的符号为正，则流出电流变量前面的符号为负，如式（3.4）所示。如果流出电流变量前面的符号为正，则流入电流变量前面的符号为负，如式（3.5）所示。以流入为正或者以流出为正都可以，所列写的方程是等价的。

　　式（3.3）、式（3.4）和式（3.5）相互等价，说明 KCL 表述形式一和 KCL 表述形式二是等价的。既然两者等价，那么为什么有了表述形式一，还要给出表述形式二呢？这是一个仁者见仁、智者见智的问题。下面给出可能的解释。

　　由式（3.4）和式（3.5）可见，KCL 表述形式二从数学上看貌似"更美观"，因为好像"更整齐一些"。显然，这样的解释主观性很强，不是所有人都认同。

　　另外一个解释可能认同的人会多一点，通过一个例子来说明。图3.4中节点连接了6条支路，如果采用 KCL 表述形式一（流入电流=流出电流），则方程为

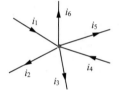

图 3.4　连接支路较多的节点

$$i_1 + i_4 = i_2 + i_3 + i_5 + i_6 \tag{3.6}$$

如果采用 KCL 表述形式二（电流代数和=0），并且以流入为正，则方程为

$$i_1 - i_2 - i_3 + i_4 - i_5 - i_6 = 0 \tag{3.7}$$

KCL 例题分析

　　比较式（3.6）和式（3.7）的列写过程，会发现采用 KCL 表述形式一时，要将流入电流和流出电流分清不太容易，因为容易看花眼，出错概率大。而采用 KCL 表述形式二时，每个支路电流前符号的正负是逐个进行判断的，出错概率小。

　　由以上解释可见，当节点连接支路较少时，一般适合采用 KCL 表述形式一，而当节点连接支路较多（大于或等于4条）时，一般适合采用 KCL 表述形式二。在电路分析中究竟采用哪种表述形式，可以根据表3.1所示的两种表述形式的特点进行确定。

表 3.1　KCL 两种表述形式比较

KCL 表述形式	直观程度	美观程度	出错概率
表述形式一 （流入电流=流出电流）	非常直观 易于理解	貌似 不太美观	支路少不易出错 支路多易出错
表述形式二 （电流代数和=0）	不太直观 不太容易理解	貌似 较为美观	无论支路多少 都不易出错

3.2 基尔霍夫电压定律

基尔霍夫电流定律（KCL）是电路中节点所连接支路的电流所满足的定律，而基尔霍夫电压定律（Kirchhoff's voltage law，KVL）是电路中回路所包含支路的电压所满足的定律。KVL同样也有两种等价的表述形式，各有优缺点。下面分别介绍KVL的两种表述形式。

3.2.1 基尔霍夫电压定律表述形式一

KVL表述形式一：在集总参数电路中，对任意一个回路而言，顺着回路绕向，升压的支路电压之和等于降压的支路电压之和。

KVL表述形式一对应的方程很容易写出，例如，图3.5所示电路中支路电压对应的KVL方程为

$$u_1 = u_2 + u_3 \tag{3.8}$$

支路电压是升压还是降压，需要根据支路电压参考方向和回路绕向确定：如果顺着回路绕向，支路电压参考方向是由低电位到高电位，则其为升压，即图3.5中的u_1；如果支路电压参考方向顺着回路绕向是从高电位到低电位，则其为降压，即图3.5中的u_2和u_3。

回路绕向既可以采用图3.5所示的顺时针方向，也可以采用图3.6所示的逆时针方向。如果采用逆时针绕向，则升压和降压会与顺时针绕向刚好相反，此时回路满足的KVL方程为

$$u_2 + u_3 = u_1 \tag{3.9}$$

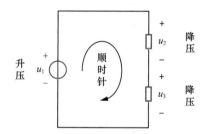

图 3.5　顺时针绕向的 KVL 示意电路

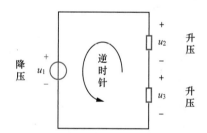

图 3.6　逆时针绕向的 KVL 示意电路

式（3.8）和式（3.9）是等价的方程，说明顺时针和逆时针两种回路绕向可以任选一种。

KVL不仅对闭合路径成立，对实际不闭合的假想闭合路径也成立。例如，图3.7所示电路的路径不闭合，但是图中a、b两点之间断开的部分可被视为一个阻值无穷大的电阻，从而构成一个假想的闭合路径。这种假想的闭合路径可被视为虚拟回路。此时，虚拟回路满足的KVL方程为

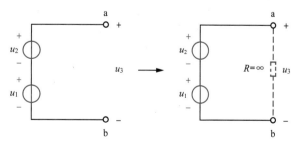

图 3.7　虚拟回路示意图

$$u_1 + u_2 = u_3 \tag{3.10}$$

3.2.2　基尔霍夫电压定律表述形式二

式（3.8）是KVL表述形式一对应的方程，它可以变为

$$u_1 - u_2 - u_3 = 0 \tag{3.11}$$

也可以变为

$$-u_1 + u_2 + u_3 = 0 \tag{3.12}$$

可见，式（3.8）、式（3.11）和式（3.12）是相互等价的三个方程。其中式（3.11）和式（3.12）是KVL表述形式二对应的方程。

KVL表述形式二：在集总参数电路中，对任意一个回路而言，该回路的支路电压代数和等于零。这体现了电场力做功与路径无关，类似重力做功的情况。如果将一个物体抬起来，转一圈，然后放回原位，那么重力做的总功为0，与转圈所经过的路径无关。

由于是代数和，因此KVL表述形式二的方程中需要判断正负。正负根据升压还是降压判断。图3.5电路中u_1为升压，u_2和u_3为降压。如果升压支路电压变量前面的符号为正，则降压支路电压变量

KVL例题分析

前面的符号为负，如式（3.11）所示。如果降压支路电压变量前面的符号为正，则升压支路电压变量前面的符号为负，如式（3.12）所示。以升压为正或以降压为正都可以，所列写的方程是等价的。

KVL表述形式一和KVL表述形式二等价，究竟采用哪种表述形式可以根据表3.2所示的两种表述形式的特点进行确定。

表 3.2　KVL 两种表述形式比较

KVL表述形式	直观程度	美观程度	出错概率
表述形式一 （升压=降压）	非常直观 但物理意义不明确	貌似 不太美观	支路少不易出错 支路多易出错
表述形式二 （电压代数和=0）	不太直观 但物理意义较明确	貌似 较为美观	无论支路多少 都不易出错

表面上看，KCL方程和KVL方程的列写难度差不多，但由于判断升压还是降压比判断流入还是流出更难，因此KVL方程的实际列写难度更高。为了减少出错，KVL表述形式二更为常用，特别是在回路中支路较多时，建议采用KVL表述形式二。例如，图3.8所示电路采用KVL表述形式一很难列写方程，也很容易出错，而采用KVL表述形式二，既容易列写方程，又不容易出错。以降压为正，则图3.8回路的KVL方程为

$$-u_1 + u_2 + u_3 + u_4 - u_5 = 0$$

同步练习3.1　（基础题）列写图3.9所示电路的KVL方程。

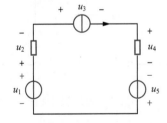

图 3.8　支路较多的回路　　　　图 3.9　同步练习 3.1 电路图

答案：$u_1 + u_2 - u_3 + u_4 + u_5 = 0$。

3.3　基于基尔霍夫定律求解电路

KCL和KVL是电路求解的基石。列写KCL方程和KVL方程并不是针对电路中所有节点和回路，因此，首先要确定需要列写的KCL独立方程数和KVL独立方程数，然后才能进行方程的列写。

AR　交互动画

以灯泡亮度演示KCL和KVL对电路的影响

3.3.1　基尔霍夫电流定律独立方程数

图3.10所示电路有2个节点。按照电流代数和等于零的表述形式，节点①、节点②满足的KCL方程分别为

$$i_1 + i_2 - i_3 = 0 \tag{3.13}$$

$$-i_1 - i_2 + i_3 = 0 \tag{3.14}$$

通过观察可以发现，式（3.13）和式（3.14）两个方程是等价的。因此，列写其中一个方程即可，没有必要把两个方程都列写出来。可见，图3.10电路有2个节点，需要列写1个KCL独立方程。

如果一个电路有n个节点，那么KCL独立方程数为多少呢？答案是$n-1$。例如，图3.11所示电路有4个节点，则列写3个KCL独立方程即可。

同步练习3.2　（基础题）　确定图3.12所示电路的KCL独立方程数。

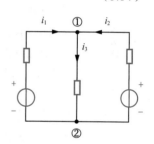

图 3.10　包含 2 个节点的电路

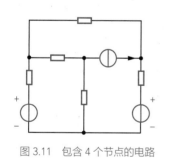

图 3.11　包含 4 个节点的电路

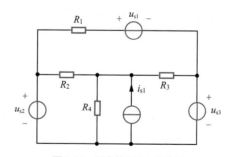

图 3.12　同步练习 3.2 电路图

KCL独立方程数例题分析

答案：3个。

3.3.2　基尔霍夫电压定律独立方程数

确定KVL独立方程数的方法通常比确定KCL独立方程数的方法简单，即KVL独立方程数等于电路的网孔数。例如，图3.10所示电路的网孔数为2，所以KVL独立方程数也是2。图3.11所示电路的网孔数为3，所以KVL独立方程数也是3。要想严格证明KVL独立方程数等于网孔数，需要用到拓扑学方法，证明过程较为复杂，此处省略。

同步练习3.3 （基础题）确定图3.13所示电路的KVL
独立方程数。

答案：5个。

需要注意的是，由2.3.4小节中关于网孔的介绍可知，网
孔的概念并不是对所有电路都适用。对于少数不适用网孔概
念的电路，KVL独立方程数为$b-n+1$，其中b为支路总数，n
为节点总数。

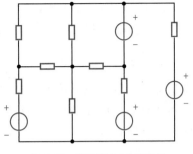

图 3.13 同步练习 3.3 电路图

3.3.3 基于基尔霍夫定律的电路求解步骤

KVL独立方程数
例题分析

基于KCL和KVL进行电路求解一般分为6步，其中部分步骤可以交换顺序，
部分步骤在特定情况下可以省略。

第1步：确定需要列写的KCL独立方程数和KVL独立方程数。第1步通常可以
通过观察完成。

第2步：标记电路中所有支路电流和元件电压，以及电流和电压的参考方向。电路图中原本
标记的电流参考方向和电压参考方向不需要更改。

第3步：列写KCL方程。

第4步：列写KVL方程。第3步和第4步的顺序可以交换。

第5步：列写元件（如电阻、电容、电感等）的电压与电流之间的关系。第5步通常会与第3
步或第4步合并，这不太容易理解，后面通过具体的例子加以说明。

第6步：解方程，得到待求的电压和电流。

以上步骤看起来很多，不过第1步和第2步比较简单，可以视为一步，第3步和第4步可以视为
一步，第5步通常不单独存在，而是与第3步或第4步合为一步。因此，基于KCL和KVL进行电路
求解的步骤总体来看只有3步。下面通过具体的例子来说明如何基于KCL和KVL进行电路求解。

例3.1 （基础题）图3.14所示电路中$U_{s1}=6V$，$U_{s2}=12V$，$R_1=2\Omega$，$R_2=6\Omega$，$R_3=3\Omega$。求I_1。

解

第1步：观察确定KCL独立方程数和KVL独立方程数。

图3.14中有2个节点，因此KCL独立方程数为1；有2个
网孔，因此KVL独立方程数为2。

第2步：标记电路中所有支路电流和元件电压，以及电
流和电压的参考方向。

图3.14中已标记部分电压参考方向和电流参考方向，
需要新增的电压和电流包括3个电阻上的电压及中间支路、
右侧支路的电流，如图3.15所示。新增的电流参考方向根

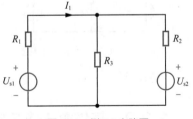

图 3.14 例 3.1 电路图

据个人习惯确定，而新增的电阻电压参考方向一般取与电阻电流相关联的方向，这是因为在关联
参考方向下，电阻满足的欧姆定律表达式中不会出现负号。

第3步：列写KCL方程。

由图3.15可列写KCL方程

$$I_1 = I_2 + I_3$$

第4步：列写KVL方程。

首先确定回路绕向。假定图3.15中两个网孔的回路绕向均为顺时针方向。这一假定通常只需要在脑海中记住即可，不需要在电路中标记。按照顺时针绕向，以降压为正，图3.15左右两个网孔的KVL方程分别为

$$-U_{s1} + U_1 + U_3 = 0$$

$$-U_3 + U_2 + U_{s2} = 0$$

注意，列写KVL方程采用的是电压代数和等于零的形式，这是为了降低出错的概率。

第5步：列写元件的电压与电流之间的关系。

通过观察可以发现KCL方程和KVL方程中总计有6个未知数，而方程只有3个，显然无法求解。因此还需要列写元件的电压与电流的关系。

图3.15中3个电阻的电压与电流均满足欧姆定律：

$$U_1 = R_1 I_1$$

$$U_2 = R_2 I_2$$

$$U_3 = R_3 I_3$$

第6步：解方程。

将题目中的已知条件代入以上6个方程，可以解得

$$I_1 = 0.5 \text{ A}$$

以上6个步骤虽然每一步都比较简单，但毕竟步骤较多。而且图3.15中标记的电压和电流太多，显得非常凌乱。下面给出简化后的求解过程。

第1步：观察确定KCL独立方程数和KVL独立方程数，并标记支路电流及其参考方向。

图3.14中有2个节点，因此KCL独立方程数为1；有2个网孔，因此KVL独立方程数为2。为了列写KCL方程，需要标记中间支路和右侧支路的电流及其参考方向，如图3.16所示。

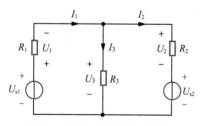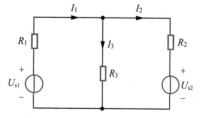

图 3.15　图 3.14 电路标记电流和电压　　　　图 3.16　图 3.14 电路仅标记支路电流

第2步：列写KCL方程和KVL方程。

由图3.16可列写KCL方程

$$I_1 = I_2 + I_3$$

左右两个网孔的KVL方程分别为

$$-U_{s1} + R_1 I_1 + R_3 I_3 = 0$$

$$-R_3 I_3 + R_2 I_2 + U_{s2} = 0$$

注意，图3.16中没有标记电阻电压及其参考方向，默认采用关联参考方向，并且直接根据欧姆定律用电阻电流表示电阻电压。这样做有两个好处：一个是使电路标记更简洁；另一个是使列写的方程也更简洁。这是电路分析中通常采用的做法。

第3步：解方程。

以上3个方程中有3个未知数，将题目中的已知条件代入方程，可以解得

$$I_1 = 0.5\text{ A}$$

比较简化后的步骤和简化前的步骤，显然简化后的步骤更为简单明了，因此以后电路求解均采用简化后的步骤。

基于KCL和KVL进行电路求解是电路分析的基础，极为重要，因此下面将给出更多例题和同步练习题。

例3.2　（**基础题**）图3.17所示电路中 $U_{s1} = 6\text{V}$ ，$R_1 = 3\Omega$ ，$R_2 = 6\Omega$ ，$I_s = 4\text{A}$ 。求 I_1 。

解　观察图3.17电路可知KCL独立方程数为1，KVL独立方程数为2。标记中间支路电流及其参考方向，如图3.18所示。

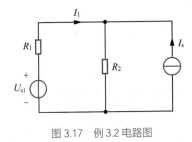

图 3.17　例 3.2 电路图　　　　　图 3.18　图 3.17 电路标记支路电流

由图3.18可列写如下KCL方程和KVL方程

$$I_1 + I_s = I_2$$

$$-U_{s1} + R_1 I_1 + R_2 I_2 = 0$$

以上2个方程中有2个未知数，将题目中的已知条件代入以上2个方程，可以解得

$$I_1 = -2\text{ A}$$

注意，实际列写的KVL方程只有1个，而图3.18中有2个网孔，那么为什么列写的KVL方程少于2个呢？观察图3.18电路可见，右侧网孔仅有两个元件并联，并联元件的电压相等，即使写出KVL方程（即U=U），也等于没写，即该KVL方程可以省略。

同步练习3.4　（**基础题**）图3.19所示电路中 $U_{s1} = 6\text{V}$ ，$U_{s2} = 12\text{V}$ ，$R_1 = 3\Omega$ ，$R_2 = 6\Omega$ ，$I_s = 1\text{A}$ 。求 I_1 。

答案：$I_1 = 0\text{ A}$ 。

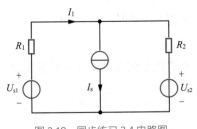

图 3.19　同步练习 3.4 电路图

例3.3 （提高题）图3.20所示电路中 $U_{s1} = 6V$ ， $U_{s2} = 12V$ ， $R_1 = 3\Omega$ ， $R_2 = 6\Omega$ 。求 I_1 。

解 通过观察可得图3.20所示电路的KCL独立方程数为1，KVL独立方程数为2。标记电流和电压及其参考方向的电路如图3.21所示。

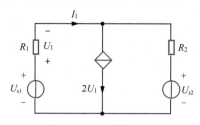

图 3.20　例 3.3 电路图

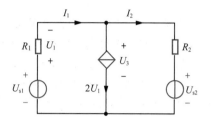

图 3.21　图 3.20 标记电流和电压

由图3.21电路可以写出KCL方程

$$I_1 = 2U_1 + I_2$$

左右两个网孔的KVL方程分别为

$$-U_{s1} + R_1 I_1 + U_3 = 0$$

$$-U_3 + R_2 I_2 + U_{s2} = 0$$

通过观察可以发现，KCL方程和KVL方程总计有3个，但是未知数有4个。为什么多了1个未知数呢？这是因为图3.21中受控电流源的控制量 U_1 未知。未知数多于方程数，显然无法求解，那怎么办呢？

解决办法是增加1个方程。增加方程的原则是"解铃还须系铃人"。既然未知数增加的原因是受控电源的控制量未知，那么就要从控制量 U_1 入手增加方程。通过观察可以发现，控制量是电阻 R_1 的电压，电阻满足欧姆定律，因此增加的方程为

$$U_1 = R_1 I_1$$

将题目中的已知条件代入以上4个方程，可以解得

$$I_1 = \frac{2}{9} \text{A}$$

由以上解题过程可见，当电路中存在受控电源时，受控电源的控制量未知会给电路的求解增加难度。不过，只要遵循"解铃还须系铃人"这一原则，问题就能迎刃而解。

同步练习3.5 （提高题）图3.22所示电路中 $U_{s1} = 6V$ ， $R_1 = 2\Omega$ ， $R_2 = 6\Omega$ ， $R_3 = 3\Omega$ 。求 I_1 。

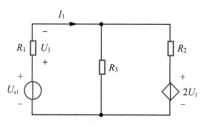

图 3.22　同步练习 3.5 电路图

KCL和KVL
综合运用
例题分析

答案： $I_1 = 1.125 \text{A}$ 。

本章小结

格物致知

万丈高楼平地起

基尔霍夫电流定律（KCL）和基尔霍夫电压定律（KVL）是电路分析的基石，类似于盖高楼前打的地基。俗话说，万丈高楼平地起。要想使高楼稳固，则必须打好地基。每个人在人生的历程中，凡事都要先努力打好基础，为以后获得成功做充分的准备。例如，在大学阶段需要努力把各门课程学好，从而为将来的工作打下坚实基础，这有利于工作取得成功。打基础的过程可能显得漫长和枯燥，但却是必不可少的环节。

如果地基没有打好，高楼就难以盖成，即使盖成，也会因为根基不稳而存在安全隐患，此时楼盖得越高，安全隐患越大。因此，我们的人生要稳扎稳打，不能急于求成。

习题

一、复习题

3.1节 基尔霍夫电流定律

参考答案

▶ 基础题

3.1 分别用KCL的两种表述形式列写题3.1图所示电路的KCL方程。

3.2 求题3.2图所示电路的支路电流 i_5。

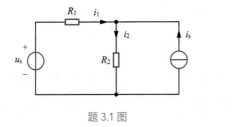

题 3.1 图

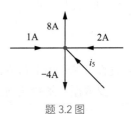

题 3.2 图

▶ 提高题

3.3 列写题3.3图所示电路节点①和节点②的KCL方程。

3.4 求题3.4图所示电路中的电流 i。

3.2节 基尔霍夫电压定律

▶ 基础题

3.5 分别用KVL的两种表述形式列写题3.5图所示电路的KVL方程。

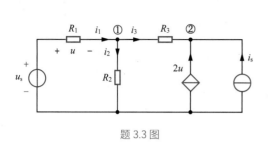

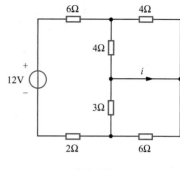

题 3.3 图

题 3.4 图

3.6　求题3.6图所示电路的电流源电压u。

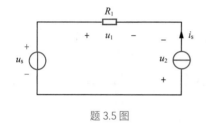

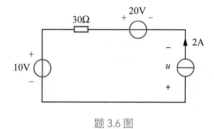

题 3.5 图

题 3.6 图

▶ **提高题**

3.7　列写题3.7图所示电路中回路1和回路2的KVL方程。

3.8　求题3.8图所示电路中的电压U。

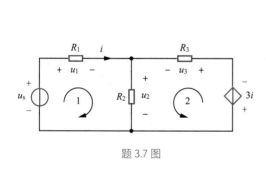

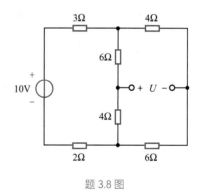

题 3.7 图

题 3.8 图

<table>
<tr><td>3.3节</td><td>基于基尔霍夫定律求解电路</td></tr>
</table>

▶ **基础题**

3.9　求题3.9图所示电路的电流i。

3.10　求题3.10图所示电路中电压源和电流源各自发出的功率。

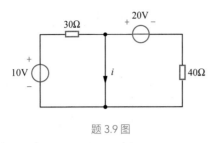

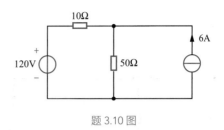

题 3.9 图   题 3.10 图

▶ 提高题

3.11　求题3.11图所示电路的电压u。

3.12　求题3.12图所示电路的电压u。

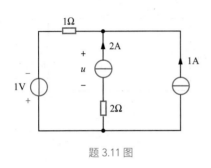

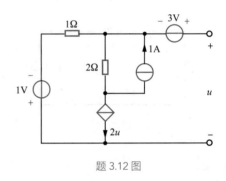

题 3.11 图   题 3.12 图

二、综合题

3.13　在题3.13图所示电路中，已知$i_1 = 3\,\text{mA}$。求u_s和i_2。

三、应用题

3.14　题3.14图所示电路为一个桥式电路，电压源为直流稳压电源，R_a、R_b和R_c为固定电阻。图中R_T为电阻性温度传感器，当温度改变时，R_T会随之改变，从而会改变电压u，因此通过测量电压u可获知温度。为了使该测温电路具有较高的灵敏度，要求R_T有较小变化时，u有较大变化。求：电路满足什么条件时，测温电路灵敏度最高（即$\dfrac{\mathrm{d}u}{(\mathrm{d}R_T)/R_T}$最大）？

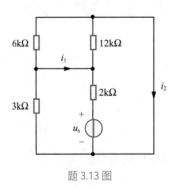

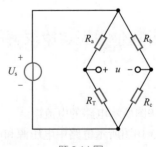

题 3.13 图   题 3.14 图

第 **4** 章

电路基本分析方法

由第3章可知，任何电路都可以基于KCL和KVL求解。不过我们发现，即使是一个简单的电路，也要列写不少KCL方程和KVL方程。方程多了，解方程的难度自然也会加大。因此，虽然KCL和KVL可谓万能，但其仅适用于较简单电路的求解。对于稍微复杂的电路，列写KCL方程和KVL方程麻烦，解方程更麻烦。那么，该怎么解决这一问题呢？

第一个思路是从电路拓扑出发，对电路局部进行简化，使原来复杂的电路拓扑变成相对简单的电路拓扑，然后通过KCL和KVL求解。这就是本章4.1节将要介绍的等效变换。

第二个思路是从方程出发，减少列写方程的数量，自然也就降低了解方程的难度。这就是本章4.2节和4.3节将要分别介绍的节点电压法和回路电流法。

本章首先介绍等效变换，然后介绍节点电压法，最后介绍回路电流法并将其与节点电压法进行比较。

⑤ 学习目标

（1）深刻理解并掌握电路等效变换的定义和特点，尤其是"对外等效"和"对内不等效"的含义；

（2）掌握几种常见的电路等效变换的结论；

（3）理解节点电压法和回路电流法的本质，并熟练掌握节点电压方程和回路电流方程的列写方法和注意事项；

（4）锻炼将复杂问题进行简化处理的能力。

4.1 等效变换

等效变换的目的是将电路局部变得简单一点，从而简化电路分析。我们在中学学过，多个电阻串联或并联可以等效为一个电阻，这就是一个等效变换。不过，电路分析中的等效变换是一种电路分析的基本方法，其形式远远超出电阻串并联的等效变换。下面首先介绍等效变换的定义和特点，然后介绍几种常见的等效变换。

4.1.1 等效变换的定义和特点

电路的等效变换（equivalent transformation）就是将一个电路局部变换成一个相对简单的电路局部，同时保证变换前后电路局部对外连接端口的电压、电流关系不变。以图4.1为例，等效变换要保证图中的u、i在变换前后关系不变。

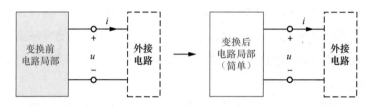

图 4.1　等效变换示意图

由图4.1可见，如果能保证变换前后电路局部的端口u、i关系不变，且外接电路相同，则变换前后的u、i不变。电路局部的端口u、i同时也是外接电路的端口电压、电流，u、i不变则可保证外接电路的所有电压和电流不变（因为外接电路列写方程进行求解时所列写的方程不变）。也就是说，从该电路局部外接电路的角度来看，如果电路局部的变换对外接电路没有影响，该变换就是等效的变换，因此称为等效变换。反之，如果电路局部变换后端口u、i关系发生变化，则会导致外接相同电路时外接电路的电压和电流发生改变，这样的变换对外接电路而言显然不是等效的，因此也就不是等效变换。

等效变换的特点与等效变换的定义密切相关。等效变换的特点首先是对外等效，其次是对内不等效。

所谓对外等效，指的是电路局部变换以后，外接电路与局部电路相连接部分的电压、电流关系不变，因而外接电路的所有电压、电流在局部电路变换前后都保持不变。可见，"外"指的是外接电路，即未被变换的电路。

所谓对内不等效，指的是电路局部发生了变化，包括拓扑、电压、电流等。可见，"内"指的是被变换的电路局部。

4.1.2 串并联电阻的等效变换

串联电阻可以变换为一个电阻，这就是一种等效变换。下面给出证明过程。

图4.2所示电路左侧有两个电阻串联。根据KVL和欧姆定律，可得

$$u = u_1 + u_2 = R_1 i + R_2 i = (R_1 + R_2)i \tag{4.1}$$

图4.3所示电路左侧仅有一个电阻。根据欧姆定律，可得

$$u = R_{eq}i = (R_1 + R_2)i \tag{4.2}$$

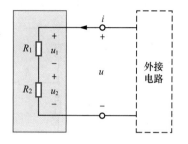

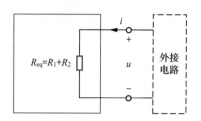

图 4.2 局部有两个电阻串联的电路　　　　　　图 4.3 局部有一个电阻的电路

比较式（4.1）和式（4.2）可见，图4.2和图4.3电路的端口电压、电流关系相同，因此满足等效变换的要求。等效变换后，电阻由原来的两个变成了一个，电路局部的拓扑得到了简化。

如果n个电阻串联，则可以将它们等效变换为一个电阻，即$R_{eq} = R_1 + R_2 + \cdots + R_n$。类似地，容易证明并联电阻也可以等效变换为一个电阻。

图4.4所示电路左侧有两个电阻并联。根据KCL和欧姆定律，可得

$$i = i_1 + i_2 = \frac{u}{R_1} + \frac{u}{R_2} = \left(\frac{1}{R_1} + \frac{1}{R_2}\right)u \tag{4.3}$$

式（4.3）可以变为

$$u = \frac{1}{\dfrac{1}{R_1} + \dfrac{1}{R_2}}i = \frac{R_1 R_2}{R_1 + R_2}i \tag{4.4}$$

图4.5所示电路左侧仅有一个电阻。根据欧姆定律，可得

$$u = R_{eq}i = \frac{R_1 R_2}{R_1 + R_2}i \tag{4.5}$$

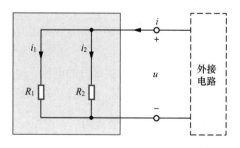

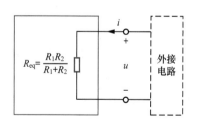

图 4.4 局部有两个电阻并联的电路　　　　　　图 4.5 局部有一个电阻的电路

比较式（4.4）和式（4.5）可见，图4.4和图4.5电路的端口电压、电流关系相同，因此满足等效变换的要求。等效变换后，电阻由原来的两个变成了一个，电路局部的拓扑得到了简化。

如果n个电阻并联，也可以将它们等效变换为一个电阻，即$R_{eq} = 1 \bigg/ \left(\dfrac{1}{R_1} + \dfrac{1}{R_2} + \cdots + \dfrac{1}{R_n}\right)$，其中，分母为等效电导，其等于各并联电导之和，即$G_{eq} = G_1 + G_2 + \cdots + G_n$。

4.1.3 三角形连接电阻和星形连接电阻的等效变换

电阻之间除了串联和并联，还有其他连接方式。例如，图4.6所示电路中5个电阻的连接方式既不是串联，也不是并联。图4.6中5个电阻之间有两种连接方式：一是三角形连接，又称△形连接，例如，图中的R_1、R_2、R_3之间为三角形连接；二是星形连接，又称Y形连接，例如，图中的R_1、R_3、R_4之间为星形连接。

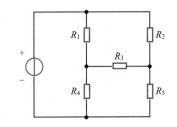

图 4.6 电阻既非串联也非并联的电路

三角形连接电阻和星形连接电阻之间可以等效变换，如图4.7所示。从表面上看，这种等效变换并没有使电路拓扑变简单，但如果将其与外部电路连接，使外部电路分析变得更简单，那么也能起到简化电路分析的作用。例如，将图4.6中R_1、R_2、R_3之间的三角形连接等效变换成星形连接，则可以使原来的非串并联电阻变成串并联电阻，如图4.8所示。

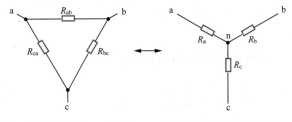

（a）三角形连接（△形连接）电阻 　　（b）星形连接（Y形连接）电阻

图 4.7 三角形连接电阻和星形连接电阻

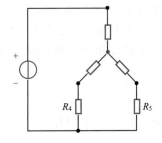

图 4.8 将图 4.6 中 R_1、R_2、R_3 之间的三角形连接变换成星形连接

三角形连接电阻和星形连接电阻的等效变换公式推导过程

图4.7三角形连接电阻与星形连接电阻的等效变换公式推导过程可扫描二维码查看，此处给出结论。

由图4.7（a）三角形连接电阻等效变换为图4.7（b）星形连接电阻的公式为

$$\left.\begin{aligned} R_a &= \frac{R_{ab}R_{ca}}{R_{ab}+R_{bc}+R_{ca}} \\ R_b &= \frac{R_{ab}R_{bc}}{R_{ab}+R_{bc}+R_{ca}} \\ R_c &= \frac{R_{bc}R_{ca}}{R_{ab}+R_{bc}+R_{ca}} \end{aligned}\right\} \tag{4.6}$$

由图4.7（b）星形连接电阻等效变换为图4.7（a）三角形连接电阻的公式为

Y-△等效变换和平衡电桥例题分析

$$\left.\begin{aligned} R_{ab} &= \frac{R_aR_b + R_bR_c + R_cR_a}{R_c} \\ R_{bc} &= \frac{R_aR_b + R_bR_c + R_cR_a}{R_a} \\ R_{ca} &= \frac{R_aR_b + R_bR_c + R_cR_a}{R_b} \end{aligned}\right\} \tag{4.7}$$

4.1.4 与电压源相关的等效变换

电压源与电压源连接，或者与其他电路元件连接，也可以进行等效变换。下面介绍几种与电压源相关的等效变换。

1. 电压源与电压源串联

如果两个电压源串联，则根据KVL可以将其等效变换为一个电压源，如图4.9所示。

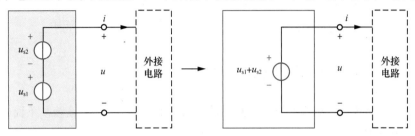

（a）两个电压源电压方向相同

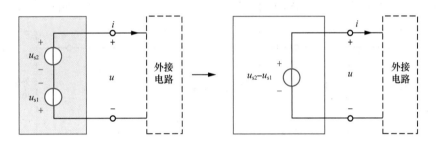

（b）两个电压源电压方向相反

图 4.9 两个电压源串联的等效变换

2. 电压源与电压源并联

如果两个电压源并联，根据KVL，两个电压源的电压必须相等，此时该并联电压源可以等效变换为一个电压源，如图4.10所示。注意，等效变换后的电压源与等效变换前的电压源虽然电压相等，但电流不相等，这是等效变换对内不等效的体现。现实中通常不会将多个电压源并联，如果确实需要并联，一般是因为单个电压源的最大电流有限，多个电压源并联可以提高最大电流。

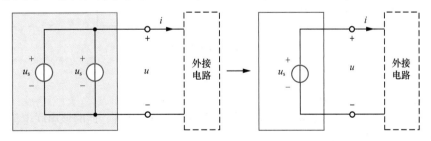

图 4.10 两个电压相等的电压源并联的等效变换

3. 电压源与其他支路并联

如果一个电压源与其他支路并联，则其可以等效变换为一个电压源，且其电压与变换前电压源的电压相等，如图4.11所示。注意，等效变换后的电压源与等效变换前的电压源虽然电压相等，但电流不相等。

电压源与其他
支路并联
例题分析

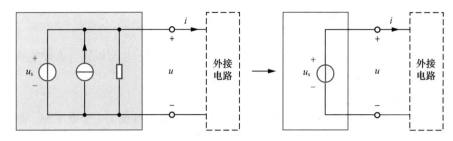

图 4.11　电压源与其他支路并联的等效变换

4.1.5　与电流源相关的等效变换

电流源与电流源连接，或者与其他电路元件连接，也可以进行等效变换。下面介绍几种与电流源相关的等效变换。

1. 电流源与电流源并联

如果两个电流源并联，则根据KCL可以将其等效变换为一个电流源，如图4.12所示。

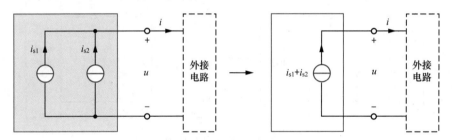

（a）两个电流源电流方向相同

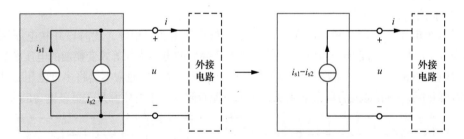

（b）两个电流源电流方向相反

图 4.12　两个电流源并联的等效变换

2. 电流源与电流源串联

如果两个电流源串联，根据KCL，两个电流源的电流必须相等，此时该串联电流源可以等效变换为一个电流源，如图4.13所示。

3. 电流源与其他元件串联

如果一个电流源与其他元件串联，则其可以等效变换为一个电流源，且其电流与等效变换前电流源的电流相等，如图4.14所示。注意，等效变换后的电流源与等效变换前的电流源虽然电流相等，但电压不相等，这是等效变换对内不等效的体现。

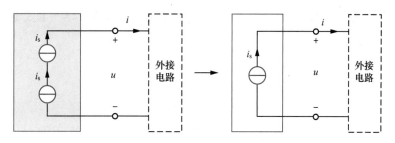

图 4.13　两个电流相等的电流源串联的等效变换

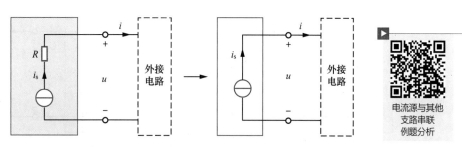

图 4.14　电流源与其他元件串联的等效变换

4.1.6　电压源与电阻串联和电流源与电阻并联的等效变换

以上与电压源和电流源相关的等效变换都没有提及电压源与电阻串联和电流源与电阻并联。实际上，这两种电路可以相互等效变换，如图4.15所示。下面给出证明过程。

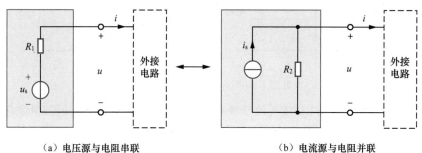

（a）电压源与电阻串联　　　　　　　　　（b）电流源与电阻并联

图 4.15　电压源与电阻串联和电流源与电阻并联的等效变换

图4.15（a）中根据KVL可得

$$-u_s + R_1 i + u = 0 \tag{4.8}$$

整理可得

$$u = u_s - R_1 i \tag{4.9}$$

图4.15（b）中根据KCL可得

$$i_s = i + \frac{u}{R_2} \tag{4.10}$$

整理可得

$$u = R_2 i_s - R_2 i \tag{4.11}$$

等效变换需要满足变换前后的端口电压、电流关系相同，即式（4.9）和式（4.11）应相同，因此需要满足

$$R_2 = R_1 \tag{4.12}$$

$$i_s = \frac{u_s}{R_2} = \frac{u_s}{R_1} \tag{4.13}$$

式（4.12）和式（4.13）是图4.15（a）电压源与电阻串联等效变换成图4.15（b）电流源与电阻并联需要满足的两个条件，变换前后的电路如图4.16所示。

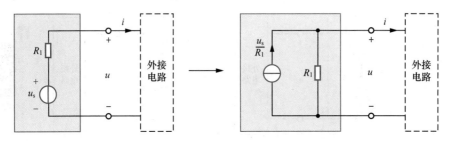

图 4.16　由电压源与电阻串联等效变换成电流源与电阻并联

图4.15也可以反过来变换，变换后电阻不变，电压源电压等于电阻乘以电流源电流，如图4.17所示。

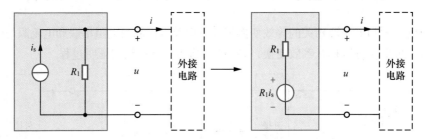

图 4.17　由电流源与电阻并联等效变换成电压源与电阻串联

从表面上看，图4.16和图4.17的等效变换并没有使电路拓扑变简单，但如果结合外接电路，这种等效变换就可能使整个电路拓扑变得简单。下面通过两个具体的例子说明。

例4.1　（基础题）　求图4.18所示电路的电流i。

解　该电路如果直接用KCL和KVL求解，显然有点难度，因为需要列写4个方程（1个KCL方程和3个KVL方程）。如果将电压源与电阻串联等效变换为电流源与电阻并联，则求解过程可以大大简化。

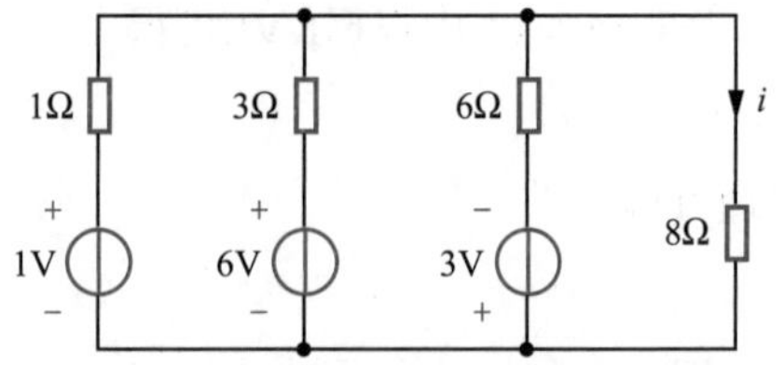

图4.19所示为电路等效变换的过程。

根据并联电阻分流与电阻成反比，可得

$$i = \frac{\frac{2}{3}}{\frac{2}{3}+8} \times 2.5 = \frac{5}{26} \approx 0.192 \text{ A}$$

图 4.18　例 4.1 电路图

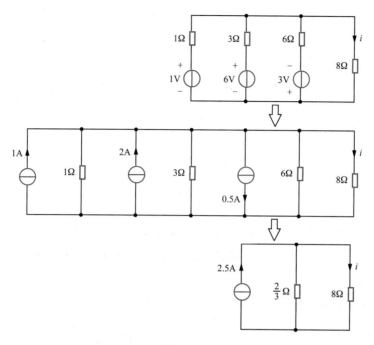

图 4.19　图 4.18 电路的等效变换

由以上解题过程可以看出，经过等效变换，不需要列写方程即可得到最终结果，显然这样简化了电路分析。此解题过程还用到了电流源并联等效变换和电阻并联等效变换。

需要注意的是，等效变换后的电流源电流方向应与等效变换前的电压源电压方向为非关联参考方向，即电流从电压源正极流出。

同步练习4.1　（基础题）求图4.20所示电路的电流i。

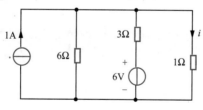

图 4.20　同步练习 4.1 电路图

答案：$i = 2\,\text{A}$。

例4.2　（提高题）求图4.21所示电路a、b两点之间的电压u。

解　该电路如果直接用KCL和KVL求解，显然有点难度，因为需要列写5个方程（2个KCL方程和3个KVL方程）。如果将电流源与电阻并联等效变换为电压源与电阻串联，则求解过程可以大大简化。

图4.22所示为图4.21电路等效变换的过程。

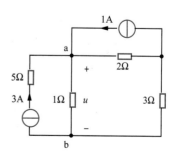

图 4.21　例 4.2 电路图

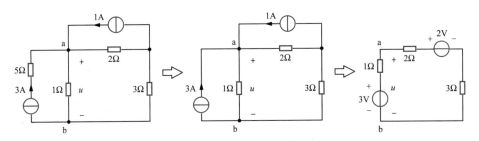

图 4.22　图 4.21 电路的等效变换

由等效变换后的电路可得

$$u = 3 - 1 \times \frac{3-2}{1+2+3} = 2\frac{5}{6} \text{ V}$$

以上解题过程有两个难点：一是与 3A 电流源串联的电阻可以用短路线代替，因为其不影响所在支路的电流；二是在等效变换后不要弄错 a、b 的位置。注意，待求电压不是等效变换后 1Ω 电阻上的电压。

同步练习 4.2　（提高题）求图 4.23 所示电路 a、b 两点之间的电压 u。

答案：0.4 V。

等效变换虽然可以简化电路分析，但使用时也要把握好度，不是电路中所有可以等效变换的地方都要进行等效变换。当需要进行多个位置的多次等效变换时，需要绘制很多电路图，这反而增加了绘图的工作量。因此，要具体问题具体分析，一般只对电路中某些非常容易等效变换的部分进行等效变换。

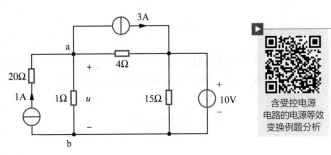

图 4.23　同步练习 4.2 电路图

含受控电源
电路的电源等效
变换例题分析

4.2　节点电压法

等效变换只是对电路局部进行简化的方法，要想从整体上简化电路分析，还需要从减少方程入手。

我们从一个稍微复杂的电路开始，说明为什么要减少方程，以及减少方程的方法。图 4.24 所示电路中有 4 个节点和 3 个网孔，如果基于 KCL 和 KVL 求解，则需要列写 3 个（节点数减 1）KCL 方程和 3 个（网孔数）KVL 方程，总计 6 个方程。6 个方程可以求出 6 个变量，通常选择支路电流作为待求变量，如图 4.25 所示。

由图 4.25 可以列写出 3 个 KCL 方程和 3 个 KVL 方程：

$$\left.\begin{array}{l}
i_1 = i_4 + i_6 \\
i_4 = i_2 + i_5 \\
i_5 + i_6 = i_3 \\
-u_{s1} + R_1 i_1 + R_4 i_4 + R_2 i_2 + u_{s2} = 0 \text{（顺时针绕向，降压为正）} \\
-u_{s2} - R_2 i_2 + R_5 i_5 + R_3 i_3 = 0 \\
u_{s6} + R_6 i_6 - R_5 i_5 - R_4 i_4 = 0
\end{array}\right\} \tag{4.14}$$

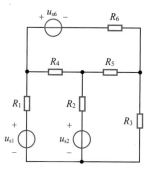

图 4.24 待求解电路

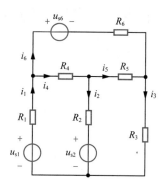

图 4.25 图 4.24 电路标记支路电流

式（4.14）中，KCL方程采用流入电流等于流出电流的表述形式，KVL方程采用支路电压代数和等于零的表述形式。前者易于理解，后者不易出错。

式（4.14）包含6个方程，6个支路电流为未知数。显然方程太多，列写麻烦，求解更难。

怎样才能减少列写的方程呢？很容易想到可以通过减少未知数来减少方程，这就需要将未知数改为其他变量，而不再采用支路电流作为未知数。

本节将要介绍的节点电压法将未知数改为节点电压，此时未知数可由原来的6个减少为3个。下一节将要介绍的回路电流法将未知数改为回路电流，此时未知数也可以由原来的6个减少为3个。

下面介绍节点电压法。

4.2.1 节点电压法的依据

节点电压法（node voltage method）就是以独立节点的节点电压为变量列写KCL方程的方法。对一个具有n个节点的电路而言，其独立节点数等于$n-1$，剩余的1个节点称为参考节点，其电位设置为0，独立节点与参考节点之间的电位差称为节点电压。改变参考节点，其他节点的节点电压也会改变。这可以用山峰高度来类比。我们提起珠穆朗玛峰的高度时，一般以海平面为基准，认为海平面的高度为0，此时珠穆朗玛峰的高度超过八千米。可是有时候我们关注的是珠穆朗玛峰从山脚到山顶的高度，这就需要以山脚为基准，即认为山脚的高度为0，此时珠穆朗玛峰高度变为四千多米。如果一个人攀登珠穆朗玛峰，马上就要爬到峰顶，那么以他所在的位置为基准，珠穆朗玛峰的高度可能只有几十米。

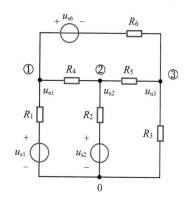

图 4.26 图 4.24 电路标记节点和节点电压

图4.24电路中可以标记4个节点，如图4.26所示。其中节点0为参考节点，其电位设置为0。3个独立节点相对于参考节点的电压分别记为u_{n1}、u_{n2}、u_{n3}。由于待求的节点电压变量只有3个，因此只需要列写3个方程，这大大减少了方程数量（从6个减为3个），从而可以简化电路分析。

在一个电路中，通常需要求的变量不是节点电压。不过，一般我们想求的变量都可以根据节点电压得到。例如，图4.26中R_5上的电流可以表示为$\dfrac{u_{n2}-u_{n3}}{R_5}$，电流参考方向向右。

下面介绍节点电压方程的列写方法。

4.2.2 节点电压方程的列写方法

节点电压方程就是以独立节点电压为变量列写的KCL方程。图4.26电路中3个独立节点满足的KCL方程为

$$
\left.
\begin{array}{l}
\dfrac{u_{n1}-u_{s1}}{R_1}+\dfrac{u_{n1}-u_{n2}}{R_4}+\dfrac{u_{n1}-u_{s6}-u_{n3}}{R_6}=0 \\[3mm]
\dfrac{u_{n2}-u_{n1}}{R_4}+\dfrac{u_{n2}-u_{s2}}{R_2}+\dfrac{u_{n2}-u_{n3}}{R_5}=0 \\[3mm]
\dfrac{u_{n3}-u_{n2}}{R_5}+\dfrac{u_{n3}}{R_3}+\dfrac{u_{n3}+u_{s6}-u_{n1}}{R_6}=0
\end{array}
\right\}
\tag{4.15}
$$

式（4.15）中的KCL方程采用支路电流代数和等于零的表述形式，且以电流流出为正。方程中的支路电流直接通过节点电压表示，而没有作为未知数，这样做是为了减少未知数个数。

式（4.15）中支路电流用节点电压表示，依据的是KVL。例如，将R_6所在支路的电流设为i，如果选择电流参考方向向右，则对图4.26中外围的回路列写KVL方程可得

$$
-u_{n1}+u_{s6}+R_6 i+u_{n3}=0
\tag{4.16}
$$

由式（4.16）可得

$$
i=\dfrac{u_{n1}-u_{s6}-u_{n3}}{R_6}
\tag{4.17}
$$

由式（4.15）、式（4.16）和式（4.17）可以看出，以节点电压为变量列写KCL方程也用到了KVL。可见，节点电压方程虽然是KCL方程，但KVL方程也隐含于其中。以节点电压为变量相对于以支路电流为变量，变量减少了，从而减少了方程数量。

式（4.15）的方程看起来有点乱，不利于求解，因此还需要进一步整理：将未知数（即节点电压）放在方程左侧，将电源相关项放在方程右侧，并合并同类项，可得

$$
\left.
\begin{array}{l}
\left(\dfrac{1}{R_1}+\dfrac{1}{R_4}+\dfrac{1}{R_6}\right)u_{n1}-\dfrac{1}{R_4}u_{n2}-\dfrac{1}{R_6}u_{n3}=\dfrac{u_{s1}}{R_1}+\dfrac{u_{s6}}{R_6} \\[3mm]
-\dfrac{1}{R_4}u_{n1}+\left(\dfrac{1}{R_2}+\dfrac{1}{R_4}+\dfrac{1}{R_5}\right)u_{n2}-\dfrac{1}{R_5}u_{n3}=\dfrac{u_{s2}}{R_2} \\[3mm]
-\dfrac{1}{R_6}u_{n1}-\dfrac{1}{R_5}u_{n2}+\left(\dfrac{1}{R_3}+\dfrac{1}{R_5}+\dfrac{1}{R_6}\right)u_{n3}=-\dfrac{u_{s6}}{R_6}
\end{array}
\right\}
\tag{4.18}
$$

式（4.18）称为节点电压方程的标准形式。

可见，列写节点电压方程的方法就是以节点电压为变量列写KCL方程，然后将其整理成节点电压方程的标准形式。用这种方法列写节点电压方程需要两步，因此我们称之为两步法。那么可不可以直接列写出节点电压方程的标准形式，也就是一步完成呢？答案是可以！我们将这种方法称为一步法。

一步法也是以节点电压为变量列写KCL方程，只不过列写KCL方程的角度与两步法不同。两步法列写KCL方程采用支路电流代数和等于零的表述形式，而一步法是在考虑支路电流的所有产生因素后，直接写出节点电压方程的标准形式。下面介绍一步法列写节点电压方程的思路。

以图4.26电路中节点①的节点电压方程列写为例。由图可见，节点①连接3条支路，支路电流的产生因素可以分为3类：（1）节点①的节点电压单独作用在所连接的电阻上产生电流；（2）与

节点①相邻的节点的节点电压单独作用在两个节点之间的电阻上产生电流；（3）节点①所连接的电源单独作用在串联电阻上产生电流。下面分别写出这3类因素产生电流的表达式。

（1）节点①的节点电压单独作用在所连接的电阻上产生电流。

以电流流出节点为正，则该因素产生的电流的表达式为

$$\left(\frac{1}{R_1}+\frac{1}{R_4}+\frac{1}{R_6}\right)u_{n1} \tag{4.19}$$

以水流的路径和方向比喻节点电压法
各因素产生的电流

由于电阻的倒数称为电导，且式（4.19）中的3个电导都是节点①所连接支路的电导，因此该项称为节点电压方程的自导项。自导项电流一定流出节点，因此表达式中的符号一定为正。

（2）与节点①相邻的节点的节点电压单独作用在两个节点之间的电阻上产生电流。

在图4.26中，以电流流出节点①为正，与之相邻的节点②和节点③产生的电流对于节点①来说一定是流入，因此该因素产生的电流的表达式为

$$-\frac{1}{R_4}u_{n2}-\frac{1}{R_6}u_{n3} \tag{4.20}$$

式（4.20）中的2个电导分别是节点①与节点②和节点③互相拥有的电导，因此该项称为节点电压方程的互导项。互导项电流对于节点①来说一定是流入的，因此表达式中的符号一定为负。

（3）节点①所连接的电源单独作用在串联电阻上产生电流的表达式为

$$\frac{u_{s1}}{R_1}+\frac{u_{s6}}{R_6} \tag{4.21}$$

该项电流放在节点电压方程的右侧。方程右侧为流入电流，因此如果是流入电流，则表达式为正，反之则为负。由图4.26可见，节点①所连接的两个电压源产生的电流对于节点①来说都是流入，因此在方程右侧的表达式都为正。

将式（4.19）、式（4.20）和式（4.21）合到一起，就可以得到节点①的节点电压方程

$$\underbrace{\left(\frac{1}{R_1}+\frac{1}{R_4}+\frac{1}{R_6}\right)u_{n1}}_{\text{自导项}} \quad \underbrace{-\frac{1}{R_4}u_{n2}-\frac{1}{R_6}u_{n3}}_{\text{互导项}} = \underbrace{\frac{u_{s1}}{R_1}+\frac{u_{s6}}{R_6}}_{\text{电源产生电流项}} \tag{4.22}$$

读者可以采用一步法直接列写出节点②和节点③的节点电压方程，并与式（4.18）对照，以检查结果是否正确。

比较两步法和一步法列写节点电压方程的过程，会发现两种方法各有特点，如表4.1所示。

表 4.1　两步法和一步法列写节点电压方程比较

方法	步骤多少	记忆难度	易错之处
两步法	步骤多	列写KCL方程并整理即可，记忆难度低	确定支路电流正负易出错
一步法	步骤少	必须记住三项电流的含义、正负和位置，记忆难度高	确定方程右侧项正负易出错

由表4.1可见，两步法和一步法很难说哪个更好，读者可以根据个人喜好来选择。建议刚开始对节点电压法不太熟悉时先用两步法，熟悉之后再改用一步法。简明起见，后续节点电压法例题采用一步法。

例4.3 （基础题）求图4.27所示电路的节点电压。

解　电路的节点电压方程为

$$\left(\frac{1}{2}+\frac{1}{2}+\frac{1}{1}\right)u_{n1}-\left(\frac{1}{2}+\frac{1}{1}\right)u_{n2}=\frac{4}{2}-4$$
$$-\left(\frac{1}{2}+\frac{1}{1}\right)u_{n1}+\left(\frac{1}{2}+\frac{1}{1}+\frac{1}{1}\right)u_{n2}=4-1$$

解得 $u_{n1}=-\dfrac{2}{11}\mathrm{V}$，$u_{n2}=\dfrac{12}{11}\mathrm{V}$。

本例题有两个需要特别注意的点：一是与1A电流源串联的10Ω电阻不允许出现在节点电压方程中，因为该电阻与电流源串联，对电流源所在支路的电流没有任何影响，而节点电压方程本质上是KCL方程，既然支路电流与10Ω电阻无关，那么10Ω电阻一定不会出现在方程中；二是节点①和节点②之间有两个电阻，因此互导项必须包含这两个电阻。

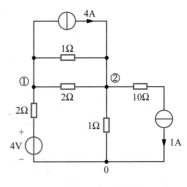

图 4.27　例 4.3 电路图

同步练习4.3 （基础题）列写图4.28所示电路的节点电压方程。

解　电路的节点电压方程为

$$\left(\frac{1}{3}+\frac{1}{2}\right)u_{n1}-\frac{1}{2}u_{n2}=\frac{6}{3}-4$$
$$-\frac{1}{2}u_{n1}+\left(\frac{1}{2}+\frac{1}{1}\right)u_{n2}=4-1$$

如果电路中某一条支路仅有电压源，则称该电压源为无伴电压源，该支路为无伴电压源支路。无伴电压源支路电流未知，会给节点电压方程列写带来困难。下面介绍含无伴电压源的电路的节点电压方程列写方法。

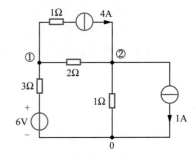

图 4.28　同步练习 4.3 电路图

4.2.3　含无伴电压源的电路的节点电压方程

当电路含无伴电压源时，节点电压方程的列写有很多种方法，读者可以根据电路的特点和个人喜好加以选择。下面从简单情况开始讨论。

图4.29所示电路中电压源u_{s1}为无伴电压源。如果将无伴电压源的负极作为参考节点，则节点①的电压等于无伴电压源的电压，此时电路的节点电压方程为

$$u_{n1}=u_{s1}$$
$$-\frac{1}{R_4}u_{n1}+\left(\frac{1}{R_2}+\frac{1}{R_4}+\frac{1}{R_5}\right)u_{n2}-\frac{1}{R_5}u_{n3}=\frac{u_{s2}}{R_2}$$
$$-\frac{1}{R_6}u_{n1}-\frac{1}{R_5}u_{n2}+\left(\frac{1}{R_3}+\frac{1}{R_5}+\frac{1}{R_6}\right)u_{n3}=-\frac{u_{s6}}{R_6}$$

（4.23）

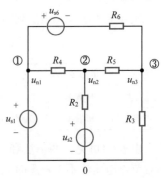

图 4.29　含无伴电压源的电路

由式（4.23）可见，节点①的电压等于无伴电压源的电压。既然节点①的电压已经得到，也就没有必要再列写节点①的KCL方程了。这种将无伴电压源负极作为参考节点的方法简捷明了，不过其适用范围有限。如果电路中含有多条无伴电压源支路，则只能将其中一个无伴电压源的负极作为参考节点，其他无伴电压源的问题仍然没有解决，此时需要寻找其他解决方法。

例4.4　**（提高题）** 用节点电压法分析图4.30所示电路，只列写节点电压方程。

图4.30中有两个无伴电压源，因此无伴电压源u_{s5}的负极无法再作为参考节点。此时有两种解决方法。

方法1：假设无伴电压源支路的电流。

由于u_{s5}电流未知，因此无法列写与之相连的两个节点的KCL方程。此时可以假设u_{s5}电流为i_5，如图4.31所示，则该电路对应的节点电压方程为

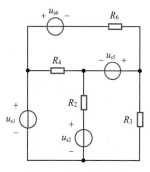

图 4.30　例 4.4 电路图

$$\left.\begin{aligned} u_{n1} &= u_{s1} \\ -\frac{1}{R_4}u_{n1} + \left(\frac{1}{R_2} + \frac{1}{R_4}\right)u_{n2} &= \frac{u_{s2}}{R_2} - i_5 \\ -\frac{1}{R_6}u_{n1} + \left(\frac{1}{R_3} + \frac{1}{R_6}\right)u_{n3} &= -\frac{u_{s6}}{R_6} + i_5 \\ u_{n3} - u_{n2} &= u_{s5} \end{aligned}\right\} \quad (4.24)$$

式（4.24）中有4个方程。之所以增加了1个方程，是因为假设的无伴电压源支路电流i_5未知，即增加了1个未知数。增加方程的方法是用节点电压表示无伴电压源的电压，即式（4.24）中的第4个方程。

方法2：广义节点法。

广义节点法是将图4.31中的节点②和节点③用一条封闭曲线包围起来，如图4.32所示。可将这条封闭曲线视为一个广义节点，列写节点电压方程。此时，该电路的节点电压方程为

$$\left.\begin{aligned} u_{n1} &= u_{s1} \\ -\frac{1}{R_4}u_{n1} - \frac{1}{R_6}u_{n1} + \left(\frac{1}{R_2} + \frac{1}{R_4}\right)u_{n2} + \left(\frac{1}{R_3} + \frac{1}{R_6}\right)u_{n3} &= \frac{u_{s2}}{R_2} - \frac{u_{s6}}{R_6} \\ u_{n3} - u_{n2} &= u_{s5} \end{aligned}\right\} \quad (4.25)$$

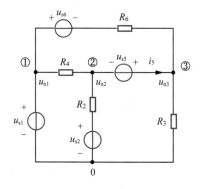

图 4.31　假设无伴电压源支路的电流

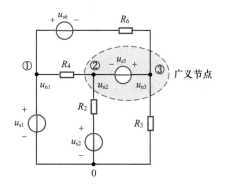

图 4.32　含无伴电压源支路的电路设置广义节点

由式（4.25）可见，广义节点法通过设置广义节点，避开了无伴电压源支路电流未知的难题，因此列写的方程最为简洁。但是，广义节点的节点电压方程列写容易出错，因此一般不推荐采用广义节点法。

同步练习4.4（提高题）按照图4.33所示电路的节点编号，列写节点电压方程。

$$答案：\begin{cases} \left(\dfrac{1}{R_1}+\dfrac{1}{R_6}\right)u_{n1}-\dfrac{1}{R_6}u_{n3}=-i_5 \\[2mm] -\dfrac{1}{R_4}u_{n3}+\left(\dfrac{1}{R_2}+\dfrac{1}{R_4}\right)u_{n2}=\dfrac{u_{s2}}{R_2}+i_5 \\[2mm] u_{n3}=u_{s3} \\[2mm] u_{n1}-u_{n2}=u_{s5} \end{cases}。$$

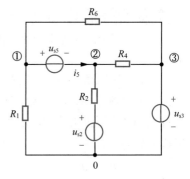

图 4.33 同步练习 4.4 电路图

4.2.4 含受控电源的电路的节点电压方程

以上列写节点电压方程的电路都不含受控电源。如果电路含受控电源，那么节点电压方程的列写会有什么不同呢？下面通过一个例题加以说明。

例4.5（提高题）列写图4.34所示电路的节点电压方程。

解 电路的节点电压方程为

$$\begin{cases} \left(\dfrac{1}{R_1}+\dfrac{1}{R_4}+\dfrac{1}{R_6}\right)u_{n1}-\dfrac{1}{R_4}u_{n2}-\dfrac{1}{R_6}u_{n3}=\dfrac{u_{s1}}{R_1}+\dfrac{2i_4}{R_6} \\[2mm] -\dfrac{1}{R_4}u_{n1}+\left(\dfrac{1}{R_2}+\dfrac{1}{R_4}+\dfrac{1}{R_5}\right)u_{n2}-\dfrac{1}{R_5}u_{n3}=\dfrac{u_{s2}}{R_2} \\[2mm] -\dfrac{1}{R_6}u_{n1}-\dfrac{1}{R_5}u_{n2}+\left(\dfrac{1}{R_3}+\dfrac{1}{R_5}+\dfrac{1}{R_6}\right)u_{n3}=-\dfrac{2i_4}{R_6} \\[2mm] \dfrac{u_{n1}-u_{n2}}{R_4}=i_4 \end{cases}（4.26）$$

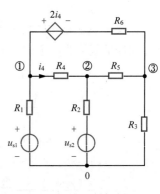

图 4.34 例 4.5 电路图

由式（4.26）可见，电路含受控电源时，可先将受控电源视为独立源来列写节点电压方程。不过，受控电源的控制量i_4未知，这会给方程引入1个新的未知数，因此需要增加1个方程。增加方程的方法是用节点电压表示控制量，即式（4.26）中的第4个方程。该方程可被代入第1个和第3个方程，以消去与节点电压无关的中间变量。

同步练习4.5（提高题）列写图4.35所示电路的节点电压方程。

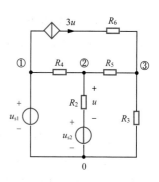

答案：
$$\left.\begin{array}{l} u_{n1} = u_{s1} \\ -\dfrac{1}{R_4}u_{n1} - \dfrac{1}{R_5}u_{n3} + \left(\dfrac{1}{R_2} + \dfrac{1}{R_4} + \dfrac{1}{R_5}\right)u_{n2} = \dfrac{u_{s2}}{R_2} \\ -\dfrac{1}{R_5}u_{n2} + \left(\dfrac{1}{R_3} + \dfrac{1}{R_5}\right)u_{n3} = 3u \\ u_{n2} - u_{s2} = u \end{array}\right\}。$$

图 4.35　同步练习 4.5 电路图

4.3 回路电流法

由4.2节介绍的节点电压法可知，节点电压法将图4.25电路的6个支路电流变量换成了3个节点电压变量，故只需要列写3个KCL方程，从而将方程由6个减少为3个。根据类似的思路，还可以将6个支路电流变量变成3个回路电流变量，这样只需要列写3个KVL方程，也同样将方程由6个减少为3个。这种方法称为回路电流法（loop current method）。

4.3.1 回路电流法的依据

要想理解回路电流法，首先要理解回路电流的概念。

回路电流是人为构想的在独立回路中自行循环的闭合电流。以图4.25电路为例，如果去掉图中的支路电流，改为标记回路电流，则电路如图4.36所示。

由图4.36可见，回路电流为闭合电流，无头无尾，因此经过任何位置时，必然满足流入等于流出，即必然满足KCL。这样一来，以3个回路电流为变量，只需要列写3个KVL方程，从而减少了方程数。

下面我们以回路电流为变量，列写图4.36电路中3个独立回路所对应的KVL方程。

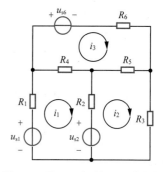

图 4.36　图 4.25 电路标记回路电流

4.3.2 回路电流方程的列写方法

图4.36电路中3个独立回路满足的KVL方程为

$$\left.\begin{array}{l} -u_{s1} + R_1 i_1 + R_4(i_1 - i_3) + R_2(i_1 - i_2) + u_{s2} = 0 \\ -u_{s2} + R_2(i_2 - i_1) + R_5(i_2 - i_3) + R_3 i_2 = 0 \\ u_{s6} + R_6 i_3 + R_5(i_3 - i_2) + R_4(i_3 - i_1) = 0 \end{array}\right\} \qquad (4.27)$$

式（4.27）中的KVL方程采用顺着回路绕向支路电压代数和等于零的表述形式，并且以降压为正。KVL方程中的电阻电压直接根据欧姆定律用回路电流表示，支路电流不作为未知数，这样做的原因是以回路电流为未知数可以减少未知数的个数。

式（4.27）的方程看起来有点乱，不利于求解，因此还需要进一步整理：将未知数（即回路电流）放在方程左侧，将电源相关项放在方程右侧，然后合并同类项，可得

$$\left.\begin{array}{l}\left(R_1+R_4+R_2\right)i_1-R_2i_2-R_4i_3=u_{s1}-u_{s2}\\-R_2i_1+\left(R_2+R_5+R_3\right)i_2-R_5i_3=u_{s2}\\-R_4i_1-R_5i_2+\left(R_6+R_5+R_4\right)i_3=-u_{s6}\end{array}\right\}\qquad(4.28)$$

比较式（4.28）和式（4.27）可见方程更整齐了。我们称式（4.28）为回路电流方程的标准形式。

可见，列写回路电流方程的方法就是以回路电流为变量列写KVL方程，然后将其整理成回路电流方程的标准形式。用这种方法列写回路电流方程需要两步，因此我们称之为两步法。那么可不可以直接列写出回路电流方程的标准形式，也就是一步完成呢？答案是可以！我们将这种方法称为一步法。

一步法也是以回路电流为变量列写KVL方程的，只不过列写KVL方程的角度与两步法不同。两步法列写KVL方程采用支路电压代数和等于零的表述形式，而一步法是在考虑回路中电压的所有产生因素后，直接写出回路电流方程的标准形式。下面介绍一步法列写回路电流方程的思路。

以图4.36电路中回路1的回路电流方程列写为例。由图可见，回路中电压的产生因素可以分为3类：（1）回路1电流单独作用在所经过的电阻上产生电压；（2）与回路1相邻回路的回路电流单独作用在两个回路共有的电阻上产生电压；（3）回路1所经过的电压源产生电压。下面分别写出这3类因素产生电压的表达式。

（1）回路1电流单独作用在所经过的电阻上产生电压。

以降压为正，则该因素产生的电压的表达式为

$$\left(R_1+R_4+R_2\right)i_1\qquad(4.29)$$

由于式（4.29）中的3个电阻都是回路1所包含的电阻，因此该项称为回路电流方程的自阻项。自阻项电压一定是降压，因此表达式中的符号一定为正。

（2）与回路1相邻的回路2和回路3的回路电流单独作用在它们与回路1共有的电阻R_2和R_4上产生电压。

以降压为正，相邻回路电流在回路1中产生的电压为升压，因此该因素产生的电压的表达式为

$$-R_2i_2-R_4i_3\qquad(4.30)$$

式（4.30）中的2个电阻分别是回路1与回路2和回路3共有的电阻，因此该项称为回路电流方程的互阻项。

（3）回路1所经过的电压源产生的电压为

$$u_{s1}-u_{s2}\qquad(4.31)$$

该项电压放在回路电流方程的右侧。方程右侧表示升压，因此如果是升压，则表达式为正，反之则为负。由图4.36可见，u_{s1}为升压，故其前面的符号为正，而u_{s2}为降压，故其前面的符号为负。

将式（4.29）、式（4.30）和式（4.31）合到一起，就可以得到回路1的回路电流方程

$$\left(R_1+R_4+R_2\right)i_1\quad-R_2i_2-R_4i_3\quad=\quad u_{s1}-u_{s2}\qquad(4.32)$$

自阻项　　　　互阻项　　右端电源产生电压项

读者可以采用一步法直接列写出回路2和回路3的回路电流方程，并与式（4.28）对照，以检查结果是否正确。

比较两步法和一步法列写回路电流方程的过程，会发现两种方法各有特点，如表4.2所示。

表 4.2　两步法和一步法列写回路电流方程比较

方法	步骤多少	记忆难度	易错之处
两步法	步骤多	列写KVL方程并整理即可，记忆难度低	确定支路电压正负易出错
一步法	步骤少	必须记住三项电压的含义、正负和位置，记忆难度高	确定方程右侧项正负易出错

由表4.2可见，两步法和一步法很难说哪个更好，读者可以根据个人喜好加以选择。建议刚开始对回路电流法不太熟悉时先用两步法，熟悉之后再改用一步法。简明起见，后续回路电流法例题采用一步法。

图4.36中的回路电流方向均假定为顺时针方向。既然回路电流方向是假定的，那么其也可以采用逆时针方向。

例4.6 ▶（基础题）将图4.36中回路电流2的方向改为逆时针方向，如图4.37所示，列写此时电路的回路电流方程。

解　图4.37电路的回路电流方程为

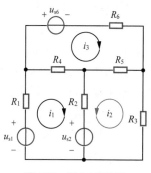

$$
\left.
\begin{array}{l}
(R_1 + R_4 + R_2)i_1 + R_2 i_2 - R_4 i_3 = u_{s1} - u_{s2} \\
R_2 i_1 + (R_2 + R_5 + R_3)i_2 + R_5 i_3 = -u_{s2} \\
-R_4 i_1 + R_5 i_2 + (R_6 + R_5 + R_4)i_3 = -u_{s6}
\end{array}
\right\}
$$

式中的互阻项有正有负。判断互阻项正负的方法是，如果相邻回路的回路电流在共有电阻上产生的电压方向相同，则互阻项为正，反之则为负。例如，图4.37中回路1和回路2两个相邻回路的回路电流在共有电阻R_2上产生的电压方向相同，因此R_2对应的互阻项

图 4.37　例 4.6 电路图

为正；而回路1和回路3两个相邻回路的回路电流在共有电阻R_4上产生的电压方向相反，因此R_4对应的互阻项为负。读者可以自己判断一下回路2和回路3两个相邻回路互阻项的正负。

如果题目没有指定回路电流方向，那么在自己选择参考方向时，建议全部采用顺时针方向，这样可以省去不少麻烦。

同步练习4.6（基础题）列写图4.38所示电路的回路电流方程。

$$
\text{答案：}\left.
\begin{array}{l}
(1+2)i_1 - 2i_2 = 2 - 6 - 3 \\
-2i_1 + (2+4+3)i_2 - 4i_3 = 3 \\
-4i_2 + (4+5)i_3 = 6
\end{array}
\right\}。
$$

如果电路中某一回路含有电流源，则电流源电压未知会给回路电流方程的列写带来困难。下面介绍含电流源的电路的回路电流方程列写方法。

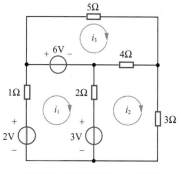

图 4.38　同步练习 4.6 电路图

4.3.3　含电流源的电路的回路电流方程

电路含电流源时，回路电流方程的列写有很多种方法，读者可以根据电路的特点和个人喜好

加以选择。下面从简单情况开始讨论。

图4.39所示电路中有一个电流源。通过观察可以发现，回路1的回路电流刚好等于电流源电流，也就是说，回路1电流已知，回路1的回路电流方程为 $i_1 = i_s$，因此不需要列写回路1的KVL方程。

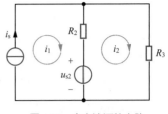

图 4.39 含电流源的电路

图4.39电路的回路电流方程为

$$\left.\begin{array}{l} i_1 = i_s \\ -R_2 i_1 + \left(R_2 + R_3\right) i_2 = u_{s2} \end{array}\right\} \tag{4.33}$$

图4.39电路中电流源电流等于网孔电流，但不是所有含电流源的电路都有这种巧合。下面举一个电流源电流不等于网孔电流的例子。

例4.7 ▶（提高题）列写图4.40所示电路的回路电流方程。

解 图4.40没有标记回路绕向和回路电流方向。为了省事，可选择网孔作为回路。可是观察图4.40可以发现，电流源电流 i_{s4} 并不等于任何一个网孔电流，而是等于两个网孔电流之和，这样一来，网孔电流仍然未知，因此不能再使用图4.39电路列写回路电流方程的方法。

解决以上问题有两种方法。

方法1：选择网孔作为回路，假设电流源电压，用回路电流合成电流源电流。

如果选择网孔作为回路，则无法避免KVL方程的列写，电流源 i_{s4} 的电压作为支路电压必须出现在KVL方程中。可是，电流源 i_{s4} 的电压未知，因此只能先假设一个电压。假设电流源电压并标记网孔电流的电路如图4.41所示。注意，右下角网孔电流方向选择逆时针方向，这是为了与电流源 i_{s3} 的电流方向保持一致。

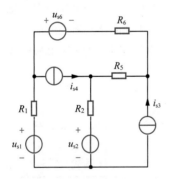

图 4.40 例 4.7 电路图

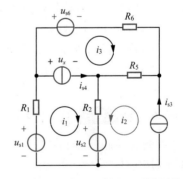

图 4.41 假设电流源电压并标记网孔电流的电路

图4.41电路的回路电流方程为

$$\left.\begin{array}{l} \left(R_1 + R_2\right) i_1 + R_2 i_2 = u_{s1} - u_x - u_{s2} \\ i_2 = i_{s3} \\ R_5 i_2 + \left(R_6 + R_5\right) i_3 = -u_{s6} + u_x \\ i_1 - i_3 = i_{s4} \end{array}\right\}$$

式中第4个方程为用回路电流合成电流源电流的方程。之所以必须列写这个方程，是因为假设的电流源电压 u_x 是未知数，再加上3个回路电流，总计4个未知数，因此必须列出4个方程。

方法1的要点：（1）选择网孔作为回路；（2）对电流源电流不等于回路电流的电流源假设电压；（3）按照常规步骤列写回路电流方程；（4）增加1个方程，即用回路电流合成电流源电流。

方法2：不全部选择网孔作为回路，以保证所有电流源电流只流过一个回路。

虽然选择网孔作为回路很省事，但并不是必须全部选择网孔作为回路。如果我们选择另一组回路，如图4.42所示，就会发现所有电流源电流只流过一个回路，此时电路的回路电流方程为

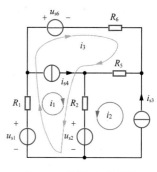

图 4.42　选择另一组回路

$$
\left.\begin{aligned}
i_1 &= i_{s4} \\
i_2 &= i_{s3} \\
\left(R_1+R_2\right)i_1+\left(R_2+R_5\right)i_2+\left(R_1+R_6+R_5+R_2\right)i_3 &= u_{s1}-u_{s6}-u_{s2}
\end{aligned}\right\}
$$

注意，虽然上式看起来非常简洁，但是如果题目没有要求，则不推荐采用方法2。原因有两点：（1）回路非常难以选择；（2）回路电流方程列写错误的概率非常高。

方法1与方法2相比虽然多列写1个方程，但是选择网孔作为回路不用动脑，列写方程按部就班即可，不易出错，因此推荐采用方法1。

同步练习4.7　（提高题）列写图4.43所示电路的回路电流方程。

答案：$\left.\begin{aligned}\left(1+2\right)i_1-2i_2 &= 2-u_x-3 \\ -2i_1+\left(2+4+3\right)i_2-4i_3 &= 3 \\ -4i_2+\left(4+5\right)i_3 &= u_x \\ i_3-i_1 &= i_{s4}\end{aligned}\right\}$。

4.3.4　含受控电源的电路的回路电流方程

以上列写回路电流方程的电路都不含受控电源。如果电路含受控电源，那么回路电流方程的列写会有什么不同呢？下面通过一个例题加以说明。

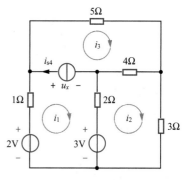

图 4.43　同步练习 4.7 电路图

例4.8　（提高题）列写图4.44所示电路的回路电流方程。

解　电路的回路电流方程为

$$
\left.\begin{aligned}
\left(R_4+R_2\right)i_1-R_2i_2-R_4i_3 &= u_{s1}-u_{s2} \\
-R_2i_1+\left(R_2+R_5+R_3\right)i_2-R_5i_3 &= u_{s2} \\
-R_4i_1-R_5i_2+\left(R_6+R_5+R_4\right)i_3 &= -2i \\
i_1-i_3 &= i
\end{aligned}\right\}\quad(4.34)
$$

由式（4.34）可见，电路含受控电源时，可先将受控电源

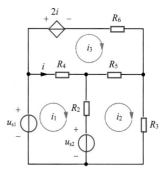

图 4.44　例 4.8 电路图

视为独立源来列写回路电流方程。不过，受控电源的控制量i未知，这会给方程引入1个新的未知数，所以需要增加1个方程。增加方程的方法是用回路电流表示控制量，即式（4.34）中的第4个方程。该方程可被代入第3个方程，以消去与回路电流无关的中间变量。

4.3.5　回路电流法与节点电压法的比较

节点电压法和
回路电流法
例题分析

回路电流法与节点电压法都是为了减少方程而提出的简化电路分析的方法。两者的不同之处如表4.3所示。

表 4.3　回路电流法与节点电压法比较

方法	方程本质	适合电路	理解难度
节点电压法	KCL方程	独立节点比独立回路少的电路	易理解
回路电流法	KVL方程	独立回路比独立节点少的电路	不易理解

由表4.3可见，回路电流法和节点电压法各有特点。由于节点电压法相对于回路电流法更加直观，更易理解，并且大多数电路列写的节点电压方程数小于或等于回路电流方程数，因此在电路分析中节点电压法用得更多。

下面举一个采用节点电压法明显优于采用回路电流法的例子。

图4.45所示电路只有1个独立节点，因此只需要列写1个节点的节点电压方程。如果采用回路电流法，则需要列写6个回路的回路电流方程。显然，对于该电路的求解而言，采用节点电压法要远优于采用回路电流法。

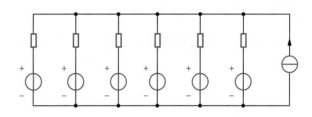

图 4.45　只有一个独立节点的电路

读者可以试着举一个采用回路电流法明显优于采用节点电压法的例子。在尝试举例的过程中，你就明白为什么节点电压法比回路电流法更常用了。

格物致知

化繁为简

本章小结

本章介绍了三种电路分析方法：等效变换、节点电压法和回路电流法。这三种分析方法的出发点都是简化电路分析，其中，等效变换是从简化电路局部拓扑的角度入手的，节点电压法和回路电流法是从减少方程的角度入手的。用一个词总结这三种方法的作用，就是"化繁为简"！

我们在人生中会遇到各种各样的问题。有的问题非常简单，解决起来轻而易举，但总有一些问题比较复杂，不易解决。此时不要不加思考，硬着头皮往前冲，而应该先想一下有没有化繁为简的方法。一旦找到化繁为简的方法，就能做到事半功倍。

不是所有问题都能化繁为简，但在面对大多数问题时，只要我们愿意多思考、多总结，就能找到相对简单的解决方法，进而提高解决问题的效率。

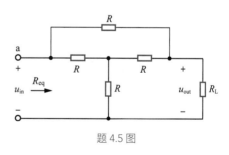

参考答案

一、复习题

4.1节　等效变换

▶ 基础题

4.1　求题4.1图所示电路中的电压u。

4.2　求题4.2图所示电路中的电流i。

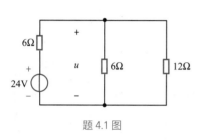

题 4.1 图

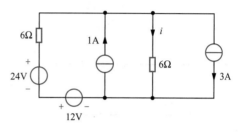

题 4.2 图

4.3　求题4.3图所示电路中的电流i。

▶ 提高题

4.4　求题4.4图所示电路中的电压u和电流i。

4.5　电路如题4.5图所示。证明：当$R = R_L$时，从端口看进去的等效电阻$R_{eq} = R_L$，且$u_{out} / u_{in} = 0.5$。

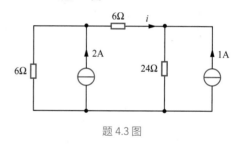

题 4.3 图

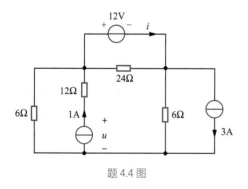

题 4.4 图

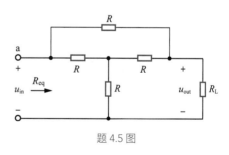

题 4.5 图

4.2节　节点电压法

▶ 基础题

4.6　用节点电压法求题4.6图所示电路中的电压u。

4.7 用节点电压法求题4.7图所示电路中的电压u和电流源发出的功率。

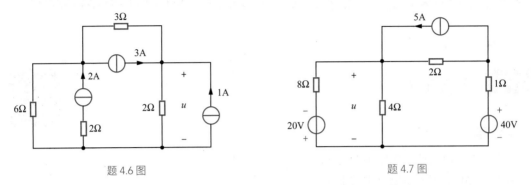

题 4.6 图   题 4.7 图

4.8 用节点电压法求题4.8图所示电路中的电流i_0。

4.9 对于题4.9图所示电路，以下方节点为参考节点，列写电路的节点电压方程。

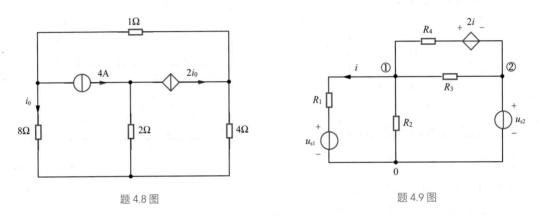

题 4.8 图   题 4.9 图

▶ **提高题**

4.10 用节点电压法求题4.10图所示电路中的电流i。

4.11 对于题4.11图所示电路，以下方节点为参考节点，列写电路的节点电压方程。

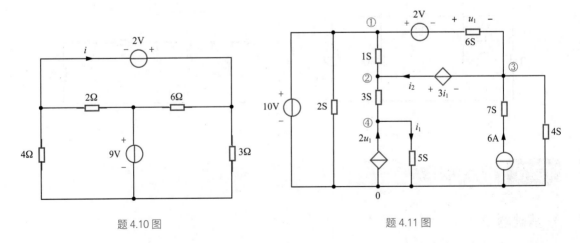

题 4.10 图   题 4.11 图

4.3节　回路电流法

▶ 基础题

4.12　以题4.12图所示电路的网孔电流为回路电流，列写回路电流方程。

4.13　用回路电流法求题4.13图所示电路中的电压u。

4.14　用回路电流法求题4.14图所示电路中的电流i。

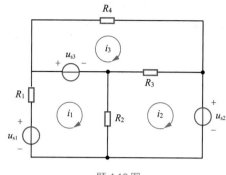

题 4.12 图

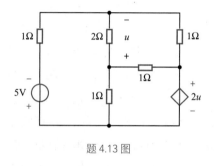

题 4.13 图

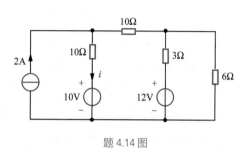

题 4.14 图

▶ 提高题

4.15　用回路电流法求题4.15图所示电路中的电压u。

二、综合题

4.16　分别用节点电压法和回路电流法求题4.16图所示电路中120 V电压源的功率，并判断该电压源是实际发出功率还是实际吸收功率。

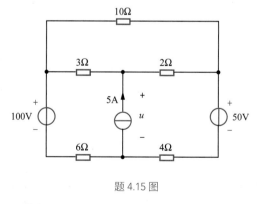

题 4.15 图

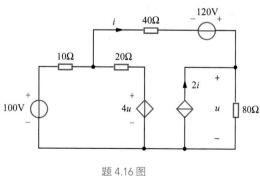

题 4.16 图

第5章

电路定理

第3章介绍了电路计算的依据——基尔霍夫电流定律（KCL）和基尔霍夫电压定律（KVL）。有了电路基本定律，任何电路就都可以计算了，即解决了"如何算"的问题。不过对于复杂电路而言，方程会很多，列写方程和计算都很麻烦。第4章通过等效变换简化局部电路，通过节点电压法和回路电流法减少方程，实现了电路分析和计算的简化，即解决了"如何算得简单"的问题。

第3章和第4章都介绍了电路计算，但是仅仅会计算是不够的，因为我们还需要知道电路中存在哪些规律。掌握了电路中的规律，才可以揭示电路的本质特征，利用这些规律既可以简化计算，又可以进一步分析和设计电路。电路中的规律就是本章将要介绍的电路定理。通过日常生活来类比，第3章做到了"能吃"，第4章做到了"吃好"，本章将做到"会吃"。

本章将要介绍的电路定理包括叠加定理、齐性定理、替代定理、戴维南定理、诺顿定理、特勒根定理、互易定理、对偶原理。看起来很多，不过其中叠加定理和齐性定理相关联，戴维南定理和诺顿定理相关联，特勒根定理和互易定理相关联，因此本章的定理将分5节介绍。

⑤ 学习目标

（1）深刻理解并掌握各种电路定理的内容和适用条件；

（2）了解电路定理的证明过程；

（3）掌握利用电路定理对电路进行分析和计算的方法；

（4）熟练掌握戴维南等效电路和诺顿等效电路的求解方法；

（5）锻炼总结规律和运用规律解决问题的能力。

5.1　叠加定理和齐性定理

叠加定理和齐性定理是线性电路中的基本规律。因此，首先需要给出线性电路的定义。

线性电路是由独立电源、线性受控电源和线性电路元件三者构成的电路。线性电路可以包含其中两种或三种。下面分别对这三者进行定义。

独立电源指的是电压或电流完全由自身独立决定的电源。电压源和电流源都是独立电源。

线性受控电源指被控量与控制量成正比的受控电源。本书中的受控电源默认均为线性受控电源。

线性电路元件指的是电压和电流的关系满足线性特性，即同时满足可加性和齐性的电路元件。

可加性指的是电压和电流能够满足以下关系：

$$u_1 = f(i_1),\ u_2 = f(i_2),\ u_1 + u_2 = f(i_1 + i_2) \tag{5.1}$$

式（5.1）中，u_1 和 u_2 分别是电流 i_1 和 i_2 对应的电压。

齐性指的是电压和电流能够满足以下关系：

$$u_1 = f(i_1),\ ku_1 = f(ki_1) \tag{5.2}$$

显然，满足欧姆定律的电阻能够同时满足可加性和齐性：

$$\left.\begin{array}{l} u = Ri \\ u_1 = Ri_1,\ u_2 = Ri_2,\ R(i_1 + i_2) = Ri_1 + Ri_2 = u_1 + u_2\,（\text{可加性}） \\ R(ki_1) = kRi_1 = ku_1\,（\text{齐性}） \end{array}\right\} \tag{5.3}$$

由于满足欧姆定律的电阻同时满足可加性和齐性，因此满足欧姆定律的电阻是线性电路元件，又称线性电阻。电路中也可能存在不满足欧姆定律的电阻，称为非线性电阻。在本书中，后面如果不特别声明，则电阻默认指线性电阻。

除了电阻，电容和电感也是线性电路元件。本章只考虑电阻这一种线性电路元件，电容和电感的特性将在第 6 章中介绍。

叠加定理对应线性特性中的可加性。齐性定理对应线性特性中的齐性。下面分别介绍叠加定理和齐性定理。

5.1.1　叠加定理

叠加定理（superposition theorem）：在线性电阻电路中，任一支路的电压（或电流）都可视为各独立电源单独作用时在此支路产生的电压（或电流）的叠加。

由叠加定理的描述可知，当电路中有两个或两个以上独立电源时，叠加定理才可以使用。另外，每个独立电源单独作用时，其他独立电源不作用，也就是说，其他独立电源必须置零。对于电压源而言，置零意味着电压为 0，相当于将电压源换成短路线。对于电流源而言，置零意味着电流为 0，相当于将电流源换成开路。

应用叠加定理进行电路求解有 3 个步骤。

第 1 步：如果电路中有 n 个独立电源，则分别绘制每个独立电源单独作用时的电路。

第 2 步：针对每个独立电源单独作用时的电路，分别求出对应的响应。

第 3 步：将每个独立电源单独作用时电路的响应叠加起来，得到总响应。

下面通过例题来说明如何应用叠加定理进行电路求解。

例5.1 ▶ （基础题）应用叠加定理求图5.1所示电路中的电压u。

解

第1步：画出电流源单独作用时的电路和电压源单独
作用时的电路，分别如图5.2（a）和图5.2（b）所示。

由图5.2（a）可见，电流源单独作用时，电压源应不
作用（电压源置零，相当于短路），此时图5.1中的电压源
变成了图5.2（a）中的短路线。

由图5.2（b）可见，电压源单独作用时，电流源应不
作用（电流源置零，相当于开路），此时图5.1中的电流源
变成了图5.2（b）中的两个开路端子。

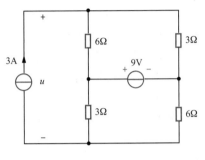

图 5.1　例 5.1 电路图

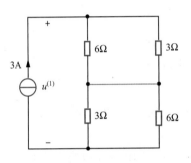

（a）例5.1电流源单独作用时的电路

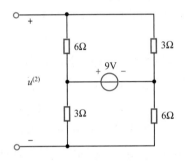

（b）例5.1电压源单独作用时的电路

图 5.2　例 5.1 电流源和电压源分别单独作用时的电路

图5.2中的电压$u^{(1)}$和$u^{(2)}$分别代表电流源单独作用和电压源单独作用时的响应。

第2步：分别求$u^{(1)}$和$u^{(2)}$。

由图5.2（a）可见，4个电阻两两并联再串联。根据并联电阻分流与电阻成反比可知，图5.2
（a）左侧上下两个电阻的电流分别为1 A和2 A。对左侧回路列写KVL方程，可得

$$u^{(1)} = 6 \times 1 + 3 \times 2 = 12\text{V}$$

由图5.2（b）可见，4个电阻两两串联再并联。显然左侧上、下两个电阻的电流均为1 A，不
过左上方电阻的电流方向向上，左下方电阻的电流方向向下。对左侧回路列写KVL方程，可得

$$u^{(2)} = -6 \times 1 + 3 \times 1 = -3\text{V}$$

第3步：根据叠加定理求u。

总响应u等于电流源单独作用时的响应$u^{(1)}$与电压源单独作用时的响应$u^{(2)}$之和，即

$$u = u^{(1)} + u^{(2)} = 12 + (-3) = 9\text{V}$$

同步练习5.1 （基础题）应用叠加定理求图5.3所示电路中的电流i。

答案：$i = 1\text{A}$。

例5.1电路不含受控电源，如果电路含有受控电源，叠加定理同样成立。下面通过一个例子
来说明电路含有受控电源时如何应用叠加定理进行求解。

例5.2 （提高题）应用叠加定理求图5.4所示电路中的电流 i。

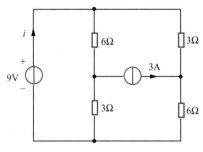

图 5.3　同步练习 5.1 电路图

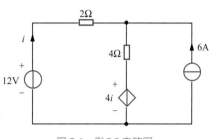

图 5.4　例 5.2 电路图

解　画出电压源单独作用时的电路和电流源单独作用时的电路，分别如图5.5（a）和图5.5（b）所示。

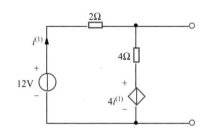

（a）例5.2电压源单独作用时的电路

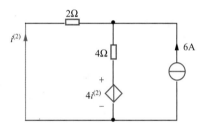

（b）例5.2电流源单独作用时的电路

图 5.5　例 5.2 电压源和电流源分别单独作用时的电路

对图5.5（a）列写KVL方程，可得

$$-12 + 2 \times i^{(1)} + 4 \times i^{(1)} + 4 \times i^{(1)} = 0$$

解得 $i^{(1)} = 1.2 \text{ A}$。

对图5.5（b）左侧回路列写KVL方程，可得

$$2 \times i^{(2)} + 4 \times \left[i^{(2)} + 6 \right] + 4 \times i^{(2)} = 0$$

解得 $i^{(2)} = -2.4 \text{ A}$。

根据叠加定理，$i = i^{(1)} + i^{(2)} = -1.2 \text{ A}$。

由以上求解过程可见，如果电路含受控电源，则应用叠加定理求解时，各独立电源单独作用时受控电源均保持不变。注意，此时的控制量为各独立电源单独作用时的控制量。

同步练习5.2 （提高题）应用叠加定理求图5.6所示电路中的电压 u。

答案：$u = -48 \text{ V}$。

由例5.2和同步练习5.2可以看出，直接应用叠加定理进行电路求解不一定能简化计算，甚至可以说例5.2和同步练习5.2应用叠加定理求解反而比节点电压法更麻烦。可见，叠加定理一般不适合直接用于电路求

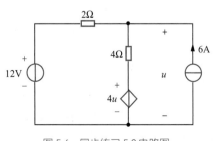

图 5.6　同步练习 5.2 电路图

解，其作用主要是揭示电路的本质特征。读者可以利用叠加定理证明其他定理，或者结合叠加定理理解和分析某些电路。例如，在后续章节中，5.3节戴维南定理的证明需要用到叠加定理，第7章的动态电路全响应和第15章非正弦周期电路的响应都可以用叠加定理来理解和分析。

5.1.2 齐性定理

齐性定理（homogeneity theorem）：在线性电阻电路中，如果所有独立电源的输出都变为原来的k（k可以是任意实数）倍，则任一支路的电压（或电流）也会变为原来的k倍。

齐性定理本身非常容易理解，因此不再给出例题加以说明。齐性定理通常与叠加定理结合用于电路求解。5.1.3小节将通过例题说明如何结合叠加定理和齐性定理进行电路求解。

5.1.3 结合叠加定理和齐性定理求解电路

例5.3 （提高题） 在图5.7所示电路中，N为线性电阻网络，$u = 2\,\text{V}$。如果将图中电流源电流变为$-i_s$，则$u = 4\,\text{V}$。如果移除电流源，则u等于多少？

解 假设图5.7电路中电压源单独作用时在上方端口产生的电压为$u^{(1)}$，电流源单独作用时在上方端口产生的电压为$u^{(2)}$。根据已知条件和叠加定理，可得

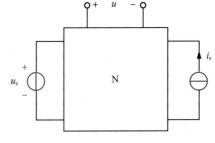

图 5.7 例 5.3 电路图

$$u^{(1)} + u^{(2)} = 2\,\text{V} \qquad (5.4)$$

将图5.7中的电流源电流变为$-i_s$，相当于电流源输出电流变为原来的-1倍。根据齐性定理，$-i_s$电流源单独作用时在上方端口产生的电压应该等于i_s电流源单独作用时产生电压的-1倍，即$-u^{(2)}$。根据叠加定理和已知条件，可得

$$u^{(1)} + \left[-u^{(2)}\right] = 4\,\text{V} \qquad (5.5)$$

由式（5.4）和式（5.5）可以解得

$$u^{(1)} = 3\,\text{V} \qquad (5.6)$$

$u^{(1)} = 3\,\text{V}$即移除电流源后，电压源单独作用时在上方端口产生的电压。

图5.7中，线性电阻网络N中的电路拓扑和参数未知，因此类似图5.7的电路称为含有黑匣子的电路。对于含有黑匣子的电路，由于部分电路拓扑和参数未知，因此无法直接根据KCL和KVL计算（无法列写电路中所有节点的KCL方程和所有回路的KVL方程），只能借助于电路定理进行分析和计算。此类题目的求解需要读者深刻理解并能熟练应用电路定理，有一定难度，因此它们都作为提高题。

同步练习5.3 （提高题） 在图5.8所示电路中，N为线性电阻网络，$i = 1\,\text{A}$。如果保持电流源电流不变，将图中电压源电压变为$10\,\text{V}$，则$i = -1\,\text{A}$。如果将电压源电压变为$40\,\text{V}$，电流源电压继续保持不变，则i等于多少？

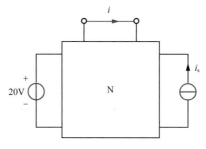

图 5.8 同步练习 5.3 电路图

答案：$i = 5\,\text{A}$。

5.2 替代定理

5.2.1 替代定理

替代定理（substitution theorem）：对于任意一个给定的电路，如果某一支路的电压为u_k，电流为i_k，那么这条支路可以用一个电压等于u_k的电压源，或一个电流等于i_k的电流源，或一个阻值等于u_k/i_k的电阻来替代，替代以后，电路中未被替代部分的所有电压和电流均保持原值不变。

替代定理示意图如图5.9所示。

关于替代定理，有以下几点需要补充说明。

（1）替代定理的证明方法很多，证明过程都很简单。下面给出一种仅用文字即可描述的证明方法。以电压源替代为例，如果某

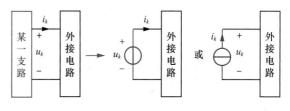

图 5.9 替代定理示意图

一支路的电压为u_k，用电压为u_k的电压源替代后，该支路的电压自然不变。当支路电压不变时，支路电流就取决于外接电路，而替代定理要求电路是给定的，外接电路不能变，因此被替代支路的电流也不变。对于外接电路而言，由于其所连接支路的电压和电流都不变，故其满足的KCL方程和KVL方程必然也不变，因此外接电路的所有电压和电流都不变。

（2）由以上替代定理的证明过程可见，替代定理的证明对电路是线性还是非线性没有要求，因此替代定理既适用于线性电路，也适用于非线性电路。

（3）电压为u_k、电流为i_k的支路也可以用一个阻值等于u_k/i_k的电阻来替代，但是这种替代有一个前提，就是外接电路必须有电源，否则整个电路电压和电流均为0，与替代定理矛盾。此外，同时知道u_k和i_k的可能性不高，且用电阻替代不如用电压源或电流源替代简单。因此，电阻替代极少用到。

（4）被替代的支路可以是任意复杂的支路（包括广义支路在内），该支路只需要满足对外有且仅有两个连接端子。由这一点可以看出，当支路比较复杂时，通过替代可以简化电路。

（5）替代定理看起来与等效变换相似，它们都可以简化电路，不同之处在于，等效变换对外接电路没有要求，外接电路可以改变，而替代定理要求在电路给定的前提下替代，因此外接电路不能改变。

由替代定理的表述和说明可见，替代定理是一个"显然"的定理，"显然"到我们用了替代定理而不自知的程度。5.2.2小节将通过两个例子来说明如何应用替代定理进行电路求解。

5.2.2　替代定理的应用

例5.4 （基础题）求图5.10所示电路中的电压u。

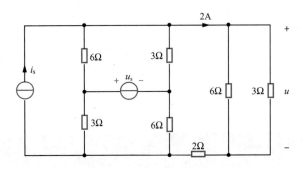

图 5.10　例 5.4 电路图

解　用2A电流源替代左侧的广义支路，如图5.11所示。

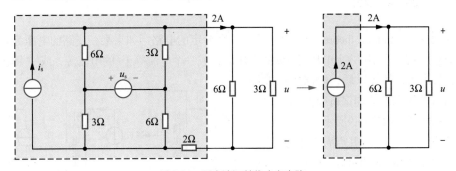

图 5.11　用电流源替代广义支路

由图5.11可以看出，$u = 4\ \text{V}$。

由以上求解过程可见，替代定理的确简化了电路分析。应用替代定理的关键在于善于观察，特别是在需要替代比较复杂的广义支路时，不要被电路表面的复杂性所迷惑。

同步练习5.4 （基础题）求图5.12所示电路中的电流i。

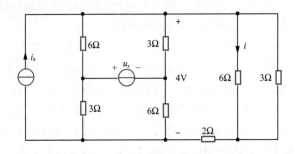

图 5.12　同步练习 5.4 电路图

答案：$i = \dfrac{1}{3}\ \text{A}$。

例5.5 （提高题） 求图5.13所示电路中的
电流i。

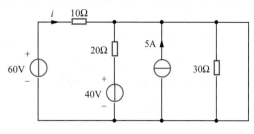

图 5.13 例 5.5 电路图

解 用0V电压源（即短路线）替代右侧的广
义支路，如图5.14所示。用短路线替代0V广义支
路是替代定理的一种特殊情况。

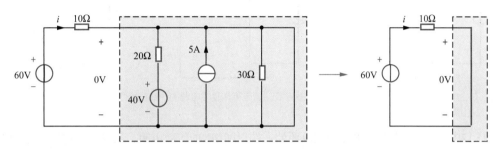

图 5.14 用 0V 电压源（即短路线）替代广义支路

由图5.14可以看出，$i = 6\,\mathrm{A}$。

同步练习5.5 （基础题） 求图5.15所示电路中的电流i。

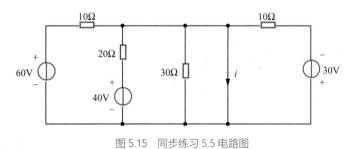

图 5.15 同步练习 5.5 电路图

答案：$i = 5\,\mathrm{A}$。

5.3 戴维南定理和诺顿定理

除了叠加定理、齐性定理和替代定理，还有一个常用的电路定理——戴维南定理。要想理解
并证明戴维南定理，首先需要了解等效电阻的概念。

5.3.1 等效电阻

4.1节介绍了多个电阻串并联可以等效变换为一个电阻，后者就称为等效电阻（equivalent
resistance），又称为输入电阻（input resistance）。不过，等效电阻不仅仅可以等效为只含有电阻
的一端口网络。如果一一端口网络中既有电阻，又有受控电源，其也可以等效为一个电阻。这

听起来有点不可思议，下面我们来证明一下。

在含电阻和受控电源的一端口网络N的端口处外加一个电压源，如图5.16所示。

由图5.16可见，电路中只有一个独立电源。根据齐性定理，如果电压源电压变为原来的k倍，则电压源的电流也一定变为原来的k倍，这表明u_s必然与i成正比。u_s与i成正比，说明一端口网络N可以等效变换为一个电阻，如图5.17所示。

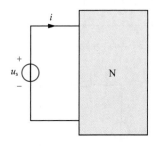

图 5.16　在含电阻和受控电源的一端口　　　　　图 5.17　含电阻和受控电源的一端口网络 N 等效变换为一个电阻
　　　　　网络 N 的端口处外加一个电压源

图5.17中的R_{eq}称为含电阻和受控电源的一端口网络N的等效电阻，又称输入电阻，记为R_{in}。等效电阻R_{eq}是从等效变换的角度赋予的名称，输入电阻R_{in}是从直观观察的角度赋予的名称。统一起见，本书后面将此两者统称为等效电阻R_{eq}。

5.3.2　戴维南定理

戴维南定理（Thevenin's theorem）：线性含源一端口网络可以用一个电压源和一个电阻串联来等效，该电压源的电压为一端口网络的端口开路电压u_{oc}，该电阻的阻值为一端口网络内独立电源置零后的端口等效电阻R_{eq}，如图5.18所示。

下面证明戴维南定理。

在图5.18电路的端口处外加电流源，如图5.19所示。

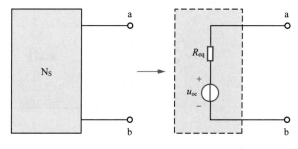

图 5.18　戴维南定理示意图

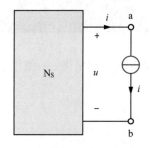

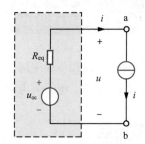

（a）含源一端口网络外加电流源　　　　　（b）电压源与电阻串联外加电流源

图 5.19　端口处外加电流源

由图5.19（a）可见，端口电压u由两部分独立电源产生，一部分是N_s内部的独立电源单独作

用产生的端口电压 $u^{(1)}$ ，另一部分是端口外加的电流源单独作用产生的端口电压 $u^{(2)}$ 。这两部分独立电源单独作用时的电路分别如图5.20（a）和图5.20（b）所示。

图5.20（a）端口开路，该开路电压记为 u_{oc} 。显然 $u^{(1)} = u_{oc}$ 。

图5.20（b）一端口网络N中无独立电源，因此其可以等效为一个电阻，如图5.21所示。由图5.21可见， $u^{(2)} = -R_{eq}i$ 。

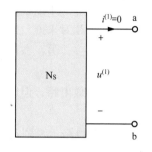

（a）N_S中独立电源单独作用

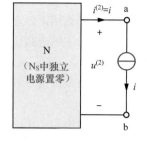

（b）外加电流源单独作用

图 5.20　图 5.19（a）中独立电源分别作用时的电路

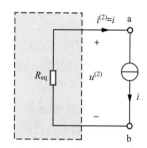

图 5.21　图 5.20（b）电路的等效变换

根据叠加定理， $u = u^{(1)} + u^{(2)} = u_{oc} - R_{eq}i$ ，而图5.19（b）端口的电压与电流关系也是 $u = u_{oc} - R_{eq}i$ ，这说明图5.19（a）的含源一端口网络可以等效变换为图5.19（b）的电压源与电阻串联，戴维南定理得证。

关于戴维南定理，需要注意的是含源一端口网络只允许含有独立电源、线性受控电源和线性电阻。

接下来介绍与戴维南定理非常相似的一个定理——诺顿定理。

5.3.3　诺顿定理

诺顿定理（Norton's theorem）：线性含源一端口网络可以用一个电流源和一个电阻并联来等效，该电流源的电流为一端口网络的端口短路电流 i_{sc} ，该电阻的阻值为一端口网络内独立电源置零后的端口等效电阻 R_{eq} ，如图5.22所示。

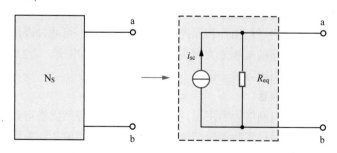

图 5.22　诺顿定理示意图

诺顿定理证明过程与戴维南定理证明过程类似，不同之处是在端口处外加电压源，证明过程省略。其实诺顿定理不用证明，因为戴维南等效电路中的电压源与电阻串联可以直接等效变换为电流源与电阻并联。

5.3.4 戴维南定理和诺顿定理的关系

由戴维南定理和诺顿定理的内容可见，两者非常相似，并且电路可以相互等效变换。既然如此，为什么有了戴维南定理，还要提出诺顿定理呢？

戴维南定理的等效电路为电压源与电阻串联，而诺顿定理的等效电路是电流源与电阻并联，这是两者最大的差异。因此，如果线性含源一端口网络外接的电路以串联为主，那么用戴维南定理分析会更方便；如果外接的电路以并联为主，那么用诺顿定理分析会更方便。相对来说，戴维南定理使用得更多一些，这一方面是因为以串联为主的电路比以并联为主的电路多，另一方面是因为人们更习惯用电压源，而不习惯用电流源。

在绝大多数情况下，线性含源一端口网络既有戴维南等效电路，也有诺顿等效电路，但以下两种情况例外：

（1）如果戴维南等效电路为纯电压源（等效电阻为0），此时端口不允许短路（否则违反KVL），则不可能求出短路电流，自然没有相应的诺顿等效电路；

（2）如果诺顿等效电路为纯电流源（等效电阻为无穷大，相当于开路），此时端口不允许开路（否则违反KCL），则不可能求出开路电压，自然没有相应的戴维南等效电路。

以上两种特殊情况极少出现，5.4节将给出具体的例子加以介绍。

5.4 戴维南等效电路的求解和应用

戴维南定理只描述了线性含源一端口网络可以等效为一个电压源（电压等于端口开路电压）和一个电阻（阻值等于独立电源置零后的端口等效电阻）串联的电路，并没有描述如何得到开路电压和等效电阻。本节将介绍戴维南等效电路的求解方法，并将戴维南等效电路用于最大功率传输问题的求解。

5.4.1 戴维南等效电路的求解方法

戴维南等效电路的求解分两种情况：一种是线性含源一端口网络内的电路拓扑和元件参数已知；另一种是一端口网络为黑匣子，电路拓扑未知。

对于线性含源一端口网络内电路拓扑和元件参数已知的情况，可通过理论计算得到开路电压和等效电阻，其戴维南等效电路的求解分为两步：第1步是求开路电压，第2步是求等效电阻。也有一步求出开路电压和等效电阻的方法，但是不如两步求解简捷明了。一步法的原理和求解过程可扫描二维码查看。

一步法的原理和求解过程

如果一端口网络为黑匣子，则通过理论计算显然无法得到开路电压和等效电阻，此时需要通过实验测量结合理论分析得到开路电压和等效电阻。如果是题目给出了测量结果，则根据测量结果可以同时计算出开路电压和等效电阻。

下面分别介绍以上两种情况的戴维南等效电路求解方法。

5.4.2 电路拓扑和元件参数已知时戴维南等效电路的求解方法

求线性含源一端口网络的戴维南等效电路即求开路电压和等效电阻。

求戴维南等效电路中的开路电压，首先要保证一端口网络端口开路，在此前提下可以应用任何前面学到的方法求开路电压，如KCL+KVL、节点电压法、回路电流法、等效变换、叠加定理等。

戴维南等效电路中的等效电阻指的是将一端口网络内的独立电源置零后的端口等效电阻。求等效电阻有两种方法：第一种方法是将一端口网络内的独立电源置零，然后通过观察或外加电源求出等效电阻，这种方法可以称为置零后观察法或置零后外加电源法；第二种方法是一端口网络内的独立电源保持不变，不置零，而将端口短路，求出短路电流，用开路电压除以短路电流得到等效电阻，这种方法可以称为不置零短路电流法。下面通过例题介绍这两种方法的原理和实现过程。

例5.6 （基础题） 求图5.23所示电路的戴维南等效电路。

解　首先求开路电压 u_{oc}。由图5.23可见，开路电压即 u_{ab}。以b点为参考节点，对a点列写节点电压方程

$$\left(\frac{1}{3}+\frac{1}{6}\right)u_{ab}=\frac{12}{3}+4$$

解得 $u_{ab}=u_{oc}=16\text{ V}$。

接下来求等效电阻 R_{eq}。R_{eq} 为一端口网络内独立电源置零（电压源短路，电流源开路）后的端口等效电阻。图5.23独立电源置零后的电路如图5.24所示。

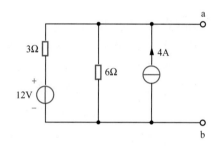

图 5.23　例 5.6 电路图

观察图5.24可以发现，等效电阻为两个电阻并联，因此 $R_{eq}=\dfrac{3\times 6}{3+6}=2\Omega$。

最后，根据求得的开路电压和等效电阻，画出戴维南等效电路，如图5.25所示。

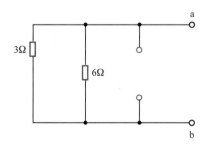

图 5.24　图 5.23 独立电源置零后的电路

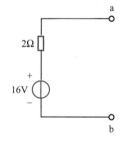

图 5.25　图 5.23 电路的戴维南等效电路

由以上求解过程可见，对于只含有独立电源和电阻的一端口网络而言，开路电压可以自选方法求解，等效电阻则在将独立电源置零后通过观察电阻的串并联可得。

同步练习5.6 （基础题） 求图5.26所示电路的戴维南等效电路。

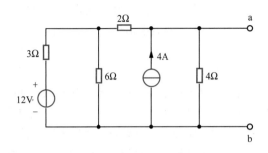

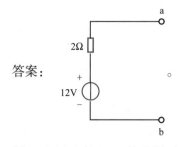

图 5.26　同步练习 5.6 电路图

答案：

例5.6和同步练习5.6的电路中均无受控电源。如果一端口网络内有受控电源，那么戴维南等效电路的求解难度会加大。下面通过例题介绍含有受控电源时戴维南等效电路的求解方法。

例5.7 （提高题）求图5.27所示电路的戴维南等效电路的开路电压和等效电阻。

解　首先求开路电压。由图5.27可见，当端口开路时，电流i等于左侧电流源的电流，即$i=2\text{ A}$，$3\ \Omega$电阻上的电流等于受控电流源的电流。对右侧回路列写KVL方程，可得

$$-10\times2+2\times(3\times3)+u_{ab}=0 \qquad (5.7)$$

解得$u_{ab}=u_{oc}=2\text{ V}$。

然后求等效电阻。由图5.27可见，如果将独立电源置零，则由于有受控电源，无法直接观察得到等效电阻。此时可采用置零后外加电源法求等效电路。下面先介绍置零后外加电源法求等效电阻的基本原理。

置零后外加电源法求等效电阻示意图如图5.28所示。

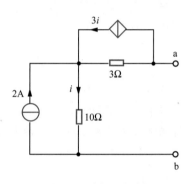

图 5.27　例 5.7 电路图

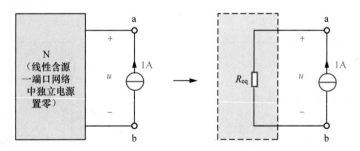

图 5.28　置零后外加电源法求等效电阻示意图

由图5.28可见，根据欧姆定律，等效电阻为

$$R_{eq}=\frac{u}{1}=u \qquad (5.8)$$

由式（5.8）可见，只要求出外加1 A电流源的电压，即可求得等效电阻的值。之所以外加电流源取1 A，是因为这样计算最简单。外加电流源也可以不给定具体的值，此时等效电阻的阻值等于外加电流源电压与电流的比值，这比外加1 A电流源麻烦。外加电源也可以用电压源，此时等效电阻的阻值等于外加电压源电压与电流的比值，这也比外加1 A电流源麻烦。需要特别注意的是，外加电流源的电压参考方向与电流参考方向应为非关联参考方向，这样才能用式（5.8）

求等效电阻。

下面用置零后外加电源法求等效电阻。

将图5.27中的电流源置零（开路），并在端口外加1 A电流源，此时电路如图5.29所示。

由图5.29可见，$i = 1\,\text{A}$，按逆时针绕向列写KVL方程，可得

$$-u + 3 \times (1 - 3 \times 1) + 10 \times 1 = 0 \tag{5.9}$$

解得$u = 4\,\text{V}$。因此，根据式（5.8）可得等效电阻$R_{\text{eq}} = \dfrac{u}{1} = 4\,\Omega$。

除了置零后外加电源法，还有一种方法可以求戴维南等效电阻，即不置零短路电流法。下面介绍不置零短路电流法求等效电阻的基本原理。

不置零短路电流法求等效电阻示意图如图5.30所示。

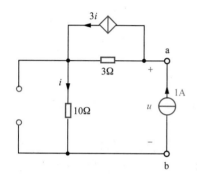

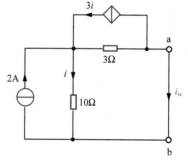

图 5.29　置零后外加电源法求图 5.27 的戴维南等效电阻

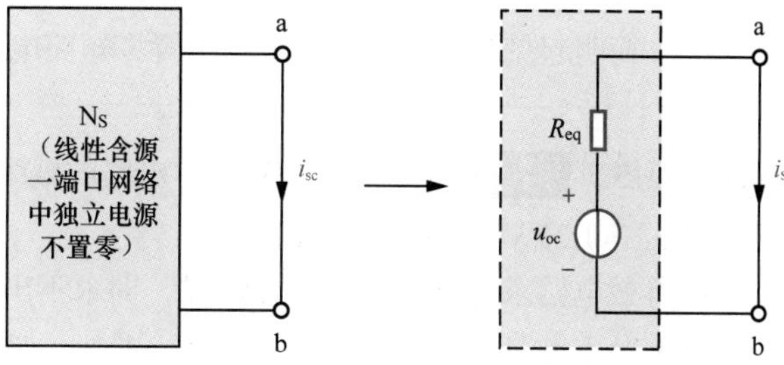

图 5.30　不置零短路电流法求等效电阻示意图

由图5.30可见，根据欧姆定律，等效电阻为

$$R_{\text{eq}} = \frac{u_{\text{oc}}}{i_{\text{sc}}} \tag{5.10}$$

式（5.10）中，i_{sc}为端口短路电流。

不置零短路电流法不需要将一端口网络内的独立电源置零，这是它的优点。下面用不置零短路电流法求图5.27的戴维南等效电阻。

将图5.27电路的端口短路，如图5.31所示。

仔细观察图5.31，会发现图中4个元件相互并联，因此电压相等，3 Ω电阻上的电流等于$\dfrac{10i}{3}$。

图 5.31　不置零短路电流法求图 5.27 的戴维南等效电阻

对左上角和右上角的节点分别列写KCL方程，可得

$$2 + 3i = i + \frac{10i}{3} \tag{5.11}$$

$$\frac{10i}{3} = 3i + i_{\text{sc}} \tag{5.12}$$

解得$i_{\text{sc}} = 0.5\,\text{A}$。

由于开路电压已经通过式（5.7）求出，即$u_{\text{oc}} = 2\,\text{V}$，因此可求出等效电阻

$$R_{eq} = \frac{u_{oc}}{i_{sc}} = \frac{2}{0.5} = 4\,\Omega \qquad (5.13)$$

这与置零后外加电源法求等效电阻的结果相同。

求戴维南等效电阻的置零后外加电源法和不置零短路电流法各有优缺点，如表5.1所示。

表 5.1　置零后外加电源法和不置零短路电流法求戴维南等效电阻的优缺点

方法	优点	缺点
置零后外加电源法	一端口网络内独立电源置零后，电路变得更简单	独立电源置零后，还需要外加电源，且外加电源的电压和电流要取非关联参考方向，绘制电路图麻烦
不置零短路电流法	不需要将一端口网络内的独立电源置零，只需要将端口直接短路，绘制电路图非常方便	由于一端口网络内的独立电源没有置零，因此电路没有得到简化，增加了计算难度

由表5.1可见，置零后外加电源法和不置零短路电流法很难说哪个更好，读者可以根据个人喜好来选择。简明起见，后续例题只采用不置零短路电流法。

同步练习5.7（提高题）求图5.32所示电路的戴维南等效电路的开路电压和等效电阻。

答案：$u_{oc} = 1.25\,\text{V}$，$R_{eq} = 0.75\,\Omega$。

戴维南等效电路求解还有一种特殊情况，即求不出戴维南等效电路。例如，要求图5.33所示电路的戴维南等效电路，就必须求开路电压。可是，如果端口开路，电流源电流无路可走，就会违背KCL，因此求不出开路电压，也就无法求出戴维南等效电路。

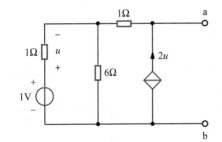

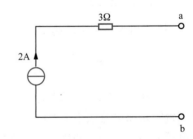

图 5.32　同步练习 5.7 电路图　　　　图 5.33　无法求出戴维南等效电路的电路

其实，图5.33的等效电路显然是一个2 A电流源，这相当于等效电阻为无穷大的诺顿等效电路。

如果在求戴维南等效电路的开路电压时出现方程矛盾无法求解的情况，则戴维南等效电路一定不存在，此时等效电路必然为一个纯电流源。此电流源的电流等于端口的短路电流。

如果求戴维南等效电路的等效电阻时采用不置零短路电流法，且出现方程矛盾无法求解的情况，则戴维南等效电阻一定等于零，不需要求解，因为此时戴维南等效电路为纯电压源，当端口短路时，电路显然违背KVL。

本节并没有给出诺顿等效电路求解的例题，这是因为戴维南等效电路的电压源与电阻串联可以等效变换为电流源与电阻并联，即诺顿等效电路。

5.4.3　一端口网络为黑匣子时戴维南等效电路的求解方法

如果一端口网络为黑匣子，由于端口内电路拓扑未知，显然上述求解方法均无法求出戴维南等效电路。此时需要通过实验测量结合理论分析得到开路电压和等效电阻。下面通过例题说明一端口网络为黑匣子时戴维南等效电路的求解方法。

例5.8 （基础题） 图5.34所示电路线性含源一端口网络N_S中的电路拓扑未知。当可变电阻为某一值时，用万用表测量得到a、b端子之间的电压和电流分别为u_1和i_1。调节可变电阻，当可变电阻为另一值时，用万用表测量得到a、b端子之间的电压和电流分别为u_2和i_2。求戴维南等效电路的开路电压u_{oc}和等效电阻R_{eq}。

解 图5.34的等效电路如图5.35所示。

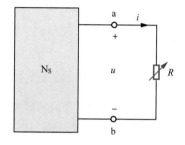

图 5.34 例 5.8 电路图

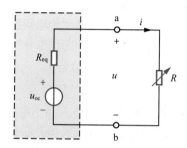

图 5.35 图 5.34 的等效电路

根据图5.35和已知条件，列写KVL方程，可得

$$-u_{oc} + R_{eq}i_1 + u_1 = 0 \tag{5.14}$$

$$-u_{oc} + R_{eq}i_2 + u_2 = 0 \tag{5.15}$$

由式（5.14）和式（5.15）可得开路电压和等效电阻分别为

$$u_{oc} = \frac{u_1 i_2 - u_2 i_1}{i_2 - i_1} \tag{5.16}$$

$$R_{eq} = \frac{u_1 - u_2}{i_2 - i_1} \tag{5.17}$$

同步练习5.8 （基础题） 图5.34所示电路线性含源一端口网络N_S中的电路拓扑未知。当用万用表测量可变电阻的阻值为R_1时，测量得到a、b端子之间的电压为u_1。调节可变电阻，当用万用表测量可变电阻的阻值为R_2时，测量得到a、b端子之间的电压为u_2。求图5.34所示电路的戴维南等效电路的开路电压u_{oc}和等效电阻R_{eq}。

答案：$u_{oc} = \dfrac{u_1 u_2 (R_1 - R_2)}{R_1 u_2 - R_2 u_1}$，$R_{eq} = \dfrac{u_1 - u_2}{\dfrac{u_2}{R_2} - \dfrac{u_1}{R_1}}$。

5.4.4 戴维南等效用于最大功率传输问题求解

由于戴维南等效可以将复杂的含源一端口网络等效变换为简单的电压源与电阻串联，因此戴维南等效在电路分析和设计中应用非常广泛。例如，第7章一阶电路的求解和第10章正弦交流电路分析中都用到了戴维南等效。本节给出戴维南等效的第一个应用，即最大功率传输问题求解。

我们在高中已经学过，图5.36所示电路中负载电阻R等于等效电阻R_{eq}（高中课本中称其为电压源的内阻）时，负载电阻R可以获得最大功率，该最大功率为

$$P_{max} = \frac{u_{oc}^2}{4R_{eq}} \qquad (5.18)$$

这就是最大功率传输问题及其结论。

常见的电路比图5.36的电路复杂。此时，可以通过戴维南等效，将可变电阻之外的一端口网络等效变换为一个电压源和一个电阻串联，以便继续使用最大功率传输问题的结论。可见，最大功率传输问题求解的关键在于求戴维南等效电路。下面通过两个例题详细介绍如何应用戴维南等效进行最大功率问题求解。

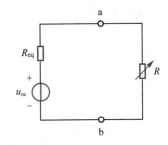

图 5.36　最大功率传输问题的电路

例5.9　（基础题）　求图5.37所示电路中可变电阻获得最大功率时的电阻值和最大功率。

解　根据电阻串并联等效及串并联分压和分流，可得图5.37中a、b左侧一端口网络的戴维南等效电路的开路电压和等效电阻分别为

$$u_{oc} = \frac{5}{1 + \frac{1 \times 2}{1+2}} \times \frac{1}{1+2} \times 1 = 1 \text{ V}$$

$$R_{eq} = \frac{\left(1 + \frac{1 \times 1}{1+1}\right) \times 1}{\left(1 + \frac{1 \times 1}{1+1}\right) + 1} = \frac{3}{5} \text{ Ω}$$

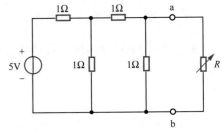

图 5.37　例 5.9 电路图

当$R = R_{eq} = \frac{3}{5}$ Ω时可获得最大功率，最大功率$P_{max} = \frac{u_{oc}^2}{4R_{eq}} = \frac{1^2}{4 \times \frac{3}{5}} = \frac{5}{12}$ W。

同步练习5.9　（基础题）　求图5.38所示电路中可变电阻获得最大功率时的电阻值和最大功率。

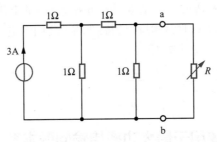

图 5.38　同步练习 5.9 电路图

答案：$R = R_{eq} = \frac{2}{3}$ Ω时可获得最大功率，最大功率$P_{max} = \frac{u_{oc}^2}{4R_{eq}} = \frac{1^2}{4 \times \frac{2}{3}} = 0.375$ W。

例5.10 （提高题） 求图5.39所示电路中可变电阻获得最大功率时的电阻值和最大功率。

解 首先求a、b左侧一端口网络的开路电压。

以下方节点为参考节点，设上方两个1Ω电阻连接节点的节点电压为u_{n1}，可列写节点电压方程

$$\left(\frac{1}{1}+\frac{1}{2}\right)u_{n1}=\frac{18}{1}+3u_1=18+3\times(18-u_{n1})$$

解得$u_{n1}=16\text{ V}$。根据串联电阻分压，一端口网络的开路电压$u_{oc}=\dfrac{u_{n1}}{2}=8\text{ V}$。

然后求戴维南等效电阻，采用不置零短路电流法求解。

将图5.39电路a、b端子短路，短路后的电路如图5.40所示。

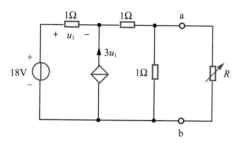

图 5.39 例 5.10 电路图

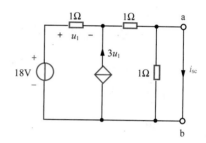

图 5.40 一端口网络端口短路

对图5.40电路列写节点电压方程，可得

$$\left(\frac{1}{1}+\frac{1}{1}\right)u_{n1}=\frac{18}{1}+3u_1=18+3\times(18-u_{n1})$$

解得$u_{n1}=14.4\text{ V}$。由图5.40可见，$i_{sc}=\dfrac{u_{n1}}{1}=14.4\text{ A}$。

戴维南等效电阻等于开路电压除以短路电流，即

$$R_{eq}=\frac{u_{oc}}{i_{sc}}=\frac{8}{14.4}=\frac{5}{9}\ \Omega$$

当$R=R_{eq}=\dfrac{5}{9}\ \Omega$时可获得最大功率，最大功率$P_{max}=\dfrac{u_{oc}{}^2}{4R_{eq}}=\dfrac{8^2}{4\times\dfrac{5}{9}}=28.8\text{ W}$。

同步练习5.10 （提高题） 求图5.41所示电路中可变电阻获得最大功率时的电阻值和最大功率。

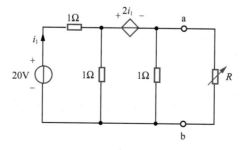

多定理综合运用
例题分析

图 5.41 同步练习 5.10 电路图

答案：$R = R_{\text{eq}} = 0.6\ \Omega$ 时可获得最大功率，最大功率 $P_{\max} = \dfrac{u_{\text{oc}}^{2}}{4R_{\text{eq}}} = \dfrac{(-4)^{2}}{4 \times 0.6} = \dfrac{20}{3}\ \text{W}$。

*5.5　特勒根定理和互易定理

5.1节~5.4节所介绍的叠加定理、齐性定理、替代定理、戴维南定理和诺顿定理都是从电压和电流角度得出的定理。从电路的另一个基本物理量——功率出发，可以得到另一个定理——特勒根定理（Tellegen's theorem），由特勒根定理又可以推出互易定理。特勒根定理和互易定理是本节要介绍的电路定理。

5.5.1　特勒根定理一与功率守恒

特勒根定理一：对一个电路而言，在任意时刻，在关联参考方向下，所有支路的电压和电流乘积之和等于零。其表达式为

$$\sum_{k=1}^{b} u_k i_k = 0 \tag{5.19}$$

式（5.19）中，b 为电路的支路总数，$u_k i_k$ 为第 k 条支路的功率。

由式（5.19）可见，对任何一个电路而言，在任意时刻，实际发出的功率一定等于实际吸收的功率，或者说，电路总的功率一定为0，这就是功率守恒。特勒根定理一就体现了功率守恒这一规律。

下面证明特勒根定理一。

假设任意一个电路总计有 b 条支路，n 个节点。第 p 个节点和第 q 个节点之间的电压记为 u_{pq}，电流记为 i_{pq}，如图5.42所示，则该电路满足以下等式：

$$\sum_{k=1}^{b} u_k i_k = \frac{1}{2}\sum_{p=1}^{n}\sum_{q=1}^{n} u_{pq} i_{pq} = \frac{1}{2}\sum_{p=1}^{n}\sum_{q=1}^{n}(u_p - u_q)i_{pq} = \frac{1}{2}\sum_{p=1}^{n} u_p \sum_{q=1}^{n} i_{pq} - \frac{1}{2}\sum_{q=1}^{n} u_q \sum_{p=1}^{n} i_{pq} = 0 \tag{5.20}$$

式（5.20）即证明了特勒根定理一。

式（5.20）很难理解，下面对其中的细节进行解释。

式（5.20）中第一个等号是将支路的电压与电流的乘积之和转化为节点与节点之间的电压与电流的乘积之和。之所以会出现二分之一，是因为每条支路的功率被用了两次，例如，$u_{12}i_{12}$ 和 $u_{21}i_{21}$ 代表同一条支路的功率，并且相等。式（5.20）中第二个等号应用了KVL，即 $u_{pq} = u_p - u_q$。

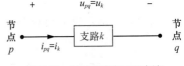

图 5.42　标记支路电压和电流

式（5.20）中第三个等号利用了求和符号 Σ 的特性。式（5.20）中第四个等号应用了KCL，即 $\sum\limits_{q=1}^{n} i_{pq} = 0$（流出第 p 个节点的支路电流代数和等于零）和 $\sum\limits_{p=1}^{n} i_{pq} = 0$（流入第 q 个节点的支路电流代数和等于零）。

由特勒根定理一的证明过程可以看出，KCL和KVL很关键，也就是说，只要电路满足KCL和KVL，特勒根定理一就一定成立。

特勒根定理一中有"在关联参考方向下"的描述。实际上，参考方向是假定的方向，其既可

能是关联参考方向，也可能是非关联参考方向。如果一个电路中的支路电压和电流的参考方向既有关联参考方向，又有非关联参考方向，那么特勒根定理一的表达式为

$$\sum_{k=1}^{b}\left(\pm u_k i_k\right)=0 \tag{5.21}$$

式（5.21）中，$u_k i_k$ 前面的正负号取决于参考方向：如果 u_k 与 i_k 取关联参考方向，则用正号；如果 u_k 与 i_k 取非关联参考方向，则用负号。

特勒根定理一有时可以用于求电路中某一支路的功率。例如，由式（5.19）可见，如果已知电路中所有 b 条支路中的 $b-1$ 条支路的功率，那么第 b 条支路的功率可以应用特勒根定理一直接求出。

由特勒根定理一的内容可见，特勒根定理一仅对单个电路成立。如果有两个拓扑结构相同但电路元件或参数不完全相同的电路，那么这两个电路满足特勒根定理二。下面介绍特勒根定理二的内容、证明过程和应用。

5.5.2　特勒根定理二

特勒根定理二：对两个拓扑结构相同、电压和电流的参考方向相同且为关联参考方向，但电路元件或参数不完全相同的电路而言，在任意时刻，第一个电路各支路电压与第二个电路对应支路电流的乘积的代数和等于零，第一个电路各支路电流与第二个电路对应支路电压的乘积之和也等于零。特勒根定理二的表达式为

$$\left.\begin{array}{l}\displaystyle\sum_{k=1}^{b}u_k\hat{i}_k=0\\[2mm]\displaystyle\sum_{k=1}^{b}\hat{u}_k i_k=0\end{array}\right\} \tag{5.22}$$

式（5.22）中，u_k 和 i_k 分别为第一个电路第 k 条支路的电压和电流，$\hat{u}_k$ 和 $\hat{i}_k$ 分别为第二个电路第 k 条支路的电压和电流。

这么拗口的描述实在费解。为了直观一点，我们给出特勒根定理二的一个示意图，如图5.43所示。

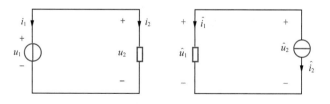

$$u_1\hat{i}_1+u_2\hat{i}_2=0;\quad \hat{u}_1 i_1+\hat{u}_2 i_2=0$$

图 5.43　特勒根定理二的示意图

由图5.43可见，特勒根定理二可以通俗地描述为"我的电压乘以你的电流，乘积之和等于零；你的电压乘以我的电流，乘积之和等于零"。描述变简单了，可还是显得莫名其妙，只有通过证明才能令人信服。特勒根定理二的证明过程与特勒根定理一的证明过程类似，只需要将式（5.20）中的支路电压或支路电流换成另一个电路的支路电压或支路电流，即

$$\sum_{k=1}^{b} u_k \hat{i}_k = \frac{1}{2}\sum_{p=1}^{n}\sum_{q=1}^{n} u_{pq}\hat{i}_{pq} = \frac{1}{2}\sum_{p=1}^{n}\sum_{q=1}^{n}(u_p - u_q)\hat{i}_{pq} = \frac{1}{2}\sum_{p=1}^{n} u_p \sum_{q=1}^{n}\hat{i}_{pq} - \frac{1}{2}\sum_{q=1}^{n} u_q \sum_{p=1}^{n}\hat{i}_{pq} = 0 \qquad （5.23）$$

$$\sum_{k=1}^{b} \hat{u}_k i_k = \frac{1}{2}\sum_{p=1}^{n}\sum_{q=1}^{n} \hat{u}_{pq} i_{pq} = \frac{1}{2}\sum_{p=1}^{n}\sum_{q=1}^{n}(\hat{u}_p - \hat{u}_q) i_{pq} = \frac{1}{2}\sum_{p=1}^{n} \hat{u}_p \sum_{q=1}^{n} i_{pq} - \frac{1}{2}\sum_{q=1}^{n} \hat{u}_q \sum_{p=1}^{n} i_{pq} = 0 \qquad （5.24）$$

特勒根定理二给人一种难以"落地"的感觉。当两个电路拓扑结构相同，但电路不完全相同时，用一个电路的支路电压乘以另一个电路对应的支路电流，只能知道乘积的单位是W，但无法看出乘积的物理意义。由于没有物理意义，因此特勒根定理二在实际电路分析中几乎用不上。特勒根定理二的主要作用是引出一个推论，这个推论我们偶尔会用到，而且还可以由这个推论证明互易定理，互易定理我们在电路分析中偶尔也会用到。接下来先介绍特勒根定理二的推论。

5.5.3　特勒根定理二的推论

对两个拓扑结构相同、电压和电流的参考方向相同且为关联参考方向，但电路元件或参数不完全相同的电路而言，由特勒根定理二可以得出以下推论：第一个电路除线性电阻网络（仅含线性电阻的纯电阻网络）外的各支路电压与第二个电路除与第一个电路完全相同的线性电阻网络外的对应支路电流的乘积之和，等于第一个电路除线性电阻网络外的各支路电流与第二个电路除线性电阻网络外的对应支路电压的乘积之和。其表达式为

$$\sum_{k=1}^{r} u_k \hat{i}_k = \sum_{k=1}^{r} \hat{u}_k i_k \qquad （5.25）$$

式（5.25）中，r为电路的支路总数减去线性电阻网络的支路数（线性电阻网络中每个电阻视为一条支路）。

只看文字描述很难理解特勒根定理二的推论，为此我们给出示意图，如图5.44所示。

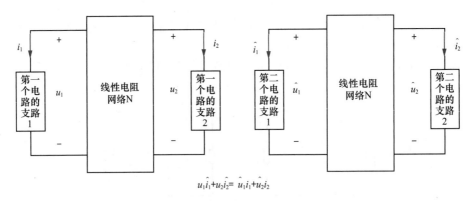

$$u_1\hat{i}_1 + u_2\hat{i}_2 = \hat{u}_1 i_1 + \hat{u}_2 i_2$$

图 5.44　特勒根定理二推论的示意图

由图5.44可见，特勒根定理二的推论可以通俗地描述为"我和你具有相同的线性电阻网络，除线性电阻网络之外，我的电压乘以你的电流等于你的电压乘以我的电流"。当然，这同样显得莫名其妙。下面我们来证明特勒根定理二的推论。为了使证明过程尽可能直观，我们以图5.44所示电路为例。

根据特勒根定理二和图5.44所示电路可得

$$u_1\hat{i}_1 + u_2\hat{i}_2 + \sum u_k\hat{i}_k = 0 \qquad （5.26）$$

$$\hat{u}_1 i_1 + \hat{u}_2 i_2 + \sum \hat{u}_k i_k = 0 \tag{5.27}$$

式（5.26）和式（5.27）中的求和，求的是线性电阻网络所有支路的电压与电流的乘积之和。根据欧姆定律，线性电阻网络中第 k 个电阻支路的电压与电流的关系为

$$u_k = R_k i_k, \quad \hat{u}_k = R_k \hat{i}_k \tag{5.28}$$

将式（5.28）分别代入式（5.26）和式（5.27），然后两式相减，可得

$$u_1 \hat{i}_1 + u_2 \hat{i}_2 = \hat{u}_1 i_1 + \hat{u}_2 i_2 \tag{5.29}$$

式（5.29）证明了特勒根定理二的推论成立。

上述过程只证明了除线性电阻网络外支路数为2的情况，如果支路数大于2，则上述推论仍然成立，证明过程与上述过程类似。

特勒根定理二的推论中有"参考方向相同且为关联参考方向"的描述。如果一个电路中的支路电压和电流的参考方向既有关联参考方向，又有非关联参考方向，那么特勒根定理二推论的表达式为

$$\sum_{k=1}^{r} \left(\pm u_k \hat{i}_k \right) = \sum_{k=1}^{r} \left(\pm \hat{u}_k i_k \right) \tag{5.30}$$

式（5.30）中，$\hat{u}_k i_k$ 和 $u_k \hat{i}_k$ 前面的正负号取决于参考方向：如果支路电压与支路电流为关联参考方向，则用正号；如果支路电压与支路电流为非关联参考方向，则用负号。

下面通过例题来说明如何应用特勒根定理二推论进行电路求解。

例5.11　**（提高题）** 图5.45所示两个电路拓扑结构相同，且具有相同的线性电阻网络N。求电流 i。

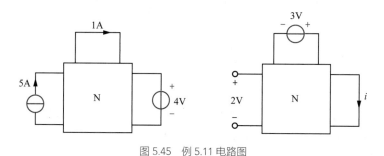

图 5.45　例 5.11 电路图

解　根据特勒根定理二的推论，可得

$$0 + 0 + 4i = -(2 \times 5) - (3 \times 1) + 0 \tag{5.31}$$

解得 $i = -3.25\mathrm{A}$。

式（5.31）中等号左边为左侧电路电压乘以右侧电路电流，等号右边为右侧电路电压乘以左侧电路电流，等式中出现3个0是因为开路电流等于零，短路电压等于零，而零乘以任何数都等于零，也无所谓正负。等号左边 $4i$ 前面为正号，这是因为该支路电压与电流取关联参考方向；等号右边的前两项前面都是负号，这是因为这两条支路的电压与电流均取非关联参考方向。

应用特勒根定理二推论进行电路求解需要注意三点：一是两个电路的参考方向必须相同；二是如果支路电压与电流取关联参考方向，则乘积前用正号，反之则用负号；三是要仔细观察哪些电压和电流为0，这些电压和电流乘以任何量都等于零。

同步练习5.11　（提高题）　图5.46所示两个电路拓扑结构相同，且具有相同的线性电阻网络N。求电流i。

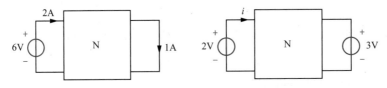

图 5.46　同步练习 5.11 电路图

答案：$i = \dfrac{1}{6} A$。

应用特勒根定理二推论还可以证明互易定理。下面介绍互易定理的内容、证明过程和应用。

5.5.4　互易定理

互易定理（reciprocity theorem）：对于一个仅含线性电阻的二端口电路，其中一个端口加激励源，另一个端口作为响应端口，在只有一个激励源的情况下，当激励与响应互换位置时，激励与响应的比值保持不变。互易定理示意图如图5.47所示。

$$\frac{激励1}{响应1} = \frac{激励2}{响应2}$$

图 5.47　互易定理示意图

由图5.47可见，二端口电路N必须是线性电阻网络。电路中激励只能为电压源或电流源，响应只能为开路电压或短路电流。显然，如果激励1和激励2数值相等，那么响应1和响应2数值也一定相等。

由互易定理的内容可以看出，互易定理不是一个"显然"的定理。如果N不是左右对称网络，直觉上互易定理不成立，但实际情况违背了直觉。这说明互易定理非常神奇！

互易定理并不是对所有的激励和响应都成立，根据激励和响应的不同，互易定理有且仅有三种形式，分别如图5.48、图5.49和图5.50所示。

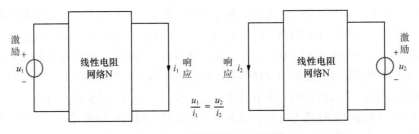

$$\frac{u_1}{i_1} = \frac{u_2}{i_2}$$

图 5.48　互易定理形式一示意图

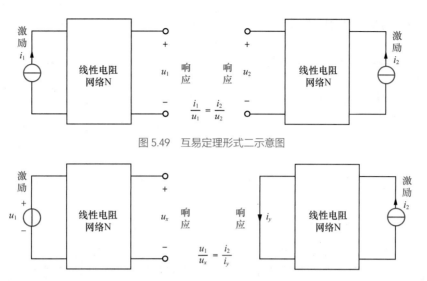

图 5.49　互易定理形式二示意图

图 5.50　互易定理形式三示意图

互易定理的三种形式中，形式三最特别：不但激励和响应的位置互换，而且激励和响应的类型也变了。

互易定理的三种形式的证明过程类似，都是根据特勒根定理二推论来证明的。下面以互易定理形式三为例，给出证明过程。

根据图5.50和特勒根定理二推论，可得

$$u_1 i_y - u_x i_2 = 0 + 0 \qquad (5.32)$$

由式（5.32）可得

$$\frac{u_1}{u_x} = \frac{i_2}{i_y} \qquad (5.33)$$

至此，互易定理形式三得证。

由互易定理形式三的证明过程可见，互易定理成立的关键是式（5.32）中必须出现两个0。这决定了互易定理只能有三种形式，因为只有这三种形式在应用特勒根定理二推论时能出现两个0。读者可以自己尝试一下，看能不能找到互易定理的其他形式。

互易定理对电压和电流的参考方向有要求。图5.48、图5.49和图5.50中的三个等式在图中的参考方向下成立，如果改变参考方向，式中的正负号就可能发生改变。因此，应尽量取图5.48、图5.49和图5.50中的参考方向，如果实在没有办法按照三个示意图取参考方向，则最好不要应用互易定理，因为正负号容易出错。为了避免出错，此时建议改用特勒根定理二推论来求解，因为特勒根定理二推论的正负号不容易出错，关联参考方向取正，非关联参考方向取负。

下面通过例题来说明如何应用互易定理进行电路求解。

例5.12　（提高题）　图5.51所示两个电路拓扑结构相同，且具有相同的线性电阻网络N。求电流 i。

解　观察图5.51，会发现有可能用互易定理形式二求解。不过进一步思考以后，又会发现无法直接应用互易定理形式二，因为互易定理形式二要求电路中除线性电阻网络之外，只能有激励（电流源）和响应（开路电压），而图5.51电路中多出了两个电阻，并且只有短路电流，没有开路电压，所以不适用互易定理形式二。

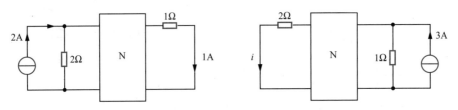

图 5.51　例 5.12 电路图

解决以上问题的方法是不具备条件就创造条件，通过"顺手牵羊"和"无中生有"实现互易定理形式二的应用。下面介绍具体的做法。

对图5.51电路进行一定的调整，调整后的电路如图5.52所示。

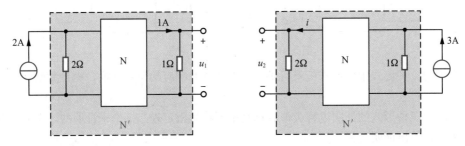

图 5.52　图 5.51 调整后的电路

由图5.52可见，所谓"顺手牵羊"，就是顺手把旁边的"羊"（电阻）牵到"圈"（图中虚线框内的线性电阻网络N'）中。注意，牵"羊"时有可能需要将"羊"转一下身，以保证两个电路中新的线性电阻网络N'完全相同。所谓"无中生有"，就是设法"生出"开路电压。

对图5.52应用互易定理形式二可得

$$\frac{2}{u_1} = \frac{3}{u_2} \tag{5.34}$$

由图5.52可见，$u_1 = 1 \times 1 = 1 \text{ V}$，$u_2 = 2 \times i = 2i$，将它们代入式（5.34），可得 $i = 0.75 \text{ A}$。

如果对互易定理涉及的参考方向和正负号不太清楚，则可以改用特勒根定理二推论求解，有兴趣的读者可以自己尝试一下。

同步练习5.12　（提高题）　图5.53所示两个电路拓扑结构相同，且具有相同的线性电阻网络 N。求电压 u。

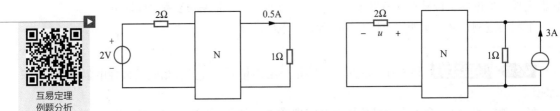

互易定理
例题分析

图 5.53　同步练习 5.12 电路图

答案：$u = 1.5 \text{ V}$。

互易定理除了可以用于电路求解，还可以帮助读者理解和分析电路中的某些特殊规律。例如，第16章中纯阻抗二端口网络参数的某些特殊规律可以用互易定理解释和证明。

*5.6 对偶原理

通过第2章～第4章的学习，我们会发现一个有趣的现象：两个不同的知识点看起来很相似。下面举两个例子。

比较一下KCL和KVL。KCL的表述为节点的支路电流代数和等于零，KVL的表述为回路的支路电压代数和等于零。如果将"节点"换成"回路"，将"电流"换成"电压"，那么KCL就变成了KVL。反之亦然。

再比较一下节点电压法和回路电流法。从名称上看，将"节点"换成"回路"，将"电压"换成"电流"，节点电压法就变成了回路电流法。反之亦然。从内容上看，节点电压法有自导项和互导项，回路电流法有自阻项和互阻项，如果将"导"换成"阻"，将"节点电压"换成"回路电流"，将电源电流项换成电源电压项，那么节点电压方程就变成了回路电流方程。反之亦然。

以上相似性并非偶然，而是对偶原理的反映。下面首先介绍对偶原理，然后应用对偶原理实现"举一反二"，最后介绍如何得到一个电路的对偶电路。

5.6.1 对偶原理

对偶原理（duality principle）：对两个电路而言，如果通过元素互换，既能实现由此及彼，也能实现由彼及此，则称这两个电路为对偶电路；两个对偶电路的特性从数学形式上看完全相同，但从描述特性的元素上看则相互对偶。

对偶原理很难理解。我们通过一个简单的例子来初步认识一下对偶原理。第2章已经简要介绍过电容和电感，并且分别给出了电容和电感所满足的电压与电流关系：

$$i_C = C\frac{\mathrm{d}u_C}{\mathrm{d}t} \tag{5.35}$$

$$u_L = L\frac{\mathrm{d}i_L}{\mathrm{d}t} \tag{5.36}$$

仔细观察可以发现，从数学形式上看，式（5.35）和式（5.36）完全相同，从元素上看，式（5.35）和式（5.36）相互对偶。元素上的对偶如图5.54所示。

由图5.54可见，只要将元素互换，电容的特性就变成了电感的特性，电感的特性也可以通过元素互换变成电容的特性。这种能够互换的元素称为对偶元素。

对偶元素有多种类型，例如，图5.54展示了4种类型的对偶元素：图形符号（ —||— 与 ⌒⌒⌒ ）、元件名称（电容与电感）、电路变量（u与i）和元件参

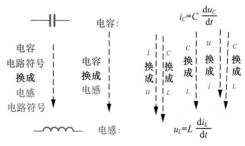

图 5.54　对偶原理示意图

数（C 与 L）。其实还有一类隐含的对偶元素：由于电压与电流对偶，因此电压的单位（伏特，V）与电流的单位（安培，A）也是对偶元素。

从对偶原理的内容及阐释可以看出，对偶元素是对偶原理的关键。表5.2所示为电路中常见的对偶元素。

表 5.2　电路中常见的对偶元素

元素A	元素B
节点	网孔
串联	并联
短路	开路
开关闭合	开关断开
电阻R（欧姆，Ω）	电导G（西门子，S）
电容C（法拉，F）⊣⊢	电感L（亨利，H）〰
电压u（伏特，V）	电流i（安培，A）
独立电压源 —＋○－—	独立电流源 —⊖—
受控电压源 —＋◇－—	受控电流源 —◁—
阻抗Z（欧姆，Ω）	导纳Y（西门子，S）
电量q（库仑，C）	磁链ψ（韦伯，Wb）

关于表5.2，有以下3点需要特别说明。

（1）节点与网孔对偶，而不是节点与回路对偶。这是因为对偶原理只适用于平面电路，在平面电路中，可以选择网孔作为独立回路，独立回路与独立节点对偶。电路中还有参考节点（不是独立节点），其对偶元素是整个电路的外部空间。这一点在5.6.3小节会用到并会给出详细解释。

（2）阻抗和导纳的概念将在第9章详细介绍。

（3）表5.2中仅列出了电路中常见的对偶元素，并非全部。此外，对偶元素不但在"电路"课程中存在，在"电磁场与波""力学"等其他课程中也存在。

由以上关于对偶原理和对偶元素的介绍可见，对偶原理是物理概念和数学公式相结合的神奇结果：明明是两个不同的东西，却可以通过对偶元素和相同的数学形式联系起来。

对偶原理在电路分析中起着重要作用，其作用主要有两点：一是"举一反二"，事半功倍；二是构造新的对偶电路。下面将分别介绍对偶原理的这两点作用。

5.6.2　举一反二

我们常说"举一反三"，意思是从一件事情类推而知道其他许多事情，或者说触类旁通。在电路中，对偶原理也有着类似的神奇效果，不过不是"举一反三"，而是"举一反二"，意思是从一个电路的规律类推出另一个电路的规律。我们通过几个具体的例子来说明如何通过对偶原理举一反二。

例5.13 （基础题） 请根据对偶原理，实现基尔霍夫电流定律的举一反二。

解 　根据对偶原理和表5.2，基尔霍夫电流定律可举一反二，如图5.55所示。

由图5.55可见，根据对偶原理得到的基尔霍夫电压定律并不完整，因为对任意回路（而不仅仅是网孔），KVL都成立。

同步练习5.13 （基础题） 请根据对偶原理，实现节点电压法的举一反二。

答案：略（因为给出答案不利于读者自己体会如何举一反二，以及举一反二的神奇）。

例5.14 （基础题） 请根据对偶原理，实现欧姆定律的举一反二。

解 　根据对偶原理和表5.2，欧姆定律可举一反二，如图5.56所示。

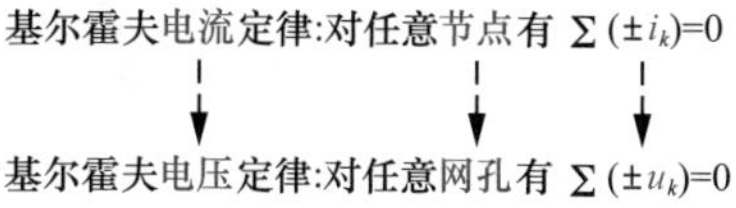

基尔霍夫电流定律:对任意节点有 $\sum (\pm i_k)=0$

基尔霍夫电压定律:对任意网孔有 $\sum (\pm u_k)=0$

图 5.55　基尔霍夫电流定律的举一反二

欧姆定律：$u = R\,i$

欧姆定律：$i = G\,u$

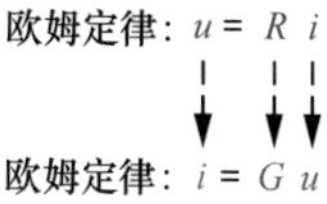

图 5.56　欧姆定律的举一反二

同步练习5.14 （基础题） 请根据对偶原理，实现电阻并联等效的举一反二。

答案：略。

由以上例题可以看出，通过对偶原理，可以实现举一反二。也就是说，做一件事，相当于做两件事。这样既减少了记忆量，又加深了理解。因此，在后续章节的学习中，读者可以巧妙运用对偶原理，减轻学习压力，提高学习效率。

5.6.3　对偶电路

如果已有一个平面电路，那么可以通过对偶原理得到其对偶电路。得到对偶电路的过程包含5步。

第1步：在每个网孔内部画一个节点，在整个电路的外面也画一个节点。

第2步：用虚线两两连接在电路中新画的节点，其须与电路中每一个元件相交且仅相交一次。

第3步：在每一条虚线上画出与其相交元件的对偶元件，元件的参数也要对偶。

第4步：确定对偶电源的参考方向，方法是假想将原电路的电源顺时针旋转到与其相交的虚线上，对偶电源的参考方向与假想旋转后的电源参考方向应为非关联参考方向。

第5步：根据前面4步的结果，单独画出规范的对偶电路。

仅看文字描述很难理解得到对偶电路的具体细节。下面通过一个例题来详细说明如何得到一个电路的对偶电路。

例5.15 （提高题） 画出图5.57所示电路的对偶电路。

解

第1步：在每个网孔内部画一个节点，在整个电路的外面也画一个节点，如图5.58所示。

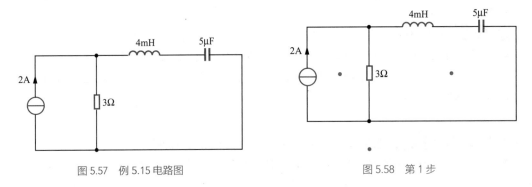

图 5.57　例 5.15 电路图　　　　　　　　　图 5.58　第 1 步

第2步：用虚线两两连接在电路中新画的节点，保证虚线与电路中每一个元件相交，并且仅相交一次，如图5.59所示。

第3步：在每一条虚线上画出与其相交元件的对偶元件，元件的参数也要对偶，如图5.60所示。

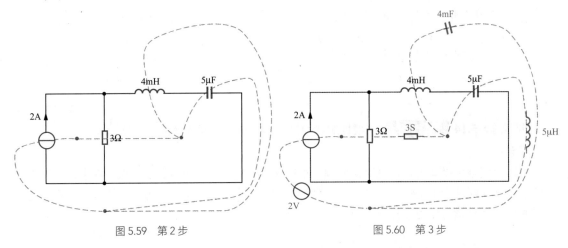

图 5.59　第 2 步　　　　　　　　　　　图 5.60　第 3 步

第4步：确定对偶的电压源的电压参考方向，方法是假想将原电路的电流源顺时针旋转到与其相交的虚线上，对偶的电压源的电压参考方向与假想旋转后的电流源的电流参考方向应为非关联参考方向，如图5.61所示。

第5步：根据前面4步的结果，单独画出规范的对偶电路，如图5.62所示。

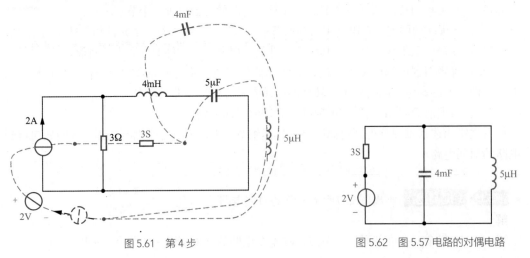

图 5.61　第 4 步　　　　　　　　图 5.62　图 5.57 电路的对偶电路

将图5.62与图5.57进行对比，能够明显看出两个电路的对偶关系。

同步练习5.15（提高题）画出图5.63所示电路的对偶电路。

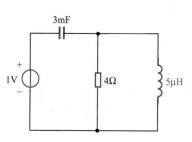

图 5.63 同步练习 5.15 电路图

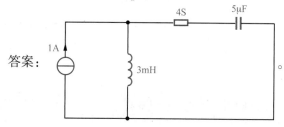

答案：

对偶电路具有以下3个特性。

（1）一个电路的对偶电路是唯一的，不存在其他可能性。

（2）某一元件上的电压值一定等于其对偶元件上的电流值。某一元件上的电流值一定等于其对偶元件上的电压值。因此，只需要计算一个电路的电压和电流，另一个电路的电压和电流不需要计算，直接对偶即可获得。

（3）两个对偶电路的各项电路指标数值一定相等，如后续章节将要介绍的谐振角频率、品质因数等。

由得到对偶电路的过程及对偶电路的特性可见，得到一个电路的对偶电路有规律可循，并且对偶电路与原电路具有对偶特性。既然对偶电路与原电路具有对偶特性，那么给出一个电路的对偶电路是不是意义不大，多此一举？

实际上，真实的电路元件都有成本和体积，不同元件的制造难度也不同，因此，对偶电路虽然与原电路具有对偶特性，但在某些方面可能优于原电路。例如，如果原电路的激励源是电流源，对偶电路的激励源就是电压源，而电压源比电流源制造难度低得多。如果原电路中有很多电感，那么对偶电路中就会有很多电容，通常电容制造难度比电感低得多，成本更低，体积也更小。可见，给出一个电路的对偶电路并非多此一举。

格物致知

本章小结

按规律办事

本章介绍了多个电路定理，看起来有点多，可是，这些电路定理都揭示了电路中有趣的规律，同时也非常有用。俗话说，艺多不压身。我们理解和掌握的电路定理越多，对电路的认识就越深刻，分析电路就越高效和准确。

在工作和生活中，我们也要注意按规律办事。例如，我们知道任何人都希望得到别人的尊重，这一规律亘古不变，那么，我们在和他人打交道时，就要注意尊重对方，不能无心贬损他人，更不能故意贬损他人。这一点说起来容易，做起来难。也就是说，了解规律相对容易，按照规律去做难度要大得多。电路定理的应用也存在类似的情况，例如，对偶原理看起来挺简单，但是要得到一个电路的对偶电路并非易事。

不过，这种付出是值得的。因为利用对偶电路有时可以降低成本，提高效率。同样，在与人交往时，如果我们充分尊重别人，别人也会充分尊重我们，这样彼此就会更加信任，相处与合作也就会更加愉快和顺利。

我们在大学既要学习和运用知识的规律，也要学习和运用做人做事的规律。电路知识的海洋中有很多定理，理解、掌握并运用这些定理，会让我们对电路的认识迈上一个更高的台阶。同样，人生的历程中也有很多规律，了解并充分运用这些规律，会使我们的人生更加顺利，进而取得更大的成就。

📝 习题

一、复习题

参考答案

5.1节　叠加定理和齐性定理

▶ 基础题

5.1　用叠加定理求题5.1图所示电路中的电压u。

5.2　用叠加定理求题5.2图所示电路中的电流i。

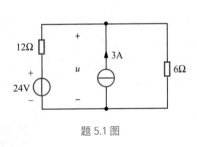

题 5.1 图

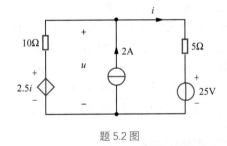

题 5.2 图

▶ 提高题

5.3　题5.3图所示电路中，N为线性电阻网络，$u = 1\text{V}$。如果电流源电流变为原来的3倍，电压源电压保持不变，则$u = 5\text{V}$。电压源电压保持不变，将电流源移除，求此时的电压u。

5.2节　替代定理

▶ 基础题

5.4　求题5.4图所示电路中的电压u。

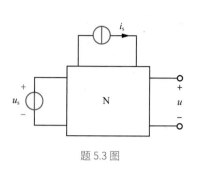

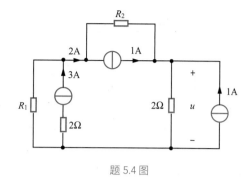

题 5.3 图   题 5.4 图

▶ **提高题**

5.5 求题5.5图所示电路中的电流i。

5.4节 戴维南等效电路的求解和应用

▶ **基础题**

5.6 求题5.6图所示含源一端口网络的戴维南等效电路的开路电压u_{oc}和等效电阻R_{eq}。

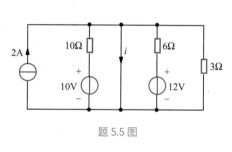

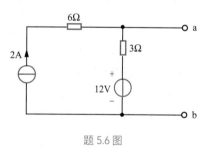

题 5.5 图   题 5.6 图

5.7 求题5.7图所示含源一端口网络的戴维南等效电路的开路电压u_{oc}和等效电阻R_{eq}。

5.8 求题5.8图所示含源一端口网络的戴维南等效电路的开路电压u_{oc}和等效电阻R_{eq}。

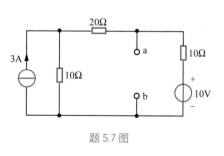

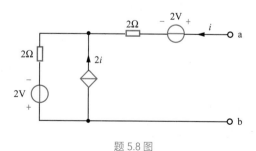

题 5.7 图   题 5.8 图

5.9 求题5.9图所示含源一端口网络的戴维南等效电路的开路电压u_{oc}和等效电阻R_{eq}。

5.10 求题5.10图中可变电阻R可以获得的最大功率。

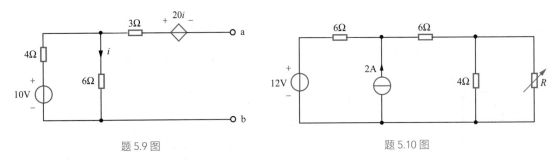

题 5.9 图　　　　　　　　　　　　题 5.10 图

5.11 题5.11图中可变电阻R为多大时，其可以获得最大功率？并求此最大功率。

▶ **提高题**

5.12 题5.12图所示含源一端口网络是否有戴维南等效电路和诺顿等效电路？如果有，求等效电路的参数。

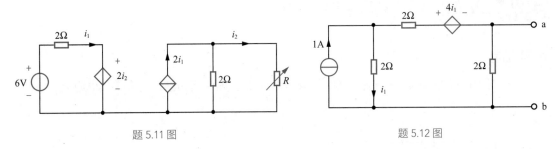

题 5.11 图　　　　　　　　　　　　题 5.12 图

5.13 题5.13图所示电路中，一端口网络N仅含独立电源和线性电阻。调节R，当$u = 0.8\text{ V}$时，$i = 1.6\text{ mA}$；当$u = 1\text{ V}$时，$i = 1.5\text{ mA}$。可变电阻R为多大时，其可以获得最大功率？并求此最大功率。

5.14 题5.14图所示电路中可变电阻R_L可以获得的最大功率为3 mW，求电阻R的阻值。

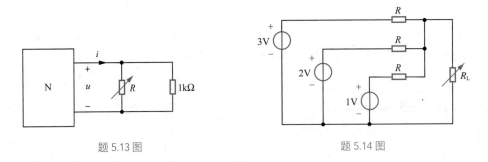

题 5.13 图　　　　　　　　　　　　题 5.14 图

*5.5节　特勒根定理和互易定理

▶ **基础题**

5.15 题5.15图所示电路中，N为线性电阻网络。求电压u。

5.16 题5.16图所示电路中，N为线性电阻网络。当$R = 2\ \Omega$时，如果$u_\text{s}=8\text{ V}$，则$i_1 = 1\text{ A}$，

$u = 1\text{ V}$ ；当 $R = 4\,\Omega$ 时，如果 $u_s = 12\text{ V}$ ，则 $i_1 = 0.75\text{ A}$ ，求此时的电压 u 。

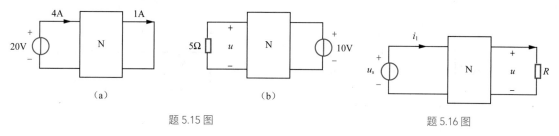

题 5.15 图   题 5.16 图

5.17 题5.17图所示电路中，N为线性电阻网络。求电流 i 。

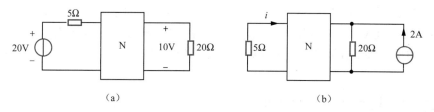

题 5.17 图

▶ **提高题**

5.18 题5.18图所示两个电路中对应电阻的阻值相等，求电流 i 。

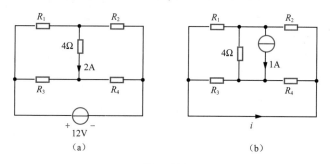

题 5.18 图

*5.6节 对偶原理

▶ **基础题**

5.19 画出题5.19图所示电路的对偶电路。

二、综合题

5.20 题5.20图所示电路中，当 $R = 5\,\Omega$ 时， $u_1 = 2\text{ V}$ ， $u_2 = 1\text{ V}$ ；当 $R = 20\,\Omega$ 时， $u_1 = 4\text{ V}$ ， $u_2 = 3\text{ V}$ 。如果 $u_2 = 0\text{ V}$ ，则 R 应为多少？

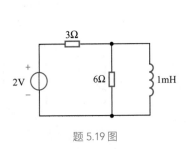

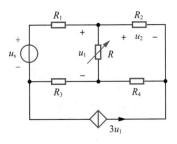

题 5.19 图   题 5.20 图

5.21　题5.21图所示电路中，改变R可获得最大功率20W，此时$i = 3\,\text{A}$。求 $R=15\,\Omega$ 时的电流i。

5.22　题5.22图所示电路中，N为线性电阻网络，a、b左侧的含源一端口网络的戴维南等效电路的开路电压$u_{oc} = 8\,\text{V}$，等效电阻$R_{eq} = 4\,\Omega$。如果将a、b右侧的$6\,\Omega$电阻移除（开路），则为了保持电压源的电流i不变，需要在电压源两端并联多大的电阻？

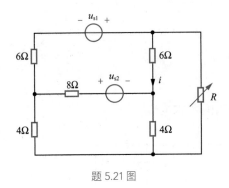

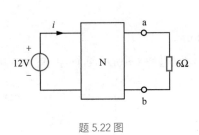

题 5.21 图   题 5.22 图

第二篇

动态电路的
时域分析

第 **6** 章

动态电路的动态元件和微分方程

本书第一篇（第2章～第5章）关注的重点是电阻电路，其响应一般不随时间变化。但是，由于电阻电路能够实现的功能有限，因此大多数电路不是电阻电路，它们可能含有电容、电感等动态元件，此时电路的响应会随时间变化。

分析响应随时间变化的电路分两种情况：一是分析电路的暂态响应；二是分析电路的稳态响应。第6章～第8章为本书的第二篇——动态电路的时域响应，本篇将分析含电容和电感的电路的暂态响应。第三篇将主要分析响应随时间变化的电路的稳态响应。

虽然第一篇关注的重点是响应不随时间变化的电阻电路，但是第一篇的大部分内容同样也适用于第二篇，也就是说，第一篇是第二篇的基础。同时，第二篇与第一篇又有显著的差异，其中最大的差异在于第一篇中的方程为代数方程，而第二篇中的方程为微分方程。因此，学习动态电路既要注意与第一篇的密切联系，又要注意与第一篇的显著差异。

动态电路的关键元件是动态元件，即电容和电感。本章首先介绍动态元件的定义和特性，然后推导动态电路的微分方程，最后确定微分方程的初始条件，进而为动态电路的求解和分析打下基础。

⚡ 学习目标

（1）掌握电容和电感的定义和特性；

（2）掌握动态电路微分方程的列写方法；

（3）掌握动态电路微分方程的初值确定方法；

（4）了解电容和电感的对偶关系；

（5）锻炼用微积分知识解决问题的能力。

6.1　电容元件

动态元件是动态电路的基础，因此掌握动态元件的定义和特性是分析动态电路的第一步。动态元件包括电容元件和电感元件，本节介绍电容元件的定义和特性。

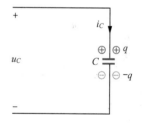

AR　交互动画

电容和电感展示

6.1.1　电容器和电容元件

电容的概念与电容器相关，因此本小节首先介绍电容器。

电容器（capacitor）是能够容纳和释放电荷的电路元件。电容器一般由两个导体极板夹一层绝缘介质构成，如图6.1所示。

如果电容器的两个极板带有电荷，则会在极板间形成电场。电场可以储存能量，因此电容器可以储存电能。当电路中有电容器时，电容器既可以充电、储存电能，也可以放电、释放电能。

用实际生活类比，电容器类似于水库、水缸、水杯等。水库、水缸、水杯等在生活中很常见，也很有用，可想而知，电容器也是非常有用的一种电路元件。电容器在电路中起储存和释放能量、滤波、旁路等作用，应用极为广泛。

理想电容器假定导体极板电阻为0，且绝缘介质完全绝缘，不会漏电，此时其可被抽象为电容元件，图形符号如图6.2所示。

当给电容元件两极板施加电压时，两极板上会出现等量的正负电荷，如图6.3所示。

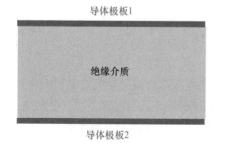

导体极板1

绝缘介质

导体极板2

图 6.1　电容器

C

图 6.2　电容元件的图形符号

图 6.3　向电容元件施加电压

图6.3中电量与电压的关系为

$$q = Cu_C \tag{6.1}$$

式（6.1）中的比例系数 C 称为电容元件的电容值（capacitance）。简便起见，电容器、电容元件和电容值以后在本书中多数情况下都简称为电容。这样做并不会导致混淆，因为根据上下文很容易区分它们。

式（6.1）给出了电容的电量和电压的关系，不过电路分析通常不关注电量，而关注电流，因此还需要推导电容的电压与电流关系。

6.1.2　电容的电压与电流关系

图6.3中的电容电流为电量随时间的变化率，即

$$i_C = \frac{\mathrm{d}q}{\mathrm{d}t} \tag{6.2}$$

将式（6.1）代入式（6.2），可得

$$i_C = C\frac{\mathrm{d}u_C}{\mathrm{d}t} \tag{6.3}$$

式（6.3）即电容的电压与电流的微分关系。

需要注意的是，式（6.3）要求电容的电压参考方向和电流参考方向为关联参考方向，即电流从电压参考方向的正极流入。由于参考方向可以任意选择，因此电容的电压和电流也可以取非关联参考方向，即电流从电压参考方向的负极流入，如图6.4所示。

当电容的电压和电流取非关联参考方向时，其电压和电流的微分关系为

$$i_C = -C\frac{\mathrm{d}u_C}{\mathrm{d}t} \tag{6.4}$$

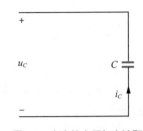

图 6.4 电容的电压与电流取非关联参考方向

虽然电容的电压和电流可以取非关联参考方向，但是为了简便，本书以后在介绍电容的特性时，默认电压和电流取关联参考方向。

电容电压与
电流关系
例题分析

式（6.3）为电容的电压和电流的微分关系，对等式两边同时积分，即

$$\int_{t_0}^{t} i_C(\xi)\mathrm{d}\xi = \int_{t_0}^{t} C\frac{\mathrm{d}u_C}{\mathrm{d}\xi}\mathrm{d}\xi \tag{6.5}$$

结果为

$$u_C(t) = u_C(t_0) + \frac{1}{C}\int_{t_0}^{t} i_C(\xi)\mathrm{d}\xi \tag{6.6}$$

式（6.6）即电容的电压和电流的积分关系。

由电容的电压和电流的积分关系可见，任一时刻的电容电压都与该时刻以前的电容电压有关，因此电容是一种"有记忆"的元件，即电容能"记住"以前的电压。与电容不同，电阻是"无记忆"的元件，因为电阻任一时刻的电压和电流不会受该时刻以前的电压和电流影响。

6.1.3 电容的能量

电容是可以储存和释放电能的电路元件。下面推导电容能量的表达式。

电容能量是电容功率对时间的积分，即

$$w_C(t) = \int p_C\mathrm{d}t = \int u_C i_C\mathrm{d}t = \int u_C C\frac{\mathrm{d}u_C}{\mathrm{d}t}\mathrm{d}t = \int Cu_C\mathrm{d}u_C \tag{6.7}$$

由于电容是"有记忆"的元件，电容的能量也与以前的能量有关，因此式（6.7）的积分区间应该设置为 $u_C(-\infty)$ 到 $u_C(t)$，此时式（6.7）可变为

$$w_C(t) = \int_{u_C(-\infty)}^{u_C(t)} Cu_C\mathrm{d}u_C = \frac{1}{2}Cu_C^{2}(t) - \frac{1}{2}Cu_C^{2}(-\infty) \tag{6.8}$$

电容在负无穷时刻的电压一定为0，即 $u_C(-\infty) = 0\text{ V}$，因此式（6.8）可变为

$$w_c(t) = \frac{1}{2}Cu_c^{\ 2}(t) \tag{6.9}$$

式（6.9）即电容在t时刻的能量的表达式。由式（6.9）可见，电容的能量与电容成正比，与电容电压的平方成正比。

式（6.9）表明电容电压对电容能量的影响极大。在现实中，电容能够承受的电压都是有限的，超过额定电压可能导致电容损坏甚至爆炸，因此现实中电容储存的能量都有上限。

式（6.9）中的C通常比较小，一般为pF、nF、μF级别，也就是说，电容能够储存的能量一般很少。如果C的级别是F，则电容可以储存较多能量。F级别的电容一般称为超级电容，其能量甚至可以驱动汽车行驶。目前超级电容比较昂贵，在现实中应用较少。

6.1.4 串并联电容的等效变换

单个电容的能力有限，有时需要将多个电容串联或并联起来。下面分别介绍电容的串联和并联。

（1）电容串联及等效变换

以两个电容串联为例，图6.5所示为两个电容串联的电路。

由图6.5和电容的电压电流微分关系可得

$$i_C = C_1 \frac{\mathrm{d}u_{C1}}{\mathrm{d}t} = C_2 \frac{\mathrm{d}u_{C2}}{\mathrm{d}t} \tag{6.10}$$

由式（6.10）和图6.5可得

$$\frac{\mathrm{d}u_{C1}}{\mathrm{d}t} + \frac{\mathrm{d}u_{C2}}{\mathrm{d}t} = \frac{\mathrm{d}\left(u_{C1} + u_{C2}\right)}{\mathrm{d}t} = \frac{\mathrm{d}u_C}{\mathrm{d}t} = \frac{1}{C_1}i_C + \frac{1}{C_2}i_C \tag{6.11}$$

由式（6.11）可得

$$i_C = \frac{1}{\dfrac{1}{C_1} + \dfrac{1}{C_2}} \frac{\mathrm{d}u_C}{\mathrm{d}t} = \frac{C_1 C_2}{C_1 + C_2} \frac{\mathrm{d}u_C}{\mathrm{d}t} \tag{6.12}$$

由式（6.12）可见，两个电容串联可以等效为一个电容，即

$$C_{\mathrm{eq}} = \frac{1}{\dfrac{1}{C_1} + \dfrac{1}{C_2}} = \frac{C_1 C_2}{C_1 + C_2} \tag{6.13}$$

两个电容串联等效为一个电容如图6.6所示，可见，电容串联等效的公式与电阻并联等效的公式非常相似。

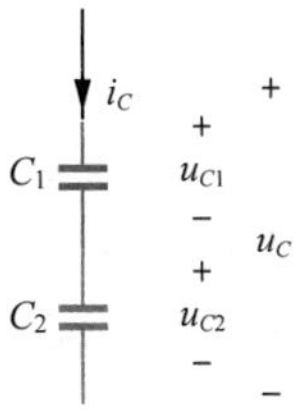

图 6.5 两个电容串联

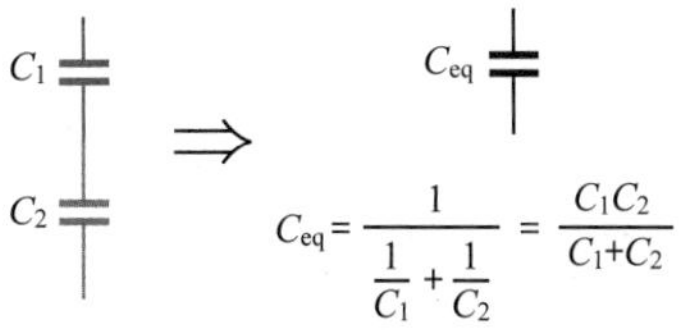

图 6.6 两个电容串联的等效变换

两个或两个以上电容串联，均可等效为一个电容。如果有n个电容串联，则其等效电容为

$$C_{\text{eq}} = \cfrac{1}{\cfrac{1}{C_1} + \cfrac{1}{C_2} + \cdots + \cfrac{1}{C_n}} \tag{6.14}$$

由式（6.14）可见，电容串联后的等效电容值一定小于串联前任何一个电容值，也就是说，电容越串联，电容值越小。怎么理解这一规律呢？

导体极板相互平行的电容称为平行板电容。平行板电容的电容值为

$$C = \varepsilon \frac{S}{d} \tag{6.15}$$

式（6.15）中，ε 为绝缘介质的介电常数，S 为极板面积，d 为两个极板之间的距离。可见，平行板电容的电容值与极板距离 d 成反比。多个平行板电容串联等效成一个电容，则等效电容两个极板之间的距离大于串联前任何一个电容的极板距离，因此等效电容的电容值小于串联前任何一个电容的电容值，并且串联的电容数量越多，等效电容极板之间的距离越大，等效电容值越小。

既然电容串联会导致等效电容值变小，那么为什么还要串联电容呢？这是因为在现实中，单个电容能承受的电压有限。如果外施电压超过了单个电容的额定电压，则为了避免单个电容损坏甚至爆炸，可以将多个电容串联起来，等效电容的额定电压等于各串联电容的额定电压之和，这样就可以保证等效电容的额定电压高于外施电压，从而使电路安全运行。当然，电容串联会导致等效电容值变小，这是电容串联的不利之处，正所谓"鱼与熊掌不可兼得"。

（2）电容并联及等效变换

以两个电容并联为例，图6.7所示为电容并联的电路。

两个电容并联可以等效为一个电容，具体推导过程与串联类似（根据KCL可以求出等效电容值），因此省略。两个电容并联的等效变换如图6.8所示。由图6.8可见，电容并联等效的公式与电阻串联等效的公式非常相似。

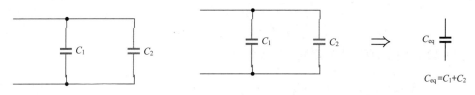

图 6.7　两个电容并联　　　　　　图 6.8　两个电容并联的等效变换

两个或两个以上电容并联，均可等效为一个电容。如果有 n 个电容并联，则其等效电容为

$$C_{\text{eq}} = C_1 + C_2 + \cdots + C_n \tag{6.16}$$

由式（6.16）可见，电容并联后的等效电容值一定大于并联前任何一个电容值，也就是说，电容越并联，电容值越大。怎么理解这一规律呢？

电容串并联
例题分析

由式（6.15）可见，平行板电容的电容值与极板面积 S 成反比。多个平行板电容并联等效成一个电容，则等效电容的极板面积大于并联前任何一个电容的极板面积，因此等效电容的电容值大于并联前任何一个电容的电容值，并且并联的电容数量越多，等效电容的极板面积越大，等效电容值就越大。在现实中，如果单个电容的电容值小于所需的电容值，则可将多个电容并联。

6.2　电感元件

电感元件的概念与电感器相关，因此本节首先介绍电感器。

6.2.1　电感器和电感元件

电感器（inductor）是能够储存和释放磁场能量的电路元件。电感器一般由导线绕制而成，如图6.9所示。

如果电感器通以电流，则会产生磁场，如图6.10所示。因此，电感器可以储存磁场能量（简称磁能）。当电路中有电感器时，电感器既可以充磁，即储存磁能，也可以放磁，即释放磁能。电感器应用十分广泛，如储存磁能、变压、隔离等。

理想电感器假定导线电阻为0，此时，其可被抽象为电感元件，图形符号如图6.11所示。

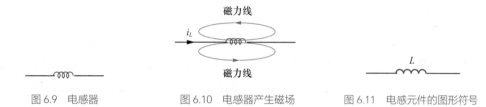

图 6.9　电感器　　　　　图 6.10　电感器产生磁场　　　　图 6.11　电感元件的图形符号

电感元件通以电流时，会产生磁场。显然，电感元件的电流 i_L 越大，其产生的磁链 ψ（穿过多匝线圈的磁通量乘以线圈匝数称为磁链）越大。磁链与电感电流成正比，即

$$\psi = Li_L \tag{6.17}$$

式（6.17）中的比例系数 L 称为电感元件的电感值（inductance）。简便起见，电感器、电感元件和电感值以后在本书中多数情况下都简称为电感。这样做并不会导致混淆，因为根据上下文很容易区分它们。

式（6.17）给出了电感的磁链和电流的关系，不过电路分析通常不关注磁链，而是关注电压，因此还需要推导电感的电压与电流关系。

6.2.2　电感的电压与电流关系

根据法拉第电磁感应定律，电感中如果有变化的磁场，就会产生感应电压，如图6.12所示。

根据法拉第电磁感应定律，电感的感应电压等于磁链的变化率，即

$$u_L = \frac{\mathrm{d}\psi}{\mathrm{d}t} \tag{6.18}$$

将式（6.17）代入式（6.18），可得

$$u_L = L\frac{\mathrm{d}i_L}{\mathrm{d}t} \tag{6.19}$$

式（6.19）即电感的电压和电流的微分关系。

需要注意的是，式（6.19）要求电感的电压参考方向和电流参考方向为关联参考方向，即电流从电压参考方向的正极流入。由于参考方向可以任意选择，因此电感的电压和电流也可以取非关联参考方向，即电流从电压参考方向的负极流入，如图6.13所示。

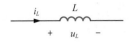

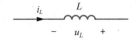

图 6.12　电感产生感应电压　　　　　图 6.13　电感的电压和电流取非关联参考方向

当电感的电压和电流取非关联参考方向时，其电压和电流的微分关系为

$$u_L = -L\frac{\mathrm{d}i_L}{\mathrm{d}t} \tag{6.20}$$

虽然电感的电压和电流可以取非关联参考方向，但是为了简便，本书以后在介绍电感的特性时，默认电压和电流取关联参考方向。

式（6.19）为电感的电压和电流的微分关系，对等式两边同时积分，即

$$\int_{t_0}^{t} u_L(\xi)\mathrm{d}\xi = \int_{t_0}^{t} L\frac{\mathrm{d}i_L}{\mathrm{d}\xi}\mathrm{d}\xi \tag{6.21}$$

结果为

$$i_L(t) = i_L(t_0) + \frac{1}{L}\int_{t_0}^{t} u_L(\xi)\mathrm{d}\xi \tag{6.22}$$

式（6.22）即电感的电压和电流的积分关系。

由电感的电压和电流的积分关系可见，任一时刻的电感电流都与该时刻以前的电感电流有关，因此电感是一种"有记忆"的元件，即电感能"记住"以前的电流。可见电感和电容类似，都是"有记忆"的元件。

6.2.3　电感的能量

电感是可以储存和释放磁能的电路元件。下面推导电感能量的表达式。

电感能量是电感功率对时间的积分，即

$$w_L(t) = \int p_L\mathrm{d}t = \int u_L i_L\mathrm{d}t = \int i_L L\frac{\mathrm{d}i_L}{\mathrm{d}t}\mathrm{d}t = \int Li_L\mathrm{d}i_L \tag{6.23}$$

由于电感是"有记忆"的元件，电感的能量也与其以前的能量有关，因此式（6.23）的积分区间应该设置为 $i_L(-\infty)$ 到 $i_L(t)$，此时式（6.23）变为

$$w_L(t) = \int_{i_L(-\infty)}^{i_L(t)} Li_L\mathrm{d}i_L = \frac{1}{2}Li_L^{\,2}(t) - \frac{1}{2}Li_L^{\,2}(-\infty) \tag{6.24}$$

电感在负无穷时刻的电流一定为0，即 $i_L(-\infty) = 0\,\mathrm{A}$，因此式（6.24）变为

$$w_L(t) = \frac{1}{2}Li_L^{\,2}(t) \tag{6.25}$$

式（6.25）即电感在 t 时刻的能量的表达式。由式（6.25）可见，电感的能量与电感成正比，与电感电流的平方成正比。

式（6.25）表明电感电流对电感能量的影响极大。在现实中，电感能够承受的电流都是有限的，超过额定电流可能会导致电感损坏甚至爆炸，因此现实中电感储存的能量都有上限。

式（6.25）中的 L 在现实中一般为 nH、μH、mH、H 级别。可见，实际电感的取值范围很宽。

在电力系统中常用的变压器的电感值一般为 H 级别，并且允许流过的电流很大。因此，由式（6.25）可见，变压器可以储存和释放的能量很大，从而可以在电力系统中起到传递能量的作用。

6.2.4　串并联电感的等效变换

单个电感的能力有限，因此有时需要将多个电感串联或并联起来。下面分别介绍电感的串联和并联。考虑到串联电感和并联电感都可以等效为一个电感，具体的推导过程与电容串并联类似，因此下面省略推导过程，直接给出结论。

（1）电感串联及等效变换

以两个电感串联为例，图6.14所示为两个电感串联等效为一个电感。

两个或两个以上电感串联，均可等效为一个电感。如果有 n 个电感串联，则其等效电感为

$$L_{eq} = L_1 + L_2 + \cdots + L_n \tag{6.26}$$

由式（6.26）可见，电感串联后的等效电感值一定大于串联前任何一个电感值，也就是说，电感越串联，电感值越大。可见，电感串联等效的公式与电阻串联等效的公式类似。

（2）电感并联及等效变换

以两个电感并联为例，图6.15所示为两个电感并联等效为一个电感。

图 6.14　两个电感串联等效为一个电感　　　　图 6.15　两个电感并联等效为一个电感

两个或两个以上电感并联，均可等效为一个电感。如果有 n 个电感并联，则其等效电感为

$$L_{eq} = \cfrac{1}{\cfrac{1}{L_1} + \cfrac{1}{L_2} + \cdots + \cfrac{1}{L_n}} \tag{6.27}$$

由式（6.27）可见，电感并联后的等效电感值一定小于并联前任何一个电感值，也就是说，电感越并联，电感值越小。

之所以有时需要将电感串联或并联，是因为电感串联可以增大等效电感的电感值，而电感并联可以增大等效电感的额定电流。

电感串并联
例题分析

*6.2.5　电感和电容的对偶

由电感和电容的定义和特性可见，两者有时看起来非常相似，有时又貌似恰好相反。这不是偶然，而是两者对偶的体现。电感和电容的对偶如表6.1所示。

表 6.1　电感和电容的对偶

对偶内容	电容	电感
定义	储存和释放电场能量	储存和释放磁场能量
图形符号		
电压与电流的微分关系	$i_C = C \dfrac{du_C}{dt}$	$u_L = L \dfrac{di_L}{dt}$

对偶内容	电容	电感
电压与电流的积分关系	$u_C(t) = u_C(t_0) + \dfrac{1}{C}\displaystyle\int_{t_0}^{t} i_C(\xi)\mathrm{d}\xi$ 电容有记忆	$i_L(t) = i_L(t_0) + \dfrac{1}{L}\displaystyle\int_{t_0}^{t} u_L(\xi)\mathrm{d}\xi$ 电感有记忆
储存的能量	$w_C(t) = \dfrac{1}{2}Cu_C^{\,2}(t)$	$w_L(t) = \dfrac{1}{2}Li_L^{\,2}(t)$
串并联等效	电容串联等效 $C_{eq} = \dfrac{1}{\dfrac{1}{C_1} + \dfrac{1}{C_2} + \cdots + \dfrac{1}{C_n}}$ 电容并联等效 $C_{eq} = C_1 + C_2 + \cdots + C_n$	电感并联等效 $L_{eq} = \dfrac{1}{\dfrac{1}{L_1} + \dfrac{1}{L_2} + \cdots + \dfrac{1}{L_n}}$ 电感串联等效 $L_{eq} = L_1 + L_2 + \cdots + L_n$

表6.1中的对偶元素：电容与电感（C与L）；电场与磁场；电压与电流；串联与并联。只要将对偶元素互换，电容和电感的定义和特性就可以相互转化。也就是说，既可以由此及彼，也可以由彼及此。读者在学习和应用电容和电感的知识时，可以注意两者的对偶，举一反二，事半功倍。

6.3 动态电路的微分方程

含有动态元件（电容和电感）的电路称为动态电路。要分析动态电路，首先要列写动态电路的方程。由于动态元件的电压和电流为微分关系，因此动态电路的方程为微分方程（differential equation）。

动态电路的微分方程有两种类型：一种是只有一个变量的一阶或高阶微分方程，适用于仅含有少量（一般不多于2个）动态元件的电路；另一种是有多个变量的一阶微分方程组，称为状态方程，适用于含有较多（一般大于或等于3个）动态元件的电路。6.3.1小节和6.3.2小节将分别介绍第一种类型微分方程和第二种类型微分方程的列写方法。

6.3.1 动态电路微分方程的列写方法

列写动态电路微分方程的依据与以往列写其他电路方程相同，包括针对节点的KCL、针对回路的KVL和针对电路元件的电压与电流关系（voltage current relationship，VCR）。具体的差别在于，以往在列写其他电路方程时，电路元件的VCR指电阻的电压与电流成正比，满足欧姆定律，因此列写的电路方程为代数方程，而动态电路中的电容和电感的VCR指电容和电感的电压与电流的微分关系，因此对动态电路列写的方程为微分方程。下面通过例子来介绍如何列写动态电路微分方程。

例6.1（基础题）列写图6.16所示含有电容的动态电路在开关闭合后的微分方程。

解 在开关闭合后，根据KVL，可得

$$-u_s + Ri_C + u_C = 0 \tag{6.28}$$

电容的电压与电流微分关系为

$$i_C = C \frac{\mathrm{d}u_C}{\mathrm{d}t} \qquad (6.29)$$

将式（6.29）代入式（6.28），可得

$$RC \frac{\mathrm{d}u_C}{\mathrm{d}t} + u_C = u_s \qquad (6.30)$$

式（6.30）即图6.16所示电路开关闭合后的微分方程，显然该微分方程为一阶微分方程。

同步练习6.1　（基础题）列写图6.17所示含有电感的动态电路在开关闭合后的微分方程。

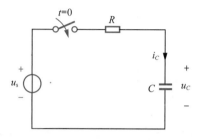

图 6.16　例 6.1 电路图

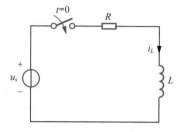

图 6.17　同步练习 6.1 电路图

答案：$L \dfrac{\mathrm{d}i_L}{\mathrm{d}t} + Ri_L = u_s$。

例6.2　（提高题）列写图6.18所示含有电容和电感的动态电路在开关闭合后的微分方程。

解　在开关闭合后，根据KVL和电感的电压与电流微分关系，可得

$$-u_s + L \frac{\mathrm{d}i_L}{\mathrm{d}t} + u_C = 0 \qquad (6.31)$$

根据KCL、欧姆定律和电容的电压与电流微分关系，可得

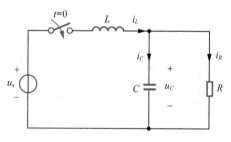

图 6.18　例 6.2 电路图

$$i_L = C \frac{\mathrm{d}u_C}{\mathrm{d}t} + \frac{u_C}{R} \qquad (6.32)$$

将式（6.32）代入式（6.31），可得

$$LC \frac{\mathrm{d}^2 u_C}{\mathrm{d}t^2} + \frac{L}{R} \frac{\mathrm{d}u_C}{\mathrm{d}t} + u_C = u_s \qquad (6.33)$$

式（6.33）即图6.18所示电路开关闭合后的微分方程，显然该微分方程为二阶微分方程。

式（6.33）以 u_C 为变量。不过，图6.18所示动态电路的微分方程并不是唯一的，也可以以 i_L 为变量列写微分方程。

由式（6.31）可得

$$u_C = -L \frac{\mathrm{d}i_L}{\mathrm{d}t} + u_s \qquad (6.34)$$

将式（6.34）代入式（6.32），可得

$$LC \frac{\mathrm{d}^2 i_L}{\mathrm{d}t^2} + \frac{L}{R} \frac{\mathrm{d}i_L}{\mathrm{d}t} + i_L = \frac{u_s}{R} \tag{6.35}$$

式（6.35）与式（6.33）的差别在于变量不同，求解的难度基本相同。

同步练习6.2　（提高题）　列写图6.19所示含有电容和电感的动态电路在开关闭合后的微分方程，已知电压源电压为恒定的直流电压。

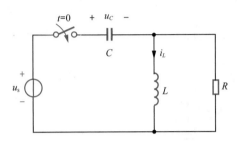

图 6.19　同步练习 6.2 电路图

答案：$LC \dfrac{\mathrm{d}^2 u_C}{\mathrm{d}t^2} + \dfrac{L}{R} \dfrac{\mathrm{d}u_C}{\mathrm{d}t} + u_C = u_s$ 或 $LC \dfrac{\mathrm{d}^2 i_L}{\mathrm{d}t^2} + \dfrac{L}{R} \dfrac{\mathrm{d}i_L}{\mathrm{d}t} + i_L = 0$ 。

*6.3.2　状态方程简介

由例6.2和同步练习6.2可以看出，所列写的微分方程均为二阶微分方程，并且列写有一定的难度。如果动态电路需要列写的微分方程为三阶微分方程甚至更高阶微分方程，列写难度无疑会更大。如果要列写几百阶的微分方程，简直就是不可能完成的任务！这一难题的解决办法是用一阶微分方程组取代高阶微分方程，从而避免列写高阶微分方程。动态电路的一阶微分方程组称为状态方程（state equation）。

要理解状态方程，首先要认识状态变量，因为状态方程就是以状态变量为变量的一阶微分方程组。

如果根据某些变量能确定动态电路中所有的电压和电流，则这些变量称为状态变量。对于动态电路而言，一般选择电容电压和电感电流为状态变量，因为如果能求出动态电路中所有的电容电压和电感电流，则动态电路中任何一条支路的电压和电流都可以根据电容电压和电感电流确定下来。

下面通过具体电路介绍动态电路状态方程的形式及列写方法。

例6.3　（基础题）　以 i_{L1}、i_{L2} 和 u_C 为状态变量，列写图6.20所示含有电容和电感的动态电路在开关闭合后的状态方程。

解　在开关闭合后，对左右两个网孔分别列写KVL方程，可得

$$-u_s + L_1 \frac{\mathrm{d}i_{L1}}{\mathrm{d}t} + u_C = 0 \tag{6.36}$$

$$-u_C + L_2 \frac{\mathrm{d}i_{L2}}{\mathrm{d}t} + Ri_{L2} = 0 \tag{6.37}$$

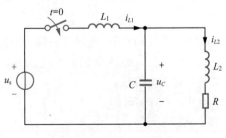

图 6.20　例 6.3 电路图

对上方节点列写KCL方程，可得

$$i_{L1} = C\frac{\mathrm{d}u_C}{\mathrm{d}t} + i_{L2} \qquad (6.38)$$

根据式（6.36）~式（6.38），可以整理得到以 i_{L1}、i_{L2} 和 u_C 为变量的一阶微分方程组，即状态方程：

$$\left.\begin{aligned}
\frac{\mathrm{d}i_{L1}}{\mathrm{d}t} &= -\frac{1}{L_1}u_C + \frac{1}{L_1}u_{\mathrm{s}} \\
\frac{\mathrm{d}i_{L2}}{\mathrm{d}t} &= -\frac{R}{L_2}i_{L2} + \frac{1}{L_2}u_C \\
\frac{\mathrm{d}u_C}{\mathrm{d}t} &= \frac{1}{C}i_{L1} - \frac{1}{C}i_{L2}
\end{aligned}\right\} \qquad (6.39)$$

式（6.39）还可以写成矩阵形式，称为状态方程的矩阵形式：

$$\begin{bmatrix} \dfrac{\mathrm{d}i_{L1}}{\mathrm{d}t} \\[2mm] \dfrac{\mathrm{d}i_{L2}}{\mathrm{d}t} \\[2mm] \dfrac{\mathrm{d}u_C}{\mathrm{d}t} \end{bmatrix} = \begin{bmatrix} 0 & 0 & -\dfrac{1}{L_1} \\[2mm] 0 & -\dfrac{R}{L_2} & \dfrac{1}{L_2} \\[2mm] \dfrac{1}{C} & -\dfrac{1}{C} & 0 \end{bmatrix} \begin{bmatrix} i_{L1} \\ i_{L2} \\ u_C \end{bmatrix} + \begin{bmatrix} \dfrac{1}{L_1} \\[2mm] 0 \\[2mm] 0 \end{bmatrix} u_{\mathrm{s}} \qquad (6.40)$$

式（6.40）中，等号左边为状态变量一阶导数构成的列向量，等号右边包含状态变量构成的列向量及其前面的系数矩阵，还包括由独立电源的输出构成的列向量（该电路只有一个独立电压源，因此该列向量只有一个元素）及其前面的系数矩阵。

由以上状态方程的列写过程可以看出，列写状态方程分为3步。

第1步：列写KCL方程和KVL方程，同时将元件的电压与电流关系式代入KCL方程和KVL方程。

第2步：对列写的KCL方程和KVL方程进行整理，得到一阶微分方程组，一阶微分方程组的左侧为状态变量的一阶导数，右侧仅含有状态变量和独立电源的输出。

第3步：写出一阶微分方程组对应的状态方程矩阵形式，方法是"完形填空"和"对号入座"。仔细对照式（6.40）和式（6.39），就能明白"完形填空"和"对号入座"的含义。

同步练习6.3 **（基础题）** 以 u_{C1}、u_{C2} 和 i_L 为状态变量，列写图6.21所示含有电容和电感的动态电路在开关闭合后的状态方程。

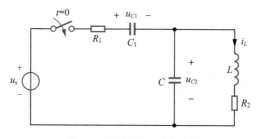

图 6.21　同步练习 6.3电路图

答案：
$$\begin{bmatrix} \dfrac{\mathrm{d}u_{C1}}{\mathrm{d}t} \\[2mm] \dfrac{\mathrm{d}u_{C2}}{\mathrm{d}t} \\[2mm] \dfrac{\mathrm{d}i_L}{\mathrm{d}t} \end{bmatrix} = \begin{bmatrix} -\dfrac{1}{R_1 C_1} & -\dfrac{1}{R_1 C_1} & 0 \\[2mm] -\dfrac{1}{R_1 C_2} & -\dfrac{1}{R_1 C_2} & -\dfrac{1}{C_2} \\[2mm] 0 & \dfrac{1}{L} & -\dfrac{R_2}{L} \end{bmatrix} \begin{bmatrix} u_{C1} \\[2mm] u_{C2} \\[2mm] i_L \end{bmatrix} + \begin{bmatrix} \dfrac{1}{R_1 C_1} \\[2mm] \dfrac{1}{R_1 C_2} \\[2mm] 0 \end{bmatrix} u_s \,。$$

状态方程手动求解非常困难，一般采用MATLAB等数学软件进行求解，输入几行代码即可求出状态方程的解。

6.4 动态电路的阶数

6.3节介绍了动态电路微分方程的列写方法。如果列写的微分方程为一阶微分方程，则称该动态电路为一阶电路，例如，图6.16和图6.17所示的动态电路均为一阶电路（first-order circuit）。如果列写的微分方程为二阶微分方程，则称该动态电路为二阶电路（second-order circuit），例如，图6.18和图6.19所示的动态电路均为二阶电路。推而广之，如果列写的微分方程为n阶微分方程，则称该动态电路为n阶电路。

怎么判断一个动态电路是多少阶电路呢？从以上定义来看，可以根据所列写的微分方程的阶数来判断动态电路的阶数。可是，列写微分方程非常麻烦，因此通常采用数动态电路中动态元件数量的方法。一般说来，如果动态电路中有n个动态元件，则该电路为n阶电路。例如，如果一个动态电路中有3个电容和2个电感，那么该电路一般为五阶电路。这种判断方法的优点是简单，但有可能出现误判，例如，当一个动态电路中有3个电容，但没有电感，且3个电容相互串联，则显然3个电容可以等效为1个电容，因此该动态电路应为一阶电路。

除了电容和电感串并联会导致动态电路阶数小于动态元件的个数外，图6.22所示动态电路的阶数也小于动态元件的个数。

由图6.22（a）可见，$u_{C1} + u_{C2} = u_s$，这表明其中一个电容电压是不独立的，该电路仅须以其中一个电容电压为变量列写出一阶微分方程，因此是一阶电路。可见，凡是电路中存在纯电容回路，或者存在仅含电容和电压源的回路时，动态电路的阶数便小于动态元件的个数。

由图6.22（b）可见，$i_{L1} + i_{L2} = i_s$，这表明其中一个电感电流是不独立的，该电路仅须以其中一个电感电流为变量列写出一阶微分方程，因此是一阶电路。可见，凡是电路中存在仅有电感连接的节点，或者存在仅有电感和电流源连接的节点时，动态电路的阶数便小于动态元件的个数。

由以上分析可知，动态电路的阶数小于或等于动态电路中动态元件的个数。当不太确定动态电路到底是几阶时，唯一的办法就是列写微分方程。对于微分方程阶数大于或等于3的情况，一般改为列写状态方程，状态方程为一阶微分方程组，方程组中微分方程的个数即动态电路的阶数。

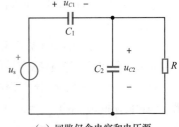

（a）回路仅含电容和电压源

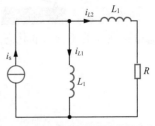

（b）仅有电感和和电流源连接的节点

图 6.22　动态电路阶数小于动态元件个数的电路示例

介绍动态电路的阶数是为第7章和第8章做铺垫，因为第7章和第8章将介绍一阶电路和二阶电路的求解。之所以不介绍三阶及以上动态电路的求解，是因为阶数过高时微分方程求解非常困难，一般只能借助于计算机。

6.5　动态电路微分方程的初始条件

在列写出动态电路的微分方程后，接下来要做的就是解微分方程。由高等数学知识可知，解微分方程必须事先知道微分方程的初始条件（initial condition）。在高等数学中，微分方程的初始条件总是会提前给出。

例如，在高等数学中，一阶微分方程

$$ay' + by = c \tag{6.41}$$

的初始条件 $y(0)$ 必须提前给出，这样才能解一阶微分方程。

又如，在高等数学中，二阶微分方程

$$ay'' + by' + cy = d \tag{6.42}$$

的初始条件 $y(0)$ 和 $y'(0)$ 必须提前给出，这样才能解二阶微分方程。

电路的微分方程需要自己列写，微分方程的初始条件也需要自己确定。下面介绍如何确定动态电路的初始条件，包括一阶电路初始条件的确定和二阶电路初始条件的确定。

1. 一阶电路初始条件的确定

对于一阶电路而言，其微分方程为一阶微分方程，微分方程变量的初值一般为电容电压或电感电流在0_+时刻的值。这里需要介绍一下0_-时刻和0_+时刻的概念。所谓"0_-时刻"，指的是开关动作前的瞬间，所谓"0_+时刻"，指的是开关动作后的瞬间。

例6.4　（**基础题**）图6.23所示电路在开关断开前已达稳态，求初始条件$u_C(0_+)$。

图6.23所示为开关断开前电容充电、开关断开后电容放电的电路。根据图6.23，开关断开前瞬间为0_-时刻，开关断开后瞬间为0_+时刻。0_-时刻和0_+时刻间隔极短，从数学上看两者之差为无穷小，因此两者都可以看作0时刻；可是从物理上看，0_-时刻开关尚未断开，0_+时刻开关已经断开，两者有本质的不同。

之所以介绍0_-时刻和0_+时刻的概念，是因为它们与动态电路的初始条件有关。图6.23动态电路的微分方程是针对开关断开后列写的，因此其初始条件应该是确定$u_C(0_+)$。$u_C(0_+)$在图6.23中并未给出，因此需要找到确定$u_C(0_+)$的方法，而$u_C(0_+)$与$u_C(0_-)$有关。一般说来，电容电压在开关动作前后保持不变，即

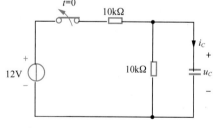

图 6.23　动态电路的开关动作

$$u_C(0_+) = u_C(0_-) \tag{6.43}$$

电容电压在开关动作前后一般保持不变，这是因为电容电流 $i_C = C\dfrac{du_C}{dt}$，如果电容电压在开关动作时发生突变，则 $i_C = C\dfrac{du_C}{dt} = \infty$，而电容电流一般不是无穷大。例如，图6.23中任意时刻电容电压必定为有限值，否则电容能量为无穷大，这在现实中是不存在的。电容电压为有限值决

定了与其并联的电阻和与电压源串联的电阻上的电流必然为有限值，因此电容电流也必然为有限值。

电容电压在开关动作前后保持不变不是绝对的，在极少数特殊情况下，电容电流在开关动作前后可能为无穷大，这些特殊情况将在第7章中介绍。

下面我们来确定图6.23中的初始条件 $u_C(0_+)$。

由式（6.43）可见，确定 $u_C(0_+)$ 的关键是先确定 $u_C(0_-)$。在开关断开以前，图6.22电路处于稳态。对于直流激励而言，电容充满电，电流为0，相当于开路。此时图6.23中两个电阻串联，根据串联电阻分压可得 $u_C(0_-) = \dfrac{10}{10+10} \times 12 = 6\text{ V}$，再根据电容电压在开关动作前后一般保持不变的规律，可得 $u_C(0_+) = u_C(0_-) = 6\text{ V}$。

如果一阶电路中的动态元件是电感，那么在开关动作前后电感电流一般保持不变，即

$$i_L(0_+) = i_L(0_-) \tag{6.44}$$

之所以电感电流在开关动作前后一般保持不变，是因为电感电压 $u_L = L\dfrac{\mathrm{d}i_L}{\mathrm{d}t}$，如果电感电流在开关动作时发生突变，则 $u_L = L\dfrac{\mathrm{d}i_L}{\mathrm{d}t} = \infty$，而电感电压一般不是无穷大。

同步练习6.4 （**基础题**）图6.24所示电路在开关断开前已达稳态，求初始条件 $i_L(0_+)$。

答案：$i_L(0_+) = 1.2\text{ mA}$（提示：开关断开前电感相当于短路）。

2. 二阶电路初始条件的确定

对于二阶电路而言，其微分方程为二阶微分方程，因此其初始条件有两个：一个是微分方程变量在 0_+ 时刻的值；另一个是微分方程变量一阶导数在 0_+ 时刻的值。微分方程变量在 0_+ 时刻的值如何确定前面已经介绍，下面结合例题介绍如何确定微分方程变量一阶导数在 0_+ 时刻的值。

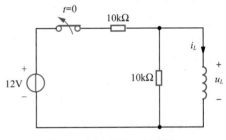

图 6.24　同步练习 6.4 电路图

例6.5 （**提高题**）图6.25所示电路在开关闭合前已达稳态，且 $u_C(0_-) = 2\text{ V}$，求 $\dfrac{\mathrm{d}u_C}{\mathrm{d}t}\Big|_{t=0_+}$。

解　图6.25电路的二阶微分方程在例6.2中已经给出。本例题要求确定电容电压一阶导数的初值，即 $\dfrac{\mathrm{d}u_C}{\mathrm{d}t}\Big|_{t=0_+}$。

电容电压一阶导数的初值无法直接得到，需要通过计算电容电流的初值来间接得到。

根据电容电流和电压的微分关系 $i_C = C\dfrac{\mathrm{d}u_C}{\mathrm{d}t}$，可得

$$\frac{\mathrm{d}u_C}{\mathrm{d}t}\Big|_{t=0_+} = \frac{i_C(0_+)}{C} \tag{6.45}$$

由图6.25可见

$$i_C(0_+) = i_L(0_+) - i_R(0_+) = i_L(0_+) - \frac{u_C(0_+)}{R} = i_L(0_-) - \frac{u_C(0_-)}{R} = \frac{12}{1} - \frac{2}{1} = 10\text{ mA}$$

将 $i_C(0_+) = 10\text{ mA}$ 代入式（6.45），可得

$$\left.\frac{\mathrm{d}u_C}{\mathrm{d}t}\right|_{t=0_+} = \frac{i_C(0_+)}{C} = 10^4\text{ V/s}$$

需要特别注意的是，求 $i_C(0_+)$ 时不能根据 $i_C(0_+) = i_C(0_-)$ 求解，因为电容电流经常突变。由图6.25可见，在开关闭合前，显然电容电流为0，$i_C(0_-) = 0\text{ mA}$，而在开关闭合后，$i_C(0_+) = 10\text{ mA}$，这说明开关闭合时电容电流发生了突变。在动态电路中，电容电压和电感电流在开关动作时一般保持不变，而电路中的其他变量都很有可能在开关动作时发生突变。

同步练习6.5（提高题）图6.26所示电路在开关闭合前已达稳态，且 $i_L(0_-) = 0\text{ A}$，求 $\left.\dfrac{\mathrm{d}i_L}{\mathrm{d}t}\right|_{t=0_+}$。

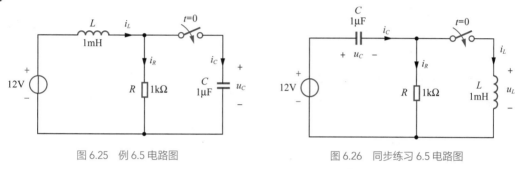

图 6.25 例 6.5 电路图 　　　　　　图 6.26 同步练习 6.5 电路图

答案：$\left.\dfrac{\mathrm{d}i_L}{\mathrm{d}t}\right|_{t=0_+} = 0\text{ A/s}$（提示：通过求电感电压初值间接求电感电流一阶导数的初值）。

🔬 格物致知

基础、天赋与付出

由6.1.2小节可知，电容的电压与电流的积分关系为 $u_C(t) = u_C(t_0) + \dfrac{1}{C}\displaystyle\int_{t_0}^{t} i_C(\xi)\mathrm{d}\xi$。该式说明电容在某一时刻的电压与以往的电压和电流有关，与电容值 C 也有关。

用人生类比，电容电压与电流的积分关系中的 $u_C(t)$ 相当于某一时间人在某一方面取得的成就，$u_C(t_0)$ 相当于此人已经具备的基础，$\dfrac{1}{C}$ 相当于此人的天赋（包括个人能力和环境），$\displaystyle\int_{t_0}^{t} i_C(\xi)\mathrm{d}\xi$ 相当于此人实际的付出。这一类比可以表示为

$$u_C(t) \;=\; u_C(t_0) \;+\; \frac{1}{C}\int_{t_0}^{t} i_C(\xi)\mathrm{d}\xi \tag{6.46}$$

成就　　基础　　天赋　付出

由式（6.46）可见，人在某一方面的成就与客观和主观两方面因素有关。基础和天赋为客观条件，付出为主观条件。基础越好，越有利于取得大的成就。天赋越高，效率越高，就能越快取得成就。付出越多，累积的成果越多，取得的成就也越大。

式（6.46）给我们带来很多启示：如果某一件事情可做可不做，当基础和天赋不好时，可考

虑不做，否则可能付出很多，成就甚微；如果某一件事情必须做，且基础和天赋不好，此时必须付出更多，以勤补拙，通过辛勤劳动也可以取得可观的成就。即使具备了良好的基础和天赋，也必须有所付出，才能取得大的成就。

每个人都在某些方面具备很好的基础和天赋，从基础和天赋等客观条件出发，扬长避短，合理选择所从事的事业，并为之不懈奋斗，努力付出，就一定能取得卓越的成就。

📝 习题

一、复习题

6.1节 电容元件

参考答案

▶ 基础题

6.1 已知题6.1图所示电路中的电容电压 $u_C(t) = 2e^{-300t}$ V，求电容电流 $i_C(t)$。

6.2 求题6.2图所示电路电容串并联后的等效电容。

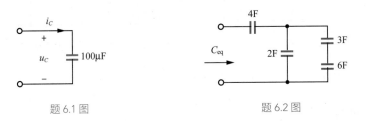

题 6.1 图　　　　　　　　　　　　　　　题 6.2 图

▶ 提高题

6.3 已知题6.3图所示电路中电容的初始电压 $u_C(0) = 1$ V，$t > 0$ 时的电容电流 $i_C(t) = 2e^{-1\,000t}$ A，求 $t > 0$ 时的电容电压 $u_C(t)$。

6.2节 电感元件

▶ 基础题

6.4 已知题6.4图所示电路中的电感电流 $i_L(t) = 0.1e^{-1\,000t}$ A，求电感电压 $u_L(t)$。

6.5 求题6.5图所示电路电感串并联后的等效电感。

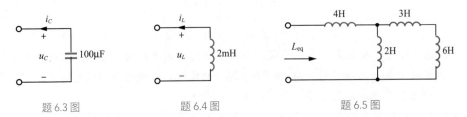

题 6.3 图　　　　　　　　　题 6.4 图　　　　　　　　题 6.5 图

▶ 提高题

6.6 已知题6.6图所示电路中电感的初始电流 $i_L(0)=1\,\mathrm{A}$ ，$t>0$ 时的电感电压 $u_L(t)=2\,\mathrm{V}$ ，求 $t>0$ 时的电感电流 $i_L(t)$ 。

6.3节 动态电路的微分方程

▶ 基础题

6.7 以 i_L 为变量，列写题6.7图所示电路开关闭合后的微分方程。

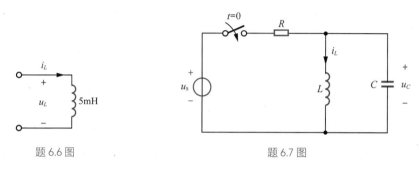

题 6.6 图　　　　　　　　　　　　题 6.7 图

***6.8** 以 u_C 和 i_L 为状态变量，列写题6.8图所示电路的状态方程矩阵形式。

▶ 提高题

6.9 以 u_C 为变量，列写题6.9图所示电路的微分方程。

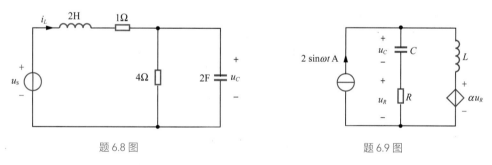

题 6.8 图　　　　　　　　　　　　题 6.9 图

***6.10** 以 i_{L1} 、i_{L2} 、u_{C1} 、u_{C2} 、u_{C3} 为状态变量，列写题6.10图所示电路的状态方程矩阵形式。

6.5节 动态电路微分方程的初始条件

▶ 基础题

6.11 题6.11图所示电路开关S断开已久，$t=0$ 时开关S闭合，求 $u_C(0_-)$ 、$i_C(0_-)$ 、$u_C(0_+)$ 和 $i_C(0_+)$ 。

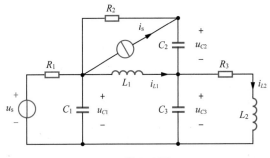

题 6.10 图

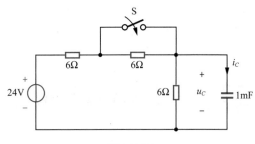

题 6.11 图

6.12 题6.12图所示电路开关S闭合已久，$t = 0$ 时开关S断开，求 $i_L(0_-)$、$u_L(0_-)$、$i_L(0_+)$ 和 $u_L(0_+)$。

6.13 题6.13图所示电路开关S断开已久，$t = 0$ 时开关S闭合，求 $u_C(0_+)$、$i_L(0_+)$ 和 $\left.\dfrac{\mathrm{d}i_L}{\mathrm{d}t}\right|_{t=0_+}$。

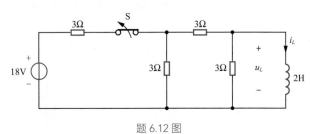

题 6.12 图

▶ **提高题**

6.14 题6.14图所示电路开关位于端子a处已久，$t = 0$ 时开关合向端子b，求 $\left.\dfrac{\mathrm{d}u_C}{\mathrm{d}t}\right|_{t=0_+}$ 和 $\left.\dfrac{\mathrm{d}i_L}{\mathrm{d}t}\right|_{t=0_+}$。

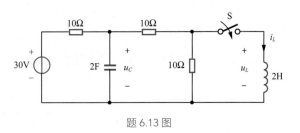

题 6.13 图

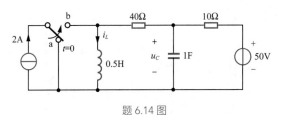

题 6.14 图

二、综合题

6.15 题6.15图所示电路开关S闭合已久，$t = 0$ 时开关S断开，求 $i_L(0_+)$ 和 $i(0_+)$。

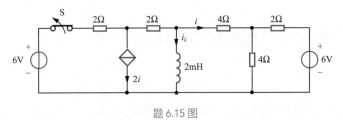

题 6.15 图

第 **7** 章

一阶动态电路

第6章介绍了动态元件（包括电容和电感）的定义和特性、动态电路的方程列写方法与初值确定方法。本章和第8章将分别介绍一阶动态电路和二阶动态电路的求解与分析方法。

一阶动态电路（简称一阶电路）是最简单的动态电路，应用也十分广泛，如用于电容和电感充放电、延时电路、继电器、照相机闪光灯电路、汽车点火电路等。

本章首先给出 RC 和 RL 一阶充放电电路对应的微分方程的求解过程，并分析动态响应的特点；然后总结出三要素公式，并给出三要素法一阶电路求解步骤；最后介绍几种特殊情况下一阶电路的分析与求解方法。

⚙ 学习目标

（1）理解并掌握一阶电路充放电的特点；

（2）掌握一阶电路求解的三要素法，并能熟练运用；

（3）理解一阶电路不同类型响应的特点，并能求解相应的响应；

（4）锻炼针对特殊情况提出特殊解决方法的能力。

7.1 RC 一阶电路的充放电

动态元件（电容或电感）为储能元件，在电路中起着储存和释放能量的作用，即充放电。下面首先分析RC一阶电路的充放电过程。

7.1.1 电容充电

电容充电电路如图7.1所示。电压源为电压恒定的直流电压源，电容初始电压为0，$t = 0$时开关闭合，电容开始充电。

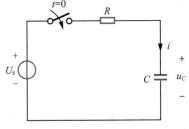

图 7.1　电容充电电路

根据KVL，有

$$-U_\mathrm{s} + Ri + u_C = 0 \tag{7.1}$$

电容的电压与电流关系为

$$i = C\frac{\mathrm{d}u_C}{\mathrm{d}t} \tag{7.2}$$

将式（7.2）代入式（7.1），可得

$$RC\frac{\mathrm{d}u_C}{\mathrm{d}t} + u_C = U_\mathrm{s} \tag{7.3}$$

式（7.3）为电容充电的微分方程。下面解方程。

式（7.3）为非齐次微分方程，其解等于齐次微分方程的通解与非齐次微分方程的特解之和，即

$$u_C(t) = u_C通解 + u_C特解 \tag{7.4}$$

由图7.1可见，开关闭合后，在直流电压源作用下，电容电压会逐渐增加，经过无穷长时间，当电容电压增加到等于电压源电压时，电阻上的电流为0，此时电容停止充电，因此可得电容电压的一个特殊解（特解）为

$$u_C特解 = u_C(\infty) = U_\mathrm{s} \tag{7.5}$$

接下来，求式（7.3）对应的齐次微分方程

$$RC\frac{\mathrm{d}u_C}{\mathrm{d}t} + u_C = 0 \tag{7.6}$$

的通解。

由式（7.6）可见，齐次微分方程的通解应为指数形式，即

$$u_C通解 = Ae^{\lambda t} \tag{7.7}$$

将式（7.7）代入式（7.6）可得

$$RC\lambda + 1 = 0 \tag{7.8}$$

因此

$$\lambda = -\frac{1}{RC} \tag{7.9}$$

$$u_C \text{通解} = Ae^{-\frac{1}{RC}t} \tag{7.10}$$

由式（7.4）、式（7.5）、式（7.10）可得式（7.3）非齐次微分方程的解为

$$u_C(t) = Ae^{-\frac{t}{RC}} + U_s \tag{7.11}$$

式（7.11）中的 A 为待定系数，需要根据一阶电路的初始条件求解。

由已知条件可知，电容初始电压为0。在开关闭合瞬间，电容电压不发生突变，即

$$u_C(0_+) = u_C(0_-) = 0 \tag{7.12}$$

将式（7.12）的初始条件代入式（7.11），可得

$$u_C(0_+) = Ae^{-\frac{0_+}{RC}} + U_s = A + U_s = 0 \tag{7.13}$$

由式（7.13）可得

$$A = u_C(0_+) - U_s = -U_s \tag{7.14}$$

将式（7.14）代入式（7.11），可得电容电压为

$$u_C(t) = U_s - U_s e^{-\frac{1}{RC}t} \tag{7.15}$$

至此，RC 一阶电路的电容充电过程就分析完了。可见，求解过程很长。不过，7.3节将总结出三要素公式，届时无须解微分方程，求解过程会大大简化。

由式（7.15）可以画出电容充电时电容电压随时间变化的曲线，如图7.2所示。

由图7.2可见，电容电压不是线性上升的，而是开始上升快，后来上升慢。当时间趋于无穷时，电容电压等于电压源电压，此时电容电压保持不变，这意味着电容充电结束。

理论上电容充电需要无穷长时间，不过由图7.2可以看出，其实经过一段时间后，就可以近似认为电容电压达到电源电压，电容充电结束。那么怎样来确定电容的充电时间呢？

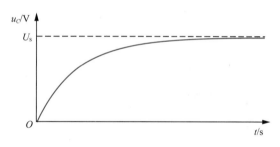

图 7.2　电容充电时的电容电压曲线

由式（7.15）可以看出，电容充电与 R 和 C 关系密切，令

$$\tau = RC \tag{7.16}$$

则式（7.15）可变为

$$u_C(t) = U_s - U_s e^{-\frac{t}{\tau}} \tag{7.17}$$

根据式（7.17），当 $t = 5\tau$ 时，$u_C(5\tau) = U_s - U_s e^{-5} \approx 0.99326U_s$，因此，通常可认为电容的充电时间为 5τ。

τ 不但决定了电容的充电时间，还决定了电容的充电速度。由式（7.17）可见，τ 越小，电容充电越快，τ 越大，电容充电越慢，因此称 τ 为时间常数（time constant）。由于时间常数 $\tau = RC$，因此 R 和 C 越大，时间常数越大，电容充电越慢；R 和 C 越小，时间常数越小，电容充电越快。

电容充电可以用水池蓄水类比。如果通过一个管道给原来没有水的水池蓄水，则蓄水所需时间与管道粗细（管道越细，相当于电阻越大）和水池容量（相当于电容 C）有关。管道越细，水

池容量越大，则蓄水所需时间越长，意味着蓄水越慢；管道越粗，水池容量越小，则蓄水所需时间越短，意味着蓄水越快。

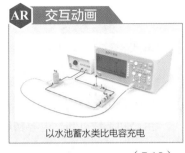

AR 交互动画

以水池蓄水类比电容充电

7.1.2　电容放电

电容放电电路如图7.3所示。电容初始电压为 U_0，$t = 0$时开关闭合，电容开始放电。根据KVL，有

$$-u_C + Ri = 0 \tag{7.18}$$

图7.3电路中，电容电压与电流取非关联参考方向，因此电容电压与电流的关系为

$$i = -C\frac{\mathrm{d}u_C}{\mathrm{d}t} \tag{7.19}$$

将式（7.19）代入式（7.18）可得

$$RC\frac{\mathrm{d}u_C}{\mathrm{d}t} + u_C = 0 \tag{7.20}$$

式（7.20）为电容放电的微分方程，其求解过程与7.1.1小节电容充电的微分方程类似，而且更简单，因此这里省略求解过程，直接给出电容放电时电容电压的表达式：

$$u_C(t) = U_0\mathrm{e}^{-\frac{1}{RC}t} \tag{7.21}$$

由式（7.21）可以画出电容放电时电容电压随时间变化的曲线，如图7.4所示。

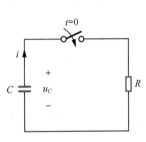

图 7.3　电容放电电路

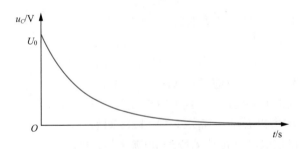

图 7.4　电容放电时的电容电压曲线

由式（7.21）和图7.4可以看出，电容放电时，电容电压随时间发生指数式衰减，最终衰减为0，意味着电容放电结束。令时间常数 $\tau = RC$，则可以近似认为经过 5τ 放电结束，且 τ 越小，放电越快；τ 越大，放电越慢。

电容放电需要时间，说明一个电路即使断电也并不是立刻百分之百安全。因此，在实际电路中，如果电容电压较大，则电容放电时间较长，且电路断电后需要等电容放电结束才能接触电路。

7.2　*RL* 一阶电路的充放电

RL 一阶电路包含一个电感。电感为储能元件，在电路中起着储存和释放磁能的作用，也称充放电。下面分析 *RL* 一阶电路的充放电过程。

7.2.1　电感充电

电感充电的分析过程与7.1.1小节电容充电类似，因此我们省略过程介绍，直接给出结论。电感充电电路如图7.5所示，电感初始电流为0，$t = 0$时开关闭合，电感开始充电。电感充电的微分方程为

$$L\frac{di_L}{dt} + Ri_L = U_s \tag{7.22}$$

该微分方程的解为

$$i_L(t) = \frac{U_s}{R} - \frac{U_s}{R}e^{-\frac{1}{L/R}t} \tag{7.23}$$

由式（7.23）可以画出电感充电时电感电流随时间变化的曲线，如图7.6所示。

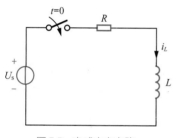

图 7.5　电感充电电路

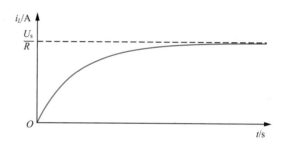

图 7.6　电感充电时的电感电流曲线

由图7.6可见，电感电流不是线性上升的，而是开始上升快，后来上升慢。当时间趋于无穷时，电感电流等于电压源电压除以电阻，此时电感相当于短路，这意味着电感充电结束。

理论上电感充电需要无穷长时间，不过从图7.6可以看出，其实经过一段时间后，就可以近似认为电感电流不变，电感充电结束。由式（7.23）可以看出，电感充电与R和L关系密切，令

$$\tau = \frac{L}{R} \tag{7.24}$$

则式（7.23）可变为

$$i_L(t) = \frac{U_s}{R} - \frac{U_s}{R}e^{-\frac{t}{\tau}} \tag{7.25}$$

由式（7.25）可见，当$t = 5\tau$时，可以近似认为电感充电结束。τ不但决定了电感的充电时间，还决定了电感的充电速度。由式（7.25）可见，τ越小，电感充电越快，τ越大，电感充电越慢，因此称τ为时间常数。

由式（7.24）可见，L越大，R越小，时间常数τ越大，电感充电越慢；L越小，R越大，时间常数τ越小，电感充电越快。R越大，电感充电越快，这与直觉相反，好像不合情理。下面用日常生活中的实例来类比电感的充电过程。

电感的充电过程类似于压缩弹簧。弹簧的体积大小相当于电感值的大小，弹簧的硬度大小相当于电阻值的大小。显然，弹簧的体积越大，压缩所需时间越长，因此压缩越慢。弹簧的硬度越大，越难以压缩，表面上看好像需要的压缩时间更长，其实恰恰相反。如果弹簧的硬度为无穷大，那么根本就压缩不了，压缩开始就意味着压缩结束，显然压缩时间为0，压缩最快。可见，之所以弹簧硬度大会导致压缩时间短，压缩快，是因为硬度大时弹簧能够压缩的幅度很小，在很短的时间内就可以完成压缩。

7.2.2　电感放电

电感放电的分析过程与7.1.2小节电容放电类似，因此我们省略过程介绍，直接给出结论。电感放电电路如图7.7所示，电感初始电流为I_0，$t = 0$时开关闭合，电感开始放电。电感放电的微分方程为

$$L\frac{\mathrm{d}i_L}{\mathrm{d}t} + Ri_L = 0 \tag{7.26}$$

该微分方程的解为

$$i_L(t) = I_0\mathrm{e}^{-\frac{1}{L/R}t} \tag{7.27}$$

由式（7.27）可以画出电感放电时电感电流随时间变化的曲线，如图7.8所示。

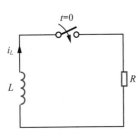

图 7.7　电感放电电路

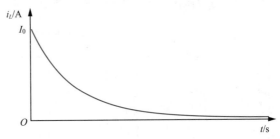

图 7.8　电感放电时的电感电流曲线

电容和电感的充放电

由式（7.27）和图7.8可以看出，电感放电时，电感电流随时间发生指数式衰减，最终衰减为0，意味着电感放电结束。令时间常数$\tau = L/R$，则可以近似认为经过5τ放电结束，且τ越小，放电越快；τ越大，放电越慢。

*7.2.3　电容充放电和电感充放电的对偶

总结电容和电感的充放电过程，如表7.1所示。

表 7.1　电容和电感的充放电过程总结

总结对象	电容充电	电感充电	电容放电	电感放电
电路原理图				
电路的响应	$u_C(t)=U_s-U_s\mathrm{e}^{-\frac{t}{\tau}}$	$i_L(t)=I_s-I_s\mathrm{e}^{-\frac{t}{\tau}}$ 式中，$I_s=\dfrac{U_s}{R}$	$u_C(t)=U_0\mathrm{e}^{-\frac{t}{\tau}}$	$i_L(t)=I_0\mathrm{e}^{-\frac{t}{\tau}}$
时间常数	$\tau = RC$	$\tau = GL$ 式中，$G=\dfrac{1}{R}$	$\tau = RC$	$\tau = GL$ 式中，$G=\dfrac{1}{R}$
充放电快慢	R、C越大，充电越慢	G、L越大，充电越慢	R、C越大，放电越慢	G、L越大，放电越慢

由表7.1可见，电容和电感的充放电过程类似，这是对偶原理的体现。例如，电容充放电的时间常数为RC，将电阻R换成对偶元素电导G，将电容C换为对偶元素电感L，则可得到电感充放电的时间常数为GL，即L/R。这启示我们，根据对偶原理学习电容和电感的知识，会有事半功倍的效果。

7.3 三要素法一阶电路求解

由7.1.1小节RC一阶电路的求解过程可见，微分方程求解比较麻烦。为了简化一阶电路的求解过程，本节将总结出一阶电路求解的三要素公式，然后给出用三要素法进行一阶电路求解的步骤。这样就不必再解微分方程，可以大大简化一阶电路的求解。

7.3.1 三要素公式

由式（7.3）~式（7.15）的电容充电电路微分方程求解过程，可总结出电容电压的表达式

$$u_C(t) = U_s + [u_C(0_+) - U_s]e^{-\frac{t}{\tau}}$$
$$= u_C(\infty) + [u_C(0_+) - u_C(\infty)]e^{-\frac{t}{\tau}} \tag{7.28}$$

由式（7.28）可见，只要确定了$u_C(0_+)$（电容电压初值）、$u_C(\infty)$（电容电压终值）和τ（时间常数）这三个要素，电容电压就可以唯一确定，因此式（7.28）被称为三要素公式。确定这三个要素不需要解微分方程，从而可以省去烦琐的微分方程求解过程，大大简化RC一阶电路的求解。

式（7.28）适用于所有直流激励RC一阶电路和直流激励RL一阶电路中任一支路的电压和电流的求解。例如，对于RL一阶电路，电感电流也可以用三要素公式表示：

$$i_L(t) = i_L(\infty) + [i_L(0_+) - i_L(\infty)]e^{-\frac{t}{\tau}} \tag{7.29}$$

基于三要素公式进行直流激励RC一阶电路和直流激励RL一阶电路的求解，这种求解方法被称为三要素法。三要素法也可以用于求解非直流激励一阶电路，但此时公式相对复杂且不易理解，因此这里不介绍相关内容。

三要素法的关键是确定三个要素，然后将其代入三要素公式即可。下面给出三要素法一阶电路求解的详细过程和注意事项。

7.3.2 三要素法一阶电路求解步骤

三要素法一阶电路求解步骤是先分别确定三个要素（不分先后），然后将它们代入三要素公式。可见，确定三个要素是三要素法的关键。

三要素法求解分两种情况：第一种情况，电路中只有电阻和一个动态元件串联（可能串联一个电压源，也可能没有电压源），三要素可以一眼看出，代入公式即可求得；第二种情况，电路不属于第一种情况，相对复杂，此时关键是求戴维南等效电路。

首先给出第一种情况的例题和同步练习题。

例7.1　（基础题）　图7.9所示电路中U_s为常数，且电路原已达稳态。$t = 0$时开关断开，

求 $t > 0$ 时的电感电流 $i_L(t)$。

解　三要素法中三个要素的求解顺序一般依次是
初值、终值和时间常数。

首先求电感电流初值 $i_L(0_+)$。

求 $i_L(0_+)$ 需要根据电感电流在开关动作时一般
不发生突变这一规律，即 $i_L(0_+) = i_L(0_-)$。可见，求
$i_L(0_+)$ 的关键在于求 $i_L(0_-)$，即图7.9中开关断开前瞬
间的电感电流。由图7.9可见，开关断开前，对于直

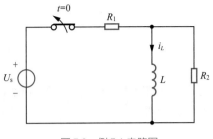

图 7.9　例 7.1 电路图

流激励而言，电感在稳态时相当于短路，因此可得 $i_L(0_-) = \dfrac{U_s}{R_1}$，这样就可以求得电感电流初值

$i_L(0_+) = i_L(0_-) = \dfrac{U_s}{R_1}$。

然后求电感电流终值 $i_L(\infty)$。

$i_L(\infty)$ 需要依据图7.9在开关断开后达到稳态的电路求解。显然，开关断开后电感与电阻 R_2
串联，稳态时电感相当于短路，其电压为0，根据欧姆定律，其电流也为0，即 $i_L(\infty) = 0\,\text{A}$。可
见，求 $i_L(0_+)$ 要依据开关动作前的电路，而求 $i_L(\infty)$ 要依据开关动作后的电路，需要特别注意开
关动作前后电路的不同。

最后求时间常数 τ。

τ 的求解需要根据 RL 一阶电路的时间常数公式，即式（7.24），式中的 R 为开关动作后与电
感串联的电阻。由图7.9可见，$\tau_L = \dfrac{L}{R_2}$。

三个要素确定以后，即可代入三要素公式（7.29），得到电感电流 i_L 的表达式

$$i_L(t) = i_L(\infty) + [i_L(0_+) - i_L(\infty)]\mathrm{e}^{-\frac{t}{\tau_L}} = 0 + \left(\frac{U_s}{R_1} - 0\right)\mathrm{e}^{-\frac{t}{L/R_2}} = \frac{U_s}{R_1}\mathrm{e}^{-\frac{t}{L/R_2}} \qquad (7.30)$$

以上求解过程看起来很长，其实三要素都可以直接观察出来，也就是说电感电流的表达式可
以一步写出来。前面的步骤给得非常详细是为了解释观察的依据。

同步练习7.1　（基础题）　图7.10所示电路中 U_s 为常数，且电路原已达稳态。$t = 0$ 时开关断
开，求 $t > 0$ 时的电容电压 $u_C(t)$。

答案：$u_C(t) = \dfrac{R_2}{R_1 + R_2} U_s \mathrm{e}^{-\frac{t}{R_2 C}}$（提示：如果激励为直流电源，则电路达到稳态时，电容相当于
开路）。

第一种情况只有一个电阻和一个动态元件串联，观察即可。不过大多数时候电路不会像第一
种情况那么简单，此时的解决方法是将电路转化为第一种情况，然后观察即可。

无论是电容还是电感，都是具有两个端子的二端元件，因此含有电容或电感的一阶电路都可
以用图7.11所示电路表示。

根据戴维南定理，图7.11中a、b左侧的一端口网络可以等效为一个电压源与一个电阻串联，
如图7.12所示。可见，此时电路转化为了第一种情况，可以直接写出电容电压或电感电流的表达
式。这种解决方法的关键在于求戴维南等效电路。下面通过例题来具体说明求解过程。

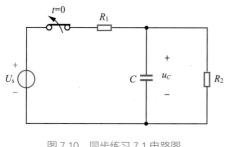

图 7.10　同步练习 7.1 电路图

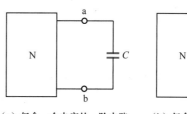

（a）仅含一个电容的一阶电路　　　（b）仅含一个电感的一阶电路

图 7.11　仅含一个动态元件的一阶电路

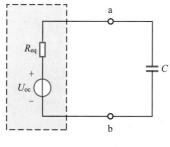

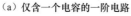

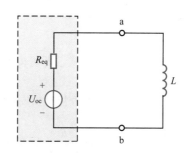

（a）仅含一个电容的一阶电路　　　　　（b）仅含一个电感的一阶电路

图 7.12　仅含一个动态元件的一阶电路的戴维南等效电路

例7.2 　（基础题）　图7.13所示电路中 U_s 为常数，且电路原已达稳态。$t = 0$时开关闭合，求 $t > 0$ 时的 $u_C(t)$ 和 $i(t)$。

解　开关闭合前，稳态时电容相当于开路，因此电容电压初值为0，即 $u_C(0_-) = 0$ V。根据电容电压一般不突变，可得 $u_C(0_+) = u_C(0_-) = 0$ V。这样就求出了电容电压初值这第一个要素。

要想求电容电压终值和时间常数，需要求出除电容C之外的一端口网络（注意：该一端口网络指的是开关动作后的一端口网络）的戴维南等效电路。

由图7.13可以看出，开关闭合后，除电容之外的一端口网络的戴维南等效电路的开路电压和等效电阻分别为

$$U_{oc} = \frac{R_2}{R_1 + R_2} U_s$$

$$R_{eq} = \frac{R_1 R_2}{R_1 + R_2}$$

R_{eq}为图7.13电路中独立电源置零（电压源短路）后从端口看进去的等效电阻，显然该等效电阻为电阻R_1和R_2并联的等效电阻。

根据求得的开路电压和等效电阻，可以将开关闭合后的图7.13电路等效变换成图7.14所示的电路。

由图7.14电路可以看出

$$u_C(\infty) = U_{oc} = \frac{R_2}{R_1 + R_2} U_s$$

$$\tau_C = R_{eq}C = \frac{R_1 R_2}{R_1 + R_2}C$$

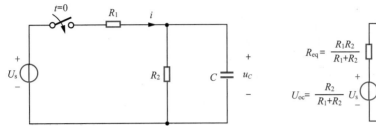

图 7.13　例 7.2 电路图

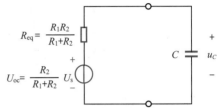

图 7.14　图 7.13 电路开关闭合后的戴维南等效电路

将以上三个要素代入三要素公式，即可得到电容电压的表达式：

$$u_C(t) = u_C(\infty) + \left[u_C(0_+) - u_C(\infty) \right] e^{-\frac{t}{\tau_C}}$$

$$= \frac{R_2}{R_1 + R_2}U_s + \left(0 - \frac{R_2}{R_1 + R_2}U_s \right) e^{-\frac{t}{\frac{R_1 R_2}{R_1 + R_2}C}}$$

$$= \frac{R_2}{R_1 + R_2}U_s - \frac{R_2}{R_1 + R_2}U_s e^{-\frac{t}{\frac{R_1 R_2}{R_1 + R_2}C}}$$

由以上求解过程可见，三个要素中初值的求解与以往相同。终值和时间常数的确定需要将开关动作后除动态元件之外的一端口网络进行戴维南等效变换。这也再次说明第5章介绍的戴维南定理确实很有用！

以上求解过程比较详细，以后在求解时，其实只需要求出开路电压和等效电阻，没有必要画出戴维南等效电路。

求出电容电压以后，电路中其他物理量都可以根据已经求得的电容电压，结合题目中的电路图求出。由图7.13可得

$$i(t) = \frac{U_s - u_C}{R_1} = \frac{1}{R_1 + R_2}U_s + \frac{R_2}{R_1(R_1 + R_2)}U_s e^{-\frac{t}{\frac{R_1 R_2}{R_1 + R_2}C}} \tag{7.31}$$

一阶电路中除了电容电压和电感电流，其他物理量也可以通过确定对应的三要素，然后代入三要素公式计算得到。不过需要特别注意，其他物理量在开关动作时很有可能发生突变，求初值时必须依据开关动作后的电路，千万不可依据开关动作前的电路。

同步练习7.2　（基础题）　图7.15所示电路中 U_s 为常数，且电路原已达稳态。$t = 0$时开关闭合，求$t > 0$时的电感电流 $i_L(t)$ 和 $i(t)$ 。

答案：$i_L(t) = \dfrac{U_s}{R_1} - \dfrac{U_s}{R_1} e^{-\frac{t}{\frac{L}{R_1 R_2}}{R_1 + R_2}}$ ， $i(t) = \dfrac{U_s}{R_1} - \dfrac{R_2 U_s}{R_1(R_1 + R_2)} e^{-\frac{t}{\frac{L}{R_1 R_2}{R_1 + R_2}}}$ （提示：如果看不出戴维南等效电路，则可将图7.15电路中的电感L和电阻R_2交换位置）。

如果一阶电路中有受控电源，解决方法也是进行戴维南等效变换。下面通过例题具体说明。

例7.3　**（提高题）**　图7.16所示电路电容初始电压为1 V。$t = 0$时开关闭合，求$t > 0$时的电容电压$u_C(t)$。

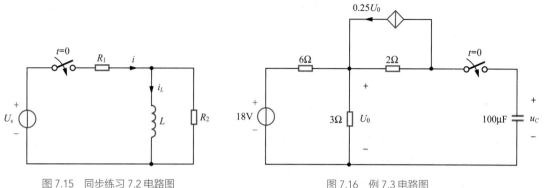

图 7.15　同步练习 7.2 电路图　　　　　　　图 7.16　例 7.3 电路图

解　$u_C(0_+) = u_C(0_-) = 1\,\text{V}$。

要想求电容电压终值和时间常数，需要求出除电容C之外的一端口网络（见图7.17）的戴维南等效电路。注意，图7.17特意将图7.16电路上方的节点拆成两个等电位的点，这样做是为了后面分析和计算方便。

首先求戴维南等效电路的开路电压。将图7.17中的受控电流源与电阻并联等效变换成受控电压源与电阻串联，如图7.18所示。

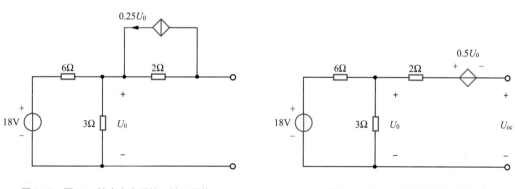

图 7.17　图 7.16 除去电容后的一端口网络　　　　图 7.18　图 7.17 电路的等效电路

由图7.18可见，当端口开路时，2Ω电阻上没有电流，因此6Ω电阻和3Ω电阻串联，由此可得

$$U_{oc} = U_0 - 0.5U_0 = 0.5U_0 = 0.5 \times \frac{3}{6+3} \times 18 = 3\,\text{V}$$

然后求等效电阻。等效电阻可以用置零后外加电源法或不置零短路电流法求解，此处采用前者，读者也可以尝试用后者求解。

将图7.18中的独立电源置零（电压源短路），并在端口外加1 A的电流源，如图7.19所示。

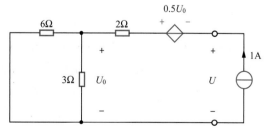

图 7.19　图 7.18 置零后外加电源法求等效电阻

由图7.19可见，左侧6Ω电阻与3Ω电阻并联，因此

$$U_0 = \frac{6 \times 3}{6+3} \times 1 = 2 \text{ V} \tag{7.32}$$

对图7.19电路按逆时针绕向列写KVL方程，可得

$$-U - 0.5U_0 + 2 \times 1 + U_0 = 0 \tag{7.33}$$

将式（7.32）代入式（7.33），可得

$$U = 3 \text{ V}$$

等效电阻等于外加电源的电压除以电流，因此

$$R_{eq} = \frac{U}{1} = \frac{3}{1} = 3 \ \Omega$$

对图7.16一阶电路而言，其电容电压终值等于其左侧一端口网络的戴维南等效电路的开路电压，即 $u_C(\infty) = U_{oc} = 3$ V，其时间常数等于等效电阻乘以电容，即 $\tau_C = R_{eq}C = 3\Omega \times 100 \ \mu\text{F} = 3 \times 10^{-4}$ s。

至此，一阶电路的三个要素均已求出，将它们代入三要素公式可得

$$u_C(t) = u_C(\infty) + \left[u_C(0_+) - u_C(\infty)\right] e^{-\frac{t}{\tau_C}} = 3 + (1-3)e^{-\frac{t}{3 \times 10^{-4}}} = 3 - 2e^{-\frac{10^4}{3}t} \text{ V}$$

由以上求解过程可见，当一阶电路中有受控电源时，求解关键仍然是求除动态元件之外的一端口网络的戴维南等效电路，只是此时比没有受控电源时麻烦一点。

同步练习7.3（提高题）　图7.20所示电路电感的初始电流为0 A。$t = 0$时开关闭合，求$t > 0$时的电感电流 $i_L(t)$。

答案：$i_L(t) = 5 - 5e^{-2\,000t}$ A。

本小节例题均为只含一个动态元件的一阶电路，并且电容电压和电感电流在开关动作时都不会发生突变。接下来，7.3.3小节和7.3.4小节将分别介绍电容/电感串并联一阶电路和电容电压/电感电流突变一阶电路这两种特殊电路的求解。

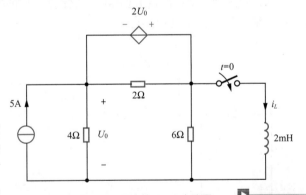

图 7.20　同步练习 7.3 电路图

三要素法求解一阶电路例题分析（含多个一阶电路）

三要素法求解一阶电路例题分析（方波激励）

*7.3.3　电容串并联和电感串并联时一阶电路求解

1. 电容并联和电感串联一阶电路的求解

如果一阶电路含电容并联或电感串联，如图7.21所示，那么并联电容的电压相等，串联电感的电流相等，求解过程与7.3.2小节所述相同，不同之处在于图7.21（a）和图7.21（b）的时间常数分别为

$$\tau_C = R_{eq}C_{eq} = R_{eq}(C_1 + C_2) \tag{7.34}$$

$$\tau_L = L_{eq}/R_{eq} = (L_1 + L_2)/R_{eq} \tag{7.35}$$

式（7.34）和式（7.35）中，R_{eq} 为一端口网络N中开关动作后独立电源置零的等效电阻。

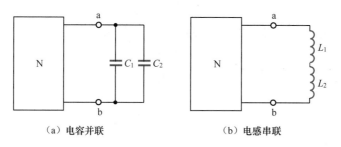

（a）电容并联　　　　　　　　　　（b）电感串联

图 7.21　含有电容并联或电感串联的一阶电路

2. 电容串联和电感并联一阶电路的求解

电容串联可以等效为一个电容，电感并联可以等效为一个电感，对于一阶电路而言，它们都会改变时间常数，这与电容并联和电感串联类似。不同之处在于，电容串联时各电容的电压一般不相等，而并联时各电容的电压相等；电感并联时各电感的电流一般不相等，而串联时各电感的电流相等。这一不同会导致求出等效电容的电压和等效电感的电流后，如果还想求出各个电容的电压和各个电感的电流，就需要对电容进行分压，对电感进行分流。下面通过例题说明电容串联和电感并联时一阶电路的具体求解过程。

例7.4　（**提高题**）图7.22所示电路中 U_s 为常数，两个电容的初始电压分别为 $u_{C1}(0_-) = U_1$，$u_{C2}(0_-) = U_2$。$t = 0$ 时开关闭合，求 $t > 0$ 时的电容电压 $u_{C1}(t)$ 和 $u_{C2}(t)$。

解　图7.22电路中两个电容串联可以等效为一个电容，如图7.23所示。

由图7.23可以先求出等效电容的电压，再求出两个串联电容各自的电压。

由图7.23可见，等效电容电压初值等于两个串联电容电压初值之和，即

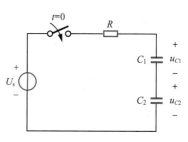

图 7.22　例 7.4 电路图

$$u_{Ceq}(0_+) = u_{Ceq}(0_-) = u_{C1}(0_-) + u_{C2}(0_-) = U_1 + U_2 \tag{7.36}$$

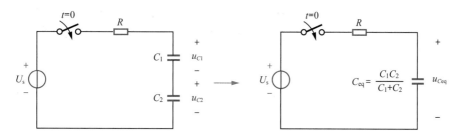

图 7.23　电容串联等效

等效电容的电压终值和电路的时间常数分别为

$$u_{Ceq}(\infty) = U_s \tag{7.37}$$

$$\tau_C = RC_{\text{eq}} = \frac{RC_1C_2}{C_1 + C_2} \tag{7.38}$$

将式（7.36）~ 式（7.38）求出的三个要素代入三要素公式，可得

$$u_{C\text{eq}}(t) = u_{C\text{eq}}(\infty) + \left[u_{C\text{eq}}(0_+) - u_{C\text{eq}}(\infty) \right] e^{-\frac{t}{\tau_C}} = U_s + \left(U_1 + U_2 - U_s \right) e^{-\frac{t}{\frac{RC_1C_2}{C_1+C_2}}} \tag{7.39}$$

接下来求 $u_{C1}(t)$ 和 $u_{C2}(t)$。

求 $u_{C1}(t)$ 和 $u_{C2}(t)$ 的关键是利用 C_1 和 C_2 串联电流相等这一特点，即

$$C_1 \frac{du_{C1}(t)}{dt} = C_2 \frac{du_{C2}(t)}{dt} \tag{7.40}$$

对式（7.40）两边同时积分，可得

$$\int_{0_-}^t C_1 \frac{du_{C1}(\xi)}{d\xi} d\xi = \int_{0_-}^t C_2 \frac{du_{C2}(\xi)}{d\xi} d\xi \tag{7.41}$$

由式（7.41）可得

$$C_1 \left[u_{C1}(t) - u_{C1}(0_-) \right] = C_2 \left[u_{C2}(t) - u_{C2}(0_-) \right] \tag{7.42}$$

将式（7.42）代入已知的电容电压初值，可得

$$C_1 \left[u_{C1}(t) - U_1 \right] = C_2 \left[u_{C2}(t) - U_2 \right] \tag{7.43}$$

由图7.23可以看出，等效电容的电压等于两个串联电容电压之和，即

$$u_{C\text{eq}}(t) = u_{C1}(t) + u_{C2}(t) = U_s + \left(U_1 + U_2 - U_s \right) e^{-\frac{t}{\frac{RC_1C_2}{C_1+C_2}}} \tag{7.44}$$

由式（7.43）和式（7.44）可以求出两个串联电容的电压分别为

$$u_{C1}(t) = \frac{C_1U_1 - C_2U_2 + C_2U_s + C_2\left(U_1 + U_2 - U_s \right) e^{-\frac{t}{\frac{RC_1C_2}{C_1+C_2}}}}{C_1 + C_2} \tag{7.45}$$

$$u_{C2}(t) = \frac{-C_1U_1 + C_2U_2 + C_1U_s + C_1\left(U_1 + U_2 - U_s \right) e^{-\frac{t}{\frac{RC_1C_2}{C_1+C_2}}}}{C_1 + C_2} \tag{7.46}$$

由式（7.44）、式（7.45）和式（7.46）可见，如果两个串联电容的初始电压均为0，则

$$u_{C1}(t) = \frac{C_2U_s + C_2\left(U_1 + U_2 - U_s \right) e^{-\frac{t}{\frac{RC_1C_2}{C_1+C_2}}}}{C_1 + C_2} = \frac{C_2}{C_1 + C_2} u_{C\text{eq}}(t) \tag{7.47}$$

$$u_{C2}(t) = \frac{C_1U_s + C_1\left(U_1 + U_2 - U_s \right) e^{-\frac{t}{\frac{RC_1C_2}{C_1+C_2}}}}{C_1 + C_2} = \frac{C_1}{C_1 + C_2} u_{C\text{eq}}(t) \tag{7.48}$$

由式（7.47）和式（7.48）可见，如果两个串联电容的初始电压均为0，则两个电容分压与电容值成反比，这种情况下，求出等效电容电压后直接分压即可，不需要积分求解。

式（7.42）又称为串联电容的电量守恒公式，在做题时可以直接应用。不过考虑到该公式难以记忆，也容易记错，建议仍按照以上步骤求解。

电感并联时求各电感电流的过程与电容串联时求各电容电压类似，因此这里不再详述步骤。读者可以做一下同步练习7.4。

同步练习7.4　（**提高题**）　图7.24所示电路中 U_s 为常数，两个电感的初始电流分别为 $i_{L1}(0_-) = I_1$ 和 $i_{L2}(0_-) = I_2$。$t = 0$时开关闭合，求$t > 0$时的电感电流 $i_{L1}(t)$ 和 $i_{L2}(t)$。

答案：

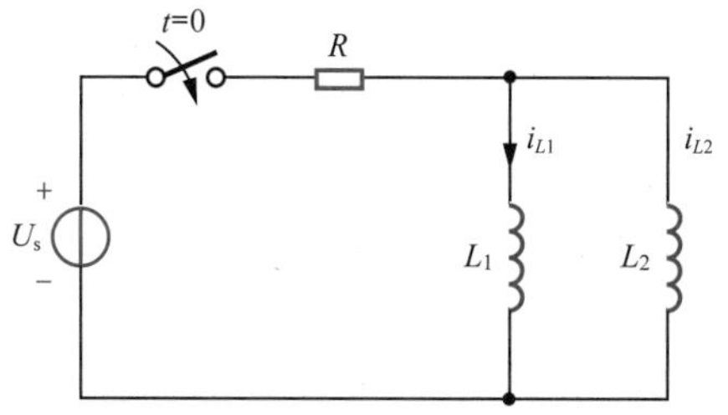

图 7.24　同步练习 7.4 电路图

$$i_{L1}(t) = \frac{L_1 I_1 - L_2 I_2 + L_2 \dfrac{U_s}{R} + L_2\left(I_1 + I_2 - \dfrac{U_s}{R}\right) e^{-\frac{t}{\frac{L_1 L_2}{R(L_1 + L_2)}}}}{L_1 + L_2},$$

$$i_{L2}(t) = \frac{-L_1 I_1 + L_2 I_2 + L_1 \dfrac{U_s}{R} + L_1\left(I_1 + I_2 - \dfrac{U_s}{R}\right) e^{-\frac{t}{\frac{L_1 L_2}{R(L_1 + L_2)}}}}{L_1 + L_2}。$$

*7.3.4　电容电压和电感电流突变时一阶电路求解

对于动态电路而言，虽然电容电压和电感电流在绝大多数情况下不会发生突变，但也有极少数特殊情况存在。电容电压和电感电流发生突变主要有两种情况：一是电路拓扑决定了电容电压和电感电流必须发生突变；二是激励电源是冲激函数。第二种情况将在7.4.3小节详细介绍。本小节将通过例题介绍第一种情况的具体分析方法。

例7.5　（**提高题**）　图7.25所示电路中 U_s 为常数，且电路已达稳态。$t = 0$时开关断开，求$t > 0$时的电感电流 $i_{L1}(t)$。

解　开关断开前，两个电感均相当于短路，显然L_2的电流为0，而L_1的电流为

$$i_{L1}(0_-) = \frac{U_s}{R_1} \tag{7.49}$$

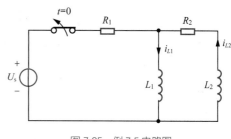

图 7.25　例 7.5 电路图

由图7.25可见，当开关断开时，L_1与L_2串联，电流相等（串联强迫两个电感的电流相等）。可是，在开关闭合前，L_1电流不为0，而L_2电流为0，也就是说开关断开前两个电感的电流不相等，而开关断开后两个电感的电流相等，这说明开关断开时电感电流必然发生突变。接下来求开关断开后瞬间的电感电流，即 $i_{L1}(0_+)$。

对图7.25电路右侧的网孔列写KVL方程，可得

$$L_1 \frac{\mathrm{d}i_{L1}}{\mathrm{d}t} + L_2 \frac{\mathrm{d}i_{L2}}{\mathrm{d}t} + R_2 i_{L2} = 0 \tag{7.50}$$

式（7.50）对开关断开前后都成立，从 0_- 到 0_+ 积分，可得

$$\int_{0_-}^{0_+} \left(L_1 \frac{di_{L1}}{dt} + L_2 \frac{di_{L2}}{dt} + R_2 i_{L2} \right) dt = 0 \tag{7.51}$$

由式（7.51）可得

$$L_1 \left[i_{L1}(0_+) - i_{L1}(0_-) \right] + L_2 \left[i_{L2}(0_+) - i_{L2}(0_-) \right] = L_1 \left[i_{L1}(0_+) - i_{L1}(0_-) \right] + L_2 \left[i_{L1}(0_+) - i_{L2}(0_-) \right]$$

$$= L_1 \left[i_{L1}(0_+) - \frac{U_s}{R_1} \right] + L_2 \left[i_{L1}(0_+) - 0 \right] = 0 \tag{7.52}$$

由式（7.52）可得

$$i_{L1}(0_+) = \frac{L_1}{L_1 + L_2} \frac{U_s}{R_1} \tag{7.53}$$

由图7.25可以看出

$$i_{L1}(\infty) = 0 \tag{7.54}$$

$$\tau_L = \frac{L_1 + L_2}{R_2} \tag{7.55}$$

将式（7.53）~式（7.55）求出的三个要素代入三要素公式，可得

$$i_{L1}(t) = i_{L1}(\infty) + \left[i_{L1}(0_+) - i_{L1}(\infty) \right] e^{-\frac{t}{\tau_L}} = i_{L1}(0_+) e^{-\frac{t}{\tau_L}} = \frac{L_1}{L_1 + L_2} \frac{U_s}{R_1} e^{-\frac{t}{\frac{L_1 + L_2}{R_2}}} \tag{7.56}$$

由以上求解过程可见，如果电感电流在开关动作时发生突变，则解决方法是先列写KVL方程，再对方程从 0_- 到 0_+ 积分，如此即可求出 $i_{L1}(0_+)$，进而求出电感电流的表达式。

如果一阶电路电容电压发生突变，解决方法与电感电流发生突变的情况类似。下面的同步练习7.5即电容电压发生突变的情况，读者可以尝试用类似的方法求解。

同步练习7.5（提高题）图7.26所示电路中 U_s 为常数，电路原已达稳态， $u_{C2}(0_-) = U_2$ 。 $t = 0$ 时开关闭合，求 $t > 0$ 时的电容电压 $u_{C1}(t)$ 和 $u_{C2}(t)$ 。

答案： $u_{C1}(t) = \dfrac{C_2}{C_1 + C_2}(U_s - U_2)e^{-\frac{t}{R(C_1+C_2)}}$ ，

$$u_{C2}(t) = U_s - \frac{C_2}{C_1 + C_2}(U_s - U_2)e^{-\frac{t}{R(C_1+C_2)}}$$ 。

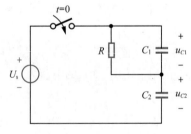

图 7.26　同步练习 7.5 电路图

7.4 一阶电路的响应

7.3节已经给出了一阶电路的求解方法。本节将介绍不同激励下一阶电路的响应特点和分析方法。

7.4.1　零状态响应、零输入响应和全响应

对于 RC 和 RL 一阶电路而言，通过三要素公式可以引出零状态响应、零输入响应和全响应的定义。以 RC 一阶电路的电容电压三要素公式为例，其表达式为

$$u_C(t) = u_C(\infty) + [u_C(0_+) - u_C(\infty)]e^{-\frac{t}{\tau}} \qquad (7.57)$$

RC 一阶电路零状态响应指的是电容电压初始储能为零，即 $u_C(0_+) = 0$，因此 $u_C(0_+) = u_C(0_-) = 0$。注意，此时 $u_C(\infty)$ 必须不为0，否则电容电压等于零，没有任何意义。根据 RC 一阶电路零状态响应的定义和式（7.57），可得零状态响应的表达式

$$u_C(t) = u_C(\infty) - u_C(\infty)e^{-\frac{t}{\tau}} \qquad (7.58)$$

RC 一阶电路零输入响应指的是式（7.57）中的电容电压终值为0，即 $u_C(\infty) = 0$。之所以称为零输入，是因为只有在无输入的情况下，$u_C(\infty)$ 才能等于零。注意，此时 $u_C(0_+) = u_C(0_-)$ 必须不等于零，即电容有初始储能，否则电容电压等于零，没有任何意义。根据 RC 一阶电路零输入响应的定义和式（7.57），可得零输入响应的表达式

$$u_C(t) = u_C(0_+)e^{-\frac{t}{\tau}} \qquad (7.59)$$

RC 一阶电路全响应指的是式（7.57）中的 $u_C(\infty) \neq 0$，且 $u_C(0_+) = u_C(0_-) \neq 0$。显然，全响应的表达式即式（7.57）。

由式（7.57）~式（7.59）可见，对 RC 一阶电路而言：

$$\text{全响应 = 零状态响应 + 零输入响应} \qquad (7.60)$$

一阶电路响应
例题分析

式（7.60）其实是叠加定理的体现。对于一个动态电路，激励包含两部分：一部分是电压源和电流源，即输入激励；另一部分是电容电压初值和电感电流初值，即初始储存能量激励。可见，对于动态电路而言，电容和电感初始储存的能量也是一种激励。根据叠加定理，电路总的响应（即全响应）一定等于各部分激励单独作用产生的响应的叠加（即等于零状态响应+零输入响应）。

零状态响应、零输入响应和全响应的定义不但适用于 RC 一阶电路，也适用于其他动态电路，下面给出三者的通用定义。

零状态响应是指电路在没有初始储能的情况下，仅由独立电源所引起的响应。

零输入响应是指电路在没有独立电源作用的情况下，仅由初始储能所引起的响应。

全响应是指电路在独立电源和初始储能共同作用下所产生的响应。

*7.4.2　阶跃响应

要求阶跃响应，首先要了解单位阶跃函数。

单位阶跃函数（unit step function）的定义为

$$\varepsilon(t) = \begin{cases} 0 & t < 0 \\ 1 & t > 0 \end{cases} \qquad (7.61)$$

根据式（7.61），可以绘制单位阶跃函数的波形，如图7.27所示。由图可见，单位阶跃函数是一个不连续函数，在 $t = 0$ 时，函数值由0跃变为1，好像跳上一个台阶，这就是"阶跃"的含义。

电路对单一单位阶跃函数激励的零状态响应称为单位阶跃响应，简称阶跃响应。

阶跃响应的求解方法仍然是三要素法。下面通过一个例题来说明具体的求解过程。

例7.6 （基础题） 求图7.28所示电路的 $u_C(t)$ 。

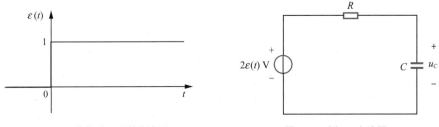

图 7.27　单位阶跃函数的波形　　　　　　图 7.28　例 7.6 电路图

解　根据单位阶跃函数的定义，由图7.28可以看出，$u_C(\infty) = 2\ \text{V}$ 。

由于阶跃响应是零状态响应，因此电容电压初值和电感电流初值默认都为0，于是有 $u_C(0_+) = u_C(0_-) = 0\ \text{V}$ 。

图7.28一阶电路的时间常数为 $\tau_C = RC$ 。

将以上三个要素代入三要素公式，可以得到电容电压为

$$u_C(t) = \left\{ u_C(\infty) + \left[u_C(0_+) - u_C(\infty) \right] e^{-\frac{t}{\tau_C}} \right\} \varepsilon(t) = \left(2 - 2e^{-\frac{t}{RC}} \right) \varepsilon(t)\ \text{V} \tag{7.62}$$

由式（7.62）可见，阶跃响应只是在原来三要素公式的基础上乘以单位阶跃函数 $\varepsilon(t)$ 。

同步练习7.6 （基础题） 求图7.29所示电路的 $i_L(t)$ 。

答案：$i_L(t) = \left(\dfrac{5}{R} - \dfrac{5}{R} e^{-\frac{t}{\frac{L}{R}}} \right) \varepsilon(t)$ 。

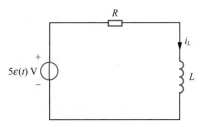

图 7.29　同步练习 7.6 电路图

以上关于阶跃响应的介绍给人一种感觉：阶跃响应只不过是在原有响应的基础上乘以单位阶跃函数，并没有什么用。实际上，阶跃响应有以下3个作用。

（1）通过阶跃响应可以省掉电路中的开关。

观察图7.28和图7.29可见，图中一阶电路均没有开关，电路看起来更简洁。之所以能省掉开关，是因为式（7.61）和图7.27表明单位阶跃函数本身就能起到开关的作用。

（2）用阶跃函数可以表示脉冲激励，使脉冲激励下的响应更易求解。接下来的例7.7和同步练习7.7就说明了这个作用。

（3）求阶跃响应是求冲激响应的基础，而冲激响应对于信号处理非常重要，在"电路"课程后续的"信号与系统""自动控制原理"等课程中经常用到。7.4.3小节将详细介绍冲激响应。

例7.7 （提高题） 求图7.30（a）所示电路在激励为图7.30（b）所示波形时的零状态响应 $u_C(t)$ 。

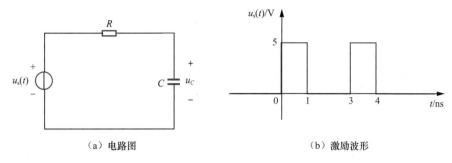

（a）电路图　　　　　　　　　　　　　（b）激励波形

图 7.30　例 7.7 电路图与激励波形

解　图7.30（b）所示的激励波形相当于2个脉冲信号，这在数字电路中很常见。数字电路只有高电平和低电平，用高电平表示二进制"1"，低电平表示二进制"0"。如果能求出图7.30电路的响应，那么类似的方法可以用于求数字电路的响应。

通常我们想到的求解方法是将时间分为4段，逐段求解。可是，每一个时间段都要确定电容电压在前一个时间段结束时的值，这非常麻烦。尤其是当脉冲较多时，如10个脉冲以上，这种求解方法显然就不可取了。

脉冲激励响应可以利用阶跃函数求解。利用阶跃函数求脉冲激励响应分为3步。

第1步：将脉冲激励分解为多个阶跃函数相加。

第2步：分别求各阶跃激励单独作用所产生的阶跃响应。

第3步：将各阶跃响应叠加起来，即可得到电路总的脉冲激励响应。

由以上步骤可以看出，利用阶跃函数求脉冲激励响应的关键之一是应用叠加定理。下面按照以上3个步骤求图7.30电路的脉冲激励响应。

第1步：将脉冲激励分解为多个阶跃函数相加。

图7.30（b）所示的波形可以用4个阶跃函数之和表示：

$$u_s(t) = 5\varepsilon(t) + \left[-5\varepsilon(t-10^{-9})\right] + \left[5\varepsilon(t-3\times10^{-9})\right] + \left[-5\varepsilon(t-4\times10^{-9})\right] \text{ V} \tag{7.63}$$

可见，分解脉冲激励的关键是函数平移。

第2步：分别求各阶跃激励单独作用所产生的阶跃响应。

式（7.63）中4个阶跃激励单独作用产生的阶跃响应分别是

$$\left.\begin{array}{l} (5-5e^{-\frac{t}{RC}})\varepsilon(t) \text{ V} \\[2mm] (-5+5e^{-\frac{t-10^{-9}}{RC}})\varepsilon(t-10^{-9}) \text{ V} \\[2mm] (5-5e^{-\frac{t-3\times10^{-9}}{RC}})\varepsilon(t-3\times10^{-9}) \text{ V} \\[2mm] (-5+5e^{-\frac{t-4\times10^{-9}}{RC}})\varepsilon(t-4\times10^{-9}) \text{ V} \end{array}\right\} \tag{7.64}$$

注意，阶跃函数平移时，阶跃响应也必须做相应的平移。

第3步：将各阶跃响应叠加起来，即可得到电路总的脉冲激励响应。

将式（7.64）中的4项加起来，即可得到图7.30一阶电路的脉冲激励响应：

$$u_C(t) = (5 - 5e^{-\frac{t}{RC}})\varepsilon(t) + (-5 + 5e^{\frac{t-10^{-9}}{RC}})\varepsilon(t-10^{-9}) +$$

$$(5 - 5e^{-\frac{t-3\times10^{-9}}{RC}})\varepsilon(t-3\times10^{-9}) + (-5 + 5e^{-\frac{t-4\times10^{-9}}{RC}})\varepsilon(t-4\times10^{-9}) \text{ V} \tag{7.65}$$

当脉冲数量增加时，也可以用类似的方法快速求解，这相对于按时间分段求解的方式，求解难度大大降低。

同步练习7.7　**（提高题）**　求图7.31（a）所示电路在激励为图7.31（b）所示波形时的零状态响应 $i_L(t)$。

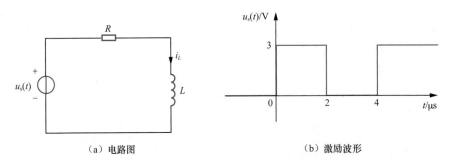

（a）电路图　　　　　　　　　　　（b）激励波形

图 7.31　同步练习 7.7 电路图与激励波形

答案：$i_L(t) = (\frac{3}{R} - \frac{3}{R}e^{-\frac{t}{L/R}})\varepsilon(t) + (-\frac{3}{R} + \frac{3}{R}e^{-\frac{t-2\times10^{-6}}{L/R}})\varepsilon(t-2\times10^{-6}) + (\frac{3}{R} - \frac{3}{R}e^{-\frac{t-4\times10^{-6}}{L/R}})\varepsilon(t-4\times10^{-6})$。

*7.4.3　冲激响应

由7.3.4小节可知，在开关动作时，电容电压和电感电流在极少数情况下可能发生突变。以电容电压为例，电容电压发生突变意味着开关动作时电容电压的导数为无穷大，进而根据 $i_C = C\dfrac{du_C}{dt}$ 可知，电容电流在开关动作时为无穷大。电流无穷大听起来似乎不可能，但如果电流无穷大持续的时间为无穷小，在无穷小的时间段内对无穷大的电流积分，积分结果为有限值，从而使电容电压发生突变就有可能了。用函数来表示无穷小时间内电流为无穷大，就要用到冲激函数。

单位冲激函数（unit pulse function）的定义为

$$\delta(t) = 0, \ t \neq 0$$

$$\int_{-\infty}^{\infty} \delta(t)dt = 1 \tag{7.66}$$

由式（7.66）可以看出，单位冲激函数相当于一个宽度无穷小、面积为1的脉冲信号，如图7.32所示。图7.32仅仅是一个示意图，要想得到单位冲激函数的波形，需要将宽度不断减小，高度不断增大，并且保证面积始终为1。

由单位冲激函数的定义和示意图可见，冲激函数貌似只是一个数学概念，没有什么物理意义。实际上，日常生活中就有冲激函数的例子。大多数人都有这样的经历：在冬天，当手接触金属物体

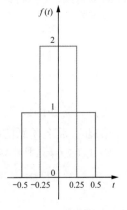

图 7.32　单位冲激函数的示意图

时，突然手会刺痛一下！这一现象是由于冬天人们手上带的电荷较多，当接触金属物体时，手上的电荷会在极短时间内从接触点传到金属物体上，电荷传递形成电流，这一短暂时间内的电流可以近似定义为 $i = \dfrac{\Delta q}{\Delta t}$。显然 Δt 可以近似认为是无穷小，Δq 为有限值（而非无穷小），因此 $i \to \infty$。无穷大的电流会导致手有刺痛感，但为什么仅仅是刺痛一下，人身安全并没有受到威胁呢？这是因为无穷大的电流作用时间为无穷小，释放的能量为有限值。

由单位冲激函数的定义式（7.66）可以看出，单位冲激函数的积分刚好为单位阶跃函数，即

$$\int_{-\infty}^{t} \delta(\xi)\mathrm{d}\xi = \varepsilon(t) \tag{7.67}$$

由式（7.67）可以看出，单位阶跃函数对时间的导数刚好为单位冲激函数，即

$$\frac{\mathrm{d}\varepsilon(t)}{\mathrm{d}t} = \delta(t) \tag{7.68}$$

由单位冲激函数的定义式（7.66）还可以看出，单位冲激函数具有以下特性。

$$f(t)\delta(t) = f(0)\delta(t) \tag{7.69}$$

由式（7.69）可以进一步得到

$$f(t)\delta(t - t_0) = f(t_0)\delta(t - t_0) \tag{7.70}$$

可见，单位冲激函数能将 $f(t)$ 在冲激出现时刻的函数值筛选出来，这一性质称为冲激函数的筛分性质。该性质在信号处理中有非常重要的应用，将在“电路”的后续课程“信号与系统”中详细介绍。

电路对单一单位冲激函数激励的零状态响应称为单位冲激响应，简称冲激响应。接下来通过例题详细介绍求一阶电路冲激响应的方法。

例7.8　**（提高题）** 求图7.33所示电路的 $u_C(t)$。

解　冲激响应可以由阶跃响应对时间求导得到。下面给出这一结论的推导过程。

由图7.33可见，一阶电路满足的微分方程为

$$RC\frac{\mathrm{d}u_C}{\mathrm{d}t} + u_C = 2\delta(t) \tag{7.71}$$

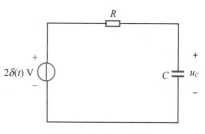

图 7.33　例 7.8 电路图

如果将图7.33的冲激函数换成阶跃函数，则一阶电路满足的微分方程为

$$RC\frac{\mathrm{d}u_{C\varepsilon}}{\mathrm{d}t} + u_{C\varepsilon} = 2\varepsilon(t) \tag{7.72}$$

之所以式（7.72）中的变量用 $u_{C\varepsilon}$ 而不是 u_C，是因为 $u_{C\varepsilon}$ 是阶跃响应，而 u_C 是冲激响应，两个不同的响应应该用不同的变量表示。

式（7.72）两边同时对时间求导，可得

$$RC\frac{\mathrm{d}\left(\dfrac{\mathrm{d}u_{C\varepsilon}}{\mathrm{d}t}\right)}{\mathrm{d}t} + \frac{\mathrm{d}u_{C\varepsilon}}{\mathrm{d}t} = 2\delta(t) \tag{7.73}$$

式（7.73）可被视为以 $\dfrac{\mathrm{d}u_{C\varepsilon}}{\mathrm{d}t}$ 为变量的一阶微分方程。

对比式（7.73）和式（7.71）可见，两个一阶微分方程的形式相同。另外，由图7.33可见，

$u_C(0_-)=0$ ，$\dfrac{\mathrm{d}u_{C\varepsilon}}{\mathrm{d}t}\Big|_{t=0_-}=\dfrac{C\frac{\mathrm{d}u_{C\varepsilon}}{\mathrm{d}t}\big|_{t=0_-}}{C}=\dfrac{0}{C}=0$ 。如果两个一阶微分方程形式相同，初始条件也相同，那么两个一阶微分方程的解必然相同，因此

$$u_C(t)=\dfrac{\mathrm{d}u_{C\varepsilon}(t)}{\mathrm{d}t} \tag{7.74}$$

即一阶电路的冲激响应等于阶跃响应对时间的导数。

图7.33一阶电路的阶跃响应为

$$u_{C\varepsilon}(t)=(2-2\mathrm{e}^{-\frac{t}{RC}})\varepsilon(t) \tag{7.75}$$

式（7.75）对时间求导，可得

$$\begin{aligned}
u_C(t)=\dfrac{\mathrm{d}u_{C\varepsilon}(t)}{\mathrm{d}t} &=\dfrac{\mathrm{d}\left[(2-2\mathrm{e}^{-\frac{t}{RC}})\varepsilon(t)\right]}{\mathrm{d}t}\\
&=\dfrac{2}{RC}\mathrm{e}^{-\frac{t}{RC}}\varepsilon(t)+(2-2\mathrm{e}^{-\frac{t}{RC}})\dfrac{\mathrm{d}\left[\varepsilon(t)\right]}{\mathrm{d}t}\\
&=\dfrac{2}{RC}\mathrm{e}^{-\frac{t}{RC}}\varepsilon(t)+(2-2\mathrm{e}^{-\frac{t}{RC}})\delta(t)
\end{aligned} \tag{7.76}$$

根据 $f(t)\delta(t)=f(0)\delta(t)$ ，式（7.76）可以进一步简化为

$$u_C(t)=\dfrac{2}{RC}\mathrm{e}^{-\frac{t}{RC}}\varepsilon(t)+(2-2\mathrm{e}^{-\frac{0}{RC}})\delta(t)=\dfrac{2}{RC}\mathrm{e}^{-\frac{t}{RC}}\varepsilon(t)+0\times\delta(t)=\dfrac{2}{RC}\mathrm{e}^{-\frac{t}{RC}}\varepsilon(t) \tag{7.77}$$

由式（7.77）可得

$$u_C(0_+)=\dfrac{2}{RC}\mathrm{e}^{-\frac{0_+}{RC}}\varepsilon(0_+)=\dfrac{2}{RC}>0 \tag{7.78}$$

阶跃和冲激
激励且动态元件
有初始储能一阶
电路例题分析

而 $u_C(0_-)=0$ ，显然 $u_C(0_+)\neq u_C(0_-)$ ，即从 $t=0_-$ 到 $t=0_+$ ，电容电压发生了突变。这说明冲激激励的确可以使电容电压发生突变。

冲激激励也可以使电感电流发生突变，求解方法同样是先求阶跃响应，然后对阶跃响应求导，得到冲激响应。读者可以做一下同步练习7.8。

同步练习7.8　（**基础题**）求图7.34所示电路的 $i_L(t)$ 。

答案：$i_L(t)=\dfrac{5}{L}\mathrm{e}^{-\frac{t}{L/R}}\varepsilon(t)$ 。

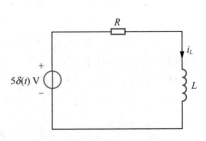

图 7.34　同步练习 7.8 电路图

本章小结

格物致知

总结经验

一阶电路求解最常用到的方法是三要素法。三要素法的核心是三要素公式，三要素公式是从解一阶微分方程的过程和结果中总结出来的经验公式。自从总结出三要素公式，人们就无须重复烦琐的微分方程求解过程，大大简化了一阶电路的求解。这启示我们：要多从以往的经历和实践中总结经验，用于指导我们以后的实践，从而大大提高效率。

要想总结出宝贵的经验，就必须认真观察和思考，发现具有一定普适性的规律。并且，这样的经验总结需要持续不断地进行，这样我们总结经验的能力才会不断提高，总结出的经验才会更多，用处才会更大。

总结出的经验不要盲目应用，因为每个经验都有一定的适用范围。本章的三要素公式对于直流激励的情况非常管用；对于非直流激励的情况，虽然也能总结出一定的规律，但这些规律不太好用，还不如直接解微分方程。

例如，对于正弦激励的一阶电路，虽然也可以总结出一个公式，但公式较为复杂，记忆困难，并且难以理解。这种情况下，如果非要用公式法求解，其实得不偿失，还不如直接解微分方程。读者可以尝试自己总结或查找正弦激励下一阶电路的三要素公式，就能明白为什么总结出的公式并不好用。

通过总结得出三要素公式，可以显著简化一阶电路的求解过程。同样，无论我们做什么事，都要经常总结经验，便于以后做得更快、更好！

习题

一、复习题

参考答案

7.1节　*RC*一阶电路的充放电

▶ **基础题**

7.1　题7.1图所示电路中电容有初始储能，开关S原为断开状态，$t=0$ 时开关闭合。求电容储能降低为初始储能的1%所需要的时间。

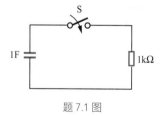

题 7.1 图

7.2节　*RL*一阶电路的充放电

▶ **提高题**

7.2　题7.2图所示电路中电感无初始储能，开关S原为断开状态，$t=0$ 时开关闭合。（1）如果 $R=0\,\Omega$，求电感电流充电到10 A所需要的时间；（2）如果 $R=0.5\,\Omega$，求电感电流充电到10 A所需要的时间。

7.3节 三要素法一阶电路求解

▶ **基础题**

7.3 题7.3图所示电路中开关原来闭合，且电路已达稳态。$t = 0$时开关断开，求$t > 0$时的电容电压$u_C(t)$。

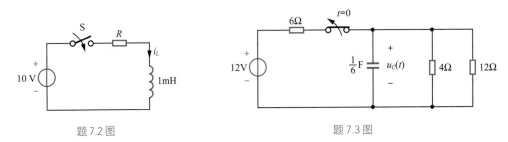

题 7.2 图　　　　　　　　　　题 7.3 图

7.4 题7.4图所示电路中开关原来闭合，且电路已达稳态。$t = 0$时开关断开，求$t > 0$时的电感电流$i_L(t)$。

7.5 题7.5图所示电路中开关原来断开，且电路已达稳态。$t = 0$时开关闭合，求$t > 0$时的$u_C(t)$和$i(t)$。

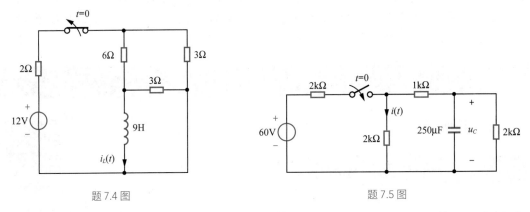

题 7.4 图　　　　　　　　　　题 7.5 图

7.6 电路如题7.6图所示。开关原来闭合，且电路已达稳态。$t = 0$时开关断开，求$t > 0$时的$u_C(t)$和$i(t)$。

7.7 电路如题7.7图所示。开关原来断开，且两个电感的初始储能均为0。$t = 0$时开关闭合，求$t > 0$时的$i(t)$、$i_{L1}(t)$和$i_{L2}(t)$。

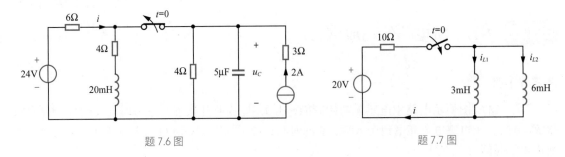

题 7.6 图　　　　　　　　　　题 7.7 图

▶ **提高题**

7.8 题7.8图所示电路开关原来断开，且电路已达稳态。$t = 0$时开关闭合，求$t > 0$时的$u_C(t)$、$i_L(t)$和$i(t)$。

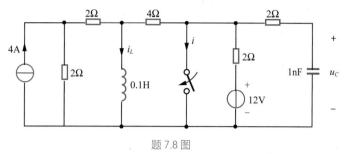

题 7.8 图

7.9 题7.9图所示电路开关原来断开，且电路已达稳态。$t = 0$时开关闭合，求$t > 0$时的$u_C(t)$。

7.10 题7.10图所示电路开关原来断开，且电路已达稳态。$t = 0$时开关闭合，求$t > 0$时的$i_L(t)$。

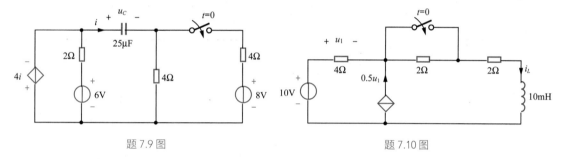

题 7.9 图　　　　　　　　　　　　题 7.10 图

7.11 题7.11图所示电路开关S_1和S_2原来断开，且两个电容的初始储能均为0。（1）$t = 0$时开关S_1和S_2同时闭合，求$t > 0$时的$u_{C1}(t)$和$u_{C2}(t)$；（2）开关S_1和S_2闭合1 s后，断开开关S_2，求$t > 1$ s时的$u_{C1}(t)$和$u_{C2}(t)$。

7.4节　一阶电路的响应

▶ **基础题**

7.12 求题7.12图所示电路的阶跃响应$u_C(t)$。

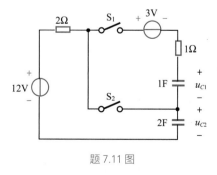

题 7.11 图

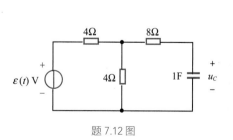

题 7.12 图

7.13 求题7.13图所示电路的阶跃响应$i_L(t)$。

7.14 题7.14图所示电路中的电容无初始储能，求 $u_C(t)$ 和 $u_C(0_+)$。

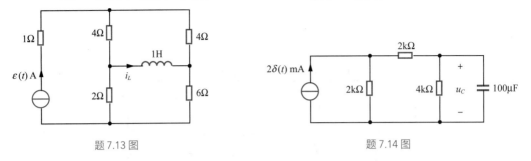

题 7.13 图   题 7.14 图

▶ 提高题

7.15 题7.15图（a）所示电路中的电压源电压波形如题7.15图（b）所示，求电路的零状态响应的 $i_L(t)$。

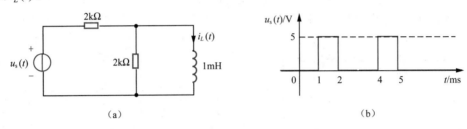

（a）   （b）

题 7.15 图

二、综合题

7.16 题7.16图所示两个电路中，N为相同的线性电阻网络，电容和电感均无初始储能。已知题7.16图（a）中 $i_1(t) = \left(\dfrac{1}{4} + \dfrac{1}{6}\mathrm{e}^{-t}\right)\varepsilon(t)$ mA，求7.16图（b）中的 $i_2(t)$。

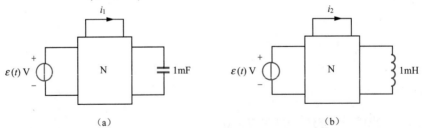

（a）   （b）

题 7.16 图

三、应用题

7.17 题7.17图所示电路为直流电机供电电路，当直流电机电路模型中的电阻电压 $u_R(t)$ 等于直流供电电压 U_s 时，电机达到稳态速度。假设电机无初始储能，当 $t = 0$ 时开关闭合后，求 $u_R(t)$ 达到0.99U_s所需的时间。

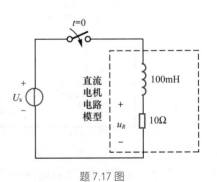

题 7.17 图

第 **8** 章

二阶动态电路

第7章关注的是电路方程为一阶微分方程的一阶电路，此类电路中一般只有一个动态元件。如果电路中有两个动态元件，则其电路方程一般为二阶微分方程，且称其为二阶动态电路（简称二阶电路）。

由于二阶电路的微分方程阶数高于一阶电路，因此其求解相对烦琐，动态响应也更复杂。三阶及更高阶电路虽然求解更烦琐，但求解过程和分析方法与二阶电路类似，因此本章不介绍三阶及更高阶电路。

本章首先推导二阶电路中最简单的零输入RLC串联二阶电路的微分方程，并给出其求解方法；然后分析零输入RLC串联二阶电路在不同工作状态下的动态响应特点；最后介绍其他二阶电路的微分方程推导和求解方法。

学习目标

（1）掌握二阶电路微分方程的列写方法；

（2）掌握二阶电路微分方程初始条件的确定方法；

（3）掌握二阶电路微分方程的求解方法；

（4）深刻理解并掌握二阶电路的工作状态及其特点；

（5）锻炼通过日常生活现象类比来理解复杂电路现象的能力。

8.1 零输入 *RLC* 串联二阶电路的微分方程

图8.1所示电路为不含独立源的零输入*RLC*串联二阶电路，*t* = 0时开关S闭合。下面推导该电路对应的二阶微分方程。

开关闭合后，根据KVL有

$$-u_C + Ri + u_L = 0 \qquad (8.1)$$

对于图8.1中的电容而言，其电压和电流取非关联参考方向，因此电容的电压与电流的关系为

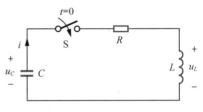

图 8.1　零输入 *RLC* 串联二阶电路

$$i = -C\frac{\mathrm{d}u_C}{\mathrm{d}t} \qquad (8.2)$$

对于图8.1中的电感而言，其电压和电流取关联参考方向，因此电感的电压与电流的关系为

$$u_L = L\frac{\mathrm{d}i}{\mathrm{d}t} \qquad (8.3)$$

将式（8.2）代入式（8.3）可得

$$u_L = -LC\frac{\mathrm{d}^2 u_C}{\mathrm{d}t^2} \qquad (8.4)$$

将式（8.2）和式（8.4）代入式（8.1）可得

$$LC\frac{\mathrm{d}^2 u_C}{\mathrm{d}t^2} + RC\frac{\mathrm{d}u_C}{\mathrm{d}t} + u_C = 0 \qquad (8.5)$$

可见，式（8.5）是关于电容电压的二阶微分方程。

同样，也可以推导图8.1电路关于电感电流的二阶微分方程。式（8.1）对时间求导，然后将式（8.2）和式（8.3）代入求导后的公式可得

$$LC\frac{\mathrm{d}^2 i}{\mathrm{d}t^2} + RC\frac{\mathrm{d}i}{\mathrm{d}t} + i = 0 \qquad (8.6)$$

通过解式（8.5）所示二阶微分方程可以求出电容电压 u_C，将其代入式（8.2）即可求出电感电流 i。也可通过解式（8.6）所示二阶微分方程得到电感电流 i，再对式（8.2）积分，求出电容电压 u_C。以上两种求解途径都可以求出零输入*RLC*串联二阶电路的电容电压和电感电流，不过相比较而言，前者的微分方程推导和求解过程都更简单。下面给出式（8.5）所示二阶微分方程的求解过程。

8.2 零输入 *RLC* 串联二阶电路微分方程求解

根据高等数学中关于微分方程的知识可知，解二阶微分方程的步骤如下：

（1）写出二阶微分方程对应的特征方程；

（2）根据特征方程求出特征根；

（3）根据特征根给出对应的齐次通解（含有两个待定的系数）；

（4）根据二阶微分方程得到非齐次特解（仅适用于非齐次二阶微分方程，零输入RLC串联二阶电路的微分方程为齐次微分方程，因此本步骤可以省略）；

（5）确定二阶微分方程的初始条件（包括变量在初始时刻的值和变量一阶导数在初始时刻的值）；

（6）将初始条件代入二阶微分方程的解（齐次通解+非齐次特解），求出齐次通解中的两个待定系数，从而最终求出二阶微分方程的解。

由以上步骤可以看出，二阶微分方程的求解过程远比一阶微分方程烦琐。不过只要按部就班求解，难度并不高。下面给出式（8.5）所示二阶微分方程的详细求解过程。

首先根据式（8.5），可得二阶微分方程对应的特征方程为

$$LC\lambda^2 + RC\lambda + 1 = 0 \tag{8.7}$$

该特征方程为一元二次方程，方程的根为

$$\lambda = \frac{-RC \pm \sqrt{(RC)^2 - 4LC}}{2LC} = \frac{-R \pm \sqrt{R^2 - \dfrac{4L}{C}}}{2L} \tag{8.8}$$

由式（8.8）可见，特征方程根的形式可根据判别式$(RC)^2 - 4LC$的大小来确定：

（1）当$(RC)^2 - 4LC > 0$，即$R > 2\sqrt{\dfrac{L}{C}}$时，特征方程的根为两个不相等的实数，且均小于零；

（2）当$(RC)^2 - 4LC = 0$，即$R = 2\sqrt{\dfrac{L}{C}}$时，特征方程的根为两个相等的负实数；

（3）当$(RC)^2 - 4LC < 0$，即$R < 2\sqrt{\dfrac{L}{C}}$时，特征方程的根为两个共轭的复数，且共轭复数的实部有两种可能的情况，一种是当$R>0$时，共轭复数的实部为负数；另一种是当$R=0$时，共轭复数的实部等于零，两个共轭复数为共轭纯虚数。

然后根据特征方程根的形式可以得到二阶微分方程对应的齐次通解（对于式（8.5）而言，齐次通解就是微分方程的解）。

（1）如果特征方程的根λ_1、λ_2为两个不相等的负实数，则式（8.5）所示二阶微分方程解的表达式为

$$u_C(t) = A_1 e^{\lambda_1 t} + B_1 e^{\lambda_2 t} \tag{8.9}$$

式（8.9）中，A_1、B_1为待定系数。

（2）如果特征方程的根为相等的负实数λ，则式（8.5）所示二阶微分方程解的表达式为

$$u_C(t) = (A_2 + B_2 t) e^{\lambda t} \tag{8.10}$$

（3）如果特征方程的根为共轭复数$\lambda_1 = -\alpha + j\omega$、$\lambda_2 = -\alpha - j\omega$（$\alpha$和$\omega$的具体表达式对照式（8.8）即可看出），则式（8.5）所示二阶微分方程解的表达式为

$$u_C(t) = e^{-\alpha t}(A_3 \cos \omega t + B_3 \sin \omega t) \tag{8.11}$$

（4）如果特征方程的根为共轭纯虚数$\lambda_1 = j\omega$、$\lambda_2 = -j\omega$（ω的具体表达式对照式（8.8）即可看出），则式（8.5）所示二阶微分方程解的表达式为

$$u_C(t) = A_4 \cos \omega t + B_4 \sin \omega t \tag{8.12}$$

只要求出式（8.9）～式（8.12）中的待定系数，就可以得到二阶微分方程的解。下面以式（8.9）为例，给出待定系数的详细求解过程。另外3个表达式的待定系数的求解过程类似，因此不再给出。

式（8.9）中待定系数A_1和B_1的求解依据是二阶微分方程电容电压的初值和电容电压一阶导数的初值。通常电容电压的初值为已知条件，而电容电压一阶导数的初值未知。要想求出电容电压一阶导数的初值，需要利用电容电流（即电感电流）与电容电压的微分关系。

图8.1电路的已知条件是开关闭合前电容电压为U_0，电感电流为0。

由已知条件可知，开关闭合瞬间电容电压初值$u_C(0_+) = u_C(0_-) = U_0$。如果特征方程的根是两个不相等的实数，那么将电容电压初值代入式（8.9），可得

$$U_0 = A_1 + B_1 \tag{8.13}$$

由已知条件可知，开关闭合瞬间电感电流的初值为0，因此$i(0_+) = 0 = -C\dfrac{\mathrm{d}u_C}{\mathrm{d}t}\Big|_{t=0_+}$，则有

$$\frac{\mathrm{d}u_C}{\mathrm{d}t}\Big|_{t=0_+} = 0 \tag{8.14}$$

对式（8.9）两边同时求导可得

$$\frac{\mathrm{d}u_C(t)}{\mathrm{d}t} = A_1\lambda_1 e^{\lambda_1 t} + B_1\lambda_2 e^{\lambda_2 t} \tag{8.15}$$

将式（8.14）代入式（8.15）可得

$$0 = A_1\lambda_1 + B_1\lambda_2 \tag{8.16}$$

由式（8.13）和式（8.16）可求出待定系数

$$A_1 = \frac{-\lambda_2 U_0}{\lambda_1 - \lambda_2}, \quad B_1 = \frac{\lambda_1 U_0}{\lambda_1 - \lambda_2} \tag{8.17}$$

将式（8.17）代入式（8.9），可得式（8.5）所示齐次二阶微分方程的解为

$$u_C(t) = \frac{-\lambda_2 U_0}{\lambda_1 - \lambda_2} e^{\lambda_1 t} + \frac{\lambda_1 U_0}{\lambda_1 - \lambda_2} e^{\lambda_2 t} \tag{8.18}$$

式（8.18）中，λ_1和λ_2的表达式详见式（8.8）。齐次二阶微分方程无法像一阶微分方程那样直接总结出较为简单的三要素公式，而是需要掌握求解过程，并记住4种可能的解及其判断条件，如表8.1所示。

表 8.1　零输入 *RLC* 串联二阶电路齐次二阶微分方程解的类型

判断条件	特征根	解的表达式
$R > 2\sqrt{\dfrac{L}{C}}$	$\lambda_{1,2} = \dfrac{-R \pm \sqrt{R^2 - \dfrac{4L}{C}}}{2L}$	$u_C(t) = A_1 e^{\lambda_1 t} + B_1 e^{\lambda_2 t}$
$R = 2\sqrt{\dfrac{L}{C}}$	$\lambda = \lambda_{1,2} = \dfrac{-R}{2L}$	$u_C(t) = (A_2 + B_2 t) e^{\lambda t}$
$0 < R < 2\sqrt{\dfrac{L}{C}}$	$\lambda_{1,2} = \dfrac{-R \pm \mathrm{j}\sqrt{\dfrac{4L}{C} - R^2}}{2L}$ $= -\alpha \pm \mathrm{j}\omega$	$u_C(t) = e^{-\alpha t}(A_3\cos\omega t + B_3\sin\omega t)$
$R = 0$	$\lambda_{1,2} = \dfrac{\pm\mathrm{j}\sqrt{\dfrac{4L}{C}}}{2L} = \pm\mathrm{j}\sqrt{\dfrac{1}{LC}} = \pm\mathrm{j}\omega$	$u_C(t) = A_4\cos\omega t + B_4\sin\omega t$

二阶微分方程甚至更高阶的微分方程还可以用基于拉普拉斯变换的s域分析方法求解，详见第18章。

以上仅是通过数学方法得到齐次二阶微分方程的解，并没有得出零输入RLC串联二阶电路的动态响应特点。下面将根据以上数学求解的结果，给出零输入RLC串联二阶电路的4种工作状态，并分析各工作状态下的动态响应特点。

8.3 零输入 RLC 串联二阶电路的工作状态

由表8.1可见，图8.1零输入RLC串联二阶电路的工作状态与R的大小有关，$R > 2\sqrt{\dfrac{L}{C}}$、

$R = 2\sqrt{\dfrac{L}{C}}$、$0 < R < 2\sqrt{\dfrac{L}{C}}$ 和 $R = 0$ 分别对应二阶电路的4种工作状态。下面分别分析4种工作状态下的动态响应特点。

8.3.1 过阻尼

$R > 2\sqrt{\dfrac{L}{C}}$ 对应的零输入RLC串联二阶电路的工作状态称为过阻尼（overdamped case），其含义为阻尼过大。

过阻尼时的电容电压表达式如表8.1所示，根据相关表达式可以绘制电容电压随时间变化的波形，如图8.2所示。

由图8.2可见，过阻尼时电容电压单调衰减，且最终会衰减到0，即电容会不断放电，最终彻底放完。将电容电压表达式代入式（8.2）可以得到电容电流（即电感电流）的表达式，即

$$i = -C\frac{\mathrm{d}u_C(t)}{\mathrm{d}t} = -C\left(\lambda_1 A_1 \mathrm{e}^{\lambda_1 t} + \lambda_2 B_1 \mathrm{e}^{\lambda_2 t}\right) \tag{8.19}$$

根据式（8.19）可以绘制电感电流随时间变化的波形，如图8.3所示。由图可见，电感电流先上升，后下降，最终降为0，即电感先充电，再放电。

零输入RLC串联
二阶电路过阻尼
例题分析

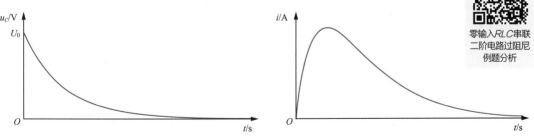

图 8.2 零输入 RLC 串联二阶电路过阻尼时的电容电压波形　图 8.3 零输入 RLC 串联二阶电路过阻尼时的电感电流波形

8.3.2 临界阻尼

$R = 2\sqrt{\dfrac{L}{C}}$ 对应的零输入RLC串联二阶电路的工作状态称为临界阻尼（critically damped case），其含义是阻尼既不大，也不小，刚好等于临界值。

临界阻尼时的电容电压表达式如表8.1所示，根据相关表达式可以绘制电容电压随时间变化的波形，如图8.4所示。

由图8.4可见，临界阻尼时电容电压单调衰减，最终衰减到0。与图8.2比较可见，临界阻尼时二阶电路动态响应的特点与过阻尼时类似，二者的差别是临界阻尼时电容电压衰减更快。

临界阻尼时的电感电流波形与过阻尼时类似，此处不再绘制。

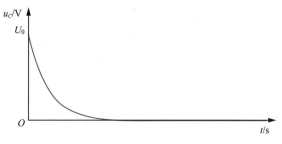

图 8.4　零输入 RLC 串联二阶电路临界阻尼时的电容电压波形

8.3.3　欠阻尼

$0 < R < 2\sqrt{\dfrac{L}{C}}$ 对应的零输入RLC串联二阶电路的工作状态称为欠阻尼（underdamped case），其含义为阻尼过小。

欠阻尼时的电容电压表达式如表8.1所示，根据相关表达式可以绘制电容电压随时间变化的波形，如图8.5所示。

由图8.5可见，欠阻尼时电容电压振荡衰减，且最终会衰减到0，即电容会交替进行放电和充电，最终彻底放完。

欠阻尼时的电感电流波形与电容电压波形类似，如图8.6所示。由图可见，电感会交替进行充电和放电，最终彻底放完。

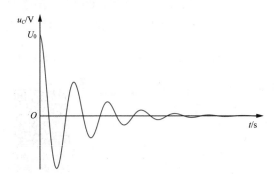

图 8.5　零输入 RLC 串联二阶电路欠阻尼时的电容电压波形

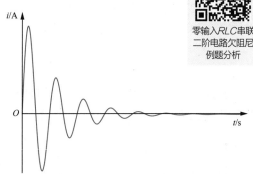

图 8.6　零输入 RLC 串联二阶电路欠阻尼时的电感电流波形

*8.3.4　零阻尼

$R = 0$ 对应的零输入RLC串联二阶电路的工作状态称为零阻尼（zero damped case），其含义为没有阻尼。

零阻尼时的电容电压表达式如表8.1所示，根据相关表达式可以绘制电容电压随时间变化的波形，如图8.7所示。

由图8.7可见，零阻尼时电容电压为正弦

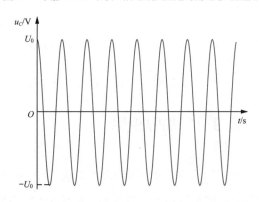

图 8.7　零输入 RLC 串联二阶电路零阻尼时的电容电压波形

二阶电路的
4种工作状态

量，幅值不会衰减，而是会永远振荡下去。零阻尼时的电感电流波形与电容电压波形类似，此处不再绘制。

对于实际的二阶电路，由于电路元件不是理想元件，因此电路中的电阻值一般都大于零，无法实现零阻尼。可见，虽然二阶电路理论上有4种工作状态，但零阻尼这种工作状态一般不需要考虑，现实中二阶电路一般只考虑3种工作状态。

总结零输入RLC串联二阶电路4种工作状态的特点，如表8.2所示。

表 8.2　零输入 RLC 串联二阶电路 4 种工作状态的特点

判断条件	工作状态	电容电压波形	动态响应特点
$R > 2\sqrt{\dfrac{L}{C}}$	过阻尼		单调衰减
$R = 2\sqrt{\dfrac{L}{C}}$	临界阻尼		单调衰减，但衰减相比于过阻尼更快
$0 < R < 2\sqrt{\dfrac{L}{C}}$	欠阻尼		振荡衰减
$R = 0$	零阻尼		等幅振荡，不衰减

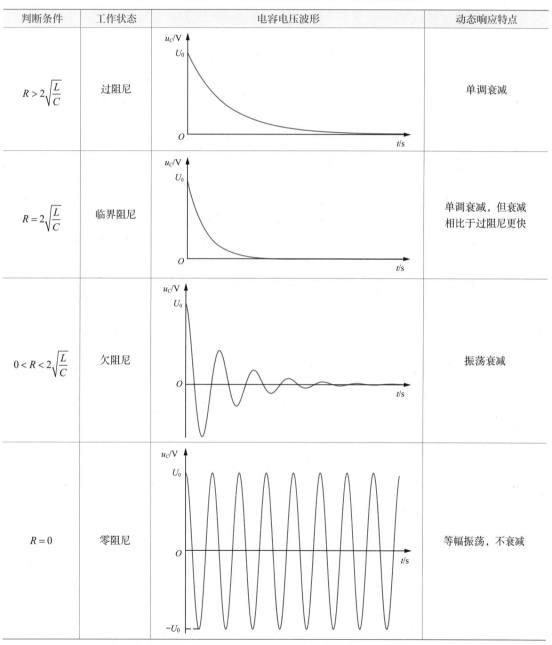

零输入RLC串联二阶电路的4种工作状态给人的感觉比较复杂。为了更容易理解二阶电路的4种工作状态，可以用生活现象进行类比。

图8.8所示的碗的内壁可以有阻力不同的涂层。当涂层阻力较大时，小球会慢慢滚到碗底，类似过于阻尼的动态响应。减小涂层阻力，会出现临界情况，即小球滚动变快，但到碗底时刚好停止，而不会滚向碗的右侧，这类似于临界阻尼的动态响应。

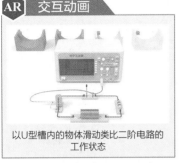

以U型槽内的物体滑动类比二阶电路的工作状态

进一步减小涂层阻力，碗的内壁变得非常光滑，小球快速到达碗底，并且会滚到碗的右侧，然后在碗中来回滚动，最后停在碗底，这类似于欠阻尼的动态响应。如果将涂层设置为完全光滑，即没有任何阻力，则小球会快速到达碗底，并且会滚到碗的右侧，然后在碗中来回滚动，由于没有任何阻力，因此来回滚动会永远持续下去，这类似于零阻尼的动态响应。

图 8.8　生活现象类比二阶电路 4 种工作状态

8.4　其他二阶电路

图8.1所示的零输入RLC串联二阶电路仅是二阶电路的一种。本节将介绍几种典型的其他二阶电路。这些二阶电路虽然电路拓扑与零输入RLC串联二阶电路不同，但是列写和解二阶微分方程的方法相同，动态响应的特点也类似。因此，下面介绍其他二阶电路时均只进行简要分析。

本节介绍的其他二阶电路包括含源RLC串联二阶电路、零输入RLC并联二阶电路和非RLC串并联二阶电路。下面分别对这3种其他二阶电路进行简要分析。

*8.4.1　含源 RLC 串联二阶电路

图8.9所示电路为含独立电压源的RLC串联二阶电路，图中电压源为电压恒定的直流电压源，$t = 0$时开关S闭合。

根据KVL和电容、电感的电压与电流关系可以推导（过程省略，可以模仿8.1节的推导过程）出图8.9电路的二阶微分方程

$$LC \frac{\mathrm{d}^2 u_C}{\mathrm{d}t^2} + RC \frac{\mathrm{d}u_C}{\mathrm{d}t} + u_C = U_\mathrm{s} \qquad （8.20）$$

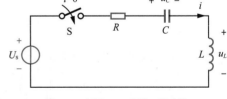

图 8.9　含源 RLC 串联二阶电路

与式（8.5）对比可见，含源RLC串联二阶电路的微分方程为非齐次微分方程，而零输入RLC串联二阶电路的微分方程为齐次微分方程。

非齐次二阶微分方程的求解过程与齐次二阶微分方程的求解过程基本相同，唯一的差别是需要考虑特解。

由式（8.20）可见，非齐次二阶微分方程的特解为

$$u_C^{(1)}(t) = U_\mathrm{s} \qquad （8.21）$$

确定特解的方法是令式（8.20）中的一阶导数和二阶导数都等于零。

式（8.20）的齐次通解$u_C^{(2)}(t)$与8.2节给出的解的形式完全相同，因此这里不再重复给出。

最后一步是根据电路的初始条件求出齐次通解中的待定系数。齐次通解有4种可能的形式，此处以特征方程根是两个不相等的负实数为例。此时式（8.20）的解为非齐次特解加齐次通解，即

$$u_C(t) = u_C^{(1)}(t) + u_C^{(2)}(t) = U_s + Ae^{\lambda_1 t} + Be^{\lambda_2 t} \tag{8.22}$$

图8.9电路的开关闭合前电容电压为 U_0，电感电流为0。

由已知条件可知，开关闭合瞬间电容电压初值 $u_C(0_+) = U_0$，将其代入式（8.22）可得

$$U_0 = U_s + A + B \tag{8.23}$$

由已知条件可知，开关闭合瞬间电感电流的初值为0，即 $i(0_+) = 0 = C\dfrac{du_C}{dt}\Big|_{t=0_+}$，因此

$$\frac{du_C}{dt}\Big|_{t=0_+} = 0 \tag{8.24}$$

对式（8.22）两边同时求导可得

$$\frac{du_C(t)}{dt} = A\lambda_1 e^{\lambda_1 t} + B\lambda_2 e^{\lambda_2 t} \tag{8.25}$$

将式（8.24）代入式（8.25）可得

$$0 = A\lambda_1 + B\lambda_2 \tag{8.26}$$

由式（8.23）和式（8.26）可以求出待定系数

$$A = \frac{-\lambda_2}{\lambda_1 - \lambda_2}(U_0 - U_s), \ B = \frac{\lambda_1}{\lambda_1 - \lambda_2}(U_0 - U_s) \tag{8.27}$$

将式（8.27）代入式（8.22），可以得到式（8.20）所示非齐次二阶微分方程的解

$$u_C(t) = U_s + \frac{-\lambda_2}{\lambda_1 - \lambda_2}(U_0 - U_s)e^{\lambda_1 t} + \frac{\lambda_1}{\lambda_1 - \lambda_2}(U_0 - U_s)e^{\lambda_2 t} \tag{8.28}$$

式（8.28）中，λ_1 和 λ_2 的表达式详见式（8.8）。

根据式（8.28）可以绘制含源 RLC 串联二阶电路过阻尼时的电容电压波形，如图8.10所示。由图可见，电容电压从初始电压开始单调变化，并逐渐趋近于电压源电压。

*8.4.2　零输入 RLC 并联二阶电路

图8.11所示电路为零输入 RLC 并联二阶电路，$t = 0$ 时开关S闭合。

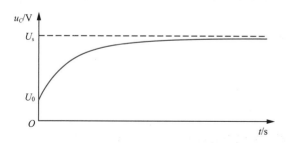

图 8.10　含源 RLC 串联二阶电路过阻尼时的电容电压波形 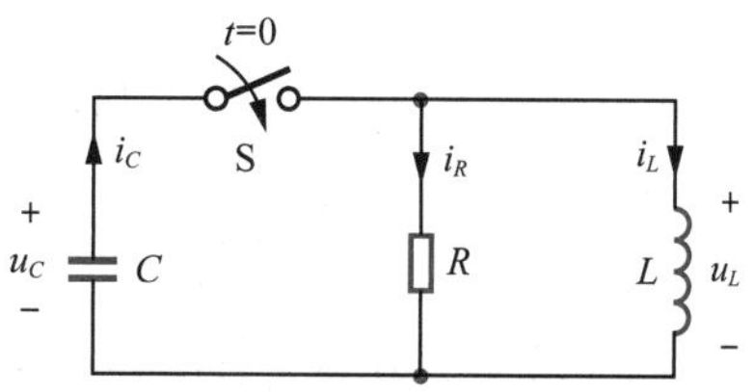　　图 8.11　零输入 RLC 并联二阶电路

开关闭合后，根据KCL有

$$i_C = i_R + i_L \tag{8.29}$$

将电容和电阻的电流与电压关系式代入式（8.29），可得

$$-C\frac{\mathrm{d}u_C}{\mathrm{d}t} = \frac{u_C}{R} + i_L \tag{8.30}$$

图8.11电路开关闭合后电感与电容并联，电压相等，因此

$$u_C = L\frac{\mathrm{d}i_L}{\mathrm{d}t} \tag{8.31}$$

式（8.30）对时间求导，并将式（8.31）代入求导后的公式，可得

$$LC\frac{\mathrm{d}^2u_C}{\mathrm{d}t^2} + \frac{L}{R}\frac{\mathrm{d}u_C}{\mathrm{d}t} + u_C = 0 \tag{8.32}$$

对比式（8.32）和式（8.5）可见，零输入RLC并联二阶电路的微分方程与零输入RLC串联二阶电路的微分方程类似，都是齐次二阶微分方程，求解过程和动态响应特点也相同，因此这里不再分析。

*8.4.3　非 RLC 串并联二阶电路

图8.1、图8.9和图8.11所示的二阶电路都包含一个电感和一个电容，并且RLC或串联、或并联。实际上，二阶电路的种类很多，可能仅含有两个电感或两个电容，也可能同时含有电感和电容，但它们之间不是串并联关系。下面分析一个含有两个电感，并且两个电感既不是串联，又不是并联的二阶电路。

图8.12所示为含两个电感的二阶电路。图中电压源为电压恒定的直流电压源，电路原已达稳态，$t = 0$时开关S闭合。

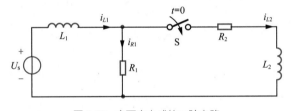

图 8.12　含两个电感的二阶电路

开关S闭合后，根据KCL有

含源二阶电路例题分析

$$i_{L1} = i_{R1} + i_{L2} \tag{8.33}$$

对图8.12左侧网孔列写KVL方程，可得

$$-U_s + L_1\frac{\mathrm{d}i_{L1}}{\mathrm{d}t} + R_1 i_{R1} = 0 \tag{8.34}$$

对图8.12右侧网孔列写KVL方程，可得

$$-R_1 i_{R1} + R_2 i_{L2} + L_2\frac{\mathrm{d}i_{L2}}{\mathrm{d}t} = 0 \tag{8.35}$$

联立式（8.33）、式（8.34）和式（8.35），可得

$$\frac{L_1 L_2}{R_1}\frac{\mathrm{d}^2 i_{L1}}{\mathrm{d}t^2} + \left(\frac{R_1 + R_2}{R_1}L_1 + L_2\right)\frac{\mathrm{d}i_{L1}}{\mathrm{d}t} + R_2 i_{L1} = \frac{R_1 + R_2}{R_1}U_s \tag{8.36}$$

可见，图8.12电路的微分方程为二阶微分方程，因此该电路也是二阶电路。式（8.36）的求解过程与式（8.20）的求解过程类似。

接下来给出一个需要详细计算的例题和一个同步练习题，两者均归类为提高题，这是因为二阶电路的求解过程都比较烦琐。

例8.1 （提高题）　图8.12所示电路原已达稳态。已知 $U_s = 6\,\text{V}$ ，$R_1 = 2\,\Omega$ ，$R_2 = 6\,\Omega$ ，$L_1 = 1\,\text{H}$ ，$L_2 = 4\,\text{H}$ 。$t = 0$ 时开关S闭合。（1）开关闭合后，判断电路工作于哪种状态；（2）求开关闭合后的 $i_{L1}(t)$ 和 $i_{L2}(t)$ 。

解　本例的求解首先需要列写二阶微分方程，式（8.36）已经给出，将已知条件代入其中可得电路的二阶微分方程为

$$\frac{\text{d}^2 i_{L1}}{\text{d}t^2} + 4\frac{\text{d}i_{L1}}{\text{d}t} + 3i_{L1} = 12$$

二阶微分方程对应的特征方程为

$$\lambda^2 + 4\lambda + 3 = 0$$

特征方程的根为

$$\lambda_1 = -3,\ \lambda_1 = -1$$

可见，特征方程的根为两个不相等的负实数，因此开关闭合后电路工作于过阻尼状态。

然后解二阶微分方程。

二阶微分方程为非齐次二阶微分方程，其非齐次特解和齐次通解分别为

$$i_{L1}^{(1)} = \frac{12}{3} = 4\,\text{A}, \quad i_{L1}^{(2)} = A\text{e}^{-3t} + B\text{e}^{-t}\,\text{A}$$

非齐次二阶微分方程的解为

$$i_{L1}(t) = i_{L1}^{(1)} + i_{L1}^{(2)} = 4 + A\text{e}^{-3t} + B\text{e}^{-t}\,\text{A}$$

可见，只要求出待定系数 A 和 B ，就可以求出 $i_{L1}(t)$ 。求待定系数需要用到电路的初始条件。

由已知条件可得

$$i_{L1}(0_+) = i_{L1}(0_-) = \frac{U_s}{R_1} = \frac{6}{2} = 3\,\text{A}$$

将该初始条件代入二阶微分方程的解，可得

$$3 = 4 + A + B$$

为了求出待定系数 A 和 B ，还需要确定另一个初始条件，即 i_{L1} 一阶导数的初值，因此需要确定 L_1 的电压初值。由图8.12可见，开关闭合后，左侧回路的KVL方程为

$$-U_s + L_1\frac{\text{d}i_{L1}}{\text{d}t} + R_1(i_{L1} - i_{L2}) = 0$$

将已知条件和电感电流的初值代入其中可得

$$-6 + 1 \times \frac{\text{d}i_{L1}}{\text{d}t}\Big|_{t=0_+} + 2 \times (3-0) = 0$$

求得 $\dfrac{\text{d}i_{L1}}{\text{d}t}\Big|_{t=0_+} = 0$ 。

非齐次二阶微分方程的解对时间求导并代入一阶导数的初值，可得

$$A \times (-3) + B(-3) = 0$$

该式与 $3 = 4 + A + B$ 联立求解，可得 $A = 0.5$ ，$B = -1.5$ 。因此，可得

$$i_{L1}(t) = 4 + 0.5e^{-3t} - 1.5e^{-t} \text{ A}$$

将已知条件和 $i_{L1}(t)$ 的表达式代入左侧网孔的KVL方程 $-U_s + L_1 \dfrac{di_{L1}}{dt} + R_1(i_{L1} - i_{L2}) = 0$ ，可得

$$i_{L2}(t) = 1 - 0.25e^{-3t} - 0.75e^{-t} \text{ A}$$

同步练习8.1 （提高题） 电路如图8.13所示且已达稳态。已知电容初始电压为2 V，$t = 0$时开关S闭合。（1）R为何值时二阶电路工作于临界阻尼？（2）求电路工作于临界阻尼时的$u_C(t)$和$i_L(t)$。

答案： $R = 2\text{k}\Omega$ 时电路工作于临界阻尼，此时 $u_C(t) = \left(2 + 2 \times 10^6 t\right)e^{-10^6 t} \text{ V}$ ， $i_L(t) = (2 \times 10^3 t)e^{-10^6 t} \text{ A}$ 。

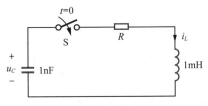

图8.13　同步练习8.1电路图

本章小结

⚛ 格物致知

"度"的把握

由二阶电路的分析结果可知，二阶电路有4种可能的工作状态：过阻尼、临界阻尼、欠阻尼和零阻尼。实际电路难以实现零阻尼，因此通常认为二阶电路有3种工作状态。

将过阻尼、临界阻尼和欠阻尼时零输入RLC串联二阶电路的电容电压波形绘制在一个图中，如图8.14所示。

由图8.14可见，当电路工作于临界阻尼时，电容电压衰减到近似为0所需时间最短，而过阻尼和欠阻尼时电容电压衰减到近似为0所需时间要更长一点，并且后两者所用时间基本相等，由此可以联想到一个成语——"过犹不及"。

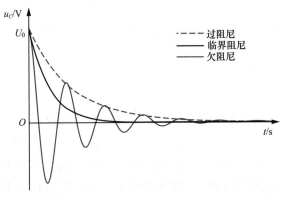

图8.14　二阶电路电容电压波形

"过犹不及"出自《论语·先进》，意思是事情做得过头，就跟做得不够一样，都是不合适的。图8.14中的过阻尼和欠阻尼的过渡时间都比较长，这正体现了"过犹不及"的道理。既然"过"和"不及"都不好，那么怎样才算恰到好处呢？图8.14中的临界阻尼就体现了恰到好处，因为其过渡时间最短，而电阻大于临界阻尼和小于临界阻尼都会导致过渡时间变长，也就是说，临界阻尼是最佳工作状态。

以上关于二阶电路3种工作状态和"过犹不及"的讨论体现了"度"的重要性。"度"过头和不足都是不可取的，恰到好处是我们每个人做事的理想目标。也就是说，我们做事时既不宜过分，也不宜欠缺，而应尽可能把握最佳的"度"。

如果每件事都能把握最佳的"度"，那自然是最好的。可是，有谁能做到这一点呢？显然没有人能真正做到。因此，事事都把握最佳的"度"仅仅是一种理想状态，在现实中是很难做到

的。那应该怎么办呢？

做事时对"度"的把握远比分析二阶电路要复杂，因为在事情结束之前，我们通常不知道什么才是最佳的"度"。这就决定了我们做大多数事情都需要有一个尝试的过程。在尝试中，不同的人对"度"的把握也各不相同，有的人谨小慎微，有的人大胆冒进，有的人介乎两者之间。

在现实中，"过"通常优于"不及"，因为做过头一点，下次就知道哪些不该做，哪些该做，经过几次调整就能达到目标。如果畏缩不前，则在调整过程中信心会逐渐丧失，反而不利于达成目标。因此，我们在做事时应勇于尝试，出现失误也不要气馁，"过"而能改，善莫大焉。

📝 习题

一、复习题

8.1节　零输入*RLC*串联二阶电路的微分方程

参考答案

▶ 基础题

8.1　以 i_L 为变量，列写题8.1图所示电路开关闭合后的微分方程。

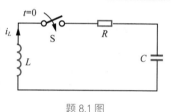

题 8.1 图

8.2节　零输入*RLC*串联二阶电路微分方程求解

▶ 提高题

8.2　题8.2图所示电路开关合在端子a处已久，电容初始电压为0。$t = 0$ 时开关S合向b，求 $t > 0$ 时的电容电压 $u_C(t)$ 和电感电流 $i_L(t)$。

8.3节　零输入*RLC*串联二阶电路的工作状态

▶ 基础题

8.3　电路如题8.3图所示且已达稳态。已知电容初始电压为5 V，$t = 0$时开关S闭合。（1）R为何值时二阶电路工作于临界阻尼？（2）分别定性绘制过阻尼、临界阻尼和欠阻尼时的电容电压波形。

8.4节　其他二阶电路

▶ 基础题

8.4　题8.4图所示电路原已达稳态。$t = 0$时开关S断开。求开关断开后的$u_C(t)$。

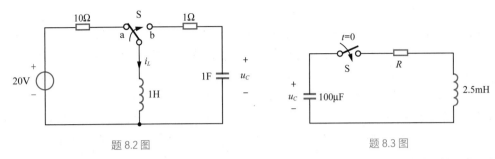

题 8.2 图   题 8.3 图

8.5 题8.5图所示电路原已达稳态，且电容初始电压为4 V。$t=0$时开关S闭合。求开关闭合后的$u_C(t)$和$i_L(t)$。

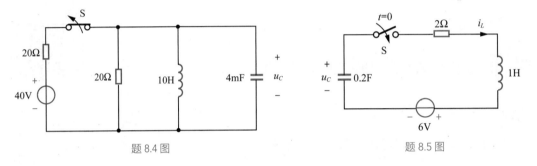

题 8.4 图   题 8.5 图

8.6 题8.6图所示电路原已达稳态。$t=0$时开关S闭合。求开关闭合后的$u_C(t)$和$i_L(t)$。

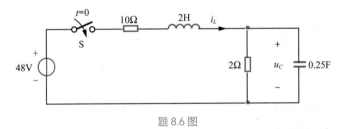

题 8.6 图

二、应用题

8.7 题8.7图（a）所示电路为振荡法测量电感的原理图。开关S合在端子a处已久。$t=0$时开关S合向b，通过示波器测量得到$t>0$时的电容电压波形如题8.7图（b）所示。请根据示波器测量得到的波形和已知条件确定L和R的值。

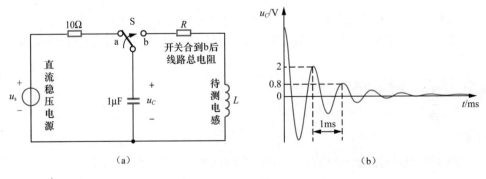

（a）   （b）

题 8.7 图

第三篇

正弦交流电路

第 **9** 章

正弦交流电路分析基础

在第2章～第8章中，电路的激励一般为电压或电流恒定的直流激励，这样的电路称为直流（direct current，DC）电路。本书从本章开始将介绍激励为正弦量的交流（alternating current，AC）电路。第9章～第11章为本书的第三篇——正弦交流电路。

与直流电路类似，正弦交流电路满足KCL和KVL，因此直流电路的分析方法大多数同样适用于正弦交流电路。但是，正弦交流电路的分析方法与直流电路又有很大的不同。最大的不同在于正弦交流电路的分析基于复数，而直流电路的分析基于实数。至于为什么正弦交流电路的分析要基于复数，本篇会详细介绍。

复数的计算和分析较之实数更为复杂，这决定了正弦交流电路的分析难度显著高于直流电路，因此读者在学习时需要给予充分的重视，付出更多的努力。

本篇首先对正弦交流电路的基本概念进行介绍，然后介绍正弦交流电路的分析方法，最后介绍正弦交流电路的功率。本章将介绍正弦交流电路分析需要用到的基本概念。

学习目标

（1）掌握正弦交流电路的定义；

（2）掌握正弦量和复数的基本知识及其相互关系；

（3）理解并掌握相量的定义和作用；

（4）掌握正弦交流电路时域运算与相量域运算的对应关系；

（5）理解并掌握阻抗和导纳的定义和特性；

（6）锻炼利用数学将时域正弦量转换到相量域的能力。

9.1 正弦交流电路的定义

现代社会离不开电，目前绝大部分电能由交流发电机提供。交流发电机的工作基于法拉第电磁感应现象。发电机的旋转导致导体与磁场相对运动，导体切割磁力线产生感应电压（感应电压与感生电动势的方向相反，电路分析采用感应电压的概念，而不采用感生电动势的概念）。发电机旋转产生的感应电压为正弦交流电压，即 $u = U_{\mathrm{m}} \cos \omega t$。

发电机发的电绝大部分为正弦交流电压，现代社会电器用的电大部分也为正弦交流电压，如电灯、电视机、电冰箱、空调、洗衣机、计算机等。

由以上描述可见，正弦交流电路在现代社会中占据了绝对主导地位，极为重要，因此介绍正弦交流电路的概念和分析方法十分必要。

正弦交流电路：激励为正弦量的线性电路称为正弦交流电路，简称交流电路。

5.1节已给出线性电路的定义。线性电路是本书的重点内容，第2章～第18章涉及的电路均为线性电路，第19章对非线性电路做简要介绍。

如果正弦交流电路中有开关和动态元件，就会有暂态响应，此时其分析方法与第6章～第8章介绍的动态电路分析方法类似，因此本章不关注正弦交流电路的暂态响应，只关注正弦交流电路达到稳态后的响应，此时的正弦交流电路又称为正弦稳态电路。

9.2 正弦量与复数

正弦交流电路的激励是正弦量，因此讲解正弦交流电路需要介绍正弦量的相关知识。同时，鉴于正弦量的计算非常麻烦，在正弦交流电路分析中通常需要将正弦量的计算转化为复数的计算，这就涉及复数的知识，以及正弦量与复数的关系。

本节先分别介绍正弦量和复数的相关知识，再介绍正弦量与复数的关系。

9.2.1 正弦量

电路中提到的正弦量一般指余弦函数。按理说，正弦量应该是正弦函数，那为什么电路中的正弦量采用余弦函数呢？

余弦函数和正弦函数在数学本质上是相同的，因此无论采用哪一个作为正弦量都没有问题。多数书中正弦量采用余弦函数，也有的书中正弦量采用正弦函数，本书中正弦量采用余弦函数。

任意一个正弦量可以表示为

$$f(t) = F_{\mathrm{m}} \cos(\omega t + \varphi) \tag{9.1}$$

式（9.1）中，F_{m} 为振幅（amplitude），ω 为角频率（angular frequency），φ 为初相位（initial phase），初相位必须在-180°～180°之间。振幅、角频率和初相位是正弦量的3个要素，只要确定了这3个要素，就可以唯一确定一个正弦量。

正弦量的波形如图9.1所示，可见正弦量是周期函数。

正弦交流电路中的电压和电流都是正弦量，它们的计算自然也与正弦量的计算有关。正弦量计算的基础是三角函数公式，考虑到电路中的正弦量采用余弦函数，这里给出与余弦函数相关的三角函数公式，如表9.1所示。

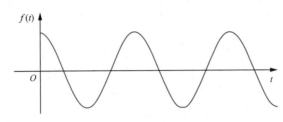

图 9.1　正弦量波形

表 9.1　与余弦函数相关的三角函数公式

内容	公式
正弦函数转化为余弦函数的计算	$\sin(90° - \theta) = \cos\theta$
余弦函数计算	$\cos(-\theta) = \cos\theta$，$\cos(\theta + 180°) = -\cos\theta$
和差化积计算	$\cos\alpha + \cos\beta = 2\cos\dfrac{\alpha+\beta}{2}\cos\dfrac{\alpha-\beta}{2}$，$\cos\alpha - \cos\beta = -\sin\dfrac{\alpha+\beta}{2}\sin\dfrac{\alpha-\beta}{2}$
积化和差计算	$\cos\alpha\cos\beta = \dfrac{\cos(\alpha+\beta) + \cos(\alpha-\beta)}{2}$，$\cos^2\theta = \cos\theta\cos\theta = \dfrac{1+\cos 2\theta}{2}$
其他计算	$\cos(\alpha\pm\beta) = \cos\alpha\cos\beta \mp \sin\alpha\sin\beta$，$\cos^2\theta + \sin^2\theta = 1$

表9.1仅给出了一部分三角函数公式。三角函数公式多达几十个，准确记忆所有三角函数公式不是一件容易的事。同时，表9.1中的公式仅涉及单个或两个三角函数，如果涉及三个三角函数，计算将非常复杂，而涉及几十个甚至上百个三角函数的计算简直就是不可能完成的任务！

正弦交流电路中的电压和电流数量常常超过3个，用三角函数公式计算非常烦琐，甚至完全不可承受，因此必须寻找其他方法。这种方法就是将正弦量的计算转化为复数的计算，因为复数的计算远比正弦量的计算简单。下面首先带领读者回顾复数的相关知识，然后介绍正弦量与复数的关系。

9.2.2　复数

任意一个复数z的直角坐标形式为

$$z = x + \mathrm{j}y \tag{9.2}$$

式（9.2）中，j为虚数单位，满足$\mathrm{j}^2 = -1$；x为复数z的实部，即$\mathrm{Re}(z) = x$；y为复数z的虚部，即$\mathrm{Im}(z) = y$。式（9.2）中的虚数单位用j，而不是数学中常用的i，这是为了避免其与电路中的电流i混淆。

复数z还可以表示为复平面上的一个向量，如图9.2所示。由图9.2可见，复数z还可以表示为极坐标形式：

$$z = |z| \angle\theta \tag{9.3}$$

复数采用直角坐标形式还是极坐标形式，主要取决于运算类型。复数加减运算一般采用直角坐标形式，复数乘除运算一般采用极坐标形式。

正弦交流电路分析中常用的复数公式如表9.2所示。

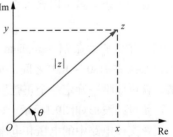

图 9.2　复数在复平面上的向量表示

表 9.2　正弦交流电路分析中常用的复数公式

内容	公式
复数的表示	$z = x + \mathrm{j}y = \lvert z \rvert \angle \theta$ ，$z_1 = x_1 + \mathrm{j}y_1 = \lvert z_1 \rvert \angle \theta_1$ ，$z_2 = x_2 + \mathrm{j}y_2 = \lvert z_2 \rvert \angle \theta_2$
复数的模	$\lvert z \rvert = \sqrt{x^2 + y^2}$
复数的辐角	如果 $x > 0$ ， $\theta = \arctan \dfrac{y}{x}$ ；如果 $x < 0$ 且 $y > 0$ ， $\theta = \arctan \dfrac{y}{x} + \pi$ ；如果 $x < 0$ 且 $y < 0$ ， $\theta = \arctan \dfrac{y}{x} - \pi$
复数的共轭	$z^* = x - \mathrm{j}y = \lvert z \rvert \angle -\theta$ ，$zz^* = x^2 + y^2 = \lvert z \rvert^2$ （注：电路中复数的共轭用上标 $*$ 表示）
复数的加减	$z_1 \pm z_2 = (x_1 \pm x_2) + \mathrm{j}(y_1 \pm y_2)$
复数的乘除	$z_1 z_2 = \lvert z_1 \rvert \lvert z_2 \rvert \angle(\theta_1 + \theta_2)$ ，$\dfrac{z_1}{z_2} = \dfrac{\lvert z_1 \rvert}{\lvert z_2 \rvert} \angle(\theta_1 - \theta_2)$
与 j 相关的计算	$\mathrm{j}^2 = -1$ ， $\dfrac{1}{\mathrm{j}} = -\mathrm{j}$ ， $\mathrm{j} = 1 \angle \dfrac{\pi}{2}$ ， $-\mathrm{j} = 1 \angle \left(-\dfrac{\pi}{2}\right)$

比较表9.2和表9.1可见，复数公式比正弦量的三角函数公式简明易记。更为重要的是，即使是三个甚至几十个复数的计算，也很容易完成。这说明复数的计算远比正弦量的计算简单。那么，怎样才能将正弦量的计算转化为复数的计算呢？这就需要建立正弦量与复数的关系。

9.2.3　正弦量与复数的关系

将正弦量与复数联系起来的桥梁是欧拉公式：

$$\mathrm{e}^{\mathrm{j}\theta} = \cos\theta + \mathrm{j}\sin\theta \tag{9.4}$$

由欧拉公式可见，余弦函数为复数 $\mathrm{e}^{\mathrm{j}\theta}$ 的实部，即

$$\cos\theta = \mathrm{Re}(\mathrm{e}^{\mathrm{j}\theta}) \tag{9.5}$$

根据式（9.5），任意一个正弦量都可以表示为一个指数形式复数的实部，即

$$F_{\mathrm{m}}\cos(\omega t + \varphi) = F_{\mathrm{m}} \times \mathrm{Re}\left[\mathrm{e}^{\mathrm{j}(\omega t + \varphi)}\right] = \mathrm{Re}\left[F_{\mathrm{m}}\mathrm{e}^{\mathrm{j}(\omega t + \varphi)}\right] \tag{9.6}$$

式（9.6）即正弦量与复数的关系式。该式表明正弦量与指数形式复数之间存在一一对应的关系，这就为将正弦量的计算转化为复数的计算打下了基础。

虽然式（9.6）已经建立了正弦量与指数形式复数的一一对应关系，但是复数的形式仍然含有 ωt ，这会给复数的计算造成很大的麻烦。解决方法就是引入相量，下面给出相量的引入过程。

复数计算例题分析

9.3　相量的引入

9.3.1　为什么可以引入相量

图9.3所示为一个正弦交流电路，其微分方程为

$$L\frac{\mathrm{d}i}{\mathrm{d}t} + Ri = U_m\cos\left(\omega t + \varphi_u\right) \qquad (9.7)$$

我们关注的是电路达到稳态后的解，即式（9.7）微分方程的特解。由式（9.7）可见，微分方程的特解必然是正弦量，并且其相位必然包含 ωt，否则就不可能满足式（9.7）。因此，图9.3正弦交流电路达到稳态后的电流可以假设为 $i(t) = I_m\cos\left(\omega t + \varphi_i\right)$。

显然，除了图9.3正弦交流电路中的电流，电阻电压和电感电压也必然为正弦量，角频率必然是 ω，相位必然包含 ωt。这说明正弦交流电路中任何一个电压和电流必然为正弦量，且角频率为 ω，因此正弦量3个要素中的 ω 是无须求解的。同时，由于所有电压和电流的相位中都有完全相同的 ωt，因此在确定正弦量时无须考虑 ωt，相应地，式（9.6）可以去掉 ωt，这就是引入相量的依据。接下来我们给出相量的详细定义。

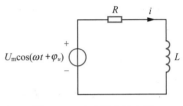

图 9.3　一个正弦交流电路

9.3.2　相量的定义

仍以图9.3正弦交流电路为例，结合式（9.6），可将电流表示为

$$i(t) = I_m\cos\left(\omega t + \varphi_i\right) = \mathrm{Re}\left[I_m\mathrm{e}^{\mathrm{j}(\omega t + \varphi_i)}\right] = \mathrm{Re}\left(I_m\mathrm{e}^{\mathrm{j}\varphi_i}\mathrm{e}^{\mathrm{j}\omega t}\right) \qquad (9.8)$$

由式（9.8）可见，只要确定了式中的 $I_m\mathrm{e}^{\mathrm{j}\varphi_i}$，也就确定了正弦量的振幅 I_m 和初相位 φ_i，而正弦交流电路中所有正弦量的角频率均为 ω，这相当于已知条件，因此正弦量 $i(t) = I_m\cos\left(\omega t + \varphi_i\right)$ 就可以唯一确定了。这样一来，原本的目标为确定正弦量，现在转化为确定 $I_m\mathrm{e}^{\mathrm{j}\varphi_i}$。

$I_m\mathrm{e}^{\mathrm{j}\varphi_i}$ 是一个复数，我们称之为正弦量 $i(t) = I_m\cos\left(\omega t + \varphi_i\right)$ 对应的相量 $\dot{I}_m$，即

$$\dot{I}_m = I_m\mathrm{e}^{\mathrm{j}\varphi_i} \qquad (9.9)$$

之所以称 $\dot{I}_m$ 为相量，是因为它包含了初相位（"相"）和振幅（"量"）两个要素。由于此处相量的"量"指振幅，因此该相量称为振幅相量，或最大值相量。不过，在电路分析中通常采用的不是振幅相量，而是有效值相量：

$$\dot{I} = I\mathrm{e}^{\mathrm{j}\varphi_i} = I\angle\varphi_i \qquad (9.10)$$

式（9.10）中 I 为正弦量的有效值。下面给出正弦量有效值的定义。

正弦量的有效值为一恒定值，该恒定值作为直流激励作用在电阻上，一个周期内其消耗的能量等于该周期内正弦量在电阻上消耗的能量。以电流激励为例，定义电流有效值的公式为

$$I^2RT = \int_0^T i^2(t)R\mathrm{d}t \qquad (9.11)$$

式（9.11）中，I 为电流正弦量的有效值，$i(t)$ 为电流正弦量。

将任意电流正弦量 $i(t) = I_m\cos\left(\omega t + \varphi_i\right)$ 代入式（9.11），可得

$$I = \frac{1}{T}\sqrt{\int_0^T i^2(t)\mathrm{d}t} = \frac{1}{T}\sqrt{\int_0^T \left[I_m\cos\left(\omega t + \varphi_i\right)\right]^2\mathrm{d}t} = \frac{I_m}{\sqrt{2}} \qquad (9.12)$$

可见，正弦量的有效值等于振幅除以 $\sqrt{2}$。

比较式（9.10）和式（9.9）可见，有效值相量与振幅相量仅仅差了一个比例系数，本质上没有区

别。相量定义采用有效值的优点是计算功率时更方便，读者在阅读第11章时对此会有深刻体会。因此，本书后面提到的相量都是指有效值相量。注意，相量必须大写且打点，以显著区别于其他变量。

以人随地球旋转解释相量的定义

式（9.10）为电流相量的定义，电压相量也有类似的定义：

$$\dot{U} = Ue^{j\varphi_u} = U\angle\varphi_u \qquad (9.13)$$

由式（9.10）和式（9.13）可见，相量与 ω 和 t 无关，这看起来不可思议。那么，该如何理解这一点呢？

我们可以类比一下。每个人都站在地球上，地球在旋转，显然每个人也以同样的角频率在旋转。我们相互观察时，不会看到对方在旋转，而会认为对方是静止的。因此，我们分析彼此之间的距离等要素时，完全不需要考虑地球的旋转，自然也就不需要考虑时间。

相量的定义也是同样的道理。对于一个正弦交流电路来说，所有的电压和电流正弦量对应的复数都以相同的角频率 ω 旋转，如果我们将坐标系设置为角频率为 ω 的旋转坐标系，则这些电压和电流相对来说就没有旋转，这样就实现了相量与角频率 ω、时间 t 无关。

定义相量有两大好处：

（1）相量是复数，复数的计算远比正弦量的计算简单，因此定义相量可以简化正弦交流电路求解；

（2）相量不含时间，相较于与时间有关的正弦量，分析起来更简单。

9.3.3　正弦量和相量的相互转化

9.3.2小节给出了相量的定义，可以看出正弦量与相量一一对应。那么如何将正弦量转化为相量呢？

正弦量转化为相量有两个需要注意的地方：一个是如果正弦量不是余弦函数的形式，则必须先将其转化为余弦函数，并且初相位必须在 $-180° \sim 180°$ 之间；另一个是相量的模必须为有效值，而不是振幅。下面通过具体的例子加以说明。

例9.1 ▶（基础题）写出以下正弦量对应的相量形式。

$$i(t) = 2\cos(\omega t + 30°) \text{ A} ， u(t) = 100\sin(\omega t + 30°) \text{ V}$$

解　$i(t) = 2\cos(\omega t + 30°)$ A 对应的相量形式为 $\dot{I} = \dfrac{2}{\sqrt{2}}\angle 30° = \sqrt{2}\angle 30°$ A 。

$$u(t) = 100\sin(\omega t + 30°) = 100\cos(\omega t + 30° - 90°) = 100\cos(\omega t - 60°) \text{ V}$$

因此 $u(t) = 100\sin(\omega t + 30°)$ V 对应的相量形式为 $\dot{U} = \dfrac{100}{\sqrt{2}}\angle -60° = 50\sqrt{2}\angle -60°$ V 。

同步练习9.1（基础题）写出以下正弦量对应的相量形式。

$$i(t) = 3\cos\left(\omega t - \dfrac{2}{3}\pi\right) \text{ A} ， u(t) = 20\sin(\omega t - 135°) \text{ V}$$

答案：$i(t) = 3\cos\left(\omega t - \dfrac{2}{3}\pi\right)$ A 对应的相量形式为 $\dot{I} = 1.5\sqrt{2}\angle -\dfrac{2}{3}\pi$ A，

$u(t) = 20\sin(\omega t - 135°)$ V 对应的相量形式为 $\dot{U} = 10\sqrt{2}\angle 135°$ V 。

▶

正弦量转化为
相量例题分析

正弦量可以转化为相量，相量也可以转化为正弦量。对于一个正弦交流电路而言，如果已计算出其某一支路的电压或电流相量，又想知道对应的正弦量，此时就需要将相量转化为正弦量。相量转化为正弦量较为容易，通过以下例题即可明白如何转化。

例9.2 （基础题）写出相量 $\dot{U} = 10\angle 45° \text{ V}$ 对应的正弦量。

解 相量 $\dot{U} = 10\angle 45° \text{ V}$ 对应的正弦量为 $u(t) = 10\sqrt{2}\cos\left(\omega t + 45°\right) \text{ V}$。

可见，相量对应的正弦量振幅应等于相量模的 $\sqrt{2}$ 倍。如果题目没有给出角频率的值，则正弦量的角频率统一写为 ω。如果题目给出了角频率的值，则正弦量的角频率应代入相应的值。

同步练习9.2 （基础题）已知角频率 $\omega = 1000 \text{ rad/s}$，写出相量 $\dot{I} = \sqrt{2}\angle -\dfrac{\pi}{2} \text{ A}$ 对应的正弦量。

答案：相量 $\dot{I} = \sqrt{2}\angle -\dfrac{\pi}{2} \text{ A}$ 对应的正弦量为 $i(t) = 2\cos\left(1000t - \dfrac{\pi}{2}\right) \text{ A}$。

引入相量的概念后，接下来就要将正弦量的计算转化为相量的计算，这就需要确定时域正弦量运算与相量域相量运算的对应关系。

9.4 时域正弦量运算与相量域相量运算的对应关系

在时域中，任何一个电路的求解依据都是KCL、KVL和VCR（电压与电流关系），因此只要确定正弦交流电路中时域KCL、KVL和VCR在相量域的对应形式，任何一条支路的电压相量和电流相量就都可以求出来，并且可以进行相应的分析。

要确定正弦交流电路中时域KCL、KVL和VCR在相量域的对应形式，关键是确定时域正弦量运算与相量域相量运算的对应关系。下面将分别推导时域正弦量的加减运算、比例运算和微分运算与相量域相量运算的对应关系，进而得到时域KCL、KVL和VCR在相量域的对应形式。

9.4.1 加减运算与基尔霍夫定律

时域KCL和KVL的运算为加减运算，因此需要推导时域正弦量加减运算与相量域相量运算的对应关系。

如果有两个同频正弦量 $f_1(t) = F_{1m}\cos\left(\omega t + \varphi_1\right)$ 和 $f_2(t) = F_{2m}\cos\left(\omega t + \varphi_2\right)$，则将这两个正弦量相加，可得

$$
\begin{aligned}
f_1(t) + f_2(t) &= F_{1m}\cos\left(\omega t + \varphi_1\right) + F_{2m}\cos\left(\omega t + \varphi_2\right) \\
&= \sqrt{2}F_1\cos\left(\omega t + \varphi_1\right) + \sqrt{2}F_2\cos\left(\omega t + \varphi_2\right) \\
&= \text{Re}\left[\sqrt{2}F_1 e^{j(\omega t + \varphi_1)}\right] + \text{Re}\left[\sqrt{2}F_2 e^{j(\omega t + \varphi_2)}\right] \\
&= \text{Re}\left(\sqrt{2}F_1 e^{j\varphi_1}e^{j\omega t}\right) + \text{Re}\left(\sqrt{2}F_2 e^{j\varphi_2}e^{j\omega t}\right) \\
&= \text{Re}\left(\sqrt{2}\dot{F}_1 e^{j\omega t}\right) + \text{Re}\left(\sqrt{2}\dot{F}_2 e^{j\omega t}\right) \\
&= \text{Re}\left[\sqrt{2}\left(\dot{F}_1 + \dot{F}_2\right)e^{j\omega t}\right]
\end{aligned}
\tag{9.14}
$$

式（9.14）表明时域中两个同频正弦量相加对应于相量域中两个相量相加，即

$$时域中同频正弦量相加 \, f_1(t)+f_2(t) \Rightarrow 相量域中相量相加 \, \dot{F}_1+\dot{F}_2 \qquad （9.15）$$

需要注意的是，由式（9.14）的推导过程可见，只有时域中同频正弦量相加才能对应相量域中相量相加。

同理，也可以推导出时域中两个同频正弦量相减对应于相量域中两个相量相减，即

$$时域中同频正弦量相减 \, f_1(t)-f_2(t) \Rightarrow 相量域中相量相减 \, \dot{F}_1-\dot{F}_2 \qquad （9.16）$$

根据式（9.15）和式（9.16），可以将正弦交流电路的时域正弦量KCL方程和KVL方程转化为相量域相量KCL方程和KVL方程，即

$$时域正弦量KCL方程：\sum\left(\pm i_k\right)=0 \Rightarrow 相量域相量KCL方程：\sum\left(\pm \dot{I}_k\right)=0 \qquad （9.17）$$

$$时域正弦量KVL方程：\sum\left(\pm u_k\right)=0 \Rightarrow 相量域相量KVL方程：\sum\left(\pm \dot{U}_k\right)=0 \qquad （9.18）$$

由式（9.17）和式（9.18）可见，对于正弦交流电路而言，在相量域中，KCL方程和KVL方程仍然成立，这对于正弦交流电路的求解是一个好消息！不过仅靠相量域的KCL方程和KVL方程尚无法完成电路求解，还必须推导出相量域中电路元件的VCR。接下来将分别推导电阻、电感和电容在相量域的VCR。

9.4.2　比例运算与欧姆定律

时域欧姆定律的运算为比例运算，因此需要推导时域正弦量比例运算与相量域相量运算的对应关系。

如果有一个正弦量 $f(t)=F_{\mathrm{m}}\cos\left(\omega t+\varphi\right)$，则将该正弦量乘以一个比例系数$k$，可得

$$kf(t)=kF_{\mathrm{m}}\cos\left(\omega t+\varphi\right)=\sqrt{2}kF\cos\left(\omega t+\varphi\right)=\mathrm{Re}\left(\sqrt{2}kFe^{\mathrm{j}\varphi}e^{\mathrm{j}\omega t}\right)=\mathrm{Re}\left(\sqrt{2}k\dot{F}e^{\mathrm{j}\omega t}\right) \qquad （9.19）$$

式（9.19）表明时域的正弦量乘以比例系数对应于相量域的相量乘以同一个比例系数，即

$$时域的正弦量比例运算 \, kf(t) \Rightarrow 相量域的相量比例运算 \, k\dot{F} \qquad （9.20）$$

根据式（9.20），可以将正弦交流电路在时域的欧姆定律转化为在相量域的欧姆定律，即

$$时域的正弦量欧姆定律：u=Ri \Rightarrow 相量域的相量欧姆定律：\dot{U}=R\dot{I} \qquad （9.21）$$

由式（9.21）可见，对于正弦交流电路而言，在相量域中，欧姆定律仍然成立，这对于电路求解是一个好消息！下面继续推导正弦交流电路的电感和电容在相量域的VCR。

9.4.3　微分运算与电感、电容的电压与电流关系

时域中电感和电容的电压与电流满足微分关系，因此需要推导时域正弦量微分运算与相量域相量运算的对应关系。

如果有一个正弦量 $f(t)=F_{\mathrm{m}}\cos\left(\omega t+\varphi\right)$，则对该正弦量求导，可得

$$\frac{\mathrm{d}f(t)}{\mathrm{d}t}=\frac{\mathrm{d}\left[F_{\mathrm{m}}\cos\left(\omega t+\varphi\right)\right]}{\mathrm{d}t}=\frac{\mathrm{d}\left[\mathrm{Re}\left(\sqrt{2}Fe^{\mathrm{j}\varphi}e^{\mathrm{j}\omega t}\right)\right]}{\mathrm{d}t}=\mathrm{Re}\left(\sqrt{2}\mathrm{j}\omega\dot{F}e^{\mathrm{j}\omega t}\right) \qquad （9.22）$$

式（9.22）表明，时域的正弦量微分运算对应于相量域的相量乘以比例系数$\mathrm{j}\omega$，即

时域的正弦量微分运算 $\dfrac{\mathrm{d}f(t)}{\mathrm{d}t}$ ⟹ 相量域的相量比例运算 $\mathrm{j}\omega\dot{F}$ $\qquad$ （9.23）

由式（9.23）可见，时域的微分运算到了相量域变成了比例运算，即在原来相量的基础上乘以 $\mathrm{j}\omega$。这是相量分析法的优势之一，因为它将微分运算变成了比例运算，大大降低了难度。

根据式（9.23），可以将正弦交流电路在时域的电感和电容的VCR转化为在相量域的VCR，即

电感时域正弦量VCR：$u_L = L\dfrac{\mathrm{d}i_L}{\mathrm{d}t}$ ⟹ 电感相量域相量VCR：$\dot{U}_L = \mathrm{j}\omega L\dot{I}_L$ $\qquad$ （9.24）

电容时域正弦量VCR：$i_C = C\dfrac{\mathrm{d}u_C}{\mathrm{d}t}$ ⟹ 电容相量域相量VCR：$\dot{I}_C = \mathrm{j}\omega C\dot{U}_C$ $\qquad$ （9.25）

由式（9.24）和式（9.25）可见，对于正弦交流电路而言，在相量域中，电感和电容的电压与电流之间为比例关系，这对于电路求解是一个非常好的消息！

由式（9.21）、式（9.24）和式（9.25）可以总结出相量域中电阻、电感、电容的电压与电流关系，如表9.3所示。

表9.3　正弦交流电路相量域中电阻、电感、电容的电压与电流关系

电路元件	相量域
电阻	$\dot{U}_R = R\dot{I}_R$
电感	$\dot{U}_L = \mathrm{j}\omega L\dot{I}_L$
电容	$\dot{I}_C = \mathrm{j}\omega C\dot{U}_C$

由表9.3可见，电感和电容的电压相量与电流相量之比为常数，且为纯虚数，这看起来与电阻的欧姆定律很像，但又有不同。既然如此，我们就可以像定义电阻那样，将电感和电容的电压相量与电流相量比例系数的虚部定义为另一个物理量——电抗。

电"阻"与电"抗"听起来差不多，但它们有着本质的不同。"阻"的含义是"阻碍"，阻碍肯定要消耗能量，而"抗"的含义为"抗拒"，抗拒不需要消耗能量。第11章将对此做详细的证明。

电阻与电抗合起来就是阻抗，下面将会详细介绍阻抗的相关知识。

9.5　阻抗和导纳

9.5.1　阻抗和导纳的定义

1. 阻抗定义

阻抗（impedance）：在相量域中，不含独立电源的线性一端口网络（见图9.4）的电压相量与电流相量之比称为阻抗，用Z表示，即

$$Z = \frac{\dot{U}}{\dot{I}} \qquad （9.26）$$

阻抗的图形符号与电阻类似，如图9.5所示。

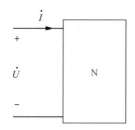

图 9.4 相量域中不含独立电源的线性一端口网络　　图 9.5 阻抗的图形符号

根据阻抗的定义式（9.26），结合表9.3，可得电阻、电感和电容的阻抗分别为

$$Z_R = \frac{\dot{U}_R}{\dot{I}_R} = R \tag{9.27}$$

$$Z_L = \frac{\dot{U}_L}{\dot{I}_L} = j\omega L \tag{9.28}$$

$$Z_C = \frac{\dot{U}_C}{\dot{I}_C} = \frac{1}{j\omega C} = -j\frac{1}{\omega C} \tag{9.29}$$

任意一个阻抗均可写为

$$Z = R + jX \tag{9.30}$$

式（9.30）中R为电阻，X为电抗。

由式（9.30）和式（9.27）可见，对于一个电阻，阻抗中的$X = 0$。由式（9.30）和式（9.28）可见，对于一个电感，阻抗中的$R = 0$，$X > 0$。由式（9.30）和式（9.29）可见，对于一个电容，阻抗中的$R = 0$，$X < 0$。如果$X > 0$，则阻抗Z称为感性阻抗；如果$X < 0$，则阻抗Z称为容性阻抗。

由于阻抗是复数，因此还可以将其写成极坐标形式

$$Z = |Z| \angle \theta_z \tag{9.31}$$

式（9.31）中，$|Z|$称为阻抗模值，θ_z称为阻抗角。根据阻抗等于电压相量除以电流相量可知，阻抗角等于阻抗电压和电流的相位差。

阻抗通常写成直角坐标形式，不过在做乘除运算时，有时会用到极坐标形式。

阻抗与我们非常熟悉的电阻既有相似之处，又有不同之处。

相似之处：电阻和阻抗都满足欧姆定律，串并联等效公式相同，详细内容参见9.5.2小节。

不同之处：

（1）电阻是时域中的电阻值，而阻抗是电阻、电感、电容等在相量域中的体现；

（2）电阻与角频率无关，而阻抗可能与角频率有关，详细内容参见9.5.3小节；

（3）电阻是实数，其电压和电流永远同相位，而阻抗可能是复数，其阻抗角体现了其电压和电流的相位差，详细内容参见9.5.4小节。

2. 导纳定义

导纳（admittance）：在相量域中，不含独立电源的线性一端口网络（见图9.4）的电流相量与电压相量之比称为导纳，用Y表示，即

$$Y = \frac{\dot{I}}{\dot{U}} \tag{9.32}$$

任意一个导纳均可写为

$$Y = G + jB \tag{9.33}$$

式（9.33）中 G 称为电导，B 称为电纳。

比较导纳的定义式（9.32）和阻抗的定义式（9.26）可见，导纳等于阻抗的倒数，即

$$Y = \frac{1}{Z} \tag{9.34}$$

既然导纳只是阻抗的倒数，那么定义导纳还有必要吗？虽然相对于阻抗而言，导纳的概念很少用到，但是在少数场合，使用导纳计算比使用阻抗更有优势，例如，多个阻抗的并联等效用导纳来计算更为快捷，因此定义导纳有其必要性。

9.5.2 串并联阻抗的等效阻抗

根据阻抗的定义式（9.26）可知，阻抗与电阻类似，满足广义的欧姆定律，因此阻抗的串并联等效公式与电阻的串并联等效公式类似。

假设电阻、电感、电容串联，如图9.6所示，则其等效阻抗为

$$Z_{eq} = R + j\omega L + \frac{1}{j\omega C} = R + j\left(\omega L - \frac{1}{\omega C}\right) \tag{9.35}$$

注意，阻抗计算的最终结果一般写成直角坐标形式，而不写成极坐标形式。

假设电阻、电感、电容并联，如图9.7所示，则其等效阻抗为

$$Z_{eq} = \frac{1}{Y_{eq}} = \frac{1}{\frac{1}{R} + \frac{1}{j\omega L} + j\omega C} = \frac{\frac{1}{R}}{\left(\frac{1}{R}\right)^2 + \left(\omega C - \frac{1}{\omega L}\right)^2} + \frac{j\left(\frac{1}{\omega L} - \omega C\right)}{\left(\frac{1}{R}\right)^2 + \left(\omega C - \frac{1}{\omega L}\right)^2} \tag{9.36}$$

式（9.36）表明，如果并联的阻抗大于或等于3个，则用导纳计算等效阻抗比较方便。这也体现出了复数运算比实数运算复杂。读者必须完全掌握表9.2中的常用复数公式。

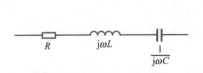

图 9.6　正弦交流电路电阻、电感、电容串联

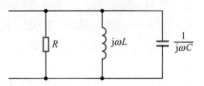

图 9.7　正弦交流电路电阻、电感、电容并联

下面通过例题来说明如何计算串并联阻抗的等效阻抗。

例9.3　（**基础题**）计算图9.8所示正弦交流电路的等效阻抗。

解　等效阻抗为

$$Z_{eq} = 10 + j5 + \frac{j10 \times (-j5)}{j10 + (-j5)} = 10 - j5 \ \Omega$$

可见，等效阻抗的最终计算结果很难通过直接观察得到，计算错误的概率也较高，因此需要按部就班、谨慎小心地进行计算。

同步练习9.3（基础题）计算图9.9所示正弦交流电路的等效阻抗。

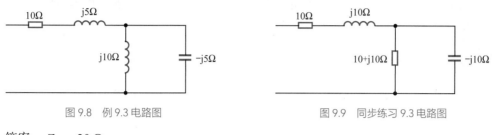

图 9.8　例 9.3 电路图　　　　　　　　　图 9.9　同步练习 9.3 电路图

答案：$Z_{eq} = 20\,\Omega$。

例9.4（基础题）计算图9.10所示正弦交流电路的等效阻抗。

解　图9.10最右侧的电感与电容串联，其等效阻抗为 $j5+(-j5)=0\,\Omega$。因此，最右侧的串联支路相当于短路线。短路线与任何阻抗并联，等效阻抗都为0，因此该电路总的等效阻抗为0。

同步练习9.4（基础题）计算图9.11所示正弦交流电路的等效阻抗。

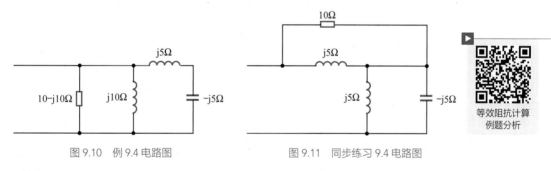

图 9.10　例 9.4 电路图　　　　　　　　　图 9.11　同步练习 9.4 电路图

等效阻抗计算
例题分析

答案：$Z_{eq} = \infty$。

9.5.3　阻抗与角频率的关系

由式（9.27）～式（9.29）可见，阻抗模值既可能与电阻值、电感值、电容值有关，又可能与角频率有关。可见，角频率在正弦交流电路中起着极其重要的作用，这是正弦交流电路与直流电路的重要区别。

表9.4所示为电阻、电感、电容的阻抗模值与角频率的关系。

由表9.4可见，电阻的阻抗模值与角频率无关，电感的阻抗模值与角频率成正比，电容的阻抗模值与角频率成反比。如果电路同时包含电阻、电感和电容，那么其阻抗模值

表 9.4　电阻、电感、电容阻抗模值与角频率的关系

电路元件	阻抗模值	阻抗模值与角频率的关系
电阻	R	无关
电感	ωL	正比
电容	$\dfrac{1}{\omega C}$	反比

与角频率的关系要具体电路具体分析。阻抗模值与角频率的关系在电路中有着广泛的应用，如第14章将要介绍的滤波器和谐振。

9.5.4　阻抗的电压与电流相位关系

阻抗与电压、电流相位关系例题分析

阻抗的定义是电压相量除以电流相量，因此阻抗角等于阻抗的电压与电流的相位差，即

$$Z = \frac{\dot{U}}{\dot{I}} = \frac{U\angle\varphi_u}{I\angle\varphi_i} = \frac{U}{I}\angle(\varphi_u - \varphi_i) = |Z|\angle\varphi_Z \Rightarrow \varphi_Z = \varphi_u - \varphi_i \qquad (9.37)$$

根据式（9.37），并结合复数的相关知识，可以得出不同类型阻抗的电压与电流相位关系，如表9.5所示。

表 9.5　正弦交流电路不同类型阻抗的电压与电流相位关系

阻抗类型	阻抗	阻抗角	阻抗的电压与电流相位关系
电阻	$Z = R$	$\varphi_Z = 0°$	$\varphi_u - \varphi_i = 0°$ 电阻的电压与电流同相位
电感	$Z = j\omega L$	$\varphi_Z = 90°$	$\varphi_u - \varphi_i = 90°$ 电感的电压超前电流90度
电容	$Z = -j\frac{1}{\omega C}$	$\varphi_Z = -90°$	$\varphi_u - \varphi_i = -90°$ 电容的电压滞后电流90度
感性阻抗	$Z = R + jX, X > 0$	$0° < \varphi_Z < 90°$	$0° < \varphi_u - \varphi_i < 90°$ 感性阻抗的电压超前电流0度至90度
容性阻抗	$Z = R + jX, X < 0$	$-90° < \varphi_Z < 0°$	$-90° < \varphi_u - \varphi_i < 0°$ 容性阻抗的电压滞后电流0度至90度

掌握阻抗的电压与电流相位关系对于正弦交流电路的分析非常重要，特别是第10章将要学习的相量图绘制，绘制前必须确定阻抗的电压与电流相位关系。

9.6　正弦交流电路与直流电路的比较

由9.3节~9.5节引入的正弦交流电路的相量和阻抗等概念可见，正弦交流电路与直流电路既有相似之处，又有不同之处。表9.6所示为两者的异同，其中关于"计算分析和功率类型"的比较读者要到第10章和第11章才能深刻体会。

表 9.6　正弦交流电路与直流电路的比较

比较内容	直流电路	正弦交流电路
激励源	恒压电源源、恒流电源源	正弦电压源、正弦电流源
KCL、KVL	成立	在时域中KCL和KVL成立，在相量域中满足KCL方程和KVL方程的形式
等效变换、节点电压法、回路电流法	适用	适用（相量域）

续表

比较内容	直流电路	正弦交流电路
电路定理	成立	成立（相量域）
应用范围	应用范围广，但远逊于正弦交流电路	应用范围极广，远超直流电路
计算分析	基于实数，相对简单	基于复数，相对复杂
电压和电流	仅有大小之分	电压和电流为正弦量 $A\cos(\omega t+\varphi)$，振幅 A、角频率 ω、初相位 φ 均会影响电压和电流
功率类型	只有1种类型功率：瞬时功率	包含5种类型功率：瞬时功率、有功功率、无功功率、视在功率、复功率

由表9.6可见，正弦交流电路与直流电路有很多相似之处，因此要善于将直流电路的分析方法推广到正弦交流电路。同时，两者的不同之处也有很多，学习时要特别注意这些差异。

格物致知

他山之石，可以攻玉

本章是电路分析的一个巨大突破，即将时域的正弦量对应到相量域的相量，将正弦量几乎不可能完成的复杂运算转化为简单得多的复数运算。这就好比一个人要直接看清自己的五官非常困难，至少看不见自己的耳朵和眼睛，可是如果利用镜子将自己映射为虚像，就可以看清自己的五官了。用成语来形容这一解决方法，就是"他山之石，可以攻玉"。

我们在生活、学习和工作中，有时也会遇到很难解决的问题。苏轼有诗云："横看成岭侧成峰，远近高低各不同。不识庐山真面目，只缘身在此山中。"这首诗说明，很多情况下我们无法解决问题，是因为我们的视野局限在眼前很窄的范围内，看不清问题的本质。此时一味蛮干并不可取，而若换个新的角度，采用新的方法，很有可能原来无法克服的困难就能轻而易举地解决了。

要做到以新的角度看问题，首先要有开明的思想，然后要见多识广，最后还要善于将看起来不相干的事情联系起来。

我们一生中都要不断学习，目的就是增广见识，锻炼本领，用所学的新的知识、道理、方法等解决所遇到的各种问题。

习题

一、复习题

9.2节　正弦量与复数

▶ 基础题

9.1　如果同频正弦量1和正弦量2的初相位之差在 −180° ～ 180° 之间，则当初相位之差大于零时，称正弦量1相位超前正弦量2；当初相位之差小于零时，称正弦量1相位滞后正弦量2。

（1）$2\cos(\omega t - 30°)$ 和 $3\cos(\omega t - 60°)$ 哪个相位超前？超前角度为多少？（2）$3\cos(\omega t - 60°)$ 和 $4\cos(\omega t + 150°)$ 哪个相位超前？超前角度为多少？

9.2 已知复数 $z_1 = 1 + j$，$z_2 = 1 - j$，求复数 $z_1 z_2$ 和 $\dfrac{z_1}{z_2}$ 的代数形式和极坐标形式。

9.3 根据欧拉公式，将正弦量 $3\cos(\omega t - 60°)$ 写成复数指数形式的实部。

▶ **提高题**

9.4 利用三角函数公式，将 $3\cos\omega t + 4\sin\omega t$ 转化成正弦量（余弦函数）。

9.3节 相量的引入

▶ **基础题**

9.5 写出正弦量 $u_1 = 10\cos(\omega t + 30°)\,\mathrm{V}$、$u_2 = 100\sqrt{2}\sin\omega t\,\mathrm{V}$、$i_1 = -2\cos(\omega t + 60°)\,\mathrm{A}$、$i_2 = -3\sin(\omega t - 150°)\,\mathrm{A}$ 所对应的相量。

9.6 已知正弦量的频率为50Hz，写出相量 $\dot{U} = 200\angle 45°\,\mathrm{V}$ 和 $\dot{I} = 2\sqrt{2}\angle 0°\,\mathrm{A}$ 所对应的正弦量。

9.5节 阻抗和导纳

▶ **基础题**

9.7 求题9.7图所示一端口电路的等效阻抗 Z_{eq}。

9.8 求题9.8图所示一端口电路的等效阻抗 Z_{eq}。

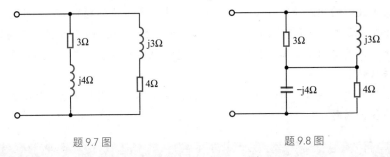

题 9.7 图　　　　　　　　　　　题 9.8 图

9.9 求题9.9图所示一端口电路的等效导纳 Y_{eq} 和等效阻抗 Z_{eq}。

9.10 题9.10图所示一端口电路的激励为正弦量。（1）假设 $\omega=50$ rad/s，求等效阻抗 Z_{eq}，并判断其是感性阻抗还是容性阻抗；（2）假设 $\omega=100$ rad/s，求等效阻抗 Z_{eq}，并判断其是感性阻抗还是容性阻抗。

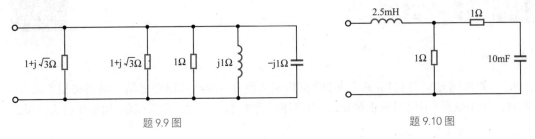

题 9.9 图　　　　　　　　　　　题 9.10 图

▶ 提高题

9.11 求题9.11图所示一端口电路的等效阻抗 Z_{eq}。

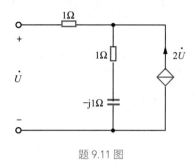

题 9.11 图

二、综合题

9.12 画出题9.12图所示正弦交流电路对应的相量域电路图。

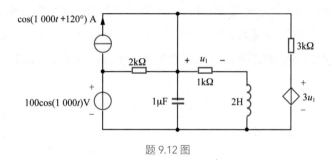

题 9.12 图

第 **10** 章

正弦交流电路的相量分析法

第9章介绍了正弦交流电路的基本概念，尤其是相量和阻抗的概念。不过仅靠这些基本概念，还难以对正弦交流电路进行详细分析。本章将以第9章介绍的概念为基础，介绍正弦交流电路的分析方法，即相量分析法。

正弦交流电路的相量分析法与直流电路的分析方法类似，都基于KCL、KVL和电路元件的VCR（电压与电流关系）。不同之处是直流电路的运算是实数运算，而相量分析法的运算是复数运算。由于任意一个复数都可以表示为复平面上的一个向量，因此复数运算还可以用几何形式直观呈现。相量分析法的几何呈现称为相量图。

本章首先介绍相量分析法的依据和步骤，然后介绍相量分析法的具体应用，最后介绍相量图的绘制依据、步骤和应用。

ⓒ 学习目标

（1）理解相量分析法的依据，掌握相量分析法的步骤；

（2）熟练运用相量分析法进行电路求解；

（3）理解相量图的绘制依据，掌握相量图的绘制方法；

（4）熟练应用相量图分析正弦交流电路；

（5）锻炼利用直观的图形化方法辅助分析问题的能力。

10.1　相量分析法

相量分析法就是以相量为基础来分析电路的方法。下面首先介绍相量分析法的依据。

10.1.1　相量分析法的依据

电路分析的基础是KCL、KVL和电路元件的VCR，对于正弦交流电路同样如此。根据第9章已介绍的知识，可以总结出正弦交流电路相量分析法的依据，如表10.1所示。

表 10.1　正弦交流电路相量分析法的依据

内容	对象	相量分析法的依据
KCL	节点	对任意一个节点，所有支路电流相量代数和为0 $\sum \pm \dot{I}_k = 0$ 或 $\sum {}_{流入}\dot{I}_m = \sum {}_{流出}\dot{I}_n$
KVL	回路	对任意一个回路，所有支路电压相量代数和为0 $\sum \pm \dot{U}_k = 0$ 或 $\sum {}_{升压}\dot{U}_m = \sum {}_{降压}\dot{U}_n$
VCR	电阻	$\dot{U}_R = R\dot{I}_R$ 或 $\dot{I}_R = \dfrac{\dot{U}_R}{R}$
	电感	$\dot{U}_L = j\omega L\dot{I}_L$ 或 $\dot{I}_L = \dfrac{\dot{U}_L}{j\omega L}$
	电容	$\dot{U}_C = \dfrac{1}{j\omega C}\dot{I}_C$ 或 $\dot{I}_C = j\omega C\dot{U}_C$
	任意阻抗	$\dot{U}_Z = Z\dot{I}_Z$ 或 $\dot{I}_Z = \dfrac{\dot{U}_Z}{Z}$

10.1.2　相量分析法的步骤

相量分析法包含5步。

第1步：将所有时域正弦量电压和电流转化为相量，并将时域电阻、电感和电容转化为相量域的阻抗。（注：如果题目中的电路为相量域形式，则第1步可以省略。）

第2步：列写KCL方程和KVL方程。

第3步：列写电路元件的VCR方程。

第4步：根据KCL方程、KVL方程和VCR方程解出待求的电压相量和电流相量。

第5步：将电压相量和电流相量转化为时域正弦量电压和电流。（注：如果题目只要求求出相量，而没有要求求出正弦量，则第5步可以省略。）

下面通过一个例子来具体说明以上步骤。

例10.1　（基础题）　求图10.1所示正弦交流电路稳态时的i。

解　第1步：将所有时域正弦量电压和电流转化为相量，并将时域电阻、电感和电容转化为相量域的阻抗。

将图10.1时域电路转化为相量域电路，如图10.2所示。

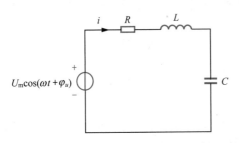
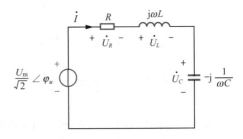

图 10.1　例 10.1 电路图　　　　　图 10.2　图 10.1 正弦交流电路对应的相量域电路

第2步：列写KCL方程和KVL方程。

图10.2电路中只有1个电流，因此不需要列写KCL方程，只需要列写KVL方程：

$$\frac{U_m}{\sqrt{2}} \angle \varphi_u = \dot{U}_R + \dot{U}_L + \dot{U}_C \tag{10.1}$$

第3步：列写电路元件的VCR方程。

图10.2中电阻、电感、电容满足的VCR方程为

$$\dot{U}_R = R\dot{I}, \quad \dot{U}_L = j\omega L\dot{I}, \quad \dot{U}_C = -j\frac{1}{\omega C}\dot{I} \tag{10.2}$$

第4步：根据KCL方程、KVL方程和VCR方程解出待求的电压相量和电流相量。

将式（10.2）代入式（10.1），可得

$$\dot{I} = \frac{\dfrac{U_m}{\sqrt{2}} \angle \varphi_u}{R + j\left(\omega L - \dfrac{1}{\omega C}\right)} = \frac{U_m}{\sqrt{2}\sqrt{R^2 + \left(\omega L - \dfrac{1}{\omega C}\right)^2}} \angle \left(\varphi_u - \arctan \frac{\omega L - \dfrac{1}{\omega C}}{R}\right) \tag{10.3}$$

第5步：将电压相量和电流相量转化为时域正弦量电压和电流。

将式（10.3）的电流相量转化为时域的正弦量：

$$i = \frac{U_m}{\sqrt{R^2 + \left(\omega L - \dfrac{1}{\omega C}\right)^2}} \cos\left(\omega t + \varphi_u - \arctan \frac{\omega L - \dfrac{1}{\omega C}}{R}\right) \tag{10.4}$$

以上步骤中的第2步和第3步可以合并，直接写出包含电路元件VCR的KVL方程：

$$\frac{U_m}{\sqrt{2}} \angle \varphi_u = R\dot{I} + j\omega L\dot{I} - j\frac{1}{\omega C}\dot{I} \tag{10.5}$$

正弦交流电路
参数改变对
响应的影响

　　相量分析法的步骤看起来较多，实际上对于大部分题目而言，只需要中间3个步骤，并且第2步和第3步可以合并，因此相量分析法的实际步骤一般只有两步：第1步，列方程；第2步，解方程。

　　由例10.1的求解过程可以看出，复数计算比实数计算复杂，因此正弦交流电路的分析难度高于直流电路。

同步练习10.1 （基础题） 求图10.3所示正弦交流电路稳态时的响应u。

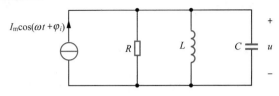

图 10.3 同步练习 10.1 电路图

答案： $u = \dfrac{I_{\mathrm{m}}}{\sqrt{\left(\dfrac{1}{R}\right)^2 + \left(\omega C - \dfrac{1}{\omega L}\right)^2}} \cos\left[\omega t + \varphi_i - \arctan\left(R\omega C - \dfrac{\omega L}{R}\right)\right]$ 。

10.2 相量分析法的应用

基于相量形式的KCL、KVL、VCR可以分析任意正弦交流电路，不过如果直接以支路电流和支路电压为变量列写方程，则对于较为复杂的电路，需要列写的方程数量非常多，再加上复数计算比实数计算复杂，因此在分析中需要更换变量以减少列写的方程数量或简化电路拓扑。这就需要用到节点电压法、回路电流法、等效变换、戴维南定理、叠加定理、替代定理等在直流电路分析中介绍过的方法。这些方法都是以KCL、KVL和VCR为基础的，因此它们相当于相量分析法的进一步应用。

下面针对同一个例题，分别采用节点电压法、回路电流法、等效变换和戴维南定理4种方法进行求解。

例10.2 （基础题） 正弦交流电路如图10.4所示，求 $\dot{I}_R$ 。

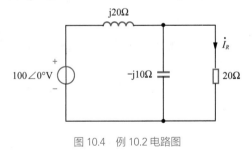

图 10.4 例 10.2 电路图

10.2.1 节点电压法

设图10.4中下方节点为参考节点，则上方节点的节点电压方程为

$$\left(\frac{1}{\mathrm{j}20} + \frac{1}{-\mathrm{j}10} + \frac{1}{20}\right)\dot{U}_{\mathrm{n}1} = \frac{100\angle 0^\circ}{\mathrm{j}20}$$

解得 $\dot{U}_{\mathrm{n}1} = 50\sqrt{2}\angle\left(-135^\circ\right)$ V 。

根据欧姆定律： $\dot{I}_R = \dfrac{\dot{U}_{\mathrm{n}1}}{20} = 2.5\sqrt{2}\angle\left(-135^\circ\right)$ A 。

由以上求解过程可见，基于相量的节点电压方程列写方法与直流电路相同，不过计算更复杂，特别易错，因此需要格外小心谨慎。

10.2.2　回路电流法

根据图10.4电路，标记回路电流，如图10.5所示。其中，右侧回路电流与电阻电流相等，因此该回路电流直接标记为 $\dot{I}_R$。

根据图10.5，可列写回路电流方程：

$$\left[j20+\left(-j10\right)\right]\dot{I}_1-\left(-j10\right)\dot{I}_R=100\angle0°$$
$$-\left(-j10\right)\dot{I}_1+\left[\left(-j10\right)+20\right]\dot{I}_R=0$$

解得 $\dot{I}_R = 2.5\sqrt{2}\angle\left(-135°\right)$ A 。

由以上求解过程可见，基于相量的回路电流方程列写方法与直流电路相同。

10.2.3　等效变换

图10.4电路中电压源与电感串联支路可等效变换为电流源与电感并联支路，如图10.6所示。

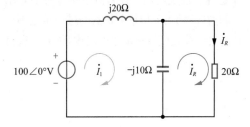

图 10.5　图 10.4 标记回路电流 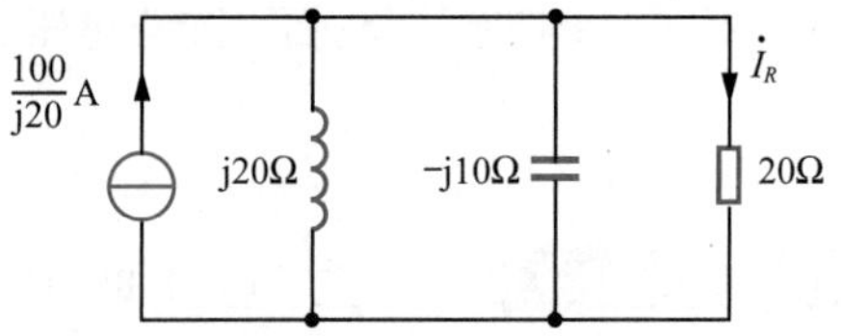　　　图 10.6　图 10.4 电压源与电感串联等效变换为电流源与电感并联

图10.6为3个阻抗并联分流，由于阻抗并联分流与导纳成正比，因此电阻电流为

$$\dot{I}_R = \frac{\dfrac{1}{20}}{\dfrac{1}{j20}+\dfrac{1}{-j10}+\dfrac{1}{20}}\times\frac{100}{j20}=2.5\sqrt{2}\angle\left(-135°\right)\text{ A}$$

由以上求解过程可见，基于相量的等效变换与直流电路相同。同时可以看出，阻抗并联时，用导纳进行相关计算会更简捷。

10.2.4　戴维南定理

由图10.4可见，电阻左侧为含源一端口网络，如图10.7所示。

根据图10.7，可以求出端口开路电压为

$$\dot{U}_{oc} = \frac{-j10}{j20+\left(-j10\right)}\times100=100\angle180°\text{ V}$$

等效阻抗为电压源置零（短路）后从端口看进去的阻抗，即

$$Z_{eq} = \frac{j20 \times (-j10)}{j20 + (-j10)} = -j20 \ \Omega$$

根据计算得到的开路电压和等效阻抗，可进一步求出图10.4电路中的电阻电流为

$$\dot{I}_R = \frac{\dot{U}_{oc}}{Z_{eq} + 20} = \frac{100\angle 180°}{-j20 + 20} = 2.5\sqrt{2}\angle(-135°) \ \text{A}$$

同步练习10.2　（基础题）　正弦交流电路如图10.8所示，求 $\dot{I}_R$。

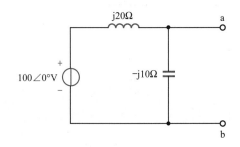

图 10.7　图 10.4 电阻左侧的含源一端口网络　　　　　　图 10.8　同步练习 10.2 电路图

答案：$\dot{I}_R = 5\sqrt{2}\angle 45° \ \text{A}$。

例10.2相对简单，下面是一个相对复杂的例题。

例10.3　（提高题）　正弦交流电路如图10.9所示，求 $\dot{I}_2$。

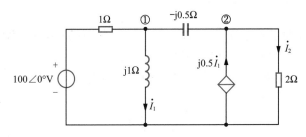

图 10.9　例 10.3 电路图

解　以图10.9电路中的下方节点为参考节点，可以列写出电路的节点电压方程

$$\left(\frac{1}{1} + \frac{1}{j1} + \frac{1}{-j0.5}\right)\dot{U}_{n1} - \frac{1}{-j0.5}\dot{U}_{n2} = \frac{10\angle 0°}{1}$$

$$-\frac{1}{-j0.5}\dot{U}_{n1} + \left(\frac{1}{2} + \frac{1}{-j0.5}\right)\dot{U}_{n2} = 0.5\dot{I}_1$$

$$\frac{1}{j1}\dot{U}_{n1} = \dot{I}_1$$

解得：$\dot{U}_{n1} = \dot{U}_{n2} = 5\sqrt{2}\angle 45° \ \text{V}$。

由图10.9电路可以得到 $\dot{I}_2 = \frac{\dot{U}_{n2}}{2} = 2.5\sqrt{2}\angle 45° \ \text{A}$。

本例题说明当电路较为复杂时，相量分析法求解过程与简单电路的求解过程相同，只是方程更多。

相量分析法的
应用例题分析
（1）

相量分析法的
应用例题分析
（2）

同步练习10.3　（提高题）　正弦交流电路如图10.10所示，求 $\dot{I}_1$。

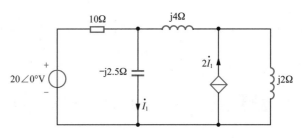

图 10.10　同步练习 10.3 电路图

答案：$\dot{I}_1 = 7.59\angle108.4°\text{A}$ 。

10.3 相量图

　　通过列写电压相量和电流相量的代数方程并计算，可以分析任意正弦交流电路，但这种分析方法不够直观。由于相量是复数，而复数可以在复平面上用向量线段表示，因此可以考虑用图形方式分析正弦交流电路，并在复平面上绘制相量，这就构成了相量图。可见，相量图与相量的代数方程都可以用于分析正弦交流电路，本质相同，只不过相量图用的是几何方法。

10.3.1　相量图的绘制依据

　　由于相量图是电压相量和电流相量的几何表示，而相量满足KCL、KVL和电路元件VCR，因此相量图的绘制依据也是KCL、KVL和电路元件VCR。

　　电压相量和电流相量满足的KCL、KVL和电路元件VCR已在表10.1中给出，其中相量满足的KCL方程和KVL方程分别为

$$\sum\left(\pm\dot{I}_k\right)=0 \tag{10.6}$$

$$\sum\left(\pm\dot{U}_k\right)=0 \tag{10.7}$$

　　式（10.6）和式（10.7）表明，电流相量满足的KCL方程和电压相量满足的KCL方程在复平面上的几何表示均为多边形，这是因为根据复数的相关知识，如果多个（大于或等于3个）复数的代数和等于零，则它们一定构成复平面上的多边形。特别是，如果这些复数前面的符号相同，则它们一定会在复平面上构成首尾相连的多边形。例如，5个电压相量相加等于零（KVL方程）对应的几何表示为五边形，如图10.11所示。

　　由以上分析可见，绘制相量图其实就是绘制多边形。那么多边形每条边的长度和各条边之间的夹角如何确定呢？

　　多边形每条边的长度定性确定即可。

　　多边形各条边之间的夹角需要根据相量域的电路元件VCR确定。相量域电路元件的VCR能够反映电压与电流的相位关系，也就是电压相量与电流相量的角度关系，如表10.2所示。

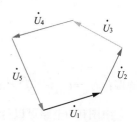

图 10.11　5 个电压相量相加
等于零对应的几何表示

表 10.2　相量域的电路元件 VCR 及相位关系

电路元件	VCR	电压与电流的相位关系	电压相量与电流相量的角度关系
电阻	$\dot{U}_R = R\dot{I}_R$	$\varphi_u - \varphi_i = 0°$ 电阻的电压与电流同相位	电阻的电压相量与电流相量几何上相互平行
电感	$\dot{U}_L = \mathrm{j}\omega L\dot{I}_L$	$\varphi_u - \varphi_i = 90°$ 电感的电压超前电流90度	电感的电压相量与电流相量几何上相互垂直，且电压相量垂直于电流相量向上
电容	$\dot{U}_C = -\mathrm{j}\dfrac{1}{\omega C}\dot{I}_C$	$\varphi_u - \varphi_i = -90°$ 电容的电压滞后电流90度	电容的电压相量与电流相量几何上相互垂直，且电压相量垂直于电流相量向下
感性阻抗	$\dot{U}_Z = Z\dot{I}_Z$ $Z = R + \mathrm{j}X,$ $X > 0$	$0° < \varphi_u - \varphi_i < 90°$ 感性阻抗的电压超前电流0度至90度	感性阻抗的电压相量与电流相量几何上夹角为锐角
容性阻抗	$\dot{U}_Z = Z\dot{I}_Z$ $Z = R + \mathrm{j}X,$ $X < 0$	$-90° < \varphi_u - \varphi_i < 0°$ 容性阻抗的电压滞后电流0度至90度	容性阻抗的电压相量与电流相量几何上夹角为锐角

10.3.2　相量图的绘制步骤

相量图的绘制分为4步。

第1步：列写电压相量满足的KVL方程和电流相量满足的KCL方程（建议采用代数和等于零的形式）。

第2步：确定参考相量（参考相量指的是作为基准的相量，只有确定了参考相量，才能根据参考相量确定其他相量的角度。绘制相量图时，通常将参考相量的辐角设置为0）。

第3步：根据电路元件VCR反映的角度关系确定容易绘制的相量。

第4步：根据KCL方程和KVL方程，构成多边形。

下面通过例题来具体说明以上步骤。

例10.4（**基础题**）绘制图10.12所示正弦交流电路的相量图。

解

第1步：列写电压相量满足的KVL方程和电流相量满足的KCL方程。

图10.12电路中只有1个电流相量，因此不需要列写KCL方程。

图10.12电路对应的KVL方程为

$$-\dot{U}_s+\dot{U}_R+\dot{U}_L=0 \qquad (10.8)$$

第2步：确定参考相量。

选择图10.12电路的电流相量 $\dot{I}$ 作为参考相量。之所以选择电流相量作为参考相量，是因为图10.12电路为串联电路，只有一个电流相量 $\dot{I}$，电路中的电压相量很容易根据电流相量确定辐角。

第3步：根据电路元件VCR反映的角度关系确定容易绘制的相量。

图10.12电路中电阻的电压与电流同相位，电感的电压超前电流90度，因此可以绘制出参考相量、电阻电压相量和电感电压相量，如图10.13所示。

图10.13中 $\dot{U}_R$ 与 $\dot{U}_L$ 之所以首尾相连，是因为式（10.8）中 $\dot{U}_R$ 和 $\dot{U}_L$ 前面的符号均为"+"。

第4步：根据KCL方程和KVL方程，构成多边形。

根据式（10.8）可知，$\dot{U}_s$、$\dot{U}_R$ 和 $\dot{U}_L$ 应构成一个三角形。因此，结合图10.13和KVL方程，可以绘制出图10.12电路的相量图，如图10.14所示。

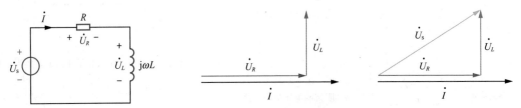

图 10.12　例 10.4 电路图　　图 10.13　图 10.12 电路容易绘制的相量　图 10.14　图 10.12 电路的相量图

图10.14中 $\dot{U}_s$ 与 $\dot{U}_R$ 和 $\dot{U}_L$ 都不是首尾相连，这是因为式（10.8）中 $\dot{U}_R$ 和 $\dot{U}_L$ 前面的符号均为"+"，而 $\dot{U}_s$ 前面的符号为"-"。

同步练习10.4　（基础题）绘制图10.15所示正弦交流电路的相量图。

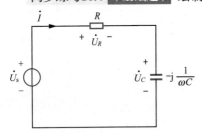

图 10.15　同步练习 10.4 电路图

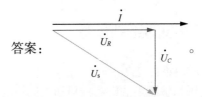

答案：

例10.4和同步练习10.4均只绘制了KVL方程对应的相量图。下面是一个绘制KCL方程对应的相量图的例子。

例10.5　（基础题）绘制图10.16所示正弦交流电路的相量图。

解　图10.16电路只有1个电压相量，因此不需要列写KVL方程。

图10.16电路对应的KCL方程为

$$-\dot{I}_s+\dot{I}_R+\dot{I}_C=0 \qquad (10.9)$$

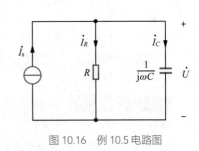

图 10.16　例 10.5 电路图

选择图10.16电路的电压相量 $\dot{U}$ 作为参考相量。之所以选择电压相量作为参考相量，是因为图10.16电路为并联电路，只有一个电压相量 $\dot{U}$，电路中的电流相量很容易根据电压相量确定辐角。

图10.16电路中电阻的电压与电流同相位，电容电流超前电容电压90度（等价于电容电压滞后电容电流90度），因此可以绘制出参考相量、电阻电流相量和电容电流相量，如图10.17所示。

图10.17中 $\dot{I}_R$ 与 $\dot{I}_L$ 之所以首尾相连，是因为式（10.9）中 $\dot{I}_R$ 和 $\dot{I}_C$ 前面的符号均为 "+"。

根据式（10.9）可知，$\dot{I}_s$、$\dot{I}_R$ 和 $\dot{I}_C$ 应构成一个三角形。因此，结合图10.17和KCL方程，可以绘制出图10.16电路的相量图，如图10.18所示。

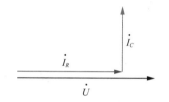

图 10.17　图 10.16 电路容易绘制的相量 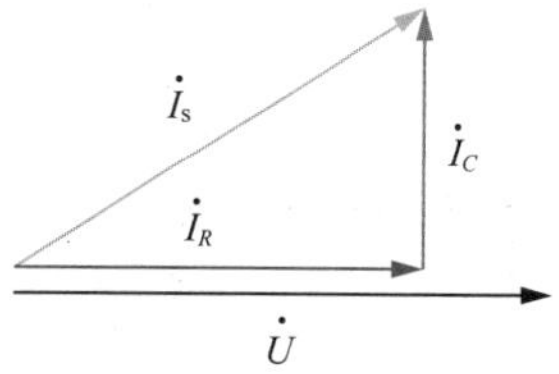　　　　图 10.18　图 10.16 电路的相量图

图10.18中 $\dot{I}_s$ 与 $\dot{I}_R$ 和 $\dot{I}_C$ 都不是首尾相连，这是因为式（10.9）中 $\dot{I}_R$ 和 $\dot{I}_C$ 前面的符号均为 "+"，而 $\dot{I}_s$ 前面的符号为 "–"。

同步练习10.5（**基础题**）绘制图10.19所示正弦交流电路的相量图。

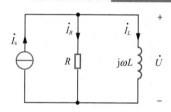

图 10.19　同步练习 10.5 电路图

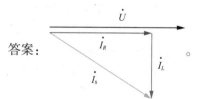

答案：

下面给出稍微复杂的绘制相量图的例题和同步练习题。

例10.6（**提高题**）绘制图10.20所示正弦交流电路的相量图。

解　图10.20电路可以列写一个KCL方程和一个KVL方程，因此可知最终的相量图应该是两个三角形。

图10.20电路对应的KCL方程为

$$-\dot{I}_L+\dot{I}_R+\dot{I}_C=0 \tag{10.10}$$

图10.20电路对应的KVL方程为

$$-\dot{U}_s+\dot{U}_L+\dot{U}=0 \tag{10.11}$$

选择图10.20电路的电压相量 $\dot{U}$ 作为参考相量。图10.20电路中电阻的电压与电流同相位，电容的电压滞后电流90度，电感的电压超前电流90度。根据电路元件的电压与电流相位关系，并结合式（10.10）和式（10.11），可以绘制出图10.20电路的相量图，如图10.21所示。

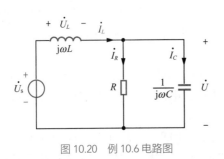

图 10.20　例 10.6 电路图

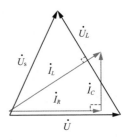

图 10.21　图 10.20 电路的相量图

同步练习10.6（**提高题**）绘制图10.22所示正弦交流电路的相量图。

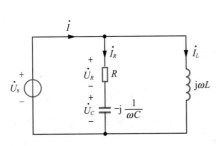

图 10.22　同步练习 10.6 电路图

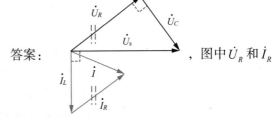

答案：，图中 $\dot{U}_R$ 和 $\dot{I}_R$

相互平行。

例10.6和同步练习10.6在选择参考相量时均选择了电压相量，实际上也可以选择电流相量作为参考相量，这会导致相量图整体旋转一个角度，不过各相量的大小和相对角度都不会发生变化。

由例10.6和同步练习10.6可以看出，虽然图10.20和图10.22所示的电路都是相对简单的正弦交流电路，但是绘制相量图并不容易。如果电路更加复杂，那么绘制相量图会极为困难，得不偿失。因此，虽然任何一个电路都可以绘制出相量图，但是人们实际上只针对简单的电路绘制相量图。

绘制相量图并不是为了绘制而绘制，而是为了使电路分析更加简单直观。下面介绍如何应用相量图简化电路分析。

10.3.3　相量图的应用

例10.7（**基础题**）图10.23所示为正弦交流电路，已知交流电压表V_1、V_2和V_3的读数分别为30V、40V和80V，求电压源电压的有效值。

解　在正弦交流电路中，交流电压表和交流电流表测量的都是有效值，因此图10.23中电压表V_1、V_2和V_3的读数分别代表电阻、电感和电容的电压有效值。

图10.23标记电压和电流后的电路如图10.24所示。

以电流相量为参考相量，结合已知条件，可绘制图10.24电路的相量图，如图10.25所示。

由图10.25可见，电压源电压的有效值 $U_s = \sqrt{30^2 + (80-40)^2} = 50\ \text{V}$。

可见，本例题应用相量图求解十分直观、快捷。这正是相量图的优势。

需要注意的是，在正弦交流电路中，只有电压相量满足KVL，电压有效值不满足KVL，因此求电压源电压有效值时，不能直接将三个电压表读数相加。

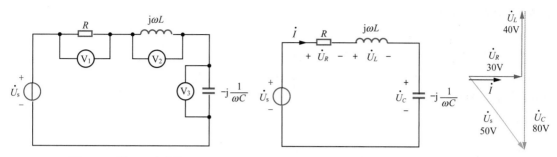

图 10.23　例 10.7 电路图　　图 10.24　图 10.23 标记电压和电流后的电路　　图 10.25　图 10.24 电路的相量图

同步练习10.7（**基础题**）　图10.26所示为正弦交流电路，已知交流电流表A_1、A_2、A_3的读数分别为10A、10A、20A，求交流电流表A_4的读数。

答案：$10\sqrt{2}$ A（注：图10.26中电流表有读数，说明一定有外接电路，只不过外接电路省略不画）。

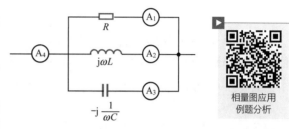

相量图应用
例题分析

图 10.26　同步练习 10.7 电路图

例10.8（**提高题**）　图10.27所示正弦交流电路包含2个相同的电阻和2个相同的电容，改变R的值，当R由0逐渐增加到∞，分析$\dot{U}_{cd}$随R改变时的模值和辐角变化规律（设电压源电压的辐角为0°）。

解　图10.27标记回路绕向的电路如图10.28所示。

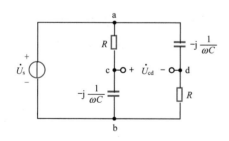
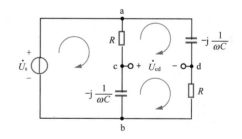

图 10.27　例 10.8 电路图　　图 10.28　图 10.27 标记回路绕向的电路

根据图10.28，可以分别列写3个回路的KVL方程：

$$-\dot{U}_s + \dot{U}_{ac} + \dot{U}_{cb} = 0 \tag{10.12}$$

$$-\dot{U}_{ac} + \dot{U}_{ad} - \dot{U}_{cd} = 0 \tag{10.13}$$

$$-\dot{U}_{cb} + \dot{U}_{cd} + \dot{U}_{db} = 0 \tag{10.14}$$

以$\dot{U}_s$为参考相量，根据KVL方程式（10.12）~式（10.14），结合图10.28电路各支路和元件的电压与电流相位关系可以绘制相量图，如图10.29所示。因为图10.28电路中2个电容相同，2个电阻也相同，所以2个电容的电压有效值相等，2个电阻的电压有效值也相等，因此图10.29的相量图是平行四边形。又因为平行四边形的两个对角为直角，所以该平行四边形为矩形。

由于图10.29为矩形，因此$U_{cd} = U_s$始终成立，即在R变化时，$\dot{U}_{cd}$的模值始终保持不变，等于电压源电压的有效值。

接下来分析 $\dot{U}_{cd}$ 的辐角随 R 改变时的变化规律。由图10.28可见，当 $R=0$ 时，$\dot{U}_{cd}=\dot{U}_s$，$\dot{U}_{cd}$ 的辐角为 $0°$，当 $R=\infty$ 时，$\dot{U}_{cd}=-\dot{U}_s$，$\dot{U}_{cd}$ 的辐角为 $-180°$。由图10.29可见，当 $0<R<\infty$ 时，$\dot{U}_{cd}$ 的辐角变化范围在 $-180°\sim0°$ 之间。

由本例题可以看出，对于稍微复杂一点的电路，正确绘制出相量图实非易事，绘制者必须对相量分析法非常熟悉，并且要正确应用初中和高中所学的平面几何知识。

本例题如果不用相量图求解，那么也可以直接列方程求解，读者可以自己尝试一下。两种方法求解难度差不多，不过应用相量图求解会更加直观。

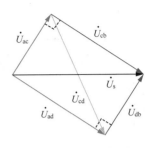

图 10.29　图 10.28 电路的相量图

同步练习10.8（提高题）　图10.30所示正弦交流电路中，2个串联电阻的阻值相等。改变 C 的值，当 C 由0逐渐增加到 ∞，分析 $\dot{U}_{cd}$ 随 C 改变时的模值和辐角变化规律（设电压源电压的辐角为 $0°$）。

答案：当 C 由0逐渐增加到 ∞ 时，$\dot{U}_{cd}$ 的模值保持不变，$U_{cd}=\dfrac{U_s}{2}$，辐角由 $180°$ 逐渐减小到 $0°$，且辐角不会小于零。从 $\dot{U}_{cd}$ 的端点看，其轨迹是半径为 $\dfrac{U_s}{2}$ 的上半圆，且从半圆左端移动到半圆右端，如图10.31所示。

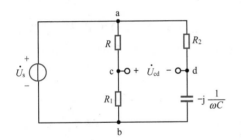

图 10.30　同步练习 10.8 电路图

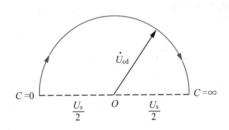

图 10.31　图 10.30 电路 $\dot{U}_{cd}$ 的轨迹

相量图分析法和相量代数分析法的关系

本章小结

格物致知

成竹在胸

北宋有一位画家，名叫文同，是画竹子的高手。

文同擅长画竹并非偶然。他长年累月地细致观察和研究竹子。春夏秋冬交替，竹子的形态有什么变化？阴晴雨雪天气，竹子的颜色有何不同？不同品种的竹子有何区别……这些他都摸得一清二楚。由于竹子早已在文同胸中，因此文同画竹可以一蹴而就，根本不需要画草图。这就是成语"成竹在胸"背后的故事。

本章中画相量图是一大难点，不过如果读者严格遵循画相量图的步骤，并且深刻理解每个步骤的本质，那么画相量图也可以一蹴而就，而不需要画草图。这与"成竹在胸"在道理上是相通的。

人们往往看到"成竹"的美，殊不知关键是"在胸"！要想成为画竹、画相量图的高手，就要肯琢磨、肯研究，如此一来自然可以挥笔而就！

台上一分钟，台下十年功。我们做事要想成功，就要努力钻研，有章有法，做到成竹在胸。

📝 习题

一、复习题

10.1节 相量分析法

▶ 基础题

10.1　求题10.1图所示正弦交流电路中的 $\dot{U}_C$。

10.2　求题10.2图所示正弦交流电路中的 $\dot{U}$。

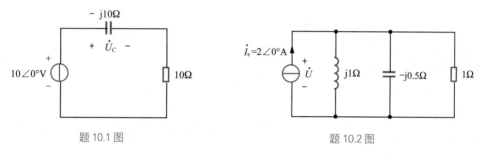

题 10.1 图　　　　　　　　题 10.2 图

10.3　求题10.3图所示正弦交流电路中的 $\dot{I}$。

▶ 提高题

10.4　求题10.4图所示正弦交流电路稳态时的 $u_C(t)$。

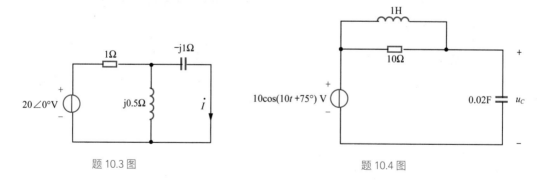

题 10.3 图　　　　　　　　题 10.4 图

10.2节 相量分析法的应用

▶ 基础题

10.5　求题10.5图所示正弦交流电路中的 $\dot{I}_C$。

▶ **提高题**

10.6 题10.6图所示电路为正弦交流电路。已知 $U_s=20$ V ， $R=1\Omega$ ， $L_1=500$ mH ， $L_2=62.5$ mH ， $C=0.25$ F ， $g=3$ S ， $\omega=4$ rad/s ，求 I 。

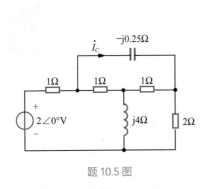

题 10.5 图

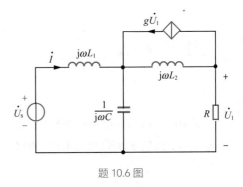

题 10.6 图

10.3节　相量图

▶ **基础题**

10.7　题10.7图所示电路为正弦交流电路。已知交流电压表V_1和V_2的读数均为30V，求电压源电压的有效值。

10.8　题10.8图所示电路为正弦交流电路。已知 $\dot{U}$ 与 $\dot{I}$ 同相位，交流电流表A_1的读数为8 A，交流电流表A_2的读数为10 A，求交流电流表A_3的读数。

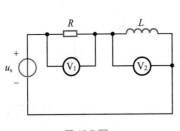

题 10.7 图

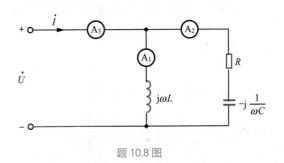

题 10.8 图

10.9　题10.9图所示电路为正弦交流电路。定性绘制电路的相量图（将电流相量图和电压相量图绘制在同一个图中）。

▶ **提高题**

10.10　题10.10图所示电路为正弦交流电路。已知交流电压表读数为100 V，交流电流表A_3读数为10 A，交流电流表A_1读数为$10\sqrt{2}$ A，$U_s=50\sqrt{2}$ V，求 R 、 ωL 和 $\dfrac{1}{\omega C}$ 。

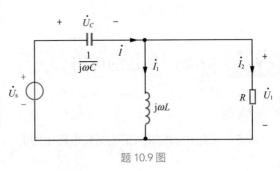

题 10.9 图

10.11　题10.11图所示为正弦交流电路。设电压源电压的初相角为0°，改变电压源电压的角频率 ω ，$\dot{U}_{cd}$ 的模值始终等于电压源电压的有效值，即 $U_{cd}=U_s$ 。当 ω 由0逐渐增加到∞，分析 $\dot{U}_{cd}$ 辐角的变化规律。

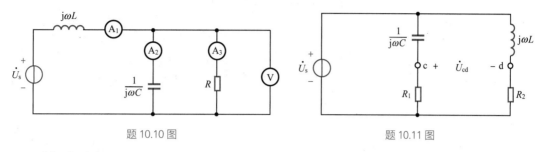

题 10.10 图　　　　　　　　　　题 10.11 图

二、综合题

10.12　题10.12图所示为正弦交流电路。已知 $U_s=160\ \text{V}$ ，电压表一端接到d点，另一端接到滑动变阻器的滑动端子b。改变b在滑动变阻器上的位置会改变交流电压表V的读数，求交流电压表V的最小读数。

10.13　题10.13图所示电路中，开关原来闭合。当电路达到稳态后，在 $i_L=\sqrt{2}\ \text{A}$ 时开关断开，以开关断开时作为时间起点（$t=0$），求开关断开后的 $i_L(t)$。

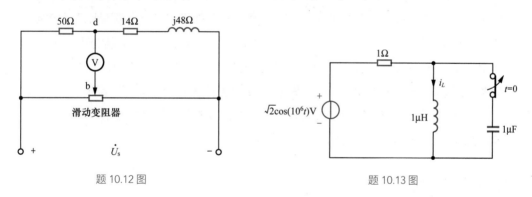

题 10.12 图　　　　　　　　　　题 10.13 图

三、应用题

10.14　题10.14图所示电路是一个移相电路。（1）要使 $\dot{U}_{out}$ 相位滞后 $\dot{U}_{in}$ 相位90度，R 和 $\dfrac{1}{\omega C}$ 应该满足什么关系？并求此时的 $\dfrac{U_{out}}{U_{in}}$；（2）如果将题10.14图所示电路中的两个电阻和两个电容位置互换，输入电压和输出电压位置保持不变，则要使 $\dot{U}_{out}$ 相位超前 $\dot{U}_{in}$ 相位90度，R 和 $\dfrac{1}{\omega C}$ 应该满足什么关系？并求此时的 $\dfrac{U_{out}}{U_{in}}$。

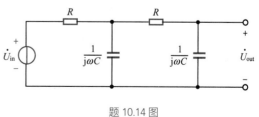

题 10.14 图

第**11**章

正弦交流电路的功率

第9章和第10章关注的是正弦交流电路的电压和电流，本章将介绍正弦交流电路（本章后文中简称交流电路）的功率。之所以将交流电路的功率单独设置为一章，是因为交流电路的功率极为重要，同时又比较复杂。

交流电路的功率之所以重要，是因为使用交流电路的目标主要是获得功率。我们平时说电灯、电视机、空调、电冰箱、洗衣机等家用电器多少"瓦"，就是在谈论交流电路的功率。

交流电路的功率之所以复杂，是因为交流电路的电压和电流都是随时间做周期变化的正弦量，而功率等于电压与电流的乘积，其也随时间做周期变化，这显然比直流电路的功率复杂得多。为了全面反映交流电路的功率特征，需要定义交流电路的5种功率及功率因数，这也使交流电路的功率问题变得更加复杂。虽然交流电路的功率很复杂，但只要深刻理解交流电路功率的内涵，就能比较容易地分析和计算出交流电路的功率。

本章将分别介绍交流电路的5种功率及功率因数的定义和计算方法，并分析交流电路功率的守恒性和各种功率之间的关系。

🎯 学习目标

（1）深刻理解交流电路的5种功率及功率因数的定义与内涵；

（2）掌握有功功率、无功功率、复功率、视在功率和功率因数的表达式；

（3）熟练计算有功功率、无功功率、复功率、视在功率和功率因数；

（4）掌握并运用交流电路的功率守恒性；

（5）锻炼利用不同指标描述同一对象不同方面性能的能力。

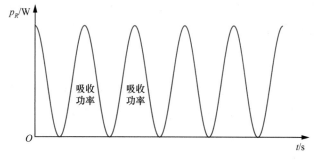

11.1　瞬时功率

11.1.1　瞬时功率的定义

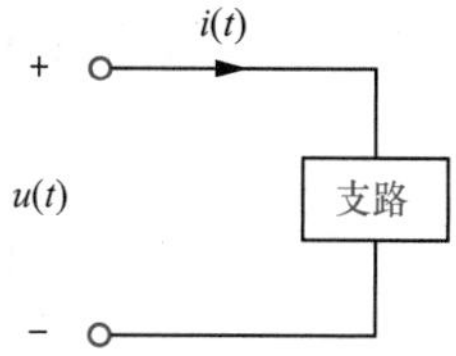

图11.1所示支路的电压为$u(t)$，电流为$i(t)$，则t时刻该支路的瞬时功率（instantaneous power）定义为电压和电流的乘积，即

$$p(t) = u(t)i(t) \tag{11.1}$$

图 11.1　标记电压和电流的支路

对于交流电路而言，支路的电压和电流都是随时间做周期变化的正弦量，因此可以设支路的电压和电流分别为$u(t) = \sqrt{2}U\cos(\omega t + \varphi_u)$和$i(t) = \sqrt{2}I\cos(\omega t + \varphi_i)$。

将支路的电压和电流的表达式代入式（11.1），可得

$$\begin{aligned} p(t) &= u(t)i(t) \\ &= \sqrt{2}U\cos(\omega t + \varphi_u) \times \sqrt{2}I\cos(\omega t + \varphi_i) \\ &= UI\cos(2\omega t + \varphi_u + \varphi_i) + UI\cos(\varphi_u - \varphi_i) \end{aligned} \tag{11.2}$$

由式（11.2）可见，交流电路的瞬时功率是随时间变化的周期函数（瞬时功率的角频率等于电压和电流角频率的2倍），且与支路的电压和电流的相位差有关。下面分别计算电阻、电感和电容的瞬时功率。

11.1.2　电阻、电感和电容的瞬时功率

1. 电阻的瞬时功率

对于电阻而言，其电压与电流同相位，即$\varphi_u = \varphi_i$，将其代入式（11.2）可得

$$\begin{aligned} p_R(t) &= UI\cos(2\omega t + 2\varphi_u) + UI\cos 0° \\ &= UI\left[1 + \cos(2\omega t + 2\varphi_u)\right] \end{aligned} \tag{11.3}$$

由式（11.3）可见，电阻的瞬时功率随时间做周期变化，并且始终大于或等于0 W，其波形如图11.2所示。电阻会阻碍电流流动而吸收功率，因此电阻瞬时功率始终大于或等于0 W意味着电阻始终吸收功率（含电阻功率为0 W的情况，此时电阻吸收的功率为0 W）。

2. 电感的瞬时功率

对于电感而言，其电压相位超前电流相位90度，即$\varphi_u - \varphi_i = 90°$，将其代入式（11.2）可得

$$\begin{aligned} p_L(t) &= UI\cos(2\omega t + \varphi_u + \varphi_u - 90°) + UI\cos 90° \\ &= UI\sin(2\omega t + 2\varphi_u) \end{aligned} \tag{11.4}$$

图 11.2　电阻瞬时功率波形

　　由式（11.4）可见，电感的瞬时功率是随时间做周期变化的正弦函数，其波形如图11.3所示。当电感瞬时功率大于0 W时，电感吸收功率。当电感瞬时功率小于0 W时，电感发出功率。由图11.3可见，电感随时间变化而交替地吸收功率和发出功率，且每个周期吸收的功率等于发出的功率，这与电阻始终吸收功率明显不同。

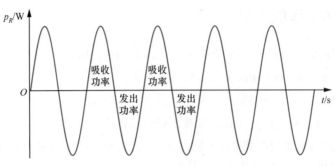

图 11.3　电感瞬时功率波形

3. 电容的瞬时功率

对于电容而言，其电压相位滞后电流相位90度，即 $\varphi_u - \varphi_i = -90°$，将其代入式（11.2）可得

$$
\begin{aligned}
p_C(t) &= UI\cos\left(2\omega t + \varphi_u + \varphi_u + 90°\right) + UI\cos\left(-90°\right) \\
&= -UI\sin\left(2\omega t + 2\varphi_u\right)
\end{aligned}
$$

（11.5）

　　由式（11.5）可见，电容的瞬时功率为随时间做周期变化的正弦函数，其波形如图11.4所示。由图11.4可见，电容的瞬时功率与电感的瞬时功率类似，随时间变化而交替地吸收功率和发出功率，且每个周期吸收的功率等于发出的功率，这与电阻始终吸收功率明显不同。

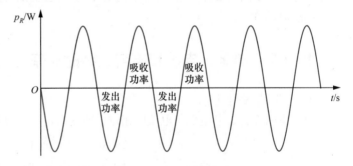

图 11.4　电容瞬时功率波形

　　虽然通过瞬时功率可以定性看出电阻、电感和电容的功率特点，但是由于瞬时功率随时间做周期变化，难以定量衡量电阻、电感和电容的功率，因此需要给出其他能定量衡量的功率，包括有功功率（平均功率）、无功功率、复功率和视在功率。下面首先介绍最常用到的有功功率。

11.2　有功功率

11.2.1　有功功率的定义

交流电路的平均功率（average power）定义为瞬时功率在一个周期内的平均值，即

$$P = \frac{1}{T} \int_0^T p(t)\, \mathrm{d}t = \frac{1}{T} \int_0^T u(t)i(t)\, \mathrm{d}t \qquad (11.6)$$

可见，平均功率 P 是用来定量衡量平均做功能力的功率，因此其又称为有功功率（active power），单位为瓦特（W）。由于有功功率较之平均功率物理意义更明显，因此本书均称之为有功功率。下面推导交流电路有功功率的表达式。

设交流电路中任一支路的电压和电流分别为 $u(t) = \sqrt{2}U \cos(\omega t + \varphi_u)$ 和 $i(t) = \sqrt{2}I \cos(\omega t + \varphi_i)$，将其代入式（11.6）可得

$$\begin{aligned} P &= \frac{1}{T} \int_0^T \left[\sqrt{2}U \cos(\omega t + \varphi_u) \times \sqrt{2}I \cos(\omega t + \varphi_i) \right] \mathrm{d}t \\ &= UI \cos(\varphi_u - \varphi_i) \end{aligned} \qquad (11.7)$$

令 $\varphi = \varphi_u - \varphi_i$，则式（11.7）可写为

$$P = UI \cos\varphi \qquad (11.8)$$

由式（11.8）可见，交流电路中任一支路的有功功率既与支路的电压和电流的有效值有关，又与支路的电压和电流的相位差有关。需要注意的是，利用根据式（11.8）计算出的功率并不能看出支路实际发出还是实际吸收有功功率，还需要结合参考方向是否关联来判断：如果参考方向关联且 $P>0$，则支路实际吸收有功功率；如果参考方向关联且 $P<0$，则支路实际发出有功功率；如果参考方向非关联且 $P>0$，则支路实际发出有功功率；如果参考方向非关联且 $P<0$，则支路实际吸收有功功率。

下面分别计算电阻、电感和电容的有功功率。

11.2.2　电阻、电感和电容的有功功率

1. 电阻的有功功率

电阻的电压和电流相位差等于零，即 $\varphi = \varphi_u - \varphi_i = 0$，将其代入式（11.8）可得

$$P_R = UI \cos 0° = UI \qquad (11.9)$$

式（11.9）表明，只要电阻上流过电流，则电阻一定做功，其做功的有功功率等于电压有效值乘以电流有效值。

根据欧姆定律，电阻的电压和电流满足 $\dot{U} = R\dot{I}$，等式两边取模值可得 $U = RI$，将其代入式（11.9），可得电阻有功功率的表达式的另一种形式：

$$P_R = I^2 R = \frac{U^2}{R} \qquad (11.10)$$

可见，交流电路中电阻有功功率的表达式与直流电路中电阻功率的表达式相同。

2. 电感和电容的有功功率

电感和电容的电压和电流相位差分别为 90 度和 –90 度，将其分别代入式（11.8）可得

$$P_L = UI \cos 90° = 0\ \text{W} \qquad (11.11)$$

$$P_C = UI \cos(-90°) = 0\ \text{W} \qquad (11.12)$$

式（11.11）和式（11.12）说明电感和电容的有功功率都为 0 W，即一个周期内吸收的功率等于发出的功率，平均做功功率为 0 W。

有功功率表达式总结如表11.1所示。

表 11.1　有功功率表达式总结

电路模型	有功功率表达式
任一支路	$P = UI\cos\varphi,\ \varphi = \varphi_u - \varphi_i$
电阻	$P_R = UI = I^2 R = \dfrac{U^2}{R}$
电感	$P_L = 0\ \text{W}$
电容	$P_C = 0\ \text{W}$

11.2.3　功率表简介

交流电路的有功功率可以通过仪表测量。测量有功功率的仪表称为功率表，又称瓦特表，其图形符号如图11.5所示。图中功率表有4个端子，横向2个端子是电流端子，纵向2个端子是电压端子，其中左侧带星号端子为电流流入端子，上方带星号的端子为电压正极端子。图11.5中功率表的读数为

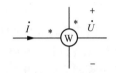

图 11.5　功率表的图形符号

$$P = UI\cos\varphi \qquad\qquad (11.13)$$

式（11.13）中 $\varphi = \varphi_u - \varphi_i$ 为 $\dot{U}$ 与 $\dot{I}$ 的相位差。

要测量电路某一支路的有功功率，可以将功率表接到支路两端，如图11.6所示。图中功率表电压正极端子与电流流入端子接到一起，这样可以保证功率表的电压和电流即支路的电压和电流。结合图11.6和功率表读数表达式（11.13）可知，此时功率表的读数即支路的有功功率。

图11.6中功率表测量的是支路的有功功率，但这并不意味着在任何交流电路中功率表的读数都代表支路的有功功率。例如，图11.7中功率表的读数不代表任何一条支路的有功功率，因为图中功率表的电压和电流不是任何一条支路的电压和电流。图11.7中的功率表接法貌似没有什么用处，却适用于某些特殊的场合。例如，第12章利用2个功率表的特殊接法实现了三相总有功功率的测量。

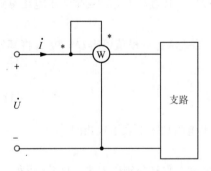

图 11.6　功率表测量支路的有功功率

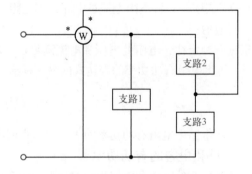

图 11.7　功率表的读数不代表支路的有功功率

11.2.4　有功功率的计算

下面通过两个例题说明如何计算有功功率。

例11.1 （基础题）　图11.8所示为正弦交流电路。已知电压源电压的有效值为10 V，求电阻的有功功率。

解　计算电阻的有功功率可以利用公式 $P = I^2R$，因此只要求出电流的有效值，即可求出电阻的有功功率。

由图11.8可得

$$I = \left| \frac{\dot{U}_s}{4 + j3} \right| = \frac{10}{5} = 2 \text{ A}$$

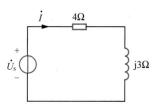

图 11.8　例 11.1 电路图

因此，电阻的有功功率为 $P = I^2R = 2^2 \times 4 = 16 \text{ W}$。

例11.1还有其他解法。由图11.8可见，由于电感的有功功率为0 W，因此电阻的有功功率即电阻与电感串联阻抗的有功功率。电阻与电感串联阻抗的有功功率为

$$P = U_s I \cos \varphi$$

式中，$U_s = 10 \text{ V}$，$I = \left| \dfrac{\dot{U}_s}{4 + j3} \right| = \dfrac{10}{5} = 2 \text{ A}$，$\varphi$ 为电压与电流的相位差，即电阻与电感串联阻抗的阻抗角，因此 $\varphi = \arctan \dfrac{3}{4} \approx 36.9°$。将以上计算结果代入有功功率的计算公式可得

$$P = 10 \times 2 \times \cos 36.9° = 16 \text{ W}$$

由以上求解过程可以看出，两种求解方法的结果相同，但直接利用公式 $P = I^2R$ 计算电阻的有功功率更简捷。

同步练习11.1 （基础题）　图11.9所示为正弦交流电路。已知电压源电压的有效值为10 V，求电阻的有功功率。

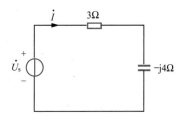

图 11.9　同步练习 11.1 电路图

答案： 12 W。

例11.2 （基础题）　图11.10所示为正弦交流电路。已知电压表、电流表和功率表的读数分别为200 V、1 A和100 W，求 R 和 $\dfrac{1}{\omega C}$。

解　本题是计算有功功率的逆问题，即已知有功功率，求电路参数。

图11.10中电压表和电流表的读数分别为电压源电压有效值 U_s 和电流有效值 I，功率表的读数为 R 的有功功率。

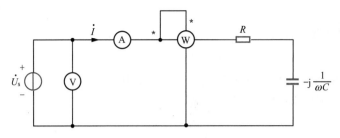

图 11.10　例 11.2 电路图

根据已知条件，可得电阻的有功功率为

$$P = I^2 R = 1^2 \times R = 100\,\text{W}$$

解得 $R = 100\,\Omega$ 。

根据已知条件，由图 11.10 可得

$$I = \left| \frac{\dot{U}_s}{R - \text{j}\dfrac{1}{\omega C}} \right| = \frac{200}{\sqrt{100^2 + \left(\dfrac{1}{\omega C} \right)^2}} = 1\,\text{A}$$

因此，$\dfrac{1}{\omega C} = 100\sqrt{3}\ \Omega$ 。

例 11.2 说明可以通过 3 个仪表分别测量阻抗的电压、电流和有功功率，从而求出阻抗参数。

同步练习 11.2（**基础题**）图 11.11 所示为正弦交流电路。已知电压表、电流表和功率表的读数分别为 200 V、1 A 和 100 W，求 R 和 ωL 。

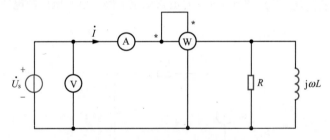

图 11.11　同步练习 11.2 电路图

答案：$R = 400\,\Omega$ ，$\omega L = \dfrac{400}{3}\sqrt{3}\ \Omega$ 。

11.2.5　最大有功功率传输

5.4.4 小节给出了在直流电路中当可变电阻负载等于戴维南等效电路的等效电阻时可以获得最大功率的结论。那么，对于交流电路而言，同样的结论也成立吗？

交流电路与直流电路有两个不同之处：一个是负载为阻抗，不一定是纯电阻；另一个是除负载之外的戴维南等效电路包含等效阻抗，等效阻抗也不一定是纯电阻。这两个不同之处决定了交流电路的最大功率传输结论可能与直流电路不同。下面推导交流电路最大功率（默认指有功功率）传输的条件。

图11.12所示电路为负载阻抗可变的交流电路，图中的 $\dot{U}_{oc}$ 和 Z_{eq} 分别为与可变负载阻抗 Z_L 连接的电路的戴维南等效电路的开路电压和等效阻抗。下面推导图11.12电路的最大功率传输条件。

对于可变负载阻抗而言，吸收有功功率的是负载阻抗的实部 R_L。由图11.12可得，负载阻抗吸收的有功功率为

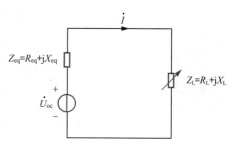

图 11.12 负载阻抗可变的交流电路

$$P = I^2 R_L = \left| \frac{\dot{U}_{oc}}{Z_{eq} + Z_L} \right|^2 R_L = \frac{R_L}{\left(R_{eq} + R_L \right)^2 + \left(X_{eq} + X_L \right)^2} U_{oc}^2 \qquad (11.14)$$

式（11.14）中，R_{eq} 和 R_L 均为正值；X_{eq} 和 X_L 均可能为正值，也可能为负值。为了使 P 最大，可以令 $X_{eq} + X_L = 0$，此时式（11.14）变为

$$P = \frac{R_L}{\left(R_{eq} + R_L \right)^2} U_{oc}^2 = \frac{R_L}{R_{eq}^2 + R_L^2 + 2 R_{eq} R_L} U_{oc}^2 = \frac{1}{R_{eq}^2 / R_L + R_L + 2 R_{eq}} \leqslant \frac{U_{oc}^2}{4 R_{eq}} \qquad (11.15)$$

当 $R_L = R_{eq}$ 时，P 最大，最大功率为

$$P_{max} = \frac{U_{oc}^2}{4 R_{eq}} \qquad (11.16)$$

由以上分析可见，可变负载阻抗获得最大功率的条件是 $X_{eq} + X_L = 0$ 和 $R_L = R_{eq}$，即

$$Z_L = Z_{eq}^* \qquad (11.17)$$

以上最大功率传输条件成立的前提是可变负载阻抗的实部和虚部均可以任意改变。如果对负载阻抗的改变加以限定，那么最大功率传输条件也会随之改变。例如，如果限定负载阻抗的阻抗角不能改变，而只能改变负载阻抗的模值，则需要重新推导最大功率传输条件。

假定图11.12中负载阻抗的阻抗角为 φ_{Z_L} 且不能改变，则

$$Z_L = R_L + j X_L = |Z_L| \angle \varphi_{Z_L} = |Z_L| \cos \varphi_{Z_L} + j |Z_L| \sin \varphi_{Z_L} \qquad (11.18)$$

此时，负载阻抗吸收的有功功率为

$$P = I^2 R_L = \left| \frac{\dot{U}_{oc}}{Z_{eq} + Z_L} \right|^2 |Z_L| \cos \varphi_{Z_L} = \frac{|Z_L| \cos \varphi_{Z_L}}{\left(R_{eq} + |Z_L| \cos \varphi_{Z_L} \right)^2 + \left(X_{eq} + |Z_L| \sin \varphi_{Z_L} \right)^2} U_{oc}^2 \qquad (11.19)$$

对式（11.19）进一步整理可得

$$\begin{aligned}
P &= \frac{|Z_L| \cos \varphi_{Z_L}}{|Z_L|^2 + \left(R_{eq}^2 + X_{eq}^2 \right) + 2 R_{eq} |Z_L| \cos \varphi_{Z_L} + 2 X_{eq} |Z_L| \sin \varphi_{Z_L}} U_{oc}^2 \\
&= \frac{\cos \varphi_{Z_L}}{2|Z_L| + 2 \left(R_{eq}^2 + X_{eq}^2 \right) / |Z_L| + 2 R_{eq} \cos \varphi_{Z_L} + 2 X_{eq} \sin \varphi_{Z_L}} U_{oc}^2 \\
&\leqslant \frac{\cos \varphi_{Z_L}}{2 \sqrt{R_{eq}^2 + X_{eq}^2} + 2 R_{eq} \cos \varphi_{Z_L} + 2 X_{eq} \sin \varphi_{Z_L}} U_{oc}^2
\end{aligned} \qquad (11.20)$$

正弦交流电路
电阻负载获得
最大功率例题
分析

当 $|Z_L| = \sqrt{R_{eq}^2 + X_{eq}^2} = |Z_{eq}|$ 时，P 最大，最大功率为

$$P_{max} = \frac{\cos \varphi_{Z_L}}{2\left(\sqrt{R_{eq}^2 + X_{eq}^2} + R_{eq} \cos \varphi_{Z_L} + X_{eq} \sin \varphi_{Z_L}\right)} U_{oc}^2 \qquad (11.21)$$

由以上分析可见，当负载阻抗的阻抗角不能改变，而只有阻抗的模值可以改变时，负载阻抗获得最大功率的条件是负载阻抗的模值等于戴维南等效阻抗的模值，即

$$|Z_L| = \sqrt{R_{eq}^2 + X_{eq}^2} = |Z_{eq}| \qquad (11.22)$$

在正弦交流电路中，纯电阻负载是常见的负载。纯电阻负载的阻抗角为0，不能改变，只有电阻值（即阻抗模值）可以改变，因此正弦交流电路负载为纯电阻时最大功率传输条件是

$$R_L = |Z_{eq}| = \sqrt{R_{eq}^2 + X_{eq}^2} \qquad (11.23)$$

例11.3 （基础题） 图11.13所示为负载阻抗可变的正弦交流电路。已知电压源电压的有效值为 10 V，负载阻抗 Z_L 为何值时可获得最大功率？并求此最大功率。

解 求最大功率条件和最大功率的关键是求除负载阻抗 Z_L 之外电路的戴维南等效电路。

由图11.13和已知条件可以求得除负载阻抗 Z_L 之外电路的戴维南等效电路的开路电压和等效阻抗分别为

$$\dot{U}_{oc} = \frac{j1}{1 + j1} \dot{U}_s = \frac{j1}{1 + j1} \dot{U}_s \times 10 = 5\sqrt{2} \angle 45° \text{ V}$$

$$Z_{eq} = \frac{1 \times j1}{1 + j1} = 0.5 + j0.5 \Omega$$

根据最大功率传输条件可得，当 $Z_L = Z_{eq}^* = 0.5 - j0.5 \Omega$ 时，Z_L 可获得最大功率，最大功率为

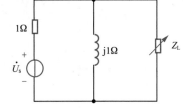

图 11.13 例 11.3 电路图

$$P_{max} = \frac{U_{oc}^2}{4R_{eq}} = \frac{\left(5\sqrt{2}\right)^2}{4 \times 0.5} = 25 \text{ W}$$

同步练习11.3 （基础题） 图11.14所示为负载阻抗可变的正弦交流电路。已知电压源电压的有效值为10 V，负载阻抗 Z_L 为何值时可获得最大功率？并求此最大功率。

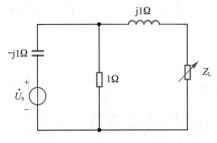

图 11.14 同步练习 11.3 电路图

答案：当 $Z_L = 0.5 - j0.5 \Omega$ 时，Z_L 可获得最大功率，最大功率为25 W。

例11.4 （提高题）　图11.15所 示 为 正 弦 交 流 电 路。已 知 $Z_1=12-\mathrm{j}6\,\Omega$，$Z_L=6-\mathrm{j}3\,\Omega$，$\omega=100\,\mathrm{rad/s}$，开关S断开时电压表的读数为50 V。当开关S闭合时，改变图中可变电感L，负载Z_L的有功功率会随之发生改变。当L为何值时，负载Z_L可以获得最大有功功率？并求此最大有功功率。

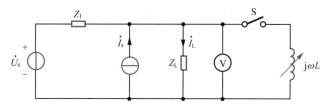

图 11.15　例 11.4 电路图

解　本例题负载阻抗为固定阻抗，因此不能直接应用本小节所给出的最大功率传输条件，只能另想其他办法。

仔细分析已知条件，可以得出以下明确结论。

（1）可变电感左侧电路的戴维南等效电路的等效阻抗为 $Z_{\mathrm{eq}}=\dfrac{Z_1 Z_L}{Z_1+Z_L}=4-\mathrm{j}2\,\Omega$。

（2）可变电感左侧电路的戴维南等效电路的开路电压的有效值为 $U_{\mathrm{oc}}=50\,\mathrm{V}$。

通过以上结论仍然无法看出负载Z_L可以获得最大有功功率的条件。此时注意到负载Z_L为固定阻抗。既然是固定阻抗，则其有功功率为 $I_L^2\times6$，显然 I_L 最大时可获得最大有功功率。

要想使负载电流有效值I_L最大，应使负载的电压有效值U_L最大。观察图11.15可见，开关S闭合后负载与可变电感并联，两者电压相等，因此当可变电感的电压有效值最大时，负载的电压有效值也最大，此时负载可以获得最大有功功率。此时，问题已转化为求可变电感电压有效值最大的条件。

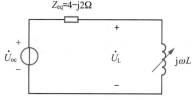

图 11.16　图 11.15 等效电路图

根据分析已知条件得到的结论，图11.15的等效电路如图11.16所示。

由图11.16可得

$$U_L=\left|\frac{\mathrm{j}\omega L}{Z_{\mathrm{eq}}+\mathrm{j}\omega L}\dot{U}_{\mathrm{oc}}\right|=\frac{\omega L}{\sqrt{4^2+(\omega L-2)^2}}\times50$$

上式经过上下同时除以 ωL 和配方等步骤，整理可得

$$U_L=\frac{50}{\sqrt{\left(\dfrac{4}{\omega L}\right)^2+\left(1-\dfrac{2}{\omega L}\right)^2}}=\frac{50}{\sqrt{5\times\left(\dfrac{2}{\omega L}-\dfrac{1}{5}\right)^2+\dfrac{4}{5}}}$$

可见，当 $\dfrac{2}{\omega L}-\dfrac{1}{5}=0$ 时 U_L 最大，且最大值为 $25\sqrt{5}\,\mathrm{V}$。由此可以求出

$$L=\frac{10}{\omega}=0.1\,\mathrm{H}$$

$$P_{L\max}=I_{L\max}^2\times6=\left(\frac{U_{L\max}}{|Z_L|}\right)^2\times6=\frac{\left(25\sqrt{5}\right)^2}{6^2+3^2}\times6=\frac{1250}{3}\approx416.67\,\mathrm{W}$$

电压有效值的最大值也可以通过函数求导等于零得出，读者可以尝试用这种方法求一下函数取最大值所需要满足的条件，并求出最大值。

由以上分析和求解过程可见，本例题是一道非常难的题目。深刻理解本例题有助于读者把握概念，提高运用所学知识解决复杂问题的能力。

例11.4有两个难点：一个是不能直接应用已经推导出的最大功率传输条件，一旦直接应用，必然导致错误，因为前提条件不同；另一个是需要思考固定阻抗在什么条件下可以获得最大有功功率，并进行相应的数学推导。

通过例11.4可以得出以下经验和教训：求解电路题目时不能盲目照搬已有结论，而需要注意是否满足已有结论必须具备的前提条件；如果前提条件不同，就必须重新进行思考和推导。

同步练习11.4 （提高题）　图11.17所示为正弦交流电路。已知 $R_1 = R_L = 10\,\Omega$ ， $U_s = 20\,\text{V}$ ， $L = 1\,\text{mH}$ ， $C = 1\,\text{nF}$ ，角频率 ω 可变。当 ω 为何值时，电阻负载 R_L 可以获得最大有功功率？并求此最大有功功率。

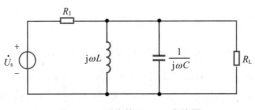

图 11.17　同步练习 11.4 电路图

答案：当 $\omega = 10^6\,\text{rad/s}$ 时，可获得最大有功功率 $P_{\text{max}} = 10\,\text{W}$ 。

11.3 无功功率

由11.1节的图11.3和图11.4，以及11.2节的表11.1可见，电感和电容在一个周期内吸收的功率等于发出的功率，有功功率等于0W。那么，电感和电容在电路中岂不是没有什么用？要想回答这个问题，我们先来看一个日常生活的例子。

现在我要吃一个苹果，那么这个苹果从哪里来呢？是不是从苹果树上直接摘下来吃呢？通常不是，除非我身边就有苹果树。下面简要描述一下我通常是如何吃到苹果的。

首先，苹果树上结出苹果；然后，苹果被交通工具运到超市；接着，我到超市买下苹果；最后，我把苹果吃掉。在这一过程中，苹果树相当于交流电源，苹果相当于功率，交通工具相当于导线，我相当于电阻，电阻始终吸收功率，即我始终消耗苹果。那么，超市扮演交流电路中的什么角色呢？超市买进和卖出苹果的数量相同，因此并没有消耗苹果，说明超市的作用是吞吐（交换）苹果。超市相当于交流电路中的电感和电容，因为电感和电容吸收的功率等于发出的功率，所以其作用是吞吐（交换）功率。那么如何定量衡量电感和电容吞吐功率的能力呢？这就需要定义无功功率。

11.3.1　无功功率的定义

由11.1节式（11.4）和式（11.5）可以总结出交流电路中电感和电容的瞬时功率为

$$p_L(t) = UI \sin(2\omega t + 2\varphi_u), \quad p_C(t) = -UI \sin(2\omega t + 2\varphi_u) \tag{11.24}$$

由式（11.24）可见，我们首先想到的是用正弦量的振幅 UI 来定量衡量电感和电容吞吐功率的能力。可是，振幅无法反映电感和电容瞬时功率互为相反数的差异。

由于电容和电感吸收的功率等于发出的功率，平均来看不做功，因此可以将电感和电容吞吐功率的能力定义为无功功率（reactive power）。由式（11.24）可以分别定义电感和电容的无功功率：

$$Q_L = UI \tag{11.25}$$

$$Q_C = -UI \tag{11.26}$$

式（11.25）和式（11.26）仅给出了电感和电容的无功功率，并没有给出交流电路中任一支路的无功功率。下面推导任一支路无功功率的表达式。

设交流电路中任一支路的电压和电流分别为 $u(t) = \sqrt{2}U \cos(\omega t + \varphi_u)$ 和 $i(t) = \sqrt{2}I \cos(\omega t + \varphi_i)$，则该支路的瞬时功率为

$$\begin{aligned}
p(t) &= u(t)i(t) \\
&= \sqrt{2}U \cos(\omega t + \varphi_u) \times \sqrt{2}I \cos(\omega t + \varphi_i) \\
&= UI \cos(2\omega t + \varphi_u + \varphi_i) + UI \cos(\varphi_u - \varphi_i) \\
&= UI \cos[2\omega t + 2\varphi_u - (\varphi_u - \varphi_i)] + UI \cos(\varphi_u - \varphi_i)
\end{aligned} \tag{11.27}$$

令 $\varphi = \varphi_u - \varphi_i$，则将式（11.27）进行三角函数展开并整理可得

$$p(t) = UI \cos\varphi[1 + \cos(2\omega t + 2\varphi_u)] + UI \sin\varphi \sin(2\omega t + 2\varphi_u) \tag{11.28}$$

式（11.28）中第一项 $UI \cos\varphi[1 + \cos(2\omega t + 2\varphi_u)]$ 可能恒大于或等于零（吸收功率），也可能恒小于或等于零（发出功率）。无论是哪种情况，式（11.28）中第一项都是做功功率。式（11.28）中第二项 $UI \sin\varphi \sin(2\omega t + 2\varphi_u)$ 是吞吐功率。要定量衡量吞吐功率的能力，根据式（11.28）中的第二项可以定义任一支路的无功功率：

$$Q = UI \sin\varphi \tag{11.29}$$

无功功率用来衡量吞吐功率的能力，而有功功率用来衡量平均做功的能力，两者具有明显的差异。为了与有功功率区分，无功功率的单位定义为乏（var）。

由式（11.29）可见，交流电路任一支路的无功功率既与支路电压和电流的有效值有关，又与支路电压和电流的相位差有关。下面分别计算电阻、电感和电容的无功功率。

11.3.2　电阻、电感和电容的无功功率

1. 电阻的无功功率

电阻的电压和电流的相位差等于零，即 $\varphi = \varphi_u - \varphi_i = 0$，将其代入式（11.29）可得

$$Q_R = UI \sin 0° = 0 \text{ var} \tag{11.30}$$

式（11.30）表明，电阻不具有吞吐功率的能力（电阻只能吸收功率）。

2. 电感和电容的无功功率

电感和电容的电压和电流的相位差分别为 90 度和 -90 度，将它们分别代入式（11.29）可得

$$Q_L = UI \sin 90° = UI \tag{11.31}$$

$$Q_C = UI\sin(-90^\circ) = -UI \tag{11.32}$$

由式（11.31）和式（11.32）可见，电感无功功率为正，电容无功功率为负。为了区分两者，一般称电感吸收无功功率，电容发出无功功率。

对于电感而言，$\dot{U} = j\omega L\dot{I}$，等式两边取模值可得 $U = \omega LI$，将其代入式（11.31），可得电感无功功率的表达式的另一种形式：

$$Q_L = \omega LI^2 = \frac{U^2}{\omega L} \tag{11.33}$$

对于电容而言，$\dot{U} = \frac{1}{j\omega C}\dot{I}$，等式两边取模值可得 $U = \frac{1}{\omega C}I$，将其代入式（11.32），可得电容无功功率的表达式的另一种形式：

$$Q_C = -\omega CU^2 = -\frac{I^2}{\omega C} \tag{11.34}$$

无功功率表达式总结如表11.2所示。

表 11.2　无功功率表达式总结

电路模型	无功功率表达式
任一支路	$Q = UI\sin\varphi,\ \varphi = \varphi_u - \varphi_i$
电阻	$Q_R = 0\text{ var}$
电感	$Q_L = UI = \omega LI^2 = \dfrac{U^2}{\omega L}$
电容	$Q_C = -UI = -\omega CU^2 = -\dfrac{I^2}{\omega C}$

11.3.3　无功功率的计算

下面通过两个例题说明如何计算无功功率。

例11.5　（基础题）图11.18所示为正弦交流电路。已知电压源电压的有效值为10 V，求电感的无功功率。

解　计算电感的无功功率可以利用公式 $Q_L = \omega LI^2$，因此只要求出电感电流的有效值，即可求出电感的无功功率。

由图11.18可得

$$I = \left| \frac{\dot{U}_s}{j1 + \dfrac{1 \times (-j1)}{1 + (-j1)}} \right| = \frac{10}{\sqrt{0.5^2 + 0.5^2}} = 10\sqrt{2}\text{ A}$$

因此，电感的无功功率 $Q_L = \omega LI^2 = 1 \times \left(10\sqrt{2}\right)^2 = 200\text{ var}$。

同步练习11.5　（基础题）已知图11.9中 $U_s = 25\text{V}$，求电容和电压源的无功功率。

答案：电容的无功功率为 -100 var（关联参考方向），电压源的无功功率为 100 var（非关联参考方向）。

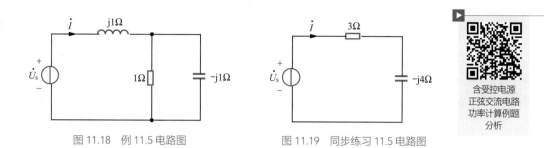

图 11.18 例 11.5 电路图   图 11.19 同步练习 11.5 电路图

11.4 复功率

根据 $P = UI\cos\varphi$、$Q = UI\sin\varphi$ 和 $e^{j\varphi} = \cos\varphi + j\sin\varphi$，可以构造一个新的功率，称为复功率（complex power），其定义式为

$$\bar{S} = P + jQ \tag{11.35}$$

由于复功率的定义式包含有功功率和无功功率，因此只要计算出复功率，就能同时得到有功功率和无功功率。

式（11.35）不能直接根据电压和电流计算出复功率，下面我们推导根据电压和电流计算复功率的公式。

由式（11.35）可得

$$\begin{aligned}
\bar{S} &= P + jQ \\
&= UI\cos(\varphi_u - \varphi_i) + jUI\sin(\varphi_u - \varphi_i) \\
&= UIe^{j(\varphi_u - \varphi_i)} = Ue^{j\varphi_u}Ie^{j(-\varphi_i)} = \dot{U}\dot{I}^*
\end{aligned} \tag{11.36}$$

$\bar{S} = \dot{U}\dot{I}^*$ 即根据电压相量和电流相量计算复功率的公式，注意，式中电流相量需要取共轭。可见，正弦交流电路只要求出电压相量和电流相量，就能计算出复功率，进而得到有功功率和无功功率。

对于一个阻抗而言，其电压与电流关系为 $\dot{U} = Z\dot{I}$，将其代入计算复功率的公式可得

$$\bar{S} = \dot{U}\dot{I}^* = Z\dot{I}\dot{I}^* = I^2 Z \tag{11.37}$$

为了与有功功率和无功功率有效区分，复功率的单位定义为伏安（V·A）。为了书写方便，复功率的单位通常简写为 VA。

11.5 视在功率和功率因数

11.5.1 视在功率

视在功率（apparent power）这个名称看起来很奇怪。"视在"是什么意思呢？"视在"就是"看起来就在那里"。我们凭直觉会自然想到的一个功率定义是 UI，这就是视在功率，用 S 表示，即

$$S = UI \tag{11.38}$$

视在功率的单位与复功率的单位相同。

由定义可见，视在功率是我们凭直觉想出来的功率。那么这个想出来的功率有什么物理意义呢？

如果用日常生活现象来类比，视在功率就相当于苹果的产量。产出的苹果可能一部分会被吃掉（相当于有功功率），另一部分会处于中转之中（相当于无功功率），显然吃掉的苹果和中转的苹果都不可能超过苹果的产量。由此可见，视在功率的物理意义是功率的潜力。潜力决定了发挥上限，即无论如何发挥，都不可能超出潜力。对于一个电路而言，由于视在功率代表了功率的潜力，因此无论转化为有功功率还是无功功率，二者都不可能超出视在功率。

以上类比是为了帮助读者定性理解正弦交流电路的功率，虽然电路与日常生活具有相似性，但两者一般不能严格对应，我们只是取其相似的一面来帮助读者理解电路。

11.5.2 功率因数

视在功率代表功率的潜力，有功功率代表平均做功的能力。为了体现发挥潜力的程度，可以定义功率因数（power factor）为有功功率除以视在功率，即

$$\lambda = \frac{P}{S} \tag{11.39}$$

将有功功率和视在功率的定义式代入式（11.39），可得

$$\lambda = \frac{P}{S} = \frac{UI\cos\varphi}{UI} = \cos\varphi \tag{11.40}$$

式（11.40）中，$\varphi = \varphi_u - \varphi_i$ 被称为功率因数角，即电压和电流的相位差。

如果电流相位超前电压相位，则称功率因数为超前功率因数；如果电流相位滞后电压相位，则称功率因数为滞后功率因数。显然，功率因数超前还是滞后是根据电流与电压的相位差正负来定义的，这与 φ 的定义刚好相反，很容易混淆，因此需要特别注意。

对于一个阻抗而言，其阻抗角等于电压和电流的相位差，因此阻抗的功率因数角即阻抗角。感性阻抗的阻抗角为正，电流相位滞后电压相位，因此其功率因数为滞后功率因数；而容性阻抗的阻抗角为负，电流相位超前电压相位，因此其功率因数为超前功率因数。为了避免混淆，感性阻抗的功率因数也可以称为感性功率因数，容性阻抗的功率因数也可以称为容性功率因数。

由式（11.40）可见，功率因数最大只能为1。功率因数为最大值时，功率的潜力（即视在功率）完全转化为有功功率。我们每个人都希望尽可能发挥自己的潜力，同样，在正弦交流电路中，功率因数越大越好。用吃苹果的例子类比，我们希望产出的苹果尽可能被吃掉，即苹果被吃掉的比例越高越好，完全被吃掉最好。

11.5.3 提高功率因数

提高功率因数除了可以提高有功功率占视在功率的比例，还可以减小电流的有效值。下面给出分析过程。

根据有功功率的表达式 $P = UI\cos\varphi$ 可得

$$I = \frac{P}{U\cos\varphi} \tag{11.41}$$

由式（11.41）可见，如果增大功率因数 $\cos\varphi$，则电流有效值 I 会随之减小。

电流有效值减小会使输电损耗减小，发热变少，从而提高效率、经济性和安全性，因此在实际电路中人们希望提高功率因数。提高功率因数又称功率因数校正。

实际用电设备如电动机、日光灯、空调等大多数可被视为感性负载，如图11.20（a）所示。要提高电路的功率因数，可以在感性负载旁并联一个电容，如图11.20（b）所示。之所以并联电容而不串联电容，是因为并联电容不会改变负载电压，而串联电容会改变负载电压，进而会导致负载不能正常工作。

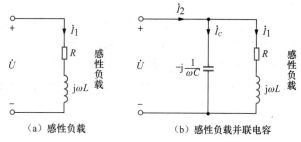

图 11.20　并联电容提高感性负载电路的功率因数

例11.6　（基础题）已知图11.20电路中电压的有效值为 U ，角频率为 ω ，感性负载的有功功率为 P ，要将图11.20（a）电路的功率因数 $\cos\varphi_1$ 提高到图11.20（b）电路的功率因数 $\cos\varphi_2$ ，求至少需要并联多大的电容 C 。

解　由图11.20（b）可见，并联电容不会影响感性负载的电压，自然也不会影响感性负载的电流，因此感性负载在并联电容后的有功功率仍然为 P 。

根据有功功率的表达式可得

$$P = UI_1\cos\varphi_1 = UI_2\cos\varphi_2$$

由此可得

$$I_1 = \frac{P}{U\cos\varphi_1}, \quad I_2 = \frac{P}{U\cos\varphi_2}$$

由图11.20（b）可得

$$\dot{I}_C = \dot{I}_2 - \dot{I}_1$$

功率因数提高相量图分析法例题分析

设电压 $\dot{U}$ 的相角为0，根据功率因数角等于电压与电流的相位差，可得 $\dot{I}_1$ 和 $\dot{I}_2$ 的初相角分别为 $-\varphi_1$ 和 $-\varphi_2$ ，将它们代入上式可得

$$\mathrm{j}\omega CU = I_2\cos(-\varphi_2) + \mathrm{j}I_2\sin(-\varphi_2) - \left[I_1\cos(-\varphi_1) + \mathrm{j}I_1\sin(-\varphi_1)\right]$$

因此

$$\omega CU = I_1\sin\varphi_1 - I_2\sin\varphi_2$$

功率因数提高

将 I_1 和 I_2 的表达式代入上式可得

$$C = \frac{I_1\sin\varphi_1}{\omega U} - \frac{I_2\sin\varphi_2}{\omega U} = \frac{\dfrac{P}{U\cos\varphi_1}\sin\varphi_1}{\omega U} - \frac{\dfrac{P}{U\cos\varphi_2}\sin\varphi_2}{\omega U} = \frac{P}{\omega U^2}\left(\tan\varphi_1 - \tan\varphi_2\right)$$

对于感性负载而言，其阻抗角即功率因数角 φ_1 为正，而并联电容后电路的功率因数角 φ_2 可能为正，也可能为负，还可能为0，因此满足要求的并联电容值不一定唯一。为了使电容值尽可能小， φ_2 应该取大于或等于零。

例11.6也可以借助于相量图求解，其相量图如图11.21所示。读者可以尝试求解。由相量图可以看出，并联电容后的电流有效值 I_2 较之并联电容

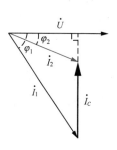

图 11.21　例 11.6 相量图

前的电流有效值 I_1 减小了，这与本小节得出的增大功率因数可以减小电流有效值的分析结论一致。

同步练习11.6（基础题）已知正弦交流电路中感性负载阻抗等于 $100 + \mathrm{j}100\,\Omega$，求感性负载阻抗的功率因数。如果在感性负载阻抗旁并联一个电容，并且已知电路的角频率 $\omega = 100\,\mathrm{rad/s}$，求并联多大的电容才能使等效阻抗的功率因数等于1。

答案：感性负载阻抗的功率因数等于0.707；需要并联的电容值等于 $50\,\mu\mathrm{F}$。

11.6 交流电路功率的守恒性和相互关系

由5.5节介绍的特勒根定理可知，对于一个电路而言，在关联参考方向下，所有支路的电压与电流的乘积之和等于零，即

$$\sum_{k=1}^{b} u_k i_k = 0 \tag{11.42}$$

式（11.42）中，b 为支路总数。

特勒根定理反映了电路功率守恒，即发出的功率等于吸收的功率。对于交流电路而言，特勒根定理同样适用，不过此处的功率指的是瞬时功率。那么，交流电路的有功功率、无功功率、复功率和视在功率是否也守恒呢？

由5.5节可知，证明特勒根定理的依据是KVL和KCL，也就是说，只要支路电压满足KVL，支路电流满足KCL，那么特勒根定理就成立。由于复功率 $\bar{S} = \dot{U}\dot{I}^*$，并且在相量域中支路电压相量仍然满足KVL，支路电流相量及其共轭仍然满足KCL，因此用5.5节的方法同样可以证明

$$\sum_{k=1}^{b} \bar{S}_k = \sum_{k=1}^{b} \dot{U}_k \dot{I}_k^* = 0 \tag{11.43}$$

式（11.43）表明交流电路的复功率是守恒的。

由式（11.43）可得

利用功率守恒计算正弦交流电路功率例题分析

$$\sum_{k=1}^{b} \bar{S}_k = \sum_{k=1}^{b} (P_k + \mathrm{j}Q_k) = 0 \Rightarrow \sum_{k=1}^{b} P_k = 0, \quad \sum_{k=1}^{b} Q_k = 0 \tag{11.44}$$

式（11.44）表明交流电路的有功功率和无功功率也是守恒的。

视在功率等于支路电压有效值与电流有效值的乘积，即 $S = UI$，而支路电压有效值不满足KVL，支路电流有效值不满足KCL，因此视在功率不守恒。

交流电路功率的定义和特点如表11.3所示。

表 11.3　交流电路功率的定义和特点

功率类型	定义式	物理意义	单位	守恒性
瞬时功率	$p(t) = u(t)i(t)$	任意一个时刻的功率	W	守恒
有功功率	$P = UI\cos\varphi$	平均做功的功率	W	守恒
无功功率	$Q = UI\sin\varphi$	中转的功率	var	守恒
复功率	$\bar{S} = \dot{U}\dot{I}^*$	无	VA	守恒
视在功率	$S = UI$	功率的潜力	VA	不守恒

由表11.3中的定义式可以看出不同功率之间的关系。下面给出部分关系式：

$$S = |\bar{S}|, \quad \bar{S} = P + \mathrm{j}Q, \quad S = \sqrt{P^2 + Q^2} \tag{11.45}$$

交流电路不同类型功率之间的关系式有很多，没有必要一一推导和记忆，因为只要记住每种功率的定义式，不同功率的相互关系就显而易见了。

本章小结

格物致知

做社会的有用人才

由交流电路功率的定义和分析可知，不同的功率扮演了不同的角色，其中的主角是有功功率和无功功率。有功功率是发出并被实际消耗的功率，而无功功率是在电路中吞吐的功率，其并没有被消耗。

同样，我们每个人都在社会中扮演着不同角色，而在人生历程中角色也在发生着变化。下面从横向和纵向两个方面讨论交流电路功率带给我们的人生启迪。

1. 横向

在交流电路中，电源的功能是提供有功功率和无功功率，电感和电容的功能是中转功率，电阻的功能是消耗功率。每个电路元件都是交流电路的重要组成部分，起着不可替代的作用。同样，社会上存在着各种群体。农民生产粮食，工人生产产品，他们相当于电路中的电源。商人经商贸易，快递员收发包裹，他们相当于电路中的电感和电容。消费者消费各类产品，他们相当于电路中的电阻。每一个群体的人员都是社会不可或缺的组成部分。

我们在审视不同群体对社会的贡献时，需要全面客观，而不能有所偏颇。例如，有的人可能认为商人不生产产品，只是进货和出货，对社会的贡献不大，这显然是片面的看法。没有商品的中转，整个社会可能将陷入停滞。有的人也许认为消费者对社会的贡献不大，甚至认为消费多了会给社会带来负担，这种想法也过于简单化。试想，如果没有消费者，农民和工人生产的东西往哪里销售？商人进的货卖给谁？可见，这些群体对社会的贡献都很大，地位同样重要。

既然各行各业对社会的贡献都很大，那么我们每个人都应认同自己的行业，做到敬业爱岗；同时，也要尊重其他行业。

2. 纵向

在交流电路中，电源、电感、电容、电阻等功能明确。而人比电路元件复杂得多，因此我们每个人都既是电源，又是电感和电容，还是电阻。

从时间的纵向上看，我们每个人在不同的人生阶段，角色定位也有所不同：在婴幼儿阶段，我们的主要任务是消费各种产品；在学生阶段，我们的主要任务是储存知识和提升能力；在工作阶段，我们的主要任务是生产各种东西，包括知识和智慧。

实际上，每个人在人生的不同阶段同时承担着生产者、中转者和消费者的角色，但在不同阶段不同的角色各有侧重。例如，在学生阶段，不要为自己所学没有用武之地而苦恼，其实学生阶段类似于电感和电容在储存能量，虽然暂时看不到效果，但这些能量在以后会发挥重要的作用。

习题

一、复习题

11.2节　有功功率

▶ 基础题

参考答案

11.1　电路中某一支路的电压与电流取关联参考方向，且 $u = 100\cos\omega t$ V，$i = 10$

$\cos\left(\omega t+135°\right)$ A，求该支路吸收的平均功率。

11.2 题11.2图所示为正弦交流电路。已知电压源电压的有效值为100V，求电阻的有功功率。

11.3 题11.3图所示为正弦交流电路。已知 $U_s=200$ V，求一端口网络总的有功功率。

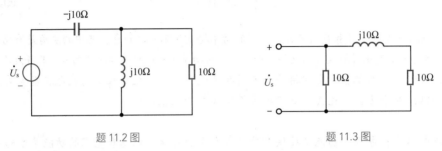

题 11.2 图　　　　　　　　　　题 11.3 图

11.4 题11.4图所示为正弦交流电路。（1）可变阻抗 Z_L 为多少时可获得最大功率？并求此最大功率。（2）如果 Z_L 为纯电阻，则当 Z_L 为多少时可获得最大功率？并求此最大功率。

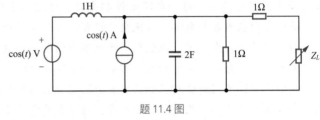

题 11.4 图

▶ **提高题**

11.5 题11.5图所示电路为负载阻抗 Z_L 可变的正弦交流电路。已知 $\dot{U}_s=10\angle0°\text{V}$，求 Z_L 为何值时可获得最大功率？并求此最大功率。

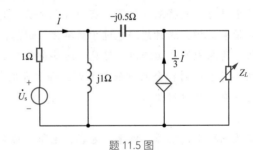

题 11.5 图

11.3节　无功功率

▶ **基础题**

11.6 求题11.6图所示电路中电感和电容的无功功率，以及电压源发出的无功功率。

11.4节　复功率

▶ **基础题**

11.7 已知正弦交流电路中负载的电压和电流分别为 $u(t)=100\cos\omega t$ V 和 $i(t)=2\cos\left(\omega t-60°\right)$ A，求负载的复功率。

▶ **提高题**

11.8 题11.8图所示电路为正弦交流电路，已知 $I_s=10$ A，$\omega=5\,000$ rad/s，$C=10\,\mu\text{F}$。求电流源发出的复功率。

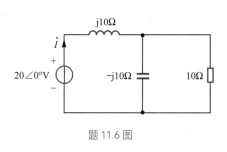

题 11.6 图

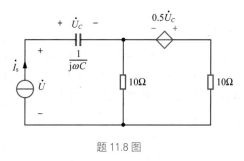

题 11.8 图

11.5节　视在功率和功率因数

▶ 基础题

11.9　题11.9图所示电路为正弦交流电路。已知电压源的电压有效值为220 V，频率为50 Hz，电流表的读数为2 A，负载阻抗Z_L为感性阻抗，且其吸收的有功功率为300 W。（1）求负载阻抗的功率因数；（2）求Z_L；（3）要使电路的功率因数提高到1，需要在负载阻抗两端并联多大的电容？

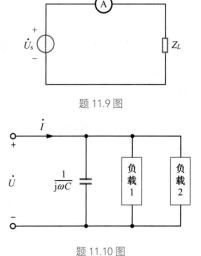

题 11.9 图

▶ 提高题

11.10　题11.10图所示为正弦交流电路，频率为50 Hz，$U = 220\text{V}$。已知负载1的有功功率为16 kW，功率因数为0.8（感性）；负载2的视在功率为10 kVA，功率因数为0.8（容性）。要使电路总的功率因数为1，求C的值。

题 11.10 图

11.6节　交流电路功率的守恒性和相互关系

▶ 基础题

11.11　题11.11图所示电路为正弦交流电路。已知电压表的读数为100V，电流表的读数为1A，功率表的读数为80W，电压源的电压角频率$\omega = 100\,\text{rad/s}$。（1）求电容的无功功率；（2）求$R$和$C$。

11.12　题11.12图所示电路为正弦交流电路。电压源的电压频率为50Hz，有效值为50V，电流有效值为2A，电路消耗的总功率为100W，Z_1的无功功率为-40 var，Z_2的有功功率为20W，求Z_2和U_2。

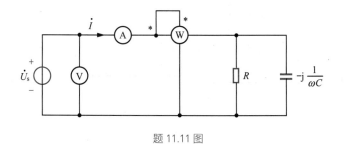

题 11.11 图

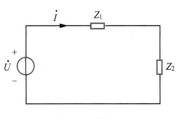

题 11.12 图

▶ **提高题**

11.13　题11.13图所示电路为正弦交流电路。已知 $R_1 = R_2 = 20\,\Omega$，$L = 4\,\text{mH}$，$C = 10\,\mu\text{F}$，电流表的读数为2A，功率表的读数为240W。求电压源的复功率。

11.14　题11.14图所示为正弦交流电路。已知 $u(t) = 20\cos\left(1\,000t + 75°\right)\,\text{V}$，$i(t) = \sqrt{2}\sin\left(1\,000t + 120°\right)\,\text{A}$。N中无独立电源，求N吸收的复功率。

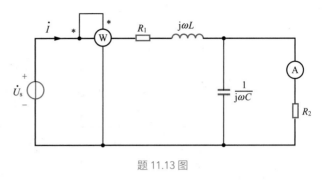

题 11.13 图

二、综合题

11.15　题11.15图所示为正弦交流电路。$I_2 = 1\,\text{A}$，求一端口网络总的有功功率和无功功率。

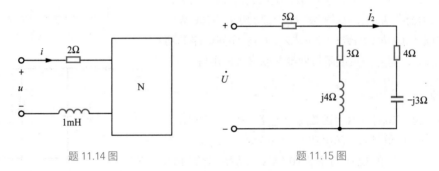

题 11.14 图　　　　　　题 11.15 图

11.16　题11.16图所示为正弦交流电路，已知 I_s=0.6 A，R=1 kΩ，C=1 μF。如果电流源的角频率可以变，则当角频率为多少时，RC串联部分获得的有功功率最大？

三、应用题

11.17　题11.17图所示电路为心脏起搏器的等效电路。调节阻抗Z可以改变负载阻抗Z_L的有功功率。（1）求电机泵获得最大功率时对应的Z，并求此最大功率；（2）求电机泵获得最大功率时阻抗Z对应的电路元件及其参数。

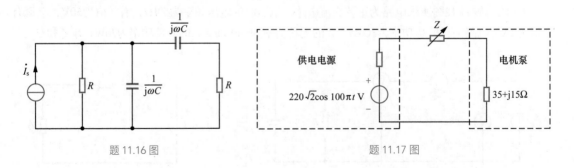

题 11.16 图　　　　　　　题 11.17 图

4

第四篇

电路应用与
拓展

第12章

三相电路

本书前三篇介绍了电路的基础概念和分析方法。从本章开始进入第四篇——电路应用与拓展，这也是本书的最后一篇。为什么第四篇起这样的名称呢？

仔细观察，会发现前三篇侧重基本概念、基本原理和基本分析方法，而对电路的实际应用涉及较少。考虑到电路在现实中有着极为广泛的应用，本课程应用性非常强，读者仅掌握前三篇内容显然是不够的，因此，第四篇特别重视电路的应用：一方面，第四篇很多章节的内容本身就是电路的应用，如三相电路、变压器等；另一方面，第四篇每章都包含相关的电路应用实例。此外，第四篇名称中的"应用"不但有"实际应用"的含义，还有"前三篇的应用"的含义。第四篇以前三篇为基础，是对前三篇内容的应用与拓展。

第四篇总计8章，内容很多，读者可以根据需要选择阅读。

本章"三相电路"是第四篇的开篇之章。之所以选择三相电路来开篇，是因为现代社会所用的电绝大部分依靠三相发电和三相输电。我们自然会好奇：三相中的"相"是指什么？为什么发电和输电要用三相？

本章首先简要介绍三相电路的定义和连接方式，然后分别介绍对称三相电路、不对称三相电路、三相电路功率的相关概念和分析方法，最后给出三相电路的应用实例。

学习目标

（1）了解三相电路的由来；

（2）掌握三相电路的常见连接方式；

（3）理解并掌握相电压（电流）、线电压（电流）的定义和相互关系；

（4）理解并掌握对称三相电路简化为单相电路的原理和方法；

（5）了解不对称三相电路与对称三相电路的异同，掌握不对称三相电路的计算方法；

（6）了解对称三相电路功率的特点，理解并掌握采用二瓦计法测量三相电路功率的原理及功率表读数的计算方法；

（7）锻炼充分利用问题中的对称性因素来简化分析过程的能力。

12.1　三相电路简介

12.1.1　三相电路的定义

三相电路（three-phase circuit）：通过输电线将三相电压源与三相负载连接在一起的电路，称为三相电路。只看这个定义，根本无法理解三相电路是一个什么样的电路，下面给出一个常见的三相电路，以便读者对三相电路建立初步的直观认识，如图12.1所示。

由图12.1可见，三相电路包含三相电压源和三相负载，三相电压源和三相负载通过三相输电线连接起来，Z_{line} 为输电线的线路阻抗。图12.1中的三相电路仅仅是一个示例，本书后面会介绍更多三相电路。

理解三相电路的关键在于理解三相电压源。由图12.1可以看出，三相电压源为三个正弦交流电压源，这意味着三相电路是正弦交流电路，需要用相量分析法求解，因此本章内容是第三篇"正弦交流电路"的具体应用。

图12.1还暗示了三个正弦交流电压源的角频率必然相同，否则无法画出相量域的电路。除了角频率相同，三相电路还要求对称三相电压源的电压相位依次相差120度。为了解释这一点，我们需要从三相电压源的产生说起。

要想用电，首先就要发电，现代社会所用的电主要由交流发电机发出。那么，发电机是怎么把交流电发出来的呢？

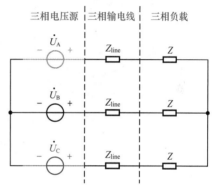

图 12.1　三相电路的一个示例

发电机的发电原理是法拉第电磁感应定律。图12.2所示的导体线圈在磁铁形成的磁场中匀速旋转，线圈两端会产生感应电压，因此线圈可被视为一个电压源。

由图12.2可以看出，当线圈以角频率ω旋转时，线圈两端的电压会随时间做周期变化，是一个正弦量，即

$$u(t) = U_m \cos \omega t \tag{12.1}$$

实际的交流发电机旋转的不是导体线圈，而是磁铁，其中一个原因是产生电压的线圈总要通过导线与外电路连接，线圈旋转会带动导线一起旋转，进而就会导致导线像拧麻花一样缠绕在一起。实际的单相交流发电机的示意图如图12.3所示。

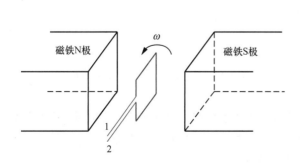

图 12.2　交流发电机发电原理示意图

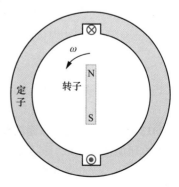

图 12.3　单相交流发电机示意图

由图12.3可见，磁铁为转子，以角频率ω旋转。两个相互连接的线圈（称为绕组）内嵌在定子的凹槽中。当磁铁旋转时，磁场也一起旋转，磁力线会切割线圈，产生感应电压。图12.3中上下两个线圈相互连接，对外输出一路感应电压，相当于一个电压源，因此该发电机被称为单相交流发电机。

单相交流发电机对旋转的磁场利用非常不充分，因为磁场只切割一组线圈，只能对外输出一路感应电压。如果我们在定子中放更多线圈，显然磁场的利用率会更高。图12.4给出了三相交流发电机的示意图。由图12.4可见，三相交流发电机的三组线圈可以输出三路电压，相当于三个电压源，如图12.5所示。

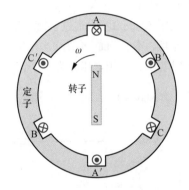

图 12.4　三相交流发电机示意图

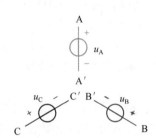

图 12.5　三相交流发电机对应的三个电压源

观察图12.4，还可以发现三组线圈在空间上相互错位120度，因此三个电压源的电压相位也依次滞后120度，即

$$u_A(t) = U_m \cos \omega t \tag{12.2}$$

$$u_B(t) = U_m \cos(\omega t - 120°) \tag{12.3}$$

$$u_C(t) = U_m \cos(\omega t - 240°) = U_m \cos(\omega t + 120°) \tag{12.4}$$

由式（12.2）~式（12.4）可以画出三个电压源的电压波形，如图12.6所示。

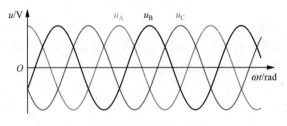

图 12.6　三相电压源输出电压波形

式（12.2）~式（12.4）和图12.6表明，三个电压源的电压相位不同，依次滞后120度，这就是"三相"的由来。可见"相"主要指"相位"。

图12.4中的三个电压源无法对外输出，因为不能形成回路，也就不会产生电流。因此，必须将三个电压源连接起来。可见，能够对外输出的三相电压源应该是一个整体，这个整体由三个电压源连接而成，因此三相中的"相"还有"组成部分"的含义。

三相电路广泛应用于电力系统的发电、输电和用电。无论是居民用电，还是工厂用电，绝大部分依靠三相电路。那么，为什么要采用三相电路呢？主要有以下几个原因。

（1）发电用三相是由发电原理决定的，如果用单相，则磁场利用率很低。

（2）输电用三相是因为三相输电一般需要三条导线，而如果输送同样的功率且导线规格相同，则三个单相电路就需要六条导线，这会带来成本的剧增，而且输电线路占用的空间也会更大。

（3）大功率用电设备特别是工厂的用电设备电流很大，相较于单相电路，采用三相电路可以减小电流（三相中每一相的电流仅为单相电路的三分之一），从而可以大大减少损耗，并且可以避免过热。

（4）三相电路具有对称性，这种对称性会带来很多好处，例如，可以将对称三相电路简化为单相电路，三相总瞬时功率为常数，减小三相用电设备的振动等。读者在本章后续内容的学习中会逐渐体会到。

12.1.2　三相电路的连接方式

12.1.1小节给出了三相电路的定义，介绍了三相发电机的发电原理，并且分析了采用三相发电、输电和用电的原因，不过没有介绍三个电压源的连接方式。

三相电路三个电压源的连接方式有2种：Y形连接（又称星形连接）和△形连接（又称三角形连接），分别如图12.7（a）和图12.7（b）所示。其中图12.7（a）的Y形连接和图12.1中三相电压源的连接方式相同。

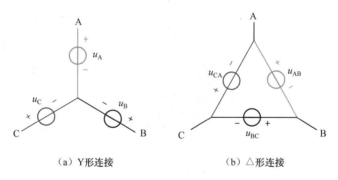

（a）Y形连接　　　　　　　　　（b）△形连接

图 12.7　三相电压源的连接方式

三相电路除了三相电压源，还需要有三相负载。三相负载通常可被视为三个阻抗。三个阻抗可能相等，也可能不相等，其连接方式与三个电压源的连接方式类似，包括2种：Y形连接和△形连接。只有将三相负载与三相电压源连接起来，三相电路才能工作。接下来介绍三相电压源与三相负载的连接方式。

由图12.7可见，三相电压源的连接方式有Y形连接和△形连接2种。同样，三相负载的连接方式也有Y形连接和△形连接2种。显然，根据排列组合，三相电压源与三相负载的连接方式总计有4种：Y-Y连接、Y-△连接、△-Y连接、△-△连接。其中Y-Y连接最为常见，如图12.1所示。

为了比较全面地展示以上4种连接方式，下面集中给出三相电路4种连接方式的电路图，如表12.1所示。简洁起见，表12.1中的电路图忽略了三相输电线的线路阻抗，实际应用中三相输电线的线路阻抗一般不能忽略。

表 12.1　三相电路三相电压源与三相负载的连接方式

电路连接方式	连接电路图
Y-Y连接	
Y-△连接	
△-Y连接	
△-△连接	

　　三相电路还有一种被称为三相四线制的特殊连接方式，其将在12.3节介绍。

　　介绍完三相电路的连接方式，接下来就要分析三相电路。三相电路的分析包含3个部分：对称三相电路的分析、不对称三相电路的分析和三相电路的功率分析。下面首先分析对称三相电路。

12.2 对称三相电路

12.2.1　对称三相电路的定义

对称三相电路（balanced three-phase circuit）：三相电压源对称且三相负载相等的电路称为对称三相电路。表12.1中的4个电路均为对称三相电路。

三相负载相等很容易理解，那么三相电压源对称是怎么回事呢？

12.1.1小节介绍了三相电压源。三相电压源的三个输出电压角频率相同、幅值相同，电压相位依次滞后120度。三相电压源电压的表达式分别为 $u_{\mathrm{A}}=U_{\mathrm{m}}\cos\omega t$ ， $u_{\mathrm{B}}=U_{\mathrm{m}}\cos(\omega t-120^\circ)$ ， $u_{\mathrm{C}}=U_{\mathrm{m}}\cos(\omega t+120^\circ)$ 。

根据三相电压源电压的时域表达式，可得其对应的相量域表达式分别为

$$\dot{U}_{\mathrm{A}}=U\angle 0^\circ \tag{12.5}$$

$$\dot{U}_{\mathrm{B}}=U\angle -120^\circ \tag{12.6}$$

$$\dot{U}_{\mathrm{C}}=U\angle 120^\circ \tag{12.7}$$

式（12.5）~式（12.7）中，$U=U_{\mathrm{m}}/\sqrt{2}$ 为有效值。

根据式（12.5）~式（12.7），可以绘制三相电压源电压相量的相量图，如图12.8所示。

由图12.8可见，三相电压源电压相量图是一个对称的图形，这就是称三相电压源"对称"的原因。根据式（12.5）~式（12.7）或图12.8，可以证明三相电压源电压相量之和等于零，即

$$\dot{U}_{\mathrm{A}}+\dot{U}_{\mathrm{B}}+\dot{U}_{\mathrm{C}}=0 \tag{12.8}$$

如果我们改变三相交流发电机转子的旋转方向，则三相电压源的电压相位会依次超前120°，其对应的电压相量图如图12.9所示。

对称三相电压源
三相电压相量
之和等于零的
证明

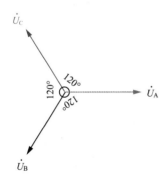

图 12.8　三相电压源电压相量图

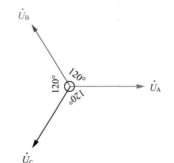

图 12.9　负序时三相电压源电压相量图

可见，图12.9与图12.8的三相电压源电压相量排列顺序刚好相反。我们将图12.8的排列顺序称为正序，将图12.9的排列顺序称为负序。显然，负序时三相电压源电压相量图也是对称的。

除了正序和负序，还有零序。零序指的是三相电压源电压相量的相位相同。

负序和零序在三相电路中较少用到，也很少出现，因此本书后面在介绍三相电路时默认采用正序。

介绍完对称三相电路的定义，接下来介绍分析对称三相电路时经常用到的概念。

12.2.2　相电压和线电压

相电压（phase voltage）：三相电路中每一相的电压。此处的相不是指相位，而是指三相的具体组成部分。以图12.1电路为例，$\dot{U}_A$、$\dot{U}_B$、$\dot{U}_C$ 指三个电压源的电压，因而是相电压。以表12.1中 △-△ 连接的电路为例，$\dot{U}_{AB}$、$\dot{U}_{BC}$、$\dot{U}_{CA}$ 指三个电压源的电压，因而也是相电压。

线电压（line voltage）：三相电路中两条输电线之间的电压。由表12.1可见，连接三相电压源和三相负载的线A、线B、线C为输电线。任意两条输电线之间的电压都是线电压。

要想真正理解相电压和线电压，必须结合具体的对称三相电路，因为不同连接方式的对称三相电路，相电压和线电压的关系可能不同。

首先分析图12.10所示Y-Y连接对称三相电路中的相电压、线电压及两者之间的关系。

由图12.10可见，$\dot{U}_A$、$\dot{U}_B$、$\dot{U}_C$ 分别代表三个电压源（即组成三相电压源的三个部分）的电压，因此是相电压，而 $\dot{U}_{AB}$（线A和线B之间的电压）、$\dot{U}_{BC}$（线B和线C之间的电压）、$\dot{U}_{CA}$（线C和线A之间的电压）都是两条输电线之间的电压，因此是线电压。

由图12.10可以看出，根据KVL，Y-Y连接时相电压与线电压的关系为

$$\dot{U}_{AB} = \dot{U}_A - \dot{U}_B, \quad \dot{U}_{BC} = \dot{U}_B - \dot{U}_C, \quad \dot{U}_{CA} = \dot{U}_C - \dot{U}_A \tag{12.9}$$

从式（12.9）不易直接看出相电压和线电压的具体关系，为此，我们可以根据式（12.9）绘制Y-Y连接时相电压和线电压的相量图，如图12.11所示。

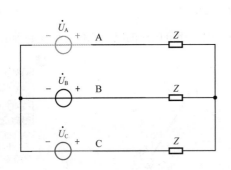

图 12.10　Y-Y 连接对称三相电路

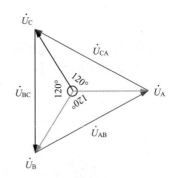

图 12.11　Y-Y 连接对称三相电路相电压和线电压的相量图

由图12.11可见，如果相电压的有效值为 U，则根据几何关系可得线电压的有效值为 $\sqrt{3}U$。线电压相量的辐角也很容易根据相量图看出，$\dot{U}_{AB}$、$\dot{U}_{BC}$ 和 $\dot{U}_{CA}$ 的辐角分别为30度、-90度和150度。

下面用一道例题帮助读者进一步加深对相电压和线电压的理解。

例12.1　（基础题）设 $\dot{U}_A$ 的辐角为0°，求图12.10中线电压 $\dot{U}_{CB}$ 的辐角。

解　由于 $\dot{U}_{CB} = \dot{U}_C - \dot{U}_B$，可以绘制相量图如图12.12所示。

由图12.12可以看出，线电压 $\dot{U}_{CB}$ 的辐角为90度。

同步练习12.1 （基础题） 设 $\dot{U}_A$ 的辐角为0° ，求图12.10中线电压 $\dot{U}_{AC}$ 的辐角。

答案：线电压 $\dot{U}_{AC}$ 的辐角为−30度。

可见，确定Y-Y连接对称三相电路相电压与线电压关系的关键是绘制相量图。因此，相量图在分析三相电路时非常有用。

以上相电压和线电压是Y-Y连接对称三相电路电源侧的相电压和线电压。负载侧相电压和线电压的定义与电源侧类似。

前面分析了Y-Y连接对称三相电路相电压和线电压的关系，现在来分析△-△连接对称三相电路相电压和线电压的关系。

图12.13所示为△-△连接对称三相电路。观察可发现，无论是电源侧还是负载侧，相电压和线电压都相等，这显然与Y-Y连接时不同。因此，对称三相电路相电压和线电压的关系不是一成不变的，而是与连接方式有关。只要深刻理解相电压和线电压的定义，无论对称三相电路采用何种连接方式，都能很容易地看出哪些是相电压，哪些是线电压，以及相电压和线电压的关系。

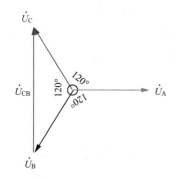

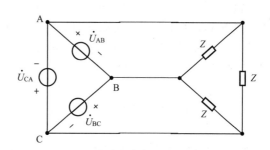

图 12.12 Y-Y 连接时相电压和线电压 $\dot{U}_{CB}$ 的相量图　　　图 12.13 △ - △连接对称三相电路

接下来介绍对称三相电路的相电流和线电流。

12.2.3 相电流和线电流

相电流（phase current）：三相电路中每一相的电流。此处的相不是指相位，而是指三相的具体组成部分。

线电流（line current）：三相电路中输电线上的电流。

要想真正理解相电流和线电流，必须结合具体的对称三相电路，因为不同连接方式的对称三相电路，相电流和线电流的关系可能不同。

首先分析图12.14所示Y-Y连接对称三相电路中的相电流、线电流及两者之间的关系。

由图12.14可见， $\dot{I}_A$ 、 $\dot{I}_B$ 、 $\dot{I}_C$ 既是相电流，又是线电流，也就是说Y-Y连接对称三相电路的线电流和相电流相等。

现在来分析图12.15所示的△-△连接对称三相电路中的相电流、线电流及两者之间的关系。

由图12.15可以看出， $\dot{I}_{AB}$ 、 $\dot{I}_{BC}$ 、 $\dot{I}_{CA}$ 分别代表三个阻抗（即组成三相负载的三个部分）上的电流，因此是相电流；而 $\dot{I}_A$ （线A上的电流）、 $\dot{I}_B$ （线B上的电流）、 $\dot{I}_C$ （线C上的电流）都是输电线上的电流，因此是线电流。根据KCL，△-△连接时相电流和线电流的关系为

$$\dot{I}_A = \dot{I}_{AB} - \dot{I}_{CA}, \quad \dot{I}_B = \dot{I}_{BC} - \dot{I}_{AB}, \quad \dot{I}_C = \dot{I}_{CA} - \dot{I}_{BC} \qquad （12.10）$$

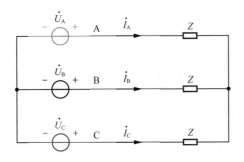

图 12.14　标记电流的 Y-Y 连接对称三相电路

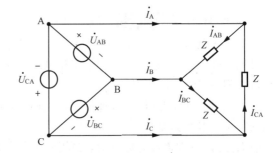

图 12.15　标记电流的 △ - △ 连接对称三相电路

从式（12.10）不易直接看出相电流和线电流的具体关系，如果我们以 $\dot{I}_{AB}$ 为参考相量，则根据式（12.10）可以绘制 △-△ 连接对称三相电路相电流和线电流的相量图，如图12.16所示。

由图12.16可见，如果相电流的有效值为 I，则根据几何关系可得线电流的有效值为 $\sqrt{3}I$。线电流相量的辐角也很容易通过相量图看出，$\dot{I}_A$、$\dot{I}_B$、$\dot{I}_C$ 的辐角分别为150度、30度和-90度。这显然与Y-Y连接时不同。因此，对称三相电路相电流和线电流的关系不是一成不变的，而是与连接方式有关。

介绍了相电压（相电流）和线电压（线电流），接下来就要分析对称三相电路了。对称三相电路看起来比较复杂，因此需要将对称三相电路简化为单相电路，以便于分析。

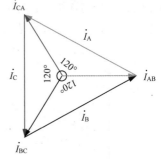

图 12.16　△ - △ 连接对称三相电路相电流和线电流的相量图

12.2.4　对称三相电路简化为单相电路

图12.17所示Y-Y连接对称三相电路中有两个节点，其中N为电源公共连接点，N_1 为负载公共连接点。这两个节点分别位于Y形连接三相电压源和三相负载的中间，因此称为中性点。

以图12.17电路节点N为参考节点，列写节点 N_1 的节点电压方程

$$\left(\frac{1}{Z} + \frac{1}{Z} + \frac{1}{Z} \right) \dot{U}_{N_1} = \frac{\dot{U}_A}{Z} + \frac{\dot{U}_B}{Z} + \frac{\dot{U}_C}{Z} \qquad （12.11）$$

对称三相电路
相电流和线电流
关系例题分析

由式（12.11）可得

$$\dot{U}_{N_1} = \frac{\dot{U}_A + \dot{U}_B + \dot{U}_C}{3} = 0 \qquad （12.12）$$

式（12.12）中，$\dot{U}_A + \dot{U}_B + \dot{U}_C = 0$ 的依据是式（12.8）。

由式（12.12）可见，图12.17电路的两个中性点 N_1 和N的电压为0，即 N_1 和N等电位。根据替代定理，如果已知某支路电压，则可用同电压的电压源替代该支路，因此B相和C相构成的广义支路可以用电压为0的电压源（即短路线）替代，如图12.18所示。可见，通过节点电压法和替代定理，能够将图12.17所示的Y-Y连接对称三相电路简化为图12.18所示的单相电路。对称三相电路简化为单相电路只需要画出A相电路；B相电路和C相电路的电压和电流与A相电路对称，因此

不需要画出。图12.18还说明对称三相负载每一相的相电压等于该相电压源的电压。因此，对称三相负载的电压和电流也是对称的，即模值相同，相位依次滞后120度。

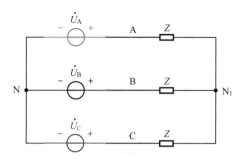

图 12.17 标记中性点的 Y-Y 连接对称三相电路

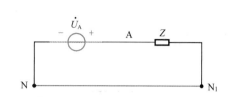

图 12.18 由图 12.17 对称三相电路简化得到的单相电路

以上对称三相电路简化为单相电路的前提是三相电压源和三相负载之间为Y-Y连接，如果是其他连接方式，则要先将其等效变换成Y-Y连接。例如，图12.19（a）所示的Y-△连接对称三相电路，可以根据4.1节介绍的Y-△等效变换方法等效为图12.19（b）所示的Y-Y连接对称三相电路。因此，图12.19电路可以简化为图12.20所示的单相电路。

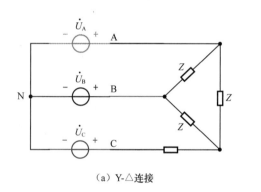
（a）Y-△连接

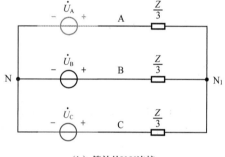
（b）等效的Y-Y连接

图 12.19 Y-△连接对称三相电路等效变换为 Y-Y 连接对称三相电路

△形连接对称三相电压源也可以等效变换为
Y形连接对称三相电压源，不过△形连接对称三
相电压源在现实中用得较少，因此这里不再介绍
其等效变换。

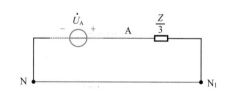

12.2.5 对称三相电路的计算

图 12.20 由图 12.19 对称三相电路简化得到的单相电路

对称三相电路的计算基于正弦交流电路的相量分析法，特别之处在于可以将对称三相电路简化为单相电路，同时要利用相（线）电压和相（线）电流及其对称性。下面通过例题来详细说明对称三相电路如何计算。

例12.2 （基础题）已知图12.21所示电路中对称三相电压源的相电压的有效值为100 V，设 $\dot{U}_A$ 的辐角为0°，求电流 $\dot{I}_B$。

解 Y-Y连接对称三相电路左右两侧的两个中性点等电位，因此三相负载阻抗的相电压等于三相电压源的相电压。

$$\dot{I}_B = \frac{\dot{U}_B}{10+j10} = \frac{100\angle -120°}{10+j10} = 5\sqrt{2} \ \angle -165° \ A$$

同步练习12.2 （基础题） 已知图12.22所示电路中对称三相电压源的相电压的有效值为220 V，设 $\dot{U}_A$ 的辐角为0°，求电流 $\dot{I}_C$。

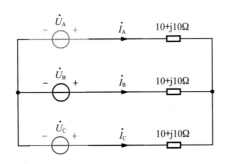

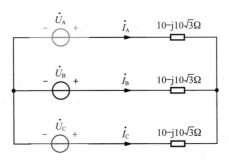

图 12.21　例 12.2 电路图　　　　图 12.22　同步练习 12.2 电路图

答案： $\dot{I}_C = 11\angle 180° \ A$ 。

例12.3 （基础题） 已知图12.23所示电路中对称三相电压源的相电压的有效值为100 V，设 $\dot{U}_A$ 的辐角为0°，求线电流 $\dot{I}_A$ 、 $\dot{I}_B$ 、 $\dot{I}_C$ 和负载相电流 $\dot{I}_{AC}$ 。

解 图12.23电路中的对称三相负载为△形连接。为求线电流，可将对称三相电路简化为单相电路，如图12.24所示。

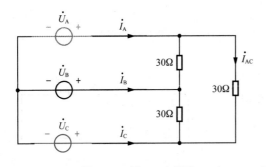

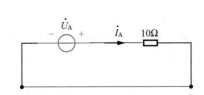

图 12.23　例 12.3 电路图　　　图 12.24　由图 12.23 对称三相电路简化得到的单相电路

由图12.24可得

$$\dot{I}_A = \frac{\dot{U}_A}{10} = \frac{100}{10} = 10 \ \angle 0° \ A$$

根据三相对称性，可得另外两个线电流分别为

$$\dot{I}_B = 10 \ \angle -120° \ A$$

$$\dot{I}_C = 10 \ \angle 120° \ A$$

由图12.23，可得负载相电流为

$$\dot{I}_{AC} = \frac{\dot{U}_{AC}}{30} = \frac{100\sqrt{3} \angle -30°}{30} = \frac{10}{3}\sqrt{3} \angle -30° \text{ A}$$

式中 $\dot{U}_{AC}$ 的辐角可以通过三相电压的相量图确定。

同步练习12.3（基础题） 已知图12.25所示电路中对称三相电压源的相电压的有效值为300V，设 $\dot{U}_A$ 的辐角为0°，求线电流 $\dot{I}_A$、$\dot{I}_B$、$\dot{I}_C$ 和负载相电流 $\dot{I}_{CB}$。

答案：$\dot{I}_A = 30 \angle -90° \text{ A}$，$\dot{I}_B = 30 \angle 150° \text{ A}$，$\dot{I}_C = 30 \angle 30° \text{ A}$，$\dot{I}_{CB} = 10\sqrt{3} \angle 0° \text{ A}$。

例12.4（提高题） 已知图12.26所示电路中对称三相电压源的相电压的有效值为100 V，设 $\dot{U}_A$ 的辐角为0°，求电流 $\dot{I}_A$、$\dot{I}_1$ 和 $\dot{I}_2$。

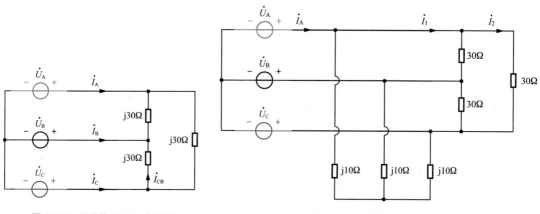

图 12.25 同步练习 12.3 电路图 　　图 12.26 例 12.4 电路图

解 首先可以将图12.26中的△形连接负载阻抗等效变换为Y形连接负载阻抗，如图12.27所示。

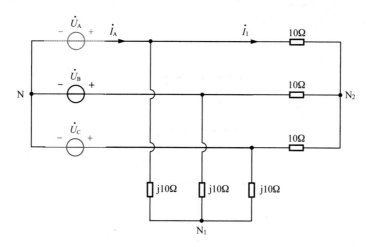

图 12.27 图 12.26 电路的等效电路

根据三相电路的对称性，图12.27中的三个中性点N、N_1和N_2等电位。因此，图12.27对称三相电路可以简化为单相电路，如图12.28所示。

图12.28所示的单相电路不易直接观察得出，因此下面给出复杂对称三相电路简化为单相电路的步骤。

第1步：从对称三相电压源的中性点出发，首先走过A相电压源。

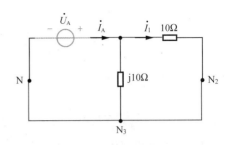

图 12.28　由图 12.27 对称三相电路简化得到的单相电路

第2步：从A相电压源的正极继续走，会遇到三岔路口，此时分为两路，每一路都会走过一个负载阻抗；走到三相负载阻抗的中性点时停下来。

第3步：将等电位的三个中性点用导线连接起来，即可得到单相电路。

按照以上步骤，图12.27所示的复杂对称三相电路即可简化为图12.28所示的单相电路。

根据图12.28，计算可得

$$\dot{I}_A = \frac{\dot{U}_A}{\dfrac{10 \times j10}{10+j10}} = \frac{100}{5+j5} = 10\sqrt{2}\ \angle -45°\ \text{A}$$

$$\dot{I}_1 = \frac{\dot{U}_A}{10} = \frac{100}{10} = 10\ \angle 0°\ \text{A}$$

根据图12.26，计算可得

$$\dot{I}_2 = \frac{\dot{U}_{AC}}{30} = \frac{100\sqrt{3}\ \angle -30°}{30} = \frac{10}{3}\sqrt{3}\ \angle -30°\ \text{A}$$

由以上解题过程可见，一些对称三相电路虽然看起来复杂，但通过将其简化为单相电路，并充分利用对称三相电路的对称性，就可以简化求解过程。

同步练习12.4 （提高题）已知图12.29所示电路中对称三相电压源的线电压的有效值为600 V，设$\dot{U}_A$的辐角为0°，求电流$\dot{I}_A$、$\dot{I}_1$和$\dot{I}_2$。

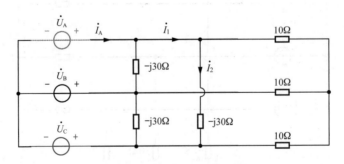

图 12.29　同步练习 12.4 电路图

答案：$\dot{I}_A = 20\sqrt{6}\ \angle 45° \approx 48.99\angle 45°\ \text{A}$，$\dot{I}_1 = 47.88\ \angle 30°\ \text{A}$，$\dot{I}_2 = 20\ \angle 60°\ \text{A}$。

12.3 不对称三相电路

12.3.1 不对称三相电路的定义

在实际的三相电路中，三相负载阻抗全部相等的情况很少。如果三相负载阻抗不全部相等，则该三相电路称为不对称三相电路。如果三相电压源不对称，则该三相电路也称为不对称三相电路。不过三相电压源不对称的情况很少，因此本节只考虑三相电压源对称而三相负载不对称的情况。

图12.30所示为一个典型的不对称三相电路。

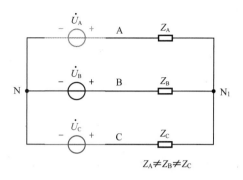

图 12.30　不对称三相电路示例

12.3.2 不对称三相电路的计算

三相电路的中性点电压和负载电压

Y-Y连接对称三相电路的两个中性点等电位，那么图12.30所示不对称三相电路的两个中性点还等电位吗？下面我们来推导一下。

对于图12.30所示的不对称三相电路，可以列写节点电压方程

$$\left(\frac{1}{Z_A} + \frac{1}{Z_B} + \frac{1}{Z_C}\right)\dot{U}_{N_1} = \frac{\dot{U}_A}{Z_A} + \frac{\dot{U}_B}{Z_B} + \frac{\dot{U}_C}{Z_C} \qquad (12.13)$$

由于式（12.13）中 $Z_A \neq Z_B \neq Z_C$，因此 $\dfrac{\dot{U}_A}{Z_A} + \dfrac{\dot{U}_B}{Z_B} + \dfrac{\dot{U}_C}{Z_C}$ 一般不等于零，这会导致 $\dot{U}_{N_1} \neq 0$。也就是说，不对称三相电路的两个中性点一般不等电位，这是Y-Y连接不对称三相电路与Y-Y连接对称三相电路最大的不同。中性点电位不相等称为中性点位移。

下面通过例题来具体说明不对称三相电路的计算方法。

例12.5　（**基础题**）已知图12.31所示对称三相电路中的交流电流表的读数为100 A。求开关S闭合后交流电流表的读数。

解　开关S闭合后，A相负载被短路，相当于A相负载阻抗为0，因此开关闭合后图12.31电路为不对称三相电路。

观察可以发现，开关S闭合后，三相负载中性点N_1的节点电压等于$\dot{U}_A$，显然不等于零。此时，根据KCL，安培表的读数为

$$I_A = \left|\frac{\dot{U}_{AB}}{Z} + \frac{\dot{U}_{AC}}{Z}\right| = \frac{|\dot{U}_{AB} + \dot{U}_{AC}|}{|Z|} \qquad (12.14)$$

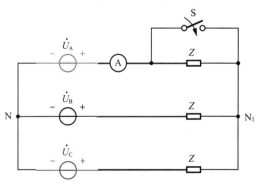

图 12.31　例 12.5 电路图

绘制电压相量图，如图12.32所示。

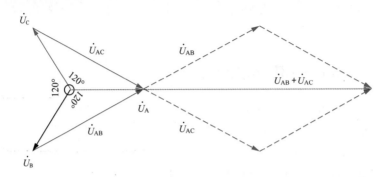

图 12.32　图 12.31 电路的电压相量图

由图12.32可见，$\dot{U}_{AB} + \dot{U}_{AC} = 3\dot{U}_A$，将其代入式（12.14），可得

$$I_A = \frac{\left|\dot{U}_{AB} + \dot{U}_{AC}\right|}{|Z|} = 3\frac{U_A}{|Z|} \tag{12.15}$$

而开关S闭合前交流电流表的读数为 $I_A = \dfrac{U_A}{|Z|} = 100\,\text{A}$，因此开关S闭合后交流电流表的读数为300 A，是开关闭合前的3倍。

同步练习12.5　（基础题）　已知图12.33所示对称三相电路中开关S闭合时的交流电流表的读数为100 A。求开关S断开后交流电流表的读数。

答案：开关S断开后，交流电流表的读数为$50\sqrt{3}\,\text{A}$。

例**12.6**　（提高题）　已知图12.34所示电路中对称三相电压源的线电压的有效值为300 V，设$\dot{U}_A$的辐角为0°，求A相负载阻抗的电压$\dot{U}_{Z_A}$。

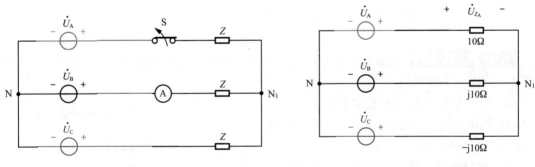

图 12.33　同步练习 12.5 电路图　　　　　图 12.34　例 12.6 电路图

解　Y-Y连接对称三相电路左右两侧的两个中性点等电位，因此三相负载阻抗的相电压等于三相电压源的相电压。

$$\left(\frac{1}{10} + \frac{1}{j10} + \frac{1}{-j10}\right)\dot{U}_{N_1} = \frac{\dot{U}_A}{10} + \frac{\dot{U}_B}{j10} + \frac{\dot{U}_C}{-j10} = \frac{100\sqrt{3}}{10} + \frac{100\sqrt{3}\angle -120°}{j10} + \frac{100\sqrt{3}\angle 120°}{-j10}$$

解得$\dot{U}_{N_1} = 100\sqrt{3} - 300\,\text{V}$。由图12.34可见，A相负载阻抗的电压为

$$\dot{U}_{Z_A} = \dot{U}_A - \dot{U}_{N_1} = 100\sqrt{3} - \left(100\sqrt{3} - 300\right) = 300\angle 0° \text{ V}$$

同步练习12.6（提高题）已知图12.35所示电路中对称三相电压源的线电压的有效值为300 V，设 $\dot{U}_A$ 的辐角为 $0°$，求A相负载阻抗的电压 $\dot{U}_{Z_A}$。

答案：$\dot{U}_{Z_A} = 300\angle 180° \text{ V}$。

12.3.3　三相四线制

Y-Y连接不对称三相电路的两个中性点通常不等电位，这会导致三相负载阻抗上的电压不再对称。下面分析为什么中性点位移会导致三相负载电压不再对称。

图12.36为标记三相负载电压的不对称三相电路。

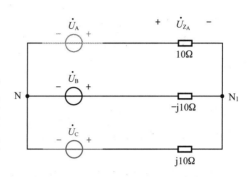

图 12.35　同步练习 12.6 电路图

不对称三相电路
例题分析（1）

不对称三相电路
例题分析（2）

由图12.36可见，三相负载的电压为

$$\dot{U}_{AN_1} = \dot{U}_A - \dot{U}_{N_1}, \quad \dot{U}_{BN_1} = \dot{U}_B - \dot{U}_{N_1}, \quad \dot{U}_{CN_1} = \dot{U}_C - \dot{U}_{N_1} \tag{12.16}$$

如果 $\dot{U}_{N_1} \neq 0$，则根据式（12.16）可以绘制出不对称三相电路负载电压的相量图，如图12.37所示。

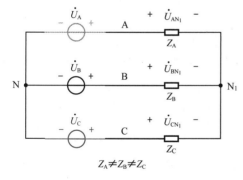

图 12.36　Y-Y 连接不对称三相电路标记负载电压

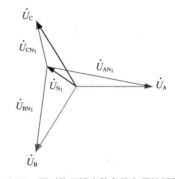

图 12.37　不对称三相电路负载电压的相量图

由图12.37可见，三相负载不对称导致三相负载上的电压不对称：有效值不相等，相位也不再依次滞后120度。这会对三相负载造成不利甚至严重不利的影响。例如，如果三相负载的额定电压为220V，则三相负载不对称时，有的负载电压的有效值可能会超过300 V，造成负载烧毁，有的负载电压的有效值可能不到100 V，负载达不到额定功率，无法工作。

解决不对称三相电路负载电压不对称的方法很简单，就是用一条导线将两个中性点连接起来，强制两个中性点等电位，这称为三相四线制，如图12.38所示的这条导线称为中性线，又称零线。

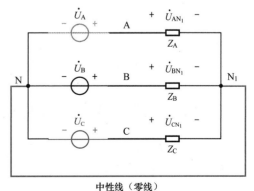

中性线（零线）

图 12.38　三相四线制解决三相负载电压不对称

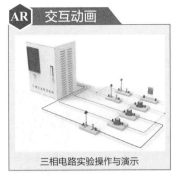

AR 交互动画

三相电路实验操作与演示

实际的中性线线路阻抗不为零，不过线路阻抗很小，一般可以忽略。

由图12.38可见，在忽略中性线线路阻抗的情况下，无论负载阻抗如何不同，三相负载的电压都等于对称三相电压源的电压，这就保证了不对称三相负载的电压仍为对称电压。这样做的代价是增加了一条导线。由于图12.38电路相对于原来的Y-Y连接三相电路增加了一条导线，因此我们称之为三相四线制连接。A、B、C这三条输电线称为火线，火线与中性点之间的电压很高，非常危险，身体千万不要触碰。

12.4 三相电路的功率

12.1节～12.3节介绍的都是三相电路的电压和电流，考虑到三相电路是正弦交流电路，其功率也是重要的物理量，因此下面将介绍三相电路的功率。

首先介绍对称三相电路功率的特点。

12.4.1 对称三相电路功率的特点

对称三相电路的功率有一个神奇的特点，即三相瞬时功率之和为恒定值，与时间无关。这看起来不可思议，因为正弦稳态电路任何一条支路的瞬时功率都与时间有关。不过，三相电路的对称性刚好能使三相瞬时功率之和为恒定值。下面我们来证明。

根据对称三相电路电压和电流的对称性，可以假定对称三相电路A、B、C三相负载的电压和电流分别为

$$u_A = \sqrt{2}U\cos\omega t, \ u_B = \sqrt{2}U\cos(\omega t - 120°), u_C = \sqrt{2}U\cos(\omega t + 120°) \qquad (12.17)$$

$$i_A = \sqrt{2}I\cos(\omega t - \varphi), \ i_B = \sqrt{2}I\cos(\omega t - 120° - \varphi), i_C = \sqrt{2}I\cos(\omega t + 120° - \varphi) \qquad (12.18)$$

式（12.17）和式（12.18）中，U 和 I 分别为相电压和相电流的有效值，φ 为各相负载电压与电流的相位差，也等于各负载阻抗的阻抗角。

根据式（12.17）和式（12.18），结合三角函数的计算公式，可得三相瞬时功率之和为

$$p_总 = u_A i_A + u_B i_B + u_C i_C = 3UI\cos\varphi \qquad (12.19)$$

对称三相电路总瞬时功率与时间无关对于三相电动机的运行非常有益，因为瞬时功率与时间无关相当于没有功率波动，这样可以减少三相电动机的振动。

12.4.2 二瓦计法测量三相电路功率

12.4.1小节仅介绍了对称三相电路的瞬时功率，在现实中，大多数三相电路是不对称三相电路，并且人们最关注的功率是有功功率。因此，本小节介绍一种可以测量不对称三相电路总有功功率的方法——二瓦计法。

如果我们想测量不对称三相电路三相负载的总有功功率，可以用三个功率表分别对各相的有

功功率进行测量，然后把它们加起来。不过，还有一种更简便的测量方法，该方法只用两个功率表（又称瓦特表）即可，因此称为二瓦计法。

在介绍二瓦计法之前，我们先对功率表进行简要的回顾。不标记电压和电流的功率表如图12.39所示。

由图12.39可见，功率表有4个端子：左右2个端子为电流端子，其中左侧带星号的端子为电流流入端子；上下2个端子为电压端子，其中上方带星号的端子为电压正极端子。

在功率表上标记电压和电流，如图12.40所示，则功率表读数的表达式为

$$P = UI\cos\varphi = \text{Re}\left(\dot{U}\dot{I}^{*}\right) \tag{12.20}$$

式（12.20）中，φ 为 $\dot{U}$ 和 $\dot{I}$ 的相位差。

功率表读数的表达式与有功功率的表达式 $P = UI\cos\varphi$ 很像，但两者有时相等，有时不相等。如果功率表的电压和电流恰好就是某支路的电压和电流，那么功率表的读数就等于有功功率。如果功率表的电压和电流不是同一支路的电压和电流，那么功率表的读数就不等于任何支路的有功功率，既然此时功率表的读数不代表任何支路的有功功率，那么此时的功率表读数貌似没有任何意义。实际情况并非如此，二瓦计法就是典型的应用实例。下面介绍二瓦计法的基本原理。

将两个功率表接入不对称三相电路，如图12.41所示。该电路为二瓦计法测量不对称三相电路三相负载总有功功率的电路。

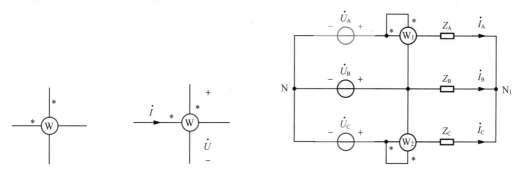

图 12.39　不标记电压和　　　图 12.40　标记电压和　　　图 12.41　二瓦计法测量不对称三相电路三相负载总有功功率
电流的功率表　　　　　　　电流的功率表

图12.41中两个功率表读数之和即不对称三相电路三相负载总有功功率。下面我们来证明这一结论。

根据图12.41中功率表的接法和式（12.20），可得两个功率表的读数之和为

$$\begin{aligned}
P_1 + P_2 &= \text{Re}\left(\dot{U}_{AB}\dot{I}_{A}^{*}\right) + \text{Re}\left(\dot{U}_{CB}\dot{I}_{C}^{*}\right) \\
&= \text{Re}\left[\left(\dot{U}_{A} - \dot{U}_{B}\right)\dot{I}_{A}^{*}\right] + \text{Re}\left[\left(\dot{U}_{C} - \dot{U}_{B}\right)\dot{I}_{C}^{*}\right] \\
&= \text{Re}\left[\dot{U}_{A}\dot{I}_{A}^{*} + \dot{U}_{C}\dot{I}_{C}^{*} + \dot{U}_{B}\left(-\dot{I}_{A}^{*} - \dot{I}_{C}^{*}\right)\right]
\end{aligned} \tag{12.21}$$

对于图12.41电路右侧节点N_1，根据KCL可得

$$\dot{I}_{A} + \dot{I}_{B} + \dot{I}_{C} = 0 \tag{12.22}$$

式（12.22）两边同时取共轭并移项可得

$$-\dot{I}_{A}^{*} - \dot{I}_{C}^{*} = \dot{I}_{B}^{*} \tag{12.23}$$

将式（12.23）代入式（12.21）可得

$$P_1 + P_2 = \text{Re}\left(\dot{U}_{A}\dot{I}_{A}^{*} + \dot{U}_{C}\dot{I}_{C}^{*} + \dot{U}_{B}\dot{I}_{B}^{*}\right) = \text{Re}\left(\bar{S}_{A} + \bar{S}_{C} + \bar{S}_{B}\right) = P_{A} + P_{C} + P_{B} \tag{12.24}$$

式（12.24）中，$\bar{S}_A$、$\bar{S}_B$、$\bar{S}_C$ 分别为A、B、C三相负载的复功率，其实部 P_A、P_B、P_C 分别为A、B、C三相负载的有功功率。式（12.24）证明了两个功率表的读数之和恰好等于三相负载总的有功功率。

二瓦计法的两个功率表有很多种接法。不管哪一种接法，都需要遵循以下三个准则：

（1）两个功率表分别接到三相中的任意两相；

（2）功率表的电压正极端子与功率表的电流流入端子接到一起；

（3）功率表的电压负极端子同时接到没有功率表的那一相的端线上。

图12.42给出了二瓦计法两个功率表的另一种接法。读者也可以尝试设计其他接法。

二瓦计法既适用于Y形连接不对称三相负载，也适用于△形连接不对称三相负载，还适用于Y形连接对称三相负载和△形连接对称三相负载。对于对称三相负载，其实用一个功率表测量其中一相的有功功率，然后乘以3，即可得到三相负载的总有功功率，因此不需要采用二瓦计法。不过在实际应用中严格对称的三相负载很少，大多数情况下我们也不知道三相负载是否对称，此时即可采用二瓦计法测量三相负载总有功功率。

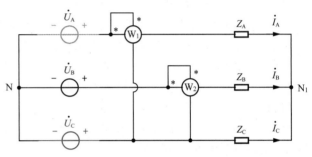

图 12.42 二瓦计法测量不对称三相电路三相负载总有功功率的另一种接法

有一种三相电路不能采用二瓦计法，那就是三相四线制连接不对称三相电路。例如，图12.38电路不能采用二瓦计法测量三相负载的总有功功率。这是因为根据二瓦计法的基本原理可知，二瓦计法成立的前提是三相负载电流之和等于零，即 $\dot{I}_A + \dot{I}_B + \dot{I}_C = 0$，但是图12.38中的三相四线制连接的不对称三相负载电流之和一般不等于零。这一点需要解释一下。

由图12.38可见，三相负载电流之和等于 $\dfrac{\dot{U}_A}{Z_A} + \dfrac{\dot{U}_B}{Z_B} + \dfrac{\dot{U}_C}{Z_C}$。根据三相电压源的对称性，$\dot{U}_A + \dot{U}_B + \dot{U}_C = 0$，而不对称三相负载 Z_A、Z_B、Z_C 不全部相等，因此，通常 $\dfrac{\dot{U}_A}{Z_A} + \dfrac{\dot{U}_B}{Z_B} + \dfrac{\dot{U}_C}{Z_C} = \dot{I}_A + \dot{I}_B + \dot{I}_C \neq 0$。这不满足三相负载电流之和等于零的前提条件，因此二瓦计法不适用于三相四线制连接不对称三相电路。

例12.7（基础题）已知图12.43所示电路中对称三相电压源的相电压的有效值为100 V，求功率表W_1的读数。

三相电路功率
计算例题分析

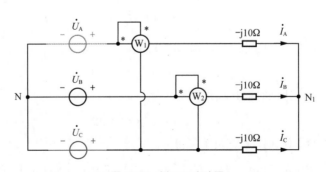

图 12.43 例 12.7 电路图

解 根据功率表读数的表达式可得

$$P_1 = \mathrm{Re}\left(\dot{U}_{AC}\dot{I}_A^*\right) = \mathrm{Re}\left[\left(100\sqrt{3}\angle-30°\right)\times\left(\frac{100\sqrt{3}\angle0°}{-j10}\right)^*\right] = -500\sqrt{3}\ \mathrm{W}$$

可见，求三相电路中功率表读数的关键有两点，一是要牢记功率表读数的表达式，二是要能准确计算三相电路的电压和电流。

同步练习12.7 （**基础题**）根据例12.7的已知条件，求图12.43所示电路中功率表W_2的读数。

答案：$P_2 = 500\sqrt{3}\ \mathrm{W}$。

*12.5 三相电路的应用

本章前面介绍的内容已经证明三相电路本身就是一种极为重要的电路应用。下面结合居民用电和工业用电介绍三相电路在我们日常生活中的应用。

图12.44所示为电力系统示意图。由图可见，在整个发电、输电和用电过程中，三相电路起着关键作用。

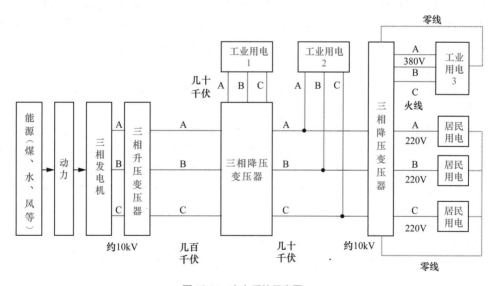

图 12.44　电力系统示意图

图12.44中三相升压变压器的作用是将电压升高，以便在输送同样功率的情况下，尽可能减小输电电流，从而减少输电损耗。各级三相降压变压器的作用是将电压降低到用户需要的电压等级。之所以设置多级降压变压器，是因为不同用户对电压等级的需求不同。例如，工业用电1可能是高铁用电，显然高铁需要的功率非常大，其供电电压等级很高。工业用电2可能是大型工厂用电，其对功率的需求也较高，因此需要的供电电压等级也较高。

图12.44的末端是居民用电和工业用电3。

居民用电分别接到三相之中的某一相上。例如，家用电器（电视机、电冰箱、洗衣机、电灯等）都是接到三相之中的某一相。家用电器的功率较低，接220V电压，电流也不会很大。之所以要设置零线，是因为有可能在某一时刻，接A相的家用电器全部处于使用状态，而接B相的家用电器大部分处于关闭状态，这会导致三相负载不对称。因此，必须采用三相四线制设置零线。

工业用电3的设备功率比家用电器的功率大，因此它们是三相设备，直接接到三相上，并且各相负载均接在输电线之间，即各相电压等于线电压，为380V，这样可以减小各相电流。可见，我们经常提到的220V指负载Y形连接的相电压有效值，而380V指负载△形连接的相电压有效值（也等于线电压有效值）。居民用电电压一般指220V，工业用电电压一般指380V，$380V \approx 220\sqrt{3}V$。

图12.44仅仅是电力系统的示意图，实际的电力系统要复杂得多，其中的设备也会更多。对于电气工程及其自动化专业的学生来说，后续的很多课程都是对电力系统各部分的详细介绍。对于非电气工程及其自动化专业的学生来说，对电力系统有一个大概的了解即可，有兴趣的读者可以继续查阅相关资料进行学习。

格物致知

本章小结

"相"辅"相"成

三相电路中有两个关键字："三"和"相"。

首先来说"三"。

"三"这个数字在中国传统文化中地位非常重要，例如，很多成语和俗语中都有"三"："入木三分""三人行，必有我师""三个臭皮匠顶个诸葛亮""三思而后行"……这些成语和俗语中的"三"不是指严格的"三个"，而是指"多个"，但又不是太多。这正是"三"这个数字在中国传统文化中地位重要的原因。

由本章内容和以上分析可见，"三"在电路应用和中国传统文化中都非常重要，这并非偶然。

然后来说"相"。

三相电路中的"相"该怎么读呢？无疑应该读"xiàng"。因为这里"相"既有"相位"的含义，又有"组成部分"的含义。"相"的这两种含义都应该读"xiàng"。根据本章内容，我们知道三相电路的三相具有特定的相位关系（依次滞后120度），三相相互辅助，相互配合，可以实现中性点等电位和三相总瞬时功率等于零等神奇效果，非常有利于电路的分析和应用。

可见，由三相电路可以引申出团队协作精神。孤军奋战固然勇敢，团队协作才能成就大事。

习题

一、复习题

12.2节 对称三相电路

参考答案

▶ 基础题

12.1 题12.1图所示为对称三相电路。已知 $\dot{U} = 220\angle 0° \text{ V}$ ，求 $\dot{U}_{AB}$ 、$\dot{U}_{A'B'}$ 和 $\dot{I}_C$ 。

12.2 题12.2图所示为对称三相电路。已知 $\dot{U}_{AB} = 380\angle 0° \text{ V}$ ，$Z = 60 + \text{j}80 \ \Omega$ 。求 $\dot{I}_{BA}$ 、$\dot{I}_{BC}$ 和 $\dot{I}_B$ 。

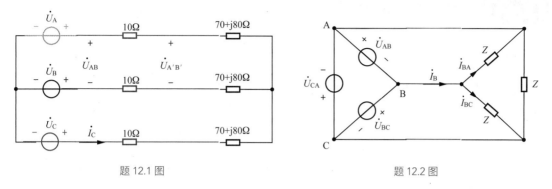

题 12.1 图　　　　　　　　　　　题 12.2 图

12.3　题12.3图所示为对称三相电路。已知三相电压源的线电压的有效值为300V，求三相负载总有功功率和总无功功率。

12.4　题12.4图所示为对称三相电路。已知 $\dot{U}_{\mathrm{A}} = 220\angle 0° \, \mathrm{V}$ ， $Z_1 = Z_2 = 300 + \mathrm{j}300 \, \Omega$ 。求 $\dot{I}_{\mathrm{B}}$ 和 $\dot{I}_{\mathrm{A'C'}}$ 。

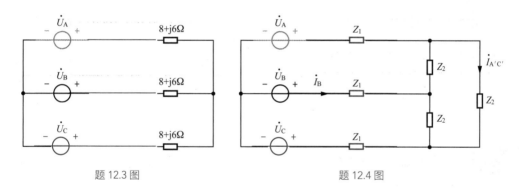

题 12.3 图　　　　　　　　　　　题 12.4 图

▶ **提高题**

12.5　题12.5图所示为对称三相电路。已知 $\dot{U}_{\mathrm{A}} = 200\angle 0° \, \mathrm{V}$ ， $U_{\mathrm{A'}} = 100 \, \mathrm{V}$ ， $\omega = 1000 \, \mathrm{rad/s}$ ，求 $\dot{I}$ 。

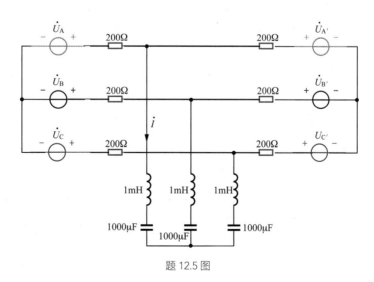

题 12.5 图

12.3节 不对称三相电路

▶ **基础题**

12.6 题12.6图所示为对称三相电路。已知3个电流表的读数均为30A。如果将开关S断开，则电路变为不对称三相电路，求此时3个电流表各自的读数。

▶ **提高题**

12.7 题12.7图所示电路中，电源为对称三相电压源，$\dot{U}_A = 200\angle 0° \text{ V}$，$Z = 100 + j100 \, \Omega$，$Z_0 = 100 - j100 \, \Omega$。求 $\dot{I}_A$、$\dot{I}_B$ 和 $\dot{I}_C$。

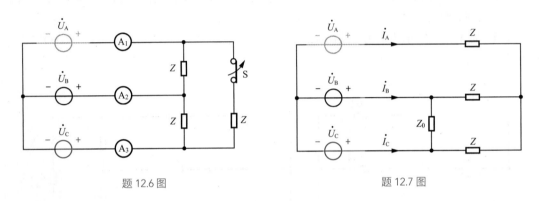

题 12.6 图　　　　　　　　　　题 12.7 图

12.4节 三相电路的功率

▶ **基础题**

12.8 题12.8图所示为对称三相电路。已知电压源相电压的有效值为200 V，$Z = 100\sqrt{3} + j100 \, \Omega$。求两个功率表各自的读数和三相负载的总有功功率。

12.9 题12.9图所示电路中，电源为对称三相电压源，线电压的有效值为380 V，$Z = 20 + j15 \, \Omega$。（1）如果两个开关均断开，求两个功率表各自的读数；（2）如果S_1断开，S_2闭合，求两个功率表各自的读数。

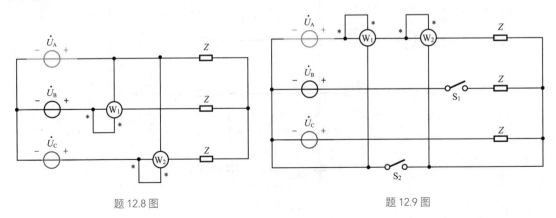

题 12.8 图　　　　　　　　　　题 12.9 图

► **提高题**

12.10 题12.10图所示为对称三相电路。已知电压源线电压的有效值为300 V，功率表W₁的读数为200 W，功率表W₂的读数为100 W。求 Z 和三相负载的总无功功率。

12.11 题12.11图所示为对称三相电路。已知功率表W₁的读数为-100 W，功率表W₂的读数为100 W。将开关S断开，求此时两个功率表各自的读数。

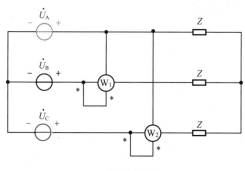

题 12.10 图

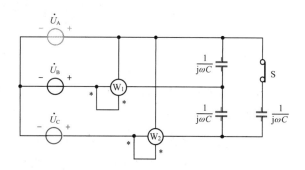

题 12.11 图

二、综合题

12.12 题12.12图所示为对称三相电路。已知三相电压源相电压的有效值为220 V，频率为50 Hz，且三相负载的总无功功率为0，即三相电路的功率因数为1。（1）求 C 和三相电压源相电流的有效值；（2）将电路中的3个电容移除，求三相电压源相电流的有效值。

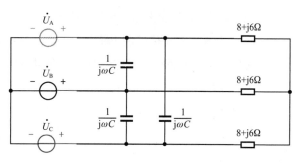

题 12.12 图

12.13 题12.13图所示电路中，电源为对称三相电压源，$u_A = 200\cos(1000t)$ V，3个开关原来断开，3个电感均无初始储能。$t = 0$ 时，3个开关同时闭合，求开关闭合后的 $i_A(t)$、$i_B(t)$ 和 $i_C(t)$。

三、应用题

12.14 题12.14图所示电路可以用于测量三相电路的相序。图中电源为对称三相电压源，两个相同的灯泡相当于线性电阻。设电容所在的相为A相，请分析亮度相对较高的灯泡位于哪一相。

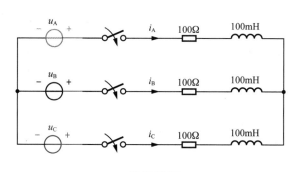

题 12.13 图

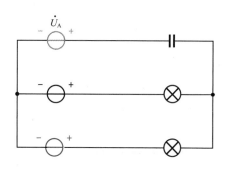

题 12.14 图

第13章

磁耦合电路

第6章已经介绍了电感。我们知道电感线圈能够产生磁场，并且能够储存和释放磁能。如果有两个线圈，它们相互靠近，那么这两个线圈产生的磁场会相互耦合，由此形成的电路称为磁耦合电路（magnetically coupled circuit）。

此时，读者可能会想到中学学过的变压器：两个线圈绕在同一个铁芯上，通过磁场相互耦合，并且两个线圈的电压与匝数成正比，电流与匝数成反比。这实际上是本章要介绍的磁耦合电路中的一种——理想变压器。

可见，对于磁耦合电路，我们其实并不陌生，但也不能说熟悉，因为还有很多更本质和更全面的磁耦合电路知识需要掌握。

本章首先介绍互感和同名端的定义，然后介绍磁耦合电路的计算方法，最后介绍包括理想变压器在内的变压器的定义和特性。

⚡ 学习目标

（1）了解互感的由来，掌握互感与同名端的概念和判断同名端与互感电压极性的方法；

（2）掌握磁耦合电路的去耦等效和计算方法；

（3）理解并掌握变压器的定义及变压器电路的分析方法；

（4）掌握理想变压器的特性和阻抗变换功能；

（5）锻炼分析耦合系统的能力。

13.1 磁场耦合与互感

13.1.1 磁场耦合与互感的定义

假设有两个相互靠近的线圈，当线圈中流过电流时，两个线圈产生的磁场会相互耦合，如图13.1所示，图中电流 i_1 和 i_2 的方向均为参考方向。

由图13.1可见，每个线圈产生的磁场既穿过自身，又穿过另一个线圈，从而产生磁场的耦合。因此，每个线圈的磁链（magnetic flux linkage）都包含两部分：自己线圈产生的磁链和另一个线圈耦合过来的磁链。显然，自己线圈产生的磁链与自己线圈的电流成正比，而另一个线圈耦合过来的磁链与另一个线圈的电流成正比。据此，线圈1和线圈2的磁链可分别表示为

$$\psi_1 = L_1 i_1（线圈1自身产生的磁链）- M_{12} i_2（线圈2耦合过来的磁链）\qquad（13.1）$$

$$\psi_2 = L_2 i_2（线圈2自身产生的磁链）- M_{21} i_1（线圈1耦合过来的磁链）\qquad（13.2）$$

式（13.1）和式（13.2）中的 L_1 和 L_2 为自感系数，简称自感（self inductance）；M_{12} 和 M_{21} 为互感系数，简称互感（mutual inductance），可以证明 $M_{12} = M_{21} = M$，证明过程可扫描二维码查看。互感可用来表征两个线圈之间的耦合作用，互感越大，耦合的磁链越多。

由图13.1还可以看出，两个线圈耦合到对方线圈的磁链与对方线圈自身产生的磁链方向相反，所以式（13.1）和式（13.2）右端的两个磁链前是减号，也就是说，两个线圈的磁场相互削弱。

互感磁链的方向也有可能与自感磁链的方向相同。针对图13.1，有两种方法可以做到这一点：一是改变线圈的绕向；二是改变其中一个线圈的电流方向。第二种方法非常容易实现，如图13.2所示。

磁耦合线圈
$M_{12} = M_{21}$ 的
证明过程

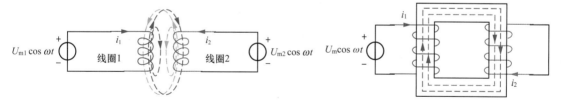

图 13.1 线圈 1 和线圈 2 的磁场相互耦合　　　　图 13.2 线圈 1 和线圈 2 的磁场相互增强

我们非常关心两个线圈的磁场究竟是相互削弱还是相互增强，这取决于两个因素：内因和外因。内因是两个线圈各自的绕向，外因是两个线圈各自的电流方向。电流方向很容易确定，线圈绕向则很难确定。例如，图13.1的线圈绕向难以看出来。在现实中，线圈的绕向更难看出来，因为用导线绕制而成的线圈一般都已封装好，看不出绕向。

13.1.2 同名端的定义与判断

虽然我们看不出线圈的绕向，但是绕制线圈的人知道线圈的绕向。可是，我们并不认识绕制线圈的人，这就需要绕制线圈的人提前在线圈上做好我们能够理解的标记，这个标记称为同名端（dot convention）。"同名端"其实不太好理解，更容易理解的称呼是"点的约定"。"点"就是标

记的形状，这一标记由我们和绕制线圈的人共同约定：如果一个线圈的一个端子和另一个线圈的一个端子都流入电流，并且产生的磁场相互增强，则称这两个端子为同名端，并在这两个端子的位置上用"·"来标记。

根据同名端的定义，图13.2的同名端如图13.3所示。注意，同名端定义中的电流可以任意假设，所以若假设图13.3中另外两个端子流入电流，则两个线圈的磁场方向同时掉转，磁场仍然相互增强，因此另外两个端子也是同名端，如图13.4所示。为了进行区分，图13.4中的同名端改用"★"标记。

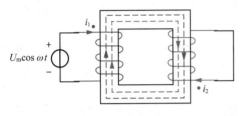

图 13.3　同名端

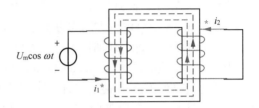

图 13.4　另外两个端子也是同名端

下面我们通过例题来看如何判断两个线圈的同名端。

例13.1 （基础题）判断并标记图13.5所示两个线圈的同名端。

解　根据同名端的定义，首先要假设流入电流的端子。不妨假设上方两个端子流入电流，此时两个线圈产生的磁场相互削弱（左侧线圈产生的磁场方向为顺时针方向，右侧线圈产生的磁场方向为逆时针方向），如图13.6所示。因此，两个线圈上方的两个端子不是同名端。

只要把右侧线圈的流入电流端子改为下方端子，就可以改变右侧线圈的磁场方向，使之变为顺时针方向，如图13.7所示。此时两个线圈的磁场相互增强，因此，根据同名端的定义，流入电流的两个端子是同名端。

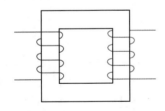

图 13.5　例 13.1 电路图

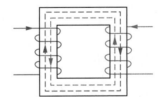

图 13.6　假设流入电流的端子和产生的磁场方向

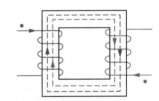

图 13.7　同名端标记

同步练习13.1 （基础题）判断并标记图13.8所示两个线圈的同名端。

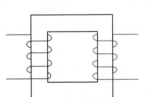

图 13.8　同步练习 13.1 电路图

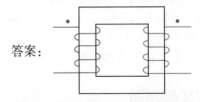

答案：

有了同名端的概念，就不再需要考虑线圈的绕向，也就没有必要再画出线圈本身，只需要用简单的耦合电感元件（简称耦合电感）来表示线圈1和线圈2，以及两者之间的磁场耦合，如图13.9所示。

图13.9中，L_1 和 L_2 分别为电感1和电感2的自感，M 为两个电感之间的互感。图中的同名端标

记只是示意，也可能在其他位置。考虑到我们通常所说的电感一般默认为自感，为了避免混淆，以后仍称图13.9中的电感为线圈。

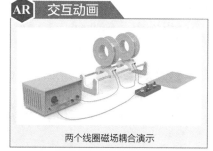

图 13.9　耦合电感元件的图形符号

13.1.3　互感电压与极性判断

图13.9中的自感和互感之所以都有"感"，是因为线圈1和线圈2都可以产生感应电压，感应的原理是法拉第电磁感应定律：变化的磁场产生感应电压。每个线圈的感应电压应该包含两部分：一部分是自己线圈的电流变化导致自己线圈的磁链变化，产生自感电压；另一部分是对方线圈的电流变化导致耦合到自己线圈的磁链变化，产生互感电压。下面推导互感电压的表达式。

图13.9中可以标记电压和电流的参考方向，如图13.10所示。

由图13.10可得两个线圈的感应电压分别为

$$u_1 = \frac{\mathrm{d}\psi_1}{\mathrm{d}t} = \frac{\mathrm{d}(\psi_{11}+\psi_{12})}{\mathrm{d}t} = \frac{\mathrm{d}(L_1 i_1 + M i_2)}{\mathrm{d}t} = L_1 \frac{\mathrm{d}i_1}{\mathrm{d}t} + M \frac{\mathrm{d}i_2}{\mathrm{d}t} \tag{13.3}$$

$$u_2 = \frac{\mathrm{d}\psi_2}{\mathrm{d}t} = \frac{\mathrm{d}(\psi_{22}+\psi_{21})}{\mathrm{d}t} = \frac{\mathrm{d}(L_2 i_2 + M i_1)}{\mathrm{d}t} = L_2 \frac{\mathrm{d}i_2}{\mathrm{d}t} + M \frac{\mathrm{d}i_1}{\mathrm{d}t} \tag{13.4}$$

式（13.3）和式（13.4）中，$L_1 \frac{\mathrm{d}i_1}{\mathrm{d}t}$ 和 $L_2 \frac{\mathrm{d}i_2}{\mathrm{d}t}$ 分别为线圈1和线圈2的自感电压。根据第2章和第6章的电感知识，当电压与电流取关联参考方向时，电感电压表达式为 $u = L \frac{\mathrm{d}i}{\mathrm{d}t}$；如果取非关联参考方向，则 $u = -L \frac{\mathrm{d}i}{\mathrm{d}t}$。图13.10中的电压与电流取关联参考方向，因此自感电压表达式前为正号。

式（13.3）中的 $M \frac{\mathrm{d}i_2}{\mathrm{d}t}$ 为线圈2的电流变化在线圈1上产生的互感电压。类似地，式（13.4）中的 $M \frac{\mathrm{d}i_1}{\mathrm{d}t}$ 为线圈1的电流变化在线圈2上产生的互感电压。由式（13.3）和式（13.4）可见，两个互感电压表达式前的正负号均与自感电压表达式前的正负号相同，这说明图13.10中的互感电压参考方向与自感电压参考方向相同，其极性为上正下负，如图13.11所示。

改变线圈2的电流方向，如图13.12所示，此时互感电压极性的判断方法为：自己线圈流入电流的端子对应对方线圈的同名端上的互感电压极性为+，对方线圈流入电流的端子对应自己线圈的同名端上的互感电压极性也为+。按照以上判断方法，可以判断图13.12电路的互感电压极性，如图13.13所示。

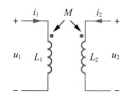

图 13.10　标记电压和电流参考方向的耦合电感

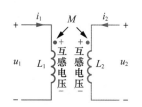

图 13.11　标记互感电压极性的磁耦合线圈

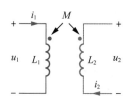

图 13.12　改变线圈2电流参考方向的耦合电感

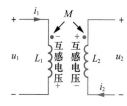

图 13.13　图 13.12 电路对应的互感电压极性

只要能判断出互感电压的极性，即可写出感应电压的表达。由图13.13可见，两个线圈的感应电压分别为

$$u_1 = L_1 \frac{\mathrm{d}i_1}{\mathrm{d}t} - M \frac{\mathrm{d}i_2}{\mathrm{d}t} \tag{13.5}$$

$$u_2 = -L_2 \frac{\mathrm{d}i_2}{\mathrm{d}t} + M \frac{\mathrm{d}i_1}{\mathrm{d}t} \tag{13.6}$$

需要特别注意的是，互感电压的极性与互感电压表达式前的正负号不是一回事：前者用互感电压极性的判断方法来判断，后者根据KVL方程的列写方法来判断。

下面给出一个例题和一个同步练习题。

例13.2 （基础题）写出图13.14所示电路中两个线圈的感应电压表达式。

解 根据前面的"判断方法"，可以判断出图13.14中互感电压的极性，如图13.15所示。

由图13.15可以得到两个线圈的感应电压分别为

$$u_1 = L_1 \frac{\mathrm{d}i_1}{\mathrm{d}t} + M \frac{\mathrm{d}i_2}{\mathrm{d}t}$$

$$u_2 = -L_2 \frac{\mathrm{d}i_2}{\mathrm{d}t} - M \frac{\mathrm{d}i_1}{\mathrm{d}t}$$

互感电压极性
和正负判断
例题分析

同步练习13.2 （基础题）写出图13.16所示电路中两个线圈的感应电压表达式。

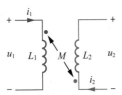

图 13.14　例 13.2 电路图

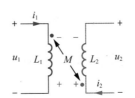

图 13.15　图 13.14 电路的互感电压极性

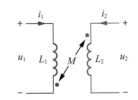

图 13.16　同步练习 13.2 电路图

答案：$u_1 = L_1 \dfrac{\mathrm{d}i_1}{\mathrm{d}t} - M \dfrac{\mathrm{d}i_2}{\mathrm{d}t}$，$u_2 = L_2 \dfrac{\mathrm{d}i_2}{\mathrm{d}t} - M \dfrac{\mathrm{d}i_1}{\mathrm{d}t}$。

13.2 磁耦合电路的计算

13.2.1 耦合电感的去耦等效

判断互感电压的极性，既要考虑同名端的位置，又要考虑流入电流的端子，因此有一定难度。在某些情况下，可以把同名端去掉，无须考虑电流的方向，也无须判断互感电压的极性，这种方法称为耦合电感的去耦等效。

能够去耦等效的情况有两种：一种是耦合电感串联，另一种是耦合电感为T形接法。我们先来看第一种情况，即串联耦合电感的去耦等效。

两个线圈可以串联，如图13.17所示。图13.17（a）中两个同名端都在线圈左侧，称为耦合电感同方向串联；图13.17（b）中一个同名端在线圈左侧，另一个同名端在线圈右侧，称为耦合电感反方向串联。

下面以耦合电感同方向串联为例，推导其等效电路。耦合电感反方向串联等效电路的推导过程与同方向串联类似，因此我们将直接给出结论。

图13.18所示为标记电压和电流参考方向的耦合电感同方向串联。

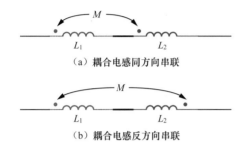

（a）耦合电感同方向串联

（b）耦合电感反方向串联

图 13.17　耦合电感的串联接法 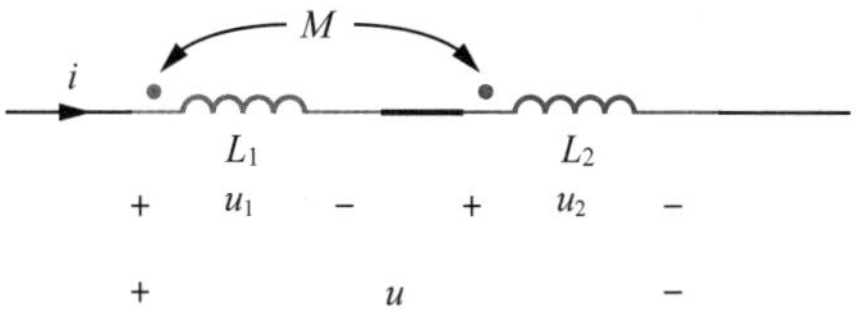　　　　图 13.18　标记电压和电流参考方向的耦合电感同方向串联

根据图13.18中同名端的位置和流入电流的端子，可以判断出两个线圈互感电压的正极均在图中标记同名端的位置，互感电压的方向与自感电压的方向相同，由此可得

$$u = u_1 + u_2 = \left(L_1 \frac{\mathrm{d}i}{\mathrm{d}t} + M \frac{\mathrm{d}i}{\mathrm{d}t}\right) + \left(L_2 \frac{\mathrm{d}i}{\mathrm{d}t} + M \frac{\mathrm{d}i}{\mathrm{d}t}\right) = (L_1 + L_2 + 2M) \frac{\mathrm{d}i}{\mathrm{d}t} \tag{13.7}$$

由式（13.7）可见，图13.18耦合电感同方向串联可以等效变换为图13.19所示的电路。显然，通过等效变换，同名端消失了，无须考虑电流的方向，也无须判断互感电压的极性。

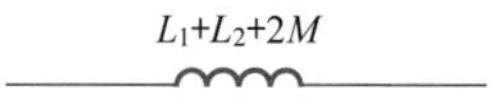

L_1+L_2+2M

图 13.19　图 13.18 耦合电感同方向串联的等效电路

如果耦合电感为反方向串联，同样可以去耦等效，如图13.20所示。

可见，耦合电感同方向串联时的等效电感为 $L_1 + L_2 + 2M$ ，反方向串联时的等效电感为 $L_1 + L_2 - 2M$ 。显然，同方向串联的等效电感比反方向串联的等效电感大。这是因为同方向串联时两个线圈的磁场相互增强，而反方向串联时两个线圈的磁场相互削弱。

我们再来看第二种情况，即T形接法耦合电感的去耦等效。

将两个线圈连接起来，并且在连接点引出一条导线，这种接法称为T形接法，如图13.21所示。图13.21（a）为耦合电感T形同侧连接，即两个同名端都离线圈连接点远，或都离线圈连接点近。图13.21（b）为耦合电感T形异侧连接，即一个同名端离线圈连接点远，另一个同名端离线圈连接点近。

我们以耦合电感T形同侧连接为例，推导其等效电路。耦合电感T形异侧连接等效电路的推导过程与同侧连接类似，因此我们将直接给出结论。

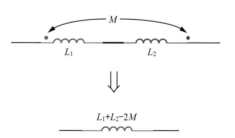

L_1+L_2-2M

图 13.20　耦合电感反方向串联的去耦等效

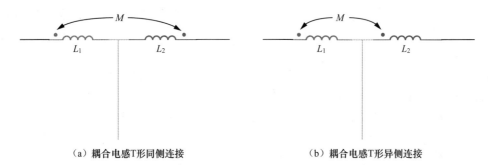

（a）耦合电感T形同侧连接　　　　　　　　（b）耦合电感T形异侧连接

图 13.21　耦合电感的 T 形接法

图13.22所示为标记电压和电流参考方向的耦合电感T形同侧连接。

根据图13.22中同名端的位置和流入电流的端子，可以判断出两个线圈互感电压的正极均在图中标记同名端的位置，由此可得

$$u_1 = L_1 \frac{\mathrm{d}i_1}{\mathrm{d}t} + M \frac{\mathrm{d}i_2}{\mathrm{d}t} = L_1 \frac{\mathrm{d}i_1}{\mathrm{d}t} + M \frac{\mathrm{d}(i - i_1)}{\mathrm{d}t} = (L_1 - M) \frac{\mathrm{d}i_1}{\mathrm{d}t} + M \frac{\mathrm{d}i}{\mathrm{d}t} \qquad （13.8）$$

$$u_2 = L_2 \frac{\mathrm{d}i_2}{\mathrm{d}t} + M \frac{\mathrm{d}i_1}{\mathrm{d}t} = L_2 \frac{\mathrm{d}i_2}{\mathrm{d}t} + M \frac{\mathrm{d}(i - i_2)}{\mathrm{d}t} = (L_2 - M) \frac{\mathrm{d}i_2}{\mathrm{d}t} + M \frac{\mathrm{d}i}{\mathrm{d}t} \qquad （13.9）$$

由式（13.8）和式（13.9）可见，图13.22耦合电感T形同侧连接可以等效变换为图13.23所示的电路（两个电路的端口电压与电流关系相同）。显然，通过等效变换，同名端消失了，不用考虑电流的方向，也不再需要判断互感电压的极性。

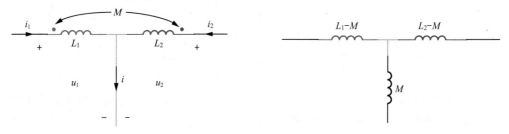

图 13.22　标记电压和电流参考方向的耦合电感 T 形同侧连接　　图 13.23　图 13.22 耦合电感 T 形同侧连接的等效电路

如果耦合电感为T形异侧连接，同样可以去耦等效，如图13.24所示。

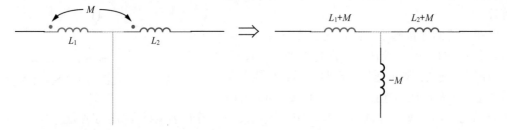

图 13.24　耦合电感 T 形异侧连接的去耦等效

耦合电感去耦等效总结如表13.1所示。

表 13.1 耦合电感去耦等效总结

耦合电感连接方式	去耦等效电路
M L_1 L_2 **耦合电感同方向串联**	L_1+L_2+2M
M L_1 L_2 **耦合电感反方向串联**	L_1+L_2-2M
M L_1 L_2 **耦合电感T形同侧连接**	L_1-M L_2-M M
M L_1 L_2 **耦合电感T形异侧连接**	L_1+M L_2+M $-M$

13.2.2 磁耦合电路的计算方法

如果一个电路中含有耦合电感，那么首先应该想到简化电路，也就是去耦等效。如果不能去耦等效，那么只好考虑同名端位置和计算互感电压了。

下面通过例题来具体说明磁耦合电路的计算方法。

例13.3 （基础题）已知图13.25所示正弦交流电路中电压源的电压为 $120\angle0°\,\mathrm{V}$ ，$\omega L_1 = \omega L_2 = 20\,\Omega$ ，$\omega M = 10\,\Omega$ ，分别求开关S断开和闭合时的电流 $\dot{I}$ 。

解 首先注意到这是正弦交流电路，因此电路中电压源采用相量形式，自感和互感采用阻抗形式。

当开关S断开时，两个线圈为同方向串联，此时去耦等效电路如图13.26所示。

由图13.26可得

$$\dot{I} = \frac{\dot{U}_s}{\mathrm{j}\omega(L_1+L_2+2M)} = \frac{100}{\mathrm{j}60} = 2\angle-90°\,\mathrm{A}$$

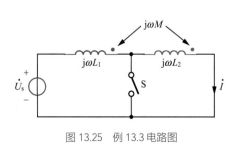

图 13.25 例 13.3 电路图

247

当开关S闭合时，两个线圈为T形异侧连接，此时去耦等效电路如图13.27所示。

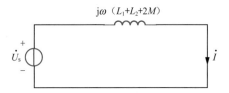
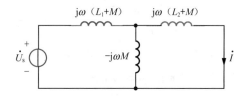

图 13.26　图 13.25 开关 S 断开时的去耦等效电路　　图 13.27　图 13.25 开关 S 闭合时的去耦等效电路

由图13.27（根据阻抗串并联等效和并联分流）可得

$$\dot{I} = \frac{\dot{U}_s}{j\omega(L_1+M) + \dfrac{-j\omega M \times j\omega(L_2+M)}{-j\omega M + j\omega(L_2+M)}} \times \frac{-j\omega M}{-j\omega M + j\omega(L_2+M)}$$

$$= \frac{120}{j30 + \dfrac{-j10 \times j30}{-j10 + j30}} \times \frac{-j10}{-j10 + j30} = 4\angle 90°\,\text{A}$$

开关S闭合时的求解结果令人困惑，因为图13.25电路中开关S闭合时，开关S所在支路短路，直觉上 $\dot{I}$ 应该为0，不过这是错误的！因为当某条支路被短路时，其电流不一定为0。我们以前认为与某一支路并联的支路短路，那么该支路的电流为0，这一结论是有前提的，即该支路中没有电源，包括独立电源和受控电源。可是，图13.25线圈1的电流会在线圈2上产生互感电压，这使线圈2相当于电流控制电压源（受控电源）。该受控电源会在线圈2上产生电流，因此 $\dot{I}$ 不为0。

同步练习13.3（基础题）已知图13.28所示正弦交流电路中电压源的电压为 $120\angle 0°\,\text{V}$，$\omega L_1 = \omega L_2 = 20\,\Omega$，$\omega M = 10\,\Omega$，分别求开关S断开和闭合时的电流 $\dot{I}$。

答案：开关S断开时，$\dot{I} = 6\angle -90°\,\text{A}$；开关S闭合时，$\dot{I} = 4\angle -90°\,\text{A}$。

例13.4（提高题）已知图13.29所示正弦交流电路中电压源的电压为 $120\angle 0°\,\text{V}$，$\omega L_1 = \omega L_2 = 20\,\Omega$，$\omega M = 10\,\Omega$，$1/(\omega C) = 20\,\Omega$，求 $\dot{U}_1$。

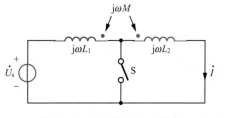
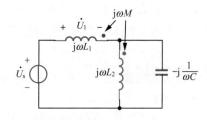

图 13.28　同步练习 13.3 电路图　　　　图 13.29　例 13.4 电路图

解　图13.29中耦合电感为T形同侧连接，其去耦等效电路如图13.30所示。代入已知条件，则图13.30所示电路变为图13.31所示电路。

由图13.31可见，右侧两个并联支路的等效阻抗为无穷大，因此电压源电流为0。此时，左侧电感的电压为0，因此右侧电感与电容串联支路的电压等于电压源电压。根据串联分压与阻抗成正比，可得右侧电感电压等于 $\dfrac{j10}{j10 + (-j20)} \times \dot{U}_s = -\dot{U}_s = 120\angle 180°\,\text{V}$。

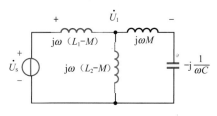

图 13.30　图 13.32 的去耦等效电路

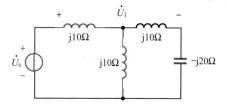

图 13.31　图 13.30 代入已知条件后的电路

观察图13.31可见，$\dot{U}_1$ 等于左侧电感电压加右侧电感电压。由于左侧电感电压为0，所以 $\dot{U}_1$ 等于右侧电感电压，即 $\dot{U}_1 = 120\angle 180° \text{ V}$。

本例题为提高题，难度很高。难度高是因为去耦等效以后，很多人会误以为 $\dot{U}_1$ 即图13.30电路中左侧电感的电压。实际上，去耦等效以后正确的 $\dot{U}_1$ 如图13.30所示。为什么很多人会看错呢？这是因为去耦等效以后，图13.30中3个电感的连接点是新生成的，原来的电路中没有，但很多人误以为这个新生成的点就是原来电路中两个线圈的连接点。

同步练习13.4　（提高题）　已知图13.32所示正弦交流电路中电压源的电压为120∠0°V，$\omega L_1 = \omega L_2 = 20\ \Omega$，$\omega M = 1/(\omega C) = 10\ \Omega$，求 $\dot{U}_2$。

答案：$\dot{U}_2 = 120\angle 180° \text{ V}$。

以上题目都可以通过去耦等效求解，但也有无法去耦等效的情况。

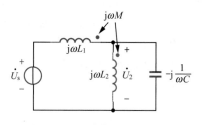

图 13.32　同步练习 13.4 电路图

例13.5　（提高题）　按图13.33所示正弦交流电路的回路绕向，列写回路电流方程。

解　图13.33中耦合电感既不是串联接法，也不是T形接法，因此无法去耦等效。此时有两种解决方法：一种是判断互感电压极性，然后列写方程；另一种是在判断互感电压极性的基础上，将互感电压用电流控制电压源表示，然后列写方程。

首先用第一种方法列写回路电流方程。

根据图13.33和互感电压极性的"判断方法"，假定下方线圈的电流参考方向向下，可以判断出互感电压极性，如图13.34所示。

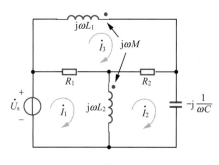

图 13.33　例 13.5 电路图

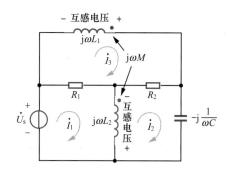

图 13.34　判断互感电压极性

回路电流方程本质上是KVL方程，本例题只需要在原来列写回路电流方程的基础上加上互感电压即可。根据图13.34，可列写回路电流方程：

$$\left.\begin{aligned}
\left(R_1 + \mathrm{j}\omega L_2\right)\dot{I}_1 - \mathrm{j}\omega L_2\dot{I}_2 - R_1\dot{I}_3 - \mathrm{j}\omega M\dot{I}_3 &= \dot{U}_s \\
\left(R_2 + \mathrm{j}\omega L_2 - \mathrm{j}\frac{1}{\omega C}\right)\dot{I}_2 - \mathrm{j}\omega L_2\dot{I}_1 - R_2\dot{I}_3 + \mathrm{j}\omega M\dot{I}_3 &= 0 \\
\left(R_1 + R_2 + \mathrm{j}\omega L_1\right)\dot{I}_3 - R_1\dot{I}_1 - R_2\dot{I}_2 - \mathrm{j}\omega M\left(\dot{I}_1 - \dot{I}_2\right) &= 0
\end{aligned}\right\}$$

整理可得标准形式的回路电流方程：

$$\left.\begin{aligned}
\left(R_1 + \mathrm{j}\omega L_2\right)\dot{I}_1 - \mathrm{j}\omega L_2\dot{I}_2 - \left(R_1 + \mathrm{j}\omega M\right)\dot{I}_3 &= \dot{U}_s \\
-\mathrm{j}\omega L_2\dot{I}_1 + \left(R_2 + \mathrm{j}\omega L_2 - \mathrm{j}\frac{1}{\omega C}\right)\dot{I}_2 + \left(-R_2 + \mathrm{j}\omega M\right)\dot{I}_3 &= 0 \\
\left(-R_1 - \mathrm{j}\omega M\right)\dot{I}_1 + \left(-R_2 + \mathrm{j}\omega M\right)\dot{I}_2 + \left(R_1 + R_2 + \mathrm{j}\omega L_1\right)\dot{I}_3 &= 0
\end{aligned}\right\}$$

然后介绍第二种方法。

某一线圈的互感电压由另一个线圈的电流产生（电流产生磁场，耦合到邻近的线圈，从而产生互感电压），因此互感电压相当于电流控制电压源，互感电压的极性即受控电压源的极性，如图13.35所示。

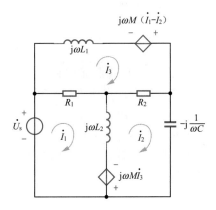

比较图13.35和图13.34可见，把互感电压用受控电源表示后，可以去掉同名端，列写的回路电流方程与第一种方法列写的回路电流方程完全相同，因此省略列写过程。由于同名端可以去掉，因此第二种方法更不易出错，其缺点是要把受控电压源画出来，这增加了画电路图的工作量。

图 13.35　图 13.34 电路的等效电路

同步练习13.5　（提高题）根据图13.36所示正弦交流电路的回路绕向，列写回路电流方程。

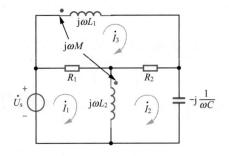

图 13.36　同步练习 13.5 电路图

答案：
$$\left.\begin{aligned}
\left(R_1 + \mathrm{j}\omega L_2\right)\dot{I}_1 - \mathrm{j}\omega L_2\dot{I}_2 - \left(R_1 - \mathrm{j}\omega M\right)\dot{I}_3 &= \dot{U}_s \\
-\mathrm{j}\omega L_2\dot{I}_1 + \left(R_2 + \mathrm{j}\omega L_2 - \mathrm{j}\frac{1}{\omega C}\right)\dot{I}_2 + \left(-R_2 - \mathrm{j}\omega M\right)\dot{I}_3 &= 0 \\
\left(-R_1 + \mathrm{j}\omega M\right)\dot{I}_1 + \left(-R_2 - \mathrm{j}\omega M\right)\dot{I}_2 + \left(R_1 + R_2 + \mathrm{j}\omega L_1\right)\dot{I}_3 &= 0
\end{aligned}\right\}$$ 。

13.3 变压器

13.3.1 变压器的定义

耦合电感可以产生互感电压，这样自然可以起到变压的作用，因此耦合电感就是变压器（transformer）。也就是说，本章前面的内容其实也都是在介绍变压器。

本节的分析对象和分析方法与前面两节相同，不同之处在于本节会介绍几个新的概念，包括耦合系数、输入阻抗、反映阻抗、输出阻抗等。

读者也许会感到奇怪：中学学过的变压器好像不是前面介绍的那样。是的，我们在中学所学的变压器只是变压器的一种理想化的特殊情况，下一节将详细介绍。本节介绍通用的变压器概念。

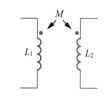

图 13.37　变压器的图形符号

变压器的图形符号如图13.37所示。可见，变压器的图形符号与耦合电感的图形符号完全相同。

13.3.2 耦合系数

耦合电感的磁耦合程度可以用耦合系数（又称耦合因数）k表示：

$$k = \frac{M}{\sqrt{L_1 L_2}} \tag{13.10}$$

耦合电感的耦合系数最大值为1，称为全耦合；耦合系数大于0.5称为紧耦合；耦合系数小于0.5称为松耦合。

耦合电感的耦合系数大小与两个线圈的距离、相对位置、线圈所缠绕的磁芯材料等因素有关。显然，两个线圈距离越近，耦合系数越大；两个线圈越趋近于平行，耦合系数越大；线圈磁芯的磁导率越大，耦合系数越大。

耦合电感即变压器。从磁芯材料的角度可将变压器分为两类：一类变压器的磁芯为非铁磁材料（包括空气），磁芯磁导率很低，近似为真空磁导率（$\mu_0 = 4\pi \times 10^{-7}$ H/m），此类变压器称为空芯变压器；另一类变压器的磁芯为铁磁材料，磁芯磁导率较高，一般为真空磁导率的成百上千倍，此类变压器称为铁芯变压器。

由以上介绍可见，关于变压器的概念很多。之所以介绍这么多的概念，是因为有必要全面、深刻地揭示变压器的特性。

接下来介绍与变压器应用相关的几个概念。

13.3.3 输入阻抗、输出阻抗和反映阻抗

给变压器接上电源和负载，如图13.38所示。

图13.38中的电源为正弦交流电压源。之所以采用正弦激励，是因为变压器一般用于正弦交

流电路。如果电路的电流恒定，则变压器不会产生互感电压，也就起不到变压的作用。

图13.38中的阻抗Z_1可被视为电源内阻，阻抗Z_2为负载阻抗。线圈1所在位置称为变压器的原边（或称一次侧），线圈1又称原边绕组；线圈2所在位置称为变压器的副边（或称二次侧），线圈2又称副边绕组。也就是说，区分原边和副边不是根据左右或上下位置，而是根据变压器外接的电路：外接电源的一侧称为原边，外接负载的一侧称为副边。

从图13.38变压器的原边向右看，右侧电路是一个不含独立电源的一端口网络，因此该一端口网络可以等效变换为一个阻抗。该等效阻抗与电源相连，可视为输入侧，因此从位置上看其可被称为输入阻抗。下面推导输入阻抗的表达式。

图13.39为图13.38标记电压和电流参考方向的电路。

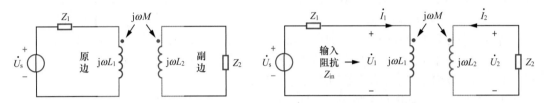

图 13.38　变压器外接电源和负载　　　图 13.39　图 13.38 标记电压和电流参考方向

对图13.39变压器的两侧分别列写KVL方程，可得

$$-\dot{U}_s + Z_1\dot{I}_1 + j\omega L_1\dot{I}_1 + j\omega M\dot{I}_2 = 0 \tag{13.11}$$

$$Z_2\dot{I}_2 + j\omega L_2\dot{I}_2 + j\omega M\dot{I}_1 = 0 \tag{13.12}$$

式（13.11）和式（13.12）消掉$\dot{I}_2$，可得

$$\frac{\dot{U}_s}{\dot{I}_1} = Z_1 + j\omega L_1 + \frac{(\omega M)^2}{Z_2 + j\omega L_2} \tag{13.13}$$

结合式（13.13）和图13.39，可得图13.39电路的输入阻抗为

$$Z_{in} = j\omega L_1 + \frac{(\omega M)^2}{Z_2 + j\omega L_2} \tag{13.14}$$

式（13.14）中，$\dfrac{(\omega M)^2}{Z_2 + j\omega L_2}$为通过变压器将副边负载阻抗反映到原边的阻抗，称为反映阻抗，表示为$Z_{reflect}$，简记为Z_r，因此

$$Z_r = \frac{(\omega M)^2}{Z_2 + j\omega L_2} \tag{13.15}$$

除了输入阻抗和反映阻抗的概念，与变压器应用相关的还有输出阻抗的概念。输出阻抗为从图13.39变压器副边向左看的含源一端口网络的戴维南等效电路的等效阻抗。可见，输出阻抗等于图13.39电压源置零（短路）后从变压器副边向左看的等效阻抗，如图13.40所示。可见，之所以称为输出阻抗，是因为该

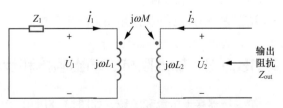

图 13.40　图 13.39 电压源置零后从变压器副边向左看

阻抗是从输出侧看进去的等效阻抗。

输出阻抗表达式的推导过程与输入阻抗类似，因此省略。图13.40的输出阻抗表达式为

$$Z_{\text{out}} = j\omega L_2 + \frac{(\omega M)^2}{Z_1 + j\omega L_1} \qquad (13.16)$$

输入阻抗和输出阻抗的称呼通俗易懂，因此在含变压器的电路分析中经常用到。下面通过例题来具体说明输入阻抗和输出阻抗如何用于含变压器电路的分析。

例13.6 （基础题）求图13.41所示正弦交流电路中的电流 $\dot{I}_1$。

解 由图13.41可得

$$\dot{I}_1 = \frac{100}{Z_{\text{in}}} = \frac{100}{j\omega L_1 + \dfrac{(\omega M)^2}{Z_2 + j\omega L_2}} = \frac{100}{j10 + \dfrac{5^2}{20 + j15}} \approx 10.6\angle -85.1°\text{A}$$

可见，如果能记住输入阻抗的表达式，本例题就可以极为快速地解出。如果实在记不住输入阻抗的表达式，则可对变压器两侧的回路列写KVL方程进行求解。有些人不喜欢列KVL方程，因为要判断互感电压的极性及支路电压的正负，为此，这里再介绍一种基于去耦等效的求解方法。

将图13.41变压器下方的两个端子连接起来，如图13.42所示。

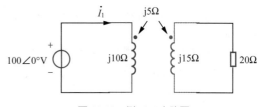

图 13.41 例 13.6 电路图

由图13.42可见，添加下方连接线没有形成回路，因此连接线上没有电流，即电流为0，相当于开路。这说明所添加的连接线对原来的电路没有影响。

加上连接线以后，就可以进行T形接法的去耦等效，如图13.43所示。然后，根据阻抗串并联等效即可求出电流。这种加连接线的方法可以称为"无中生有"，是一种非常巧妙的方法，在电路分析中偶尔可以使用。

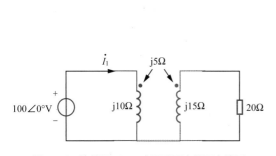

图 13.42 连接图 13.41 变压器下方的两个端子

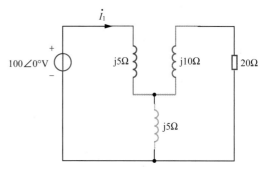

图 13.43 图 13.42 的去耦等效电路

同步练习13.6（基础题）求图13.44所示正弦交流电路中的电流 $\dot{I}_1$。

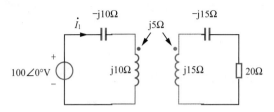

图 13.44 同步练习 13.6 电路图

答案： $\dot{I} = 80\angle 0^\circ \text{A}$ 。

例13.7（提高题）已知图13.45所示正弦交流电路中的变压器为全耦合变压器，负载 Z_2 为可变阻抗，电压源电压 $\dot{U}_s = 20\angle 0^\circ$ V ， $R_1 = 2\ \Omega$ ， $\omega L_1 = 2\ \Omega$ ， $\omega L_2 = 8\ \Omega$ 。负载阻抗 Z_2 为何值时可获得最大有功功率？并求此最大有功功率。

解 根据第11章正弦交流电路最大功率传输的结论可知，当负载阻抗等于其左侧一端口网络的戴维南等效电路的等效阻抗的共轭时，负载阻抗可获得最大有功功率，并且最大有功功率等于 $\dfrac{U_{oc}^{\ 2}}{4R_{eq}}$ 。可见，求最大有功功率的关键是求负载阻抗左侧一端口网络的戴维南等效电路。

图13.45负载阻抗左侧的一端口网络如图13.46所示。全耦合变压器意味着耦合系数 $k = 1$ ，因此 $k = \dfrac{M}{\sqrt{L_1 L_2}} = \dfrac{\omega M}{\sqrt{\omega L_1 \omega L_2}} = 1$ 。将已知条件代入其中可得 $\omega M = 4\ \Omega$ 。

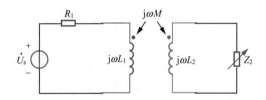
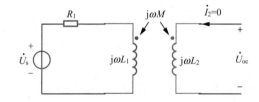

图 13.45 例 13.7 电路图　　图 13.46 图 13.45 负载阻抗左侧的一端口网络

先求开路电压。由图13.46可见，由于右侧端口开路，电流为0，不会产生磁场，因此线圈2对线圈1没有影响，而线圈1由于有电流，因此会在线圈2上产生互感电压，该互感电压刚好等于端口的开路电压，即

$$\dot{U}_{oc} = j\omega M \frac{\dot{U}_s}{R + j\omega L_1} = j4 \times \frac{20}{2 + j2} = 20\sqrt{2}\angle 45^\circ \text{ V}$$

再求等效阻抗。戴维南等效电路的等效阻抗即变压器的输出阻抗，根据式（13.16）可得

$$Z_{eq} = Z_{out} = j\omega L_2 + \frac{(\omega M)^2}{R_1 + j\omega L_1} = j8 + \frac{4^2}{2 + j2} = 4 + j4\ \Omega$$

当负载阻抗 $Z_2 = Z_{eq}^{\ *} = 4 - j4\ \Omega$ 时可获得最大有功功率，该最大有功功率为

$$P_{max} = \frac{U_{oc}^{\ 2}}{4R_{eq}} = \frac{\left(20\sqrt{2}\right)^2}{4 \times 4} = 50 \text{ W} \tag{13.17}$$

同步练习13.7 （提高题） 已知图13.47所示正弦交流电路中的变压器为全耦合变压器，负载 Z_2 为可变阻抗，电压源电压 $\dot{U}_s = 20\angle 0° \text{ V}$，$R_1 = 8\,\Omega$，$\omega L_1 = 8\,\Omega$，$\omega L_2 = 2\,\Omega$。负载阻抗 Z_2 为何值时可获得最大有功功率？并求此最大有功功率。

答案：当 $Z_2 = Z_{eq}^* = 1 - \text{j}1\,\Omega$ 时可获得最大有功功率，$P_{max} = 12.5\text{ W}$（提示：改变同名端的位置不会影响输出阻抗、输入阻抗和反映阻抗的表达式，如果对此有疑问，可自行推导）。

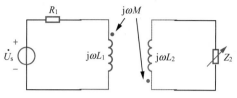

图 13.47　同步练习 13.7 电路图

13.4 理想变压器

13.4.1 理想变压器的定义

满足以下3个条件的变压器称为理想变压器（ideal transformer）：

（1）无损耗，即忽略线圈电阻和所有其他损耗；

（2）磁场全耦合，即耦合系数 $k = \dfrac{M}{\sqrt{L_1 L_2}} = 1$；

（3）自感值和互感值无穷大，即 $L_1, L_2, M \to \infty$。

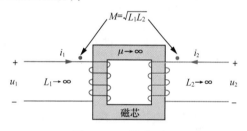

图 13.48　理想变压器

理想变压器如图13.48所示。图中磁芯的磁导率必须是无穷大，这样才能保证磁场全耦合。

理想变压器要满足的条件极为苛刻，在现实中根本不存在真正的理想变压器，不过如果对计算精度要求不是很高，现实中常用的铁芯变压器可以被近似看作理想变压器，原因如下。

（1）铁芯变压器线圈（又称绕组）的导线截面积很大，根据 $R = \rho\dfrac{l}{S}$ 可知，导线的电阻值很小，可以近似忽略。

（2）铁芯的磁导率很高，通常为空气磁导率的成百上千倍，因此可以将线圈电流产生的绝大部分磁场都约束在铁芯中，从而可以近似认为两个绕组产生的磁力线可以完全耦合到彼此。

（3）铁芯变压器的自感值和互感值与铁芯的磁导率成正比，在假定磁导率足够大的情况下，铁芯变压器两个绕组的自感值和互感值可被近似认为是无穷大。

既然铁芯变压器一般可被视为理想变压器，就说明理想变压器有实际的应用背景。下面推导理想变压器的电压关系和电流关系。

13.4.2 理想变压器的特性

由图13.48可见，两个线圈产生的磁场方向相同，都是顺时针方向。理想变压器需要满足磁场全耦合，即磁力线全部被约束在磁芯中，这意味着穿过两个线圈的磁通量相同。设磁通量为 ϕ，线圈1和线圈2的匝数分别为 N_1 和 N_2，则两个线圈的磁链（磁通量乘以匝数）分别为 $\psi_1 = N_1\phi$ 和 $\psi_2 = N_2\phi$。

根据法拉第电磁感应定律，线圈1和线圈2的感应电压分别为

$$u_1 = \frac{\mathrm{d}\psi_1}{\mathrm{d}t} = \frac{\mathrm{d}(N_1\phi)}{\mathrm{d}t} = N_1\frac{\mathrm{d}\phi}{\mathrm{d}t} \tag{13.18}$$

$$u_2 = \frac{\mathrm{d}\psi_2}{\mathrm{d}t} = \frac{\mathrm{d}(N_2\phi)}{\mathrm{d}t} = N_2\frac{\mathrm{d}\phi}{\mathrm{d}t} \tag{13.19}$$

根据式（13.18）和式（13.19）可得

$$\frac{u_1}{u_2} = \frac{N_1}{N_2} \tag{13.20}$$

可见，理想变压器原边电压和副边电压之比等于匝数之比。这一证明过程与我们在中学所学的证明过程相同。

接下来推导理想变压器原边电流和副边电流的关系。

由图13.48可以写出包含自感电压和互感电压的两个线圈的感应电压表达式：

$$u_1 = L_1\frac{\mathrm{d}i_1}{\mathrm{d}t} + M\frac{\mathrm{d}i_2}{\mathrm{d}t} = L_1\frac{\mathrm{d}i_1}{\mathrm{d}t} + \sqrt{L_1L_2}\frac{\mathrm{d}i_2}{\mathrm{d}t} = \sqrt{L_1}\left(\sqrt{L_1}\frac{\mathrm{d}i_1}{\mathrm{d}t} + \sqrt{L_2}\frac{\mathrm{d}i_2}{\mathrm{d}t}\right) \tag{13.21}$$

$$u_2 = L_2\frac{\mathrm{d}i_2}{\mathrm{d}t} + M\frac{\mathrm{d}i_1}{\mathrm{d}t} = L_2\frac{\mathrm{d}i_2}{\mathrm{d}t} + \sqrt{L_1L_2}\frac{\mathrm{d}i_1}{\mathrm{d}t} = \sqrt{L_2}\left(\sqrt{L_2}\frac{\mathrm{d}i_2}{\mathrm{d}t} + \sqrt{L_1}\frac{\mathrm{d}i_1}{\mathrm{d}t}\right) \tag{13.22}$$

根据式（13.21）、式（13.22）和式（13.20）可得

$$\frac{u_1}{u_2} = \frac{\sqrt{L_1}}{\sqrt{L_2}} = \frac{N_1}{N_2} \tag{13.23}$$

根据式（13.21）和式（13.23）可得

$$u_1 = L_1\frac{\mathrm{d}i_1}{\mathrm{d}t} + M\frac{\mathrm{d}i_2}{\mathrm{d}t} \Rightarrow \frac{\mathrm{d}i_1}{\mathrm{d}t} = \frac{u_1}{L_1} - \frac{M}{L_1}\frac{\mathrm{d}i_2}{\mathrm{d}t} = 0 - \frac{\sqrt{L_2}}{\sqrt{L_1}}\frac{\mathrm{d}i_2}{\mathrm{d}t} = -\frac{N_2}{N_1}\frac{\mathrm{d}i_2}{\mathrm{d}t} \tag{13.24}$$

即

$$\frac{\mathrm{d}i_1}{\mathrm{d}t} = -\frac{N_2}{N_1}\frac{\mathrm{d}i_2}{\mathrm{d}t} \tag{13.25}$$

对式（13.25）两边同时从0到t积分，可得

$$i_1(t) - i_1(0) = -\frac{N_2}{N_1}[i_2(t) - i_2(0)] \tag{13.26}$$

由图13.48可见，在没有外接电路时，理想变压器两个线圈的初始电流均为0，即$i_1(0) = 0\,\mathrm{A}$，$i_2(0) = 0\,\mathrm{A}$。将初始电流值代入式（13.26），可得

$$\frac{i_1(t)}{i_2(t)} = -\frac{N_2}{N_1} \tag{13.27}$$

为了书写简洁，式（13.27）中的t通常省略，因此理想变压器原边电流和副边电流的关系为

$$\frac{i_1}{i_2} = -\frac{N_2}{N_1} \tag{13.28}$$

式（13.28）表明，理想变压器原边电流和副边电流之比等于匝数反比的相反数，这与我们在中学

所学的结论差一个负号。这是因为大学"电路"中理想变压器副边电流的参考方向与中学的相反。为什么非要取不同的电流参考方向呢？这其实没什么道理，只是约定俗成。参考方向虽然可以任意选择，但在有些情况下需要从众，以便于交流。第16章要讲解的二端口网络也会取与理想变压器相同的参考方向。

理想变压器的图形符号如图13.49所示。图中，$n = N_1 / N_2$ 为原边和副边的匝数比。之所以用n来表示匝数比，是因为这样更简洁。不过，这样做也有不利之处，因为 $n:1$ 不如 N_1 / N_2 直观。可见，匝数比的两种表示形式各有优缺点，因此在本书后面的分析中，匝数比的两种表示形式都有可能会用到。

由理想变压器的电压关系式（13.20）和电流关系式（13.28）可以看出，理想变压器可以用一个电压控制电压源和一个电流控制电流源表示，这在第2章中介绍过。考虑到图13.49已经足够简洁，如果改为用电压控制电压源和电流控制电流源表示，反而会变得复杂，因此建议分析电路时理想变压器不用受控电源表示。

根据式（13.20）和式（13.28）可得

$$\frac{u_1}{u_2} \times \frac{i_1}{i_2} = -1 \Rightarrow u_1 i_1 + u_2 i_2 = 0 \Rightarrow p_1 + p_2 = 0 \tag{13.29}$$

这表明理想变压器两个线圈在任何时候总的功率都等于零，即理想变压器发出的功率等于吸收的功率，或理想变压器的输入功率等于输出功率。可见，理想变压器输入功率等于输出功率是可证明的结论，而不是已知条件。

如果改变图13.49理想变压器其中一个线圈的同名端位置，如图13.50所示，则式（13.21）和式（13.22）中互感电压前的正号须变为负号，这样一来，原边和副边的电压关系式和电流关系式的正负号都会改变：

$$\frac{u_1}{u_2} = -\frac{N_1}{N_2} = -n \tag{13.30}$$

$$\frac{i_1}{i_2} = \frac{N_2}{N_1} = \frac{1}{n} \tag{13.31}$$

含理想变压器
电路的计算
例题分析

图 13.49　理想变压器的图形符号　　　　图 13.50　改变图 13.49 理想变压器线圈 2 的同名端位置

即使改变同名端位置，由式（13.30）和式（13.31）可以看出，理想变压器的输入功率仍然等于输出功率。

中学阶段变压器的参考方向固定，电压之比和电流之比一定为正；而大学阶段变压器的参考方向可以任意选择，理想变压器的同名端位置也有多种可能，因此要特别注意区分电压关系式和电流关系式的正负号。这并不是将简单问题复杂化，而是因为我们对理想变压器有了更深入的理解。

13.4.3　理想变压器用于阻抗变换

顾名思义，理想变压器的主要用途是变压。除了变压，理想变压器还有阻抗变换功能。

如果在负载阻抗前加一个理想变压器，如图13.51所示，那么从理想变压器的原边向右看的输入阻抗不再等于负载阻抗，这相当于通过理想变压器实现了阻抗变换。下面我们推导输入阻抗的表达式。

由图13.51（结合理想变压器的电压关系和电流关系）可得

$$Z_{in} = \frac{\dot{U}_1}{\dot{I}_1} = \frac{n\dot{U}_2}{-\frac{1}{n}\dot{I}_2} = n^2 \times \frac{\dot{U}_2}{-\dot{I}_2} = n^2 Z_2 = \frac{N_1^2}{N_2^2} Z_2 \tag{13.32}$$

由式（13.32）可见，理想变压器可以将副边的负载阻抗等效变换到原边，阻抗变换前后的电路如图13.52所示。理想变压器输入阻抗的表达式与同名端位置无关，也就是说，任意改变图13.52中同名端的位置，输入阻抗都是 $Z_{in} = n^2 Z_2$。这是因为改变同名端位置会同时改变理想变压器电压关系式和电流关系式的正负号，电压与电流之比保持不变。

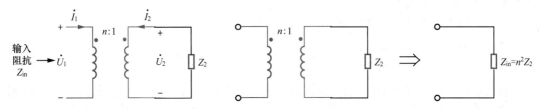

图 13.51　理想变压器用于阻抗变换　　　　图 13.52　理想变压器的阻抗变换

由于理想变压器的输入功率等于输出功率，因此图13.52中的负载阻抗 Z_2 和输入阻抗 Z_{in} 的功率（包括有功功率和无功功率）相等，求输入阻抗的功率等价于求负载阻抗的功率。下面通过例题来详细说明如何利用理想变压器的阻抗变换进行电路求解。

例13.8（基础题）　求图13.53所示含理想变压器正弦交流电路中的电流 $\dot{I}_2$、电容的无功功率和电阻的有功功率。

解　通过进行理想变压器阻抗变换，图13.53电路可以等效变换为图13.54所示电路。

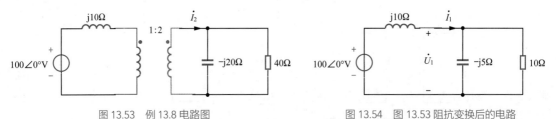

图 13.53　例 13.8 电路图　　　　　　　　图 13.54　图 13.53 阻抗变换后的电路

对图13.54列写节点电压方程：

$$\left(\frac{1}{j10} + \frac{1}{-j5} + \frac{1}{10}\right)\dot{U}_1 = \frac{100}{j10}$$

解得 $\dot{U}_1 = 50\sqrt{2}\angle -135° \text{ V}$。

图13.54中电容的无功功率和电阻的有功功率分别为

$$Q_C = -U_C I_C = -\frac{U_1^2}{\frac{1}{\omega C}} = -\frac{\left(50\sqrt{2}\right)^2}{5} = -1\ 000 \text{ var}$$

$$P_R = \frac{U_1^2}{R} = \frac{\left(50\sqrt{2}\right)^2}{10} = 500 \text{ W}$$

由于理想变压器的输入功率等于输出功率，因此变压器原边等效电容的无功功率和等效电阻的有功功率分别等于变压器副边的电容无功功率和电阻有功功率。

由图13.54可得

$$\dot{I}_1 = \frac{\dot{U}_1}{-\mathrm{j}5} + \frac{\dot{U}_1}{10} = \left(\frac{1}{-\mathrm{j}5} + \frac{1}{10}\right) \times 50\sqrt{2}\angle -135° = \left(\frac{1}{-\mathrm{j}5} + \frac{1}{10}\right) \times (-50 - \mathrm{j}50) = 5 - \mathrm{j}15 = 5\sqrt{10}\angle -71.57° \text{ A}$$

根据理想变压器的电流关系，可得图13.53中理想变压器副边的电流为

$$\dot{I}_2 = \frac{1}{2}\dot{I}_1 = 2.5\sqrt{10}\angle -71.57° \approx 7.91\angle -71.57° \text{ A}$$

以上求解过程通过理想变压器的阻抗变换简化了电路分析。

同步练习13.8（基础题）　求图13.55所示含理想变压器正弦交流电路中的电流 $\dot{I}_2$、电感的无功功率和电阻的有功功率。

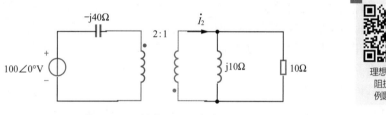

图 13.55　同步练习 13.8 电路图

答案：$\dot{I}_2 = 5\sqrt{2}\angle -135° \text{ A}$，电感的无功功率为250 var，电阻的有功功率为250 W。

*13.5　磁耦合线圈的应用

无论是实际变压器，还是理想变压器，本质上都是由两个线圈构成的，都靠两个线圈的磁场耦合工作。变压器就是磁耦合线圈的典型应用，只是离我们的生活有点远。下面介绍磁耦合线圈在我们身边的应用——无线充电。

说到无线充电，我们首先想到的是部分手机可以无线充电，此外还会想到iPad的手写笔Pencil二代可以无线充电，部分电动汽车也实现了无线充电。

目前绝大多数无线充电都利用了磁耦合线圈产生互感电压的原理，如图13.56所示。

图13.56中，电源侧电路的作用是产生高频交流信号。之所以必须用交流，是因为交流才能产生互感电压，才能实现无线电能传输。之所以要高频，是因为电路在高频工作时体积较小，有利于实现无线充电系统的小型化。锂电池电压为直流电压，而磁耦合线圈在副边产生的互感电压为交流电压，因此图中负载侧电路的主要作用是将交流信号变换为直流信号。

图13.56看起来很简单，磁耦合可以产生互感电压也是很浅显的道理，按理说无线充电应该早就普及了。但事实恰恰相反，无线充电十几年前才真正开始走向实用，并且迄今为止还未普

及。大家只要观察一下，就会发现身边的无线充电实例非常少，大多数人根本没有用到无线充电，是大家不想用无线充电吗？显然不是。无线充电尚未普及的根本原因是技术上还有很多难题未被解决。下面来看看无线充电面临哪些技术难题。

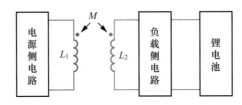

图 13.56   无线充电系统示意图

（1）电源侧电路和负载侧电路都要依赖功率半导体开关的高频通断来实现电能的变换。功率半导体开关是电力电子器件，工作频率一般为几百千赫，但是无线充电系统要求开关工作频率更高，甚至为兆赫等级。可以高频工作的功率半导体开关最近十几年才开始走向实用，并且目前价格还比较高，这导致无线充电尚难以普及。

（2）磁耦合线圈不能直接绕制到铁芯上（想象一下给手机再加一个铁芯），并且两个线圈必须分离（无线充电的两个线圈肯定有一定的距离），这些因素导致磁耦合线圈的耦合系数很低，因此能够传输的功率受到了很大的限制。如何尽可能提高耦合系数是一个技术难题。

（3）我们希望磁耦合线圈之间的距离和角度可以有一个很大的变化范围（想象一下手里拿着手机，手机里的线圈与发射线圈之间的距离动态变化，手机线圈的倾斜角度也动态变化），但是这会使耦合系数大幅度改变，从而极大地影响互感电压和所传输的功率。目前的无线充电一般要求磁耦合线圈之间距离很小，且距离基本不变，还要求线圈之间的角度也基本不变。例如，目前的手机无线充电一般需要将手机放到一个基座上，这样的确比原来需要连线方便一些，但离我们心目中的自由无线充电还有非常大的距离。

（4）无线充电的理想状态是充电功率高、效率高、设备体积小、安全稳定。这些目标一般不能同时实现，只能通过非常复杂的控制系统来尽可能实现大部分目标。迄今为止，无线充电系统的控制技术仍有待突破。

以上只列出了无线充电的部分技术难题，实际上还有其他技术难题，包括如何统一充电标准、如何降低电磁辐射等。可见，无线充电要真正实现普及，还有很长的路要走。

格物致知

本章小结

$$1+1=?$$

两个线圈的磁场耦合有两种可能的情况：一种是磁场相互增强；另一种是磁场相互削弱。这说明两个线圈放到一起，并不是1+1=2，而是1+1>2（磁场相互增强），或者1+1<2（磁场相互削弱）。

我们每个人的能力都是有限的，因此单个人能做的事情很有限，很多事情需要多个人一起做。多个人一起做事时，效果并不等于各人单独做事的效果之和。当大家齐心协力时，做事会实现1+1>2的效果；但当大家互相拆台时，做事效果就是1+1<2。

在这个全球化的时代，整个地球的人们紧密联系在一起，构成一个命运共同体。我们应尽可能同舟共济，相互包容，互利共赢。

习题

一、复习题

13.1节　磁场耦合与互感

▶ **基础题**

13.1　判断题13.1图所示两个磁耦合线圈的同名端。

13.2　写出题13.2图所示电路中u_1和u_2的表达式。

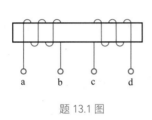

题 13.1 图

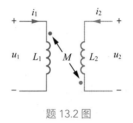

题 13.2 图

13.2节　磁耦合电路的计算

▶ **基础题**

13.3　题13.3图所示为正弦交流电路。已知电压源电压的有效值为120 V，求电流表和电压表的读数。

13.4　题13.4图所示为正弦交流电路。已知电压源电压的有效值为30 V，求I_1和I_2。

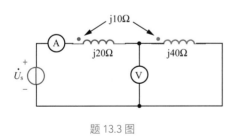

题 13.3 图

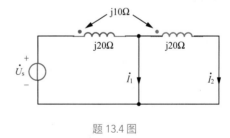

题 13.4 图

13.5　按照题13.5图所示回路电流的绕向，列写回路电流方程。

▶ **提高题**

13.6　题13.6图所示为正弦交流电路。已知电压源电压的有效值为20 V，电阻不等于零，$I = 0$ A，求电容的无功功率。

13.7　题13.7图所示为正弦交流电路。求$\dot{U}$ 。

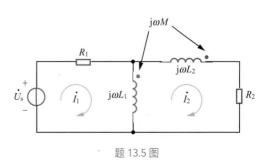

题 13.5 图

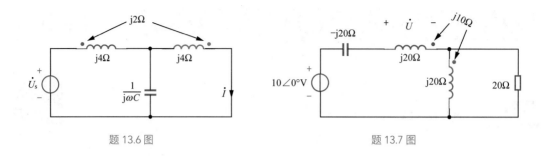

题 13.6 图   题 13.7 图

13.3节 变压器

▶ 基础题

13.8 题13.8图所示为正弦交流电路。已知 $u_s(t) = 20\cos 10t$ V，求电压源发出的复功率。

▶ 提高题

13.9 题13.9图所示正弦交流电路中的变压器为全耦合变压器，求 $\dot{I}_1$ 和 $\dot{U}_2$。

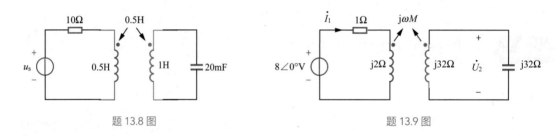

题 13.8 图   题 13.9 图

13.4节 理想变压器

▶ 基础题

13.10 题13.10图所示为含理想变压器的正弦交流电路。可变阻抗 Z_L 为多大时，其可获得最大功率？并求此最大功率 P_{max}。

13.11 题13.11图所示为含理想变压器的正弦交流电路。求 $\dot{I}_C$。

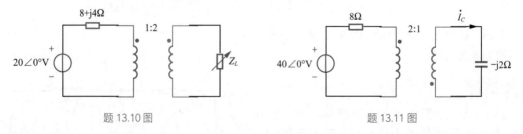

题 13.10 图   题 13.11 图

▶ 提高题

13.12 题13.12图所示电路为含理想变压器的正弦稳态电路。已知电压源电压的有效值为

160 V，角频率为1000 rad/s，求电容的无功功率。

13.13　题13.13图所示电路为含理想变压器的正弦稳态电路。求从a、b端口看进去的等效阻抗 Z_{eq}。

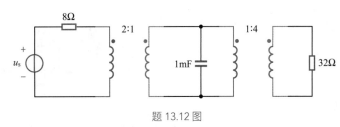

题 13.12 图

二、综合题

13.14　题13.14图所示为含耦合电感的正弦稳态电路，R为可变电阻。若要使流过R的电流的有效值与R的值无关，则电路应该满足什么条件？

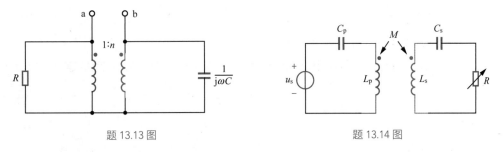

题 13.13 图　　　　　　　　　　　　　　　　　题 13.14 图

13.15　题13.15图所示电路中的开关原来断开，左侧线圈自感为4 mH，右侧线圈自感为2 mH，两个线圈之间的互感为1 mH，且两个线圈均无初始储能。$t = 0$时开关闭合，求开关闭合后的$i(t)$。

13.16　题13.16图所示电路原已达稳态，电感和电容均无初始储能。$t = 0$时开关闭合，开关闭合后的电路工作于临界阻尼状态，求理想变压器的匝数比n和$t > 0$时的电容电压$u_C(t)$。

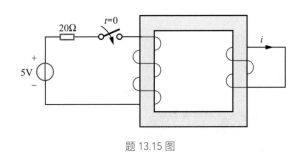

题 13.15 图

三、应用题

13.17　题13.17图所示的信号放大电路可进行戴维南等效变换，其戴维南等效电阻等于192 Ω，扬声器电路模型为2 Ω电阻。要使扬声器获得最大功率，在信号放大电路与扬声器之间插入的理想变压器的匝数比n应为多少？

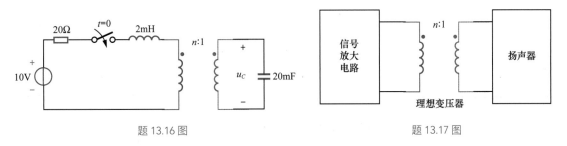

题 13.16 图　　　　　　　　　　　　　　　　　题 13.17 图

第 **14** 章

滤波器和谐振电路

由第三篇的分析可知，频率（或角频率）对正弦交流电路的影响很大。本章将分析电路的频率响应，并着重介绍与电路频率响应特性密切相关的两个重要应用——滤波器和谐振电路。

本章首先介绍电路的频率响应；然后分别论述滤波器和谐振电路的定义、特点和用途。

学习目标

（1）掌握推导电路传递函数的方法；

（2）掌握绘制传递函数幅频特性曲线的方法；

（3）理解并掌握滤波器的定义和类型，以及判断滤波器类型的方法；

（4）理解并掌握谐振的定义、条件和特点；

（5）了解滤波器和谐振电路的用途；

（6）锻炼利用电路频率特性解决实际问题的能力。

14.1　电路的频率响应

第9章~第11章论述了正弦交流电路的基本概念和分析方法，重点讲解了如何计算电压相量和电流相量。电压相量和电流相量对电路的影响不言而喻，而角频率对电路的影响则并不显而易见。分析角频率对电路的影响称为分析电路的频率响应。

分析电路的频率响应对于很多电路应用而言非常重要。滤波器和谐振电路就是两个与频率响应密切相关的常见电路应用。

在分析电路的频率响应时，传递函数是一种十分有用的工具。下面首先对传递函数进行介绍。

14.1.1　传递函数的定义与求解

传递函数（transfer function）是以角频率为自变量的函数。其定义为图14.1所示无独立电源的线性电路网络在频域内的输出信号相量与输入信号相量之比：

$$H(\mathrm{j}\omega) = \frac{输出信号相量}{输入信号相量} \tag{14.1}$$

可见，传递函数的作用是建立输出信号与输入信号在频域内的传递关系。式（14.1）中的"输入"和"输出"不一定是电路实际的输入和输出。

由图14.1可见，输入信号相量和输出信号相量可能为电压相量，也可能为电流相量，因此式（14.1）包含4种传递函数：

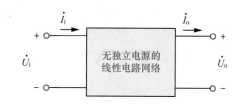

图 14.1　标记输入信号和输出信号的正弦交流线性电路网络

电压增益　$H(\mathrm{j}\omega) = \dfrac{\dot{U}_\mathrm{o}}{\dot{U}_\mathrm{i}}$ 　　　　　　　　（14.2）

电流增益　$H(\mathrm{j}\omega) = \dfrac{\dot{I}_\mathrm{o}}{\dot{I}_\mathrm{i}}$ 　　　　　　　　（14.3）

转移阻抗　$H(\mathrm{j}\omega) = \dfrac{\dot{U}_\mathrm{o}}{\dot{I}_\mathrm{i}}$ 　　　　　　　　（14.4）

转移导纳　$H(\mathrm{j}\omega) = \dfrac{\dot{I}_\mathrm{o}}{\dot{U}_\mathrm{i}}$ 　　　　　　　　（14.5）

在这4种传递函数中，式（14.2）是最为常用的传递函数，因此，以下在推导和分析传递函数时，均采用电压增益传递函数。

电路的频率响应还可以用网络函数（network function）表示。网络函数的定义与传递函数的定义基本相同，不同之处在于，网络函数还适用于不含独立电源的线性一端口网络，而传递函数只能用于多端口网络。对于不含独立电源的线性一端口网络，网络函数可以定义为频域内电压相量与电流相量之比，这与阻抗的定义相同；其也可以定义为电流相量与电压相量之比，这与导纳的定义相同。由于阻抗和导纳在第9章已经详细介绍，因此这里不再介绍。本节只需要用到传递函数的概念。

传递函数的推导方法是分析交流电路时用到的相量分析法。

例14.1 （基础题） 求图14.2所示电路的电压增益传递函数 $H(j\omega) = \dfrac{\dot{U}_o}{\dot{U}_i}$ 。

解 电路的传递函数为

$$H(j\omega) = \frac{\dot{U}_o}{\dot{U}_i} = \frac{R}{R + j\omega L}$$

同步练习14.1 （基础题） 求图14.3所示电路的电压增益传递函数。

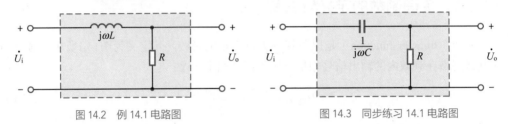

图 14.2　例 14.1 电路图　　　　图 14.3　同步练习 14.1 电路图

答案： $H(j\omega) = \dfrac{\dot{U}_o}{\dot{U}_i} = \dfrac{jR\omega C}{1 + jR\omega C}$ 。

同步练习14.1 （提高题） 求图14.4所示电路的电压增益传递函数。

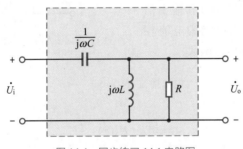

图 14.4　同步练习 14.1 电路图

答案： $H(j\omega) = \dfrac{\dot{U}_o}{\dot{U}_i} = \dfrac{-R\omega^2 LC}{R + j\omega L - R\omega^2 LC}$ 。

分析电路的频率响应就是分析传递函数随角频率 ω 从0到∞变化的特性。下面分析传递函数的频率特性。

14.1.2　传递函数的频率特性

传递函数为相量之比，而相量是复数，因此传递函数也是复数，其可表示为

$$H(j\omega) = |H(j\omega)| \angle \varphi(\omega) \tag{14.6}$$

在电路分析中，比较常用的是传递函数的幅频特性，即传递函数幅值 $|H(j\omega)|$ 随 ω 变化的特性。因此，以下仅分析传递函数的幅频特性。

例14.2（基础题）　求图14.2所示电路的电压增益传递函数的幅值，分析其随 ω 变化的规律，并定性绘制其幅频特性曲线。

解　由图14.2可得，传递函数的幅值为

$$|H(j\omega)| = \left|\frac{R}{R + j\omega L}\right| = \frac{R}{\sqrt{R^2 + (\omega L)^2}}$$

可见，传递函数的幅值在 ω 为0时等于1，即实现了输入到输出的完全传递，并且随着 ω 的增加而单调减小。传递函数的幅频特性曲线如图14.5所示。

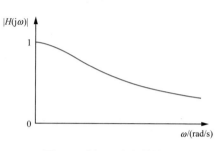

图 14.5　例 14.2 幅频特性曲线

同步练习14.2（基础题）　求 图14.3所示电路的电压增益传递函数的幅值，分析其随 ω 变化的规律，并定性绘制其幅频特性曲线。

答案： 传递函数的幅值为

$$|H(j\omega)| = \frac{1}{\sqrt{\left(\dfrac{1}{R\omega C}\right)^2 + 1}}$$

其随 ω 的增加而增大，上限为1。传递函数的幅频特性曲线如图14.6所示。

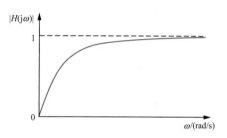

图 14.6　同步练习 14.2 幅频特性曲线

14.2 滤波器

由图14.5所示幅频特性曲线可见，输入信号经过线性电路网络变为输出信号，低频时幅值较大，意味着低频信号"通过"；高频时幅值较小，意味着高频信号难以通过，即"被阻止"。图14.6所示幅频特性曲线与图14.5刚好相反，低频信号"被阻止"，而高频信号"通过"。与交流信号通过和被阻止相关的电路应用是滤波器。下面对滤波器进行介绍。

14.2.1　滤波器的定义、应用领域与类型

1. 滤波器的定义

滤波器（filter）是一个使期望频率范围内的信号通过，同时阻止其他频率范围内的信号通过的电路；或者说是一个阻止不需要频率范围内的信号通过，同时使其他频率范围内的信号通过的电路。两种说法看起来好像是同一个意思，其实有微妙的区别——前者侧重于使期望频率范围内的信号"滤出"，而后者侧重于将不需要频率范围内的信号"滤除"。可见，滤波器的"滤"有

两重含义：一是"滤出"，二是"滤除"。

2. 滤波器的应用领域

只要系统中有多种频率的信号，而期望输出的仅是其中部分频率的信号，滤波器就有其用武之地，因此，滤波器的应用领域十分广泛，如电力系统、通信系统、声音和图像处理系统、医疗系统等。

3. 滤波器的类型

以信号的频率范围划分，滤波器主要包括4种类型：低通滤波器、高通滤波器、带通滤波器和带阻滤波器。图14.5和图14.6的幅频特性曲线分别对应低通滤波器和高通滤波器。带通滤波器和带阻滤波器的幅频特性曲线将在14.2.2小节结合典型的滤波器电路给出。

14.2.2 典型的滤波器电路

1. 低通滤波器

图14.7所示电路为一个低通滤波器电路，图中电压源电压为输入信号，电阻电压为输出信号。将传递函数定义为电阻电压与电压源电压之比，则图14.7电路的电压增益传递函数及其幅值为

$$H(\mathrm{j}\omega) = \frac{\dot{U}_R}{\dot{U}_s} = \frac{R}{R + \mathrm{j}\omega L}, \quad |H(\mathrm{j}\omega)| = \frac{R}{\sqrt{R^2 + (\omega L)^2}} \tag{14.7}$$

根据式（14.7）可以绘制低通滤波器幅频特性曲线，如图14.8所示。由图14.8可见，滤波器使低频信号通过，而高频信号被阻止，因此该滤波器被称为低通滤波器（lowpass filter）。

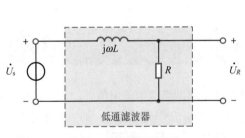

图 14.7 低通滤波器电路

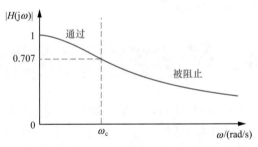

图 14.8 低通滤波器幅频特性曲线

由图14.8还可以看出，很难严格区分哪一频率范围内信号通过，哪一频率范围内信号被阻止。图14.8中将传递函数幅值为 $\sqrt{2}/2 \approx 0.707$ 作为通过和被阻止的分界点，该分界点对应的角频率 ω_c 称为截止角频率（cutoff angular frequency）。在不会引起歧义的情况下，截止角频率通常简称为截止频率（cutoff frequency）。对图14.8的低通滤波器幅频特性曲线而言，$0 < \omega < \omega_c$ 频率范围内的信号可被视为通过，因此该频率范围被称为低通滤波器的通频带，又称带宽。

将通过和被阻止的传递函数幅值分界点设置为 $\sqrt{2}/2 \approx 0.707$，意味着此时输出电压有效值为最大有效值的 $\sqrt{2}/2$ 倍。从功率的角度看，此时输出功率为最大功率的1/2，因此该分界点又称为半功率点。对于一个信号而言，其功率代表信号的强度，当其功率降为最大功率的一半时，可以认为信号强度显著减小，因此通常将半功率点作为信号通过和被阻止的分界点。

2. 高通滤波器

图14.9所示电路为一个高通滤波器电路。

由图14.9可见，高通滤波器电路的电压增益传递函数及其幅值为

$$H(\mathrm{j}\omega) = \frac{\dot{U}_R}{\dot{U}_s} = \frac{R}{R + \dfrac{1}{\mathrm{j}\omega C}}, \quad |H(\mathrm{j}\omega)| = \frac{1}{\sqrt{1 + \left(\dfrac{1}{R\omega C}\right)^2}} \tag{14.8}$$

根据式（14.8）可以绘制高通滤波器幅频特性曲线，如图14.10所示。由图14.10可见，滤波器使高频信号通过，而低频信号被阻止，因此该滤波器称为高通滤波器（highpass filter）。对图14.10的高通滤波器幅频特性曲线而言，$\omega_c < \omega < \infty$ 频率范围内的信号可被视为通过，因此该频率范围被称为高通滤波器的通频带（带宽）。

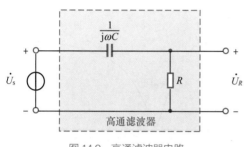

图 14.9 高通滤波器电路

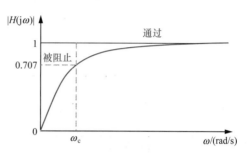

图 14.10 高通滤波器幅频特性曲线

3. 带通滤波器

图14.11所示电路为一个带通滤波器电路。

由图14.11可见，带通滤波器电路的电压增益传递函数及其幅值为

$$H(\mathrm{j}\omega) = \frac{\dot{U}_R}{\dot{U}_s} = \frac{R}{R + \mathrm{j}\omega L + \dfrac{1}{\mathrm{j}\omega C}}, \quad |H(\mathrm{j}\omega)| = \frac{1}{\sqrt{1 + \left(\dfrac{\omega L}{R} - \dfrac{1}{R\omega C}\right)^2}} \tag{14.9}$$

根据式（14.9）可以绘制带通滤波器幅频特性曲线，如图14.12所示。由图14.12可见，滤波器使中间频带 $\omega_{c1} < \omega < \omega_{c2}$ 的信号通过，而中间频带两侧的信号被阻止，因此该滤波器被称为带通滤波器（bandpass filter）。两个截止频率的差值 $B = \omega_{c2} - \omega_{c1}$ 被称为带通滤波器的通频带（带宽）。

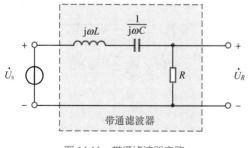

图 14.11 带通滤波器电路

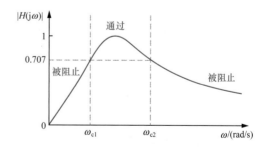

图 14.12 带通滤波器幅频特性曲线

4. 带阻滤波器

图14.13所示电路为一个带阻滤波器电路。

由图14.13可见，带阻滤波器电路的电压增益传递函数及幅值为

$$H(\mathrm{j}\omega) = \frac{\dot{U}_R}{\dot{U}_s} = \frac{R}{R + \dfrac{\mathrm{j}\omega L \times \dfrac{1}{\mathrm{j}\omega C}}{\mathrm{j}\omega L + \dfrac{1}{\mathrm{j}\omega C}}} , \quad |H(\mathrm{j}\omega)| = \frac{1}{\sqrt{1 + \left(\dfrac{L}{RC}\right)^2 \left(\dfrac{1}{\omega L - \dfrac{1}{\omega C}}\right)^2}} \qquad (14.10)$$

　　根据式（14.10）可以绘制带阻滤波器幅频特性曲线，如图14.14所示。可见，滤波器阻止了中间频带的信号，而中间频带两侧的信号通过，因此该滤波器称为带阻滤波器（bandstop filter）。对图14.14的带阻滤波器幅频特性曲线而言，$0 < \omega < \omega_{c1}$ 和 $\omega_{c2} < \omega < \infty$ 频率范围内的信号可被视为通过，因此该频率范围被称为带阻滤波器的通频带（带宽）。

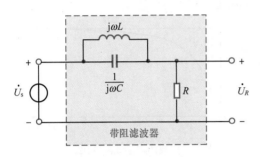

图 14.13　带阻滤波器电路

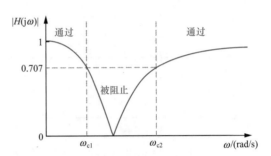

图 14.14　带阻滤波器幅频特性曲线

　　前面介绍了典型的滤波器电路，滤波器类型的确定依据是传递函数幅值表达式或其幅频特性曲线。这种确定滤波器类型的方法比较麻烦，下面介绍一种判断滤波器类型的简单方法。

　　之所以滤波器能够针对不同频率进行滤波，是因为电感和电容的阻抗与 ω 有关，从而影响电路的电压和电流。因此，可以根据电路中 ω 的变化对输出的影响来判断滤波器的类型。

例14.3　（基础题）判断图14.15所示电路对应滤波器的类型。

　　解　电容的阻抗为 $\dfrac{1}{\mathrm{j}\omega C}$。显然电容阻抗随 ω 增大而减小，从而导致输出电压减小，即高频时输出电压小，而低频时输出电压大，因此图14.15所示电路对应的滤波器为低通滤波器。

　　如果将图14.15所示电路改为输出电流，则滤波器会变为高通滤波器。可见，滤波器的结构不能唯一确定滤波器的类型，因为滤波器的类型既与结构有关，又与输出的是电压还是电流有关。

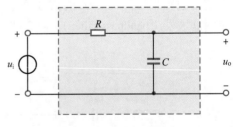

图 14.15　例 14.3 电路图

同步练习14.3　（基础题）判断图14.16所示电路对应滤波器的类型。

（提高题）判断图14.17所示电路对应滤波器的类型。

　　答案：高通滤波器；带阻滤波器。

滤波器类型判断例题分析

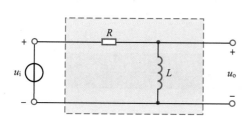

图 14.16　同步练习 14.3（基础题）电路图

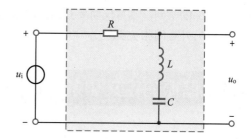

图 14.17　同步练习 14.3（提高题）电路图

例14.4　（**基础题**）　求图14.18所示低通滤波器的截止频率。

解　图14.18所示电路传递函数的幅值为

$$|H(j\omega)| = \left| \frac{R}{R + j\omega L} \right| = \frac{1}{\sqrt{1 + \left(\dfrac{\omega L}{R} \right)^2}}$$

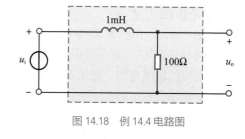

图 14.18　例 14.4 电路图

截止频率对应的传递函数幅值应为 $\sqrt{2}/2$，因此 $\omega_c L/R = 1$。将电阻值和电感值代入其中，可得 $\omega_c = 10^5$ rad/s。

解题思路总结：求截止频率的关键是令传递函数幅值等于 $\sqrt{2}/2$，因此需要先列出传递函数幅值的表达式，令其等于 $\sqrt{2}/2$。一个求解技巧是将传递函数幅值的表达式尽可能简化，以减小求解截止频率的运算量。

同步练习14.4　（**基础题**）　求图14.19所示高通滤波器的截止频率。

答案：$\omega_c = 10^4$ rad/s。

理想的滤波器应该使信号通过时完全通过，即传递函数幅值为1，而信号被阻止时彻底被阻止，即传递函数幅值为0。但由本小节滤波器传递函数的幅频特性曲线可以看出，实际滤波器电路的信号通过和被阻止都不"理想"。以高通滤波器为例，理想高通滤波器和实际高通滤波器的幅频特性曲线如图14.20所示。

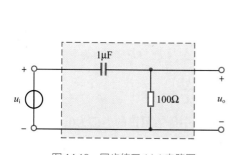

图 14.19　同步练习 14.4 电路图

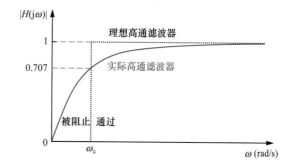

图 14.20　理想高通滤波器和实际高通滤波器的幅频特性曲线

由图14.20可见，实际滤波器电路无法做到"理想"滤波，这类似于筛粮食时不能做到完全没有杂质。要想把粮食筛得尽可能干净，一种方法是合理设计筛孔的大小，这相当于合理设计滤波器的元件参数；另一种方法是采用多层筛子，这相当于提高滤波器的阶数。可见，滤波器的设计是一门很深的学问。本章仅简要介绍滤波器的相关知识，读者如果对滤波器的详细设计方法感兴趣，可以另外查阅相关文献。

14.3 谐振的定义和条件

由14.2.2小节图14.12可见，带通滤波器幅频特性曲线有一个尖峰，其传递函数的最大值为1。此时电路处于一种特殊的工作状态，称为谐振。那么，谐振的定义和条件是什么？谐振有什么特点？谐振可以用在哪里？接下来的内容将回答这些问题。

1. 谐振的定义

谐振（resonance）是含有电感和电容的电路的一种特殊工作状态，在该工作状态下，电路的等效阻抗的虚部为0，即等效阻抗为纯电阻。

由谐振的定义可知，必须有电感和电容才有可能发生谐振，因此纯电阻电路虽然等效阻抗为纯电阻，但不会发生谐振。

2. 谐振的条件

满足谐振定义时，电路即会发生谐振。由此可见，谐振的定义就是谐振的条件。

满足谐振条件的一种方法是在元件参数不变的前提下，调节电路的角频率以改变电感和电容的阻抗，直到等效阻抗为纯电阻。当电路发生谐振时，电路的角频率称为谐振角频率。

由谐振的定义和条件很难看出谐振有何特别之处，更难看出谐振有什么用处。要想知晓谐振的用处，需要结合具体的谐振电路进行分析。14.4节和14.5节将分别介绍两种典型的谐振：串联谐振和并联谐振。

14.4 串联谐振

14.4.1 串联谐振的条件

图14.21所示为RLC串联谐振电路。可见，RLC串联谐振电路与14.2节介绍的带通滤波器电路相同。下面推导串联谐振需要满足的条件。

由图14.21可见，RLC串联谐振电路的等效阻抗为

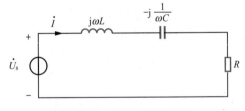

图 14.21　RLC 串联谐振电路

$$Z = R + j\omega L - j\frac{1}{\omega C} = R + j\left(\omega L - \frac{1}{\omega C}\right) \quad (14.11)$$

由于谐振要求等效阻抗为纯电阻，因此需要令式（14.11）中等效阻抗的虚部为0，即

$$\text{Im}(Z) = 0 \quad (14.12)$$

满足谐振条件的角频率称为谐振角频率 ω_0。由式（14.11）和式（14.12）可得

$$\omega_0 L - \frac{1}{\omega_0 C} = 0 \quad (14.13)$$

由式（14.13）可以求出RLC串联谐振电路的谐振角频率为

$$\omega_0 = \frac{1}{\sqrt{LC}} \qquad (14.14)$$

14.4.2　串联谐振的特点

根据串联谐振的条件，可以得出RLC串联谐振具有以下5个特点。

（1）在关联参考方向下，等效阻抗的电压与电流同相位，电路的功率因数为1，无功功率为0。

RLC串联谐振电路的等效阻抗为纯电阻，而在关联参考方向下纯电阻的电压与电流同相位，因此RLC串联谐振电路等效阻抗的电压与电流同相位，即电压与电流的相位差$\varphi = 0\,\mathrm{rad}$。

由于功率因数等于$\cos\varphi$，因此串联谐振时电路的功率因数最大，即$\cos 0° = 1$。在现实中我们通常希望功率因数尽可能高，而串联谐振时功率因数最大，因此从功率因数的角度看，串联谐振是电路的一种理想工作状态。

功率因数的大小与电路的无功功率密切相关。当电路发生串联谐振时，电路的无功功率$Q = UI\sin\varphi = UI\sin 0° = 0\,\mathrm{var}$。可见串联谐振也是电路无功补偿（用容性无功补偿感性无功，或者用感性无功补偿容性无功，两者均称为无功补偿）的一种理想工作状态。

（2）等效阻抗的模值最小。

由式（14.11）可得等效阻抗的模值为

$$|Z| = \sqrt{R^2 + \left(\omega L - \frac{1}{\omega C}\right)^2} \qquad (14.15)$$

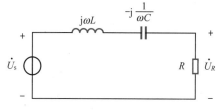

串联谐振例题分析

改变ω可以改变等效阻抗的模值。当电路发生串联谐振时，$\omega L - \frac{1}{\omega C} = 0$。由式（14.15）可见，串联谐振时阻抗模值最小，即$|Z|_{\min} = R$。

（3）电阻电压有效值最大。

图14.22所示为标记电阻电压的RLC串联谐振电路。

由图14.22可见，电阻电压的有效值为

$$U_R = \left|\frac{R}{R + \mathrm{j}\omega L - \mathrm{j}\dfrac{1}{\omega C}}\dot{U}_\mathrm{s}\right| = \frac{RU_\mathrm{s}}{|Z|} \qquad (14.16)$$

图 14.22　标记电阻电压的 RLC 串联谐振电路

当电路发生串联谐振时，等效阻抗模值最小，即$|Z|_{\min} = R$。此时，由式（14.16）可得电阻电压有效值的最大值为

$$U_{R\max} = \frac{RU_\mathrm{s}}{|Z|_{\min}} = \frac{RU_\mathrm{s}}{R} = U_\mathrm{s} \qquad (14.17)$$

电阻电压的有效值最大，则电阻的功率也最大，这意味着信号最强。因此，串联谐振是获得最强信号的一种途径。

串联谐振时，图14.22电路的电压增益传递函数的幅值为

$$|H(\mathrm{j}\omega)| = \left|\frac{\dot{U}_R}{\dot{U}_\mathrm{s}}\right| = \frac{U_{R\max}}{U_\mathrm{s}} = \frac{U_\mathrm{s}}{U_\mathrm{s}} = 1 \qquad (14.18)$$

可见，串联谐振时，电压增益传递函数的幅值取得最大值1，其正好对应图14.12带通滤波器幅频特性曲线传递函数的最大值，这说明串联谐振是带通滤波器的一种特殊工作状态。

（4）LC串联的等效阻抗为0 Ω，相当于短路。

RLC串联谐振时，等效阻抗 $Z = R + \mathrm{j}\left(\omega_0 L - \dfrac{1}{\omega_0 C}\right) = R$。可见，如果不考虑电阻，那么LC串联的等效阻抗为0 Ω，相当于短路，总电压为0 V，如图14.23所示。虽然图中LC串联谐振的总电压为0 V，但L和C各自的电压并不等于0 V。

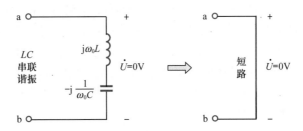

图 14.23　LC 串联谐振相当于短路

LC串联谐振相当于短路这一特点可以用于滤波——短路使串联谐振角频率对应的电流畅通无阻通过，电压被彻底滤除（短路电压为0）。

（5）电感电压和电容电压有效值相等，并且可能超过电压源电压的有效值。

RLC串联谐振时，LC串联等效阻抗为0 Ω，相当于短路，因此电感电压和电容电压之和等于0V，二者的有效值相等。下面推导电感电压和电容电压的有效值的表达式。

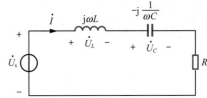

图 14.24　标记电感电压和电容电压的 RLC 串联谐振电路

图14.24所示为标记电感电压和电容电压的RLC串联谐振电路。

当发生串联谐振时，图14.24电路的电感电压和电容电压的有效值相等，即

$$U_L = U_C = \left|\frac{\mathrm{j}\omega_0 L}{Z}\dot{U}_\mathrm{s}\right| = \frac{\omega_0 L}{R}U_\mathrm{s} = \left|\frac{\dfrac{1}{\mathrm{j}\omega_0 C}}{Z}\dot{U}_\mathrm{s}\right| = \frac{1}{R\omega_0 C}U_\mathrm{s} \qquad (14.19)$$

由式（14.19）可见，当 $\omega_0 L / R = 1/(R\omega_0 C) > 1$ 时，电感电压和电容电压的有效值会超过电压源电压的有效值，这称为过压。

串联谐振时电感电压和电容电压是否可能过压，取决于式（14.19）中两个相等的系数：$\omega_0 L / R$ 和 $1/(R\omega_0 C)$。为了简洁，将这两个相等的系数记为 Q，称为串联谐振电路的品质因数（quality factor）。品质因数的符号与无功功率的符号相同，且需要根据上下文确定 Q 的具体含义。下面给出谐振电路品质因数的定义。

谐振电路品质因数：电路发生谐振时，电路储存的最大能量与一个周期内的耗能之比定义为品质因数，即

$$Q = 2\pi \frac{最大储能}{一个周期耗能} \qquad (14.20)$$

式（14.20）中乘以系数 2π 是为了使最后推导出的品质因数的表达式尽可能简洁。

根据谐振电路品质因数的定义，可得图14.24串联谐振电路的品质因数为

$$Q = 2\pi \frac{\frac{1}{2}L(\sqrt{2}I)^2}{RI^2 T} = \frac{2\pi f L}{R} = \frac{\omega_0 L}{R} \tag{14.21}$$

从谐振电路品质因数的定义很难看出该值与"品质"有什么关系。事实上，品质因数原本用于定义实际电感和实际电容的品质。

串联谐振电感电压和电容电压可能过压这一特点是柄"双刃剑"：用得好，可以为人类造福；用得不好，可能会给人类带来危害。用日常生活类比，当一队士兵齐步走过一座小桥时，如果齐步走的频率与小桥的固有频率相同，就会发生共振，使小桥发生明显振动，极端情况下甚至可能使小桥垮塌。同样，在电力系统中如果发生串联谐振，就有可能使系统中的电感电压和电容电压出现过压，它们甚至可能超过额定电压，造成电力设备损坏，最严重时可能导致电力系统崩溃。这是串联谐振电感电压和电容电压可能过压带来的危害，其有益之处将在14.4.3小节介绍。

由以上关于串联谐振特点的描述可以看出，串联谐振具有很多特别之处，这正是串联谐振在现实中具有广泛用途的原因。

14.4.3　串联谐振的用途

串联谐振用途很多，此处举两个例子。

1. 串联谐振用于软开关技术

电力电子技术利用半导体开关较高频率的导通和关断实现电能的变换。理想开关可以瞬间导通和关断，并且导通时电压为0，关断时电流为0。但半导体开关不可能为理想开关，其导通和关断都需要时间，并且导通和关断期间开关上既有电压，也有电流，因此开关导通和关断都会产生损耗。

开关损耗会导致电力电子系统效率降低，发热较多。为了降低开关损耗，可以利用串联谐振实现"软"开关。

图14.25所示为软开关示意图。图中开关两端并联一个LC串联的支路。通过合理设计电感值和电容值，可以使电感和电容在开关频率处发生串联谐振。根据LC串联谐振时相当于短路这一特点可知，电感和电容串联支路两端的电压为0，即半导体开关两端电压为0，从而实现了零

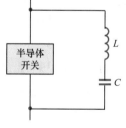

图14.25　软开关示意图

电压开关。此时，开关导通和关断时的功率为0，开关损耗为0。由于实际电感和实际电容非理想元件，实际的软开关不可能做到零损耗，但是开关损耗已实现大幅度降低。

2. 串联谐振用于产生电力设备试验用高压

用于高压领域的电力设备在出厂和现场验收时，一般要进行耐压试验。耐压试验需要提供高压，而工厂和验收现场一般没有相应的高压。为了提供电力设备试验用高压，可以利用串联谐振电感电压和电容电压可能过压这一特点。

图14.26所示为利用串联谐振产生电力设备试验用高压的电路原理图。合理设计电路参数，可以使电路发生串联谐振，并使品质因数 $\frac{1}{R\omega_0 C} \gg 1$，从而实现将输入交流低压转换为输出交流高压，用于电力设备的出厂试验和现场验收试验。

例14.5 （基础题） 求图14.27所示电路的串联谐振角频率。

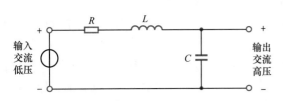

图 14.26 利用串联谐振产生电力设备试验用高压的电路原理图

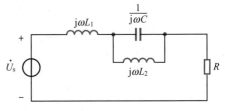

图 14.27 例 14.5 电路图

解 由图14.27可见，等效阻抗为

$$Z = R + \mathrm{j}\omega L_1 + \frac{\mathrm{j}\omega L_2 \times \dfrac{1}{\mathrm{j}\omega C}}{\mathrm{j}\omega L_2 + \dfrac{1}{\mathrm{j}\omega C}}$$

根据串联谐振的条件可知，等效阻抗的虚部等于零，即 $\mathrm{Im}(Z) = 0$。令等效阻抗表达式的虚部等于零，可得串联谐振角频率为

$$\omega_0 = \frac{1}{\sqrt{\dfrac{L_1 L_2}{L_1 + L_2} C}}$$

由本例可见，串联谐振电路不一定必须由一个电感、一个电容和一个电阻串联，也可能含有多个电感或多个电容。不管电路中含有多少个电感和电容，只要阻抗整体为串联，且阻抗虚部等于零，那么电路就会发生串联谐振。

同步练习14.5 （基础题） 求图14.28所示电路的串联谐振角频率。

答案：串联谐振角频率 $\omega_0 = \dfrac{1}{\sqrt{L(C_1 + C_2)}}$。

例14.6 （基础题） 求图14.29所示串联谐振电路的品质因数。

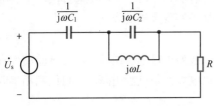

图 14.28 同步练习 14.5 电路图

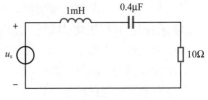

图 14.29 例 14.6 电路图

解 由图14.29电路可得串联谐振角频率为

$$\omega_0 = \frac{1}{\sqrt{LC}} = \frac{1}{\sqrt{1 \times 10^{-3} \times 0.4 \times 10^{-6}}} = 5 \times 10^4 \ \mathrm{rad/s}$$

RLC串联谐振电路的品质因数为

$$Q = \frac{\omega_0 L}{R} = \frac{5 \times 10^4 \times 10^{-3}}{10} = 5$$

同步练习14.6（基础题）已知图14.30所示串联谐振电路的品质因数等于10，求电容C。

答案：$C = 1\mu F$。

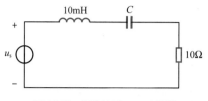

图 14.30　同步练习 14.6 电路图

14.5　并联谐振

14.5.1　并联谐振的条件

图14.31所示为RLC并联谐振电路。下面推导并联谐振需要满足的条件。

由图14.31可见，RLC并联的等效导纳为

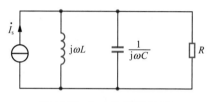

图 14.31　RLC 并联谐振电路

$$Y = \frac{1}{R} + \frac{1}{j\omega L} + j\omega C = \frac{1}{R} + j\left(\omega C - \frac{1}{\omega L}\right) \qquad (14.22)$$

之所以计算等效导纳而不是等效阻抗，是因为并联时计算等效导纳比计算等效阻抗容易得多。

由于谐振要求等效阻抗为纯电阻，等价于等效导纳为纯电导，因此需要令式（14.22）中等效导纳的虚部为0，即

$$\text{Im}(Y) = 0 \qquad (14.23)$$

满足并联谐振条件的角频率称为并联谐振角频率 ω_0。由式（14.22）和式（14.23）可得

$$\omega_0 C - \frac{1}{\omega_0 L} = 0 \qquad (14.24)$$

由式（14.24）可以求出RLC并联谐振角频率为

$$\omega_0 = \frac{1}{\sqrt{LC}} \qquad (14.25)$$

可见RLC并联谐振角频率与RLC串联谐振角频率的计算公式相同。

滤波器和谐振电路输出电流随参数的变化

串联谐振和并联谐振发生条件例题分析

14.5.2　并联谐振的特点

根据并联谐振的条件，可以得出RLC并联谐振具有以下5个特点。

（1）在关联参考方向下，等效阻抗的电压与电流同相位，电路的功率因数为1，无功功率为0。RLC并联的等效导纳为纯电导，而在关联参考方向下纯电导的电压与电流同相位，因此RLC

并联谐振等效导纳的电压与电流同相位，即电压与电流的相位差 $\varphi = 0\,\text{rad}$。可见，并联谐振时电路的功率因数 $\cos 0° = 1$，电路的无功功率 $UI\sin 0°=0\,\text{var}$。

（2）等效导纳的模值最小。

由式（14.22）可得等效导纳的模值为

$$|Y| = \sqrt{\left(\frac{1}{R}\right)^2 + \left(\omega C - \frac{1}{\omega L}\right)^2} \tag{14.26}$$

改变 ω 可以改变等效导纳的模值。当电路发生并联谐振时，$\omega C - \dfrac{1}{\omega L} = 0$。由式（14.26）可见，并联谐振时等效导纳的模值最小，即 $|Y|_{\min} = \dfrac{1}{R}$。

（3）电阻电流的有效值最大。

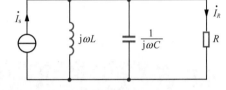

图 14.32　标记电阻电流的 RLC 并联谐振电路

图14.32所示为标记电阻电流的 RLC 并联谐振电路。

由图14.32可见，根据并联导纳分流与导纳成正比，可得电阻电流的有效值为

$$I_R = \left|\frac{\dfrac{1}{R}}{\dfrac{1}{R} + \dfrac{1}{\text{j}\omega L} + \text{j}\omega C}\dot{I}_\text{s}\right| = \frac{\dfrac{1}{R}I_\text{s}}{|Y|} \tag{14.27}$$

当电路发生并联谐振时，等效导纳的模值最小，即 $|Y|_{\min} = \dfrac{1}{R}$。此时，由式（14.27）可得电阻电流有效值的最大值为

$$I_{R\max} = \frac{\dfrac{1}{R}I_\text{s}}{|Y|_{\min}} = \frac{\dfrac{1}{R}I_\text{s}}{\dfrac{1}{R}} = I_\text{s} \tag{14.28}$$

电阻电流的有效值最大，则电阻的功率也最大，这意味着信号最强。因此，并联谐振是获得最强信号的一种途径。

并联谐振时，图14.32电路的电流增益传递函数的幅值为

$$|H(\text{j}\omega)| = \left|\frac{\dot{I}_R}{\dot{I}_\text{s}}\right| = \frac{I_{R\max}}{I_\text{s}} = \frac{I_\text{s}}{I_\text{s}} = 1 \tag{14.29}$$

可见，并联谐振时，电流增益传递函数的幅值取得最大值1。

（4）LC 并联的等效导纳为 $0\,\text{S}$，即等效阻抗为 ∞，相当于开路。

RLC 并联谐振时，等效导纳 $Y = \dfrac{1}{R} + \text{j}\left(\omega_0 C - \dfrac{1}{\omega_0 L}\right) = \dfrac{1}{R}$。可见，在不考虑电阻的情况下，$LC$ 并联的等效导纳为 $0\,\text{S}$，即等效阻抗为 ∞，相当于开路，总电流为 $0\,\text{A}$，如图14.33所示。虽然图中 LC 并联谐振的总电流为 $0\,\text{A}$，但电感和电容各自的电流并不等于 $0\,\text{A}$。

LC 并联谐振相当于开路这一特点可以用于滤波——开路使并联谐振角频率对应的电流被彻底滤除，使电压完全通过（因为无穷大阻抗可以获得最大分压）。

（5）电感电流和电容电流的有效值相等，并且可能超过电流源电流的有效值。

RLC 并联谐振时，LC 并联的等效导纳为 $0\,\text{S}$，相当于开路，因此电感电流和电容电流之和等

于0 A，二者的有效值相等。下面推导电感电流和电容电流的有效值的表达式。

图14.34所示为标记电感电流和电容电流的RLC并联谐振电路。

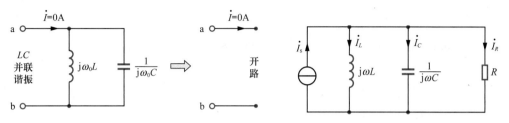

图 14.33　LC 并联谐振相当于开路示意图　　　　图 14.34　标记电感电流和电容电流的 RLC 并联谐振电路

当发生并联谐振时，图14.34电路的电感电流和电容电流的有效值相等，根据并联导纳分流可得

$$I_L = I_C = \left| \frac{\frac{1}{\mathrm{j}\omega_0 L}}{Y} \dot{I}_s \right| = \frac{R}{\omega_0 L} I_s = \left| \frac{\mathrm{j}\omega_0 C}{Y} \dot{I}_s \right| = R\omega_0 C I_s \qquad (14.30)$$

由式（14.30）可见，当$R/(\omega_0 L) = R\omega_0 C > 1$时，电感电流和电容电流的有效值会超过电流源电流的有效值，这称为过流。

并联谐振时电感电流和电容电流是否可能过流，取决于式（14.30）中两个相等的系数：$R/(\omega_0 L)$ 和 $R\omega_0 C$。为了简洁，将这两个相等的系数记为 Q，称为并联谐振电路的品质因数。下面给出并联谐振电路品质因数表达式的推导过程。

根据谐振电路品质因数的定义，可得图14.34并联谐振电路的品质因数为

$$Q = 2\pi \frac{\text{最大储能}}{\text{一个周期耗能}} = 2\pi \frac{\frac{1}{2}L\left(\sqrt{2}I_L\right)^2}{RI_R^2 T} = 2\pi \frac{\frac{1}{2}L\left(\sqrt{2}\dfrac{RI_R}{\omega_0 L}\right)^2}{RI_R^2 T} = \frac{R}{\omega_0 L} \qquad (14.31)$$

通过比较可以发现，并联谐振电路的品质因数表达式（14.31）与串联谐振电路的品质因数表达式（14.21）互为倒数。同样，并联谐振的其他特点也与串联谐振有着密切的关系。串联谐振和并联谐振特点总结如表14.1所示。

表 14.1　串联谐振和并联谐振特点总结

串联谐振	并联谐振
RLC 与电压源串联	*RLC* 与电流源并联
等效阻抗为纯电阻，阻抗虚部 $\mathrm{Im}(Z) = 0$	等效导纳为纯电导，导纳虚部 $\mathrm{Im}(Y) = 0$
谐振角频率 $\omega_0 = \dfrac{1}{\sqrt{LC}}$	谐振角频率 $\omega_0 = \dfrac{1}{\sqrt{LC}}$
在关联参考方向下，等效阻抗的电压与电流同相位，功率因数为最大值1，无功功率为0 var	在关联参考方向下，等效导纳的电压与电流同相位，功率因数为最大值1，无功功率为0 var

续表

串联谐振	并联谐振
等效阻抗模值最小，电阻电压有效值最大	等效导纳模值最小，电阻电流有效值最大
LC串联的等效阻抗为 0 Ω，相当于短路	LC并联的等效导纳为 0 S，相当于开路
电感电压和电容电压的有效值相等，可能过压	电感电流和电容电流的有效值相等，可能过流
品质因数 $Q = \dfrac{\omega_0 L}{R} = \dfrac{1}{R\omega_0 C}$	品质因数 $Q = \dfrac{R}{\omega_0 L} = R\omega_0 C$

由表14.1可以看出，与串联谐振类似，并联谐振也有很多特别之处，这正是并联谐振在现实中具有广泛用途的原因。

14.5.3 并联谐振的用途

并联谐振用途很多，下面举两个例子。

1. 并联谐振用于输电线路无功补偿

电力系统在进行远距离输电时，输电线导体和大地导体之间会形成电容。输电线与大地之间的电容会导致输电过程中产生我们不需要的容性无功功率，进而导致系统的功率因数降低，输电损耗增加。为了解决这一问题，可以利用并联谐振无功功率为0这一特点。

图14.35所示为利用并联谐振实现输电线路无功功率为0的示意图。图中电容为输电线与大地之间的电容，电感（电力系统中称为电抗器）为在输电线与大地之间人为并联的无功补偿设备。合理设计电感值，可使电

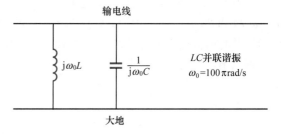

图 14.35　利用并联谐振实现输电线路无功功率为 0 的示意图

感与电容针对电力系统工作频率50 Hz信号发生并联谐振，此时输电线路的总无功功率为0，从而可以提高功率因数，降低输电损耗。

2. 并联谐振用于收音机调频

收音机的工作原理是通过天线接收电台发射的无线电信号。不同电台发射的信号频率不同，天线都可以接收。那么如何收听想听的电台，而不被其他电台的信号干扰呢？此时就可以利用并联谐振时电阻电流有效值最大这一特点。

图14.36为利用并联谐振接收电台信号的电路原理图。图中电容为可变电容。调节收音机的旋钮就是调节可变电容的电容值。调节可变电容的电容值，可使电容与电感针对想听的电台的信号频率发生并联谐振。此时电阻电流的有效值最大，接收到的信号最强。

其他电台不同频率的信号也会通过天线进入收音机电路，不过不会发生并联谐振，因此电阻电流

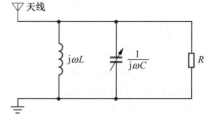

图 14.36　利用并联谐振接收电台信号的电路原理图

的有效值一般比并联谐振时电阻电流的有效值小得多，信号也就弱得多，不会干扰想收听的电台

的信号。不过，如果某一电台的信号频率与想收听的电台的信号频率（即并联谐振频率）非常接近，那么虽然该电台信号在电阻上产生的电流有效值不是最大，但可能与最大值接近，从而会对想收听的电台的信号产生干扰。那么，如何衡量不同电台之间的信号相互干扰性呢？这就涉及谐振的频率选择性问题。

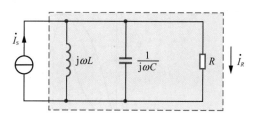

图 14.37　用于分析频率选择性问题的 RLC 并联谐振电路

图14.37所示为用于分析频率选择性问题的 RLC 并联谐振电路。

由图14.37可得电流增益传递函数为

$$H(\mathrm{j}\omega) = \frac{\dot{I}_R}{\dot{I}_s} = \frac{\dfrac{1}{R}}{\dfrac{1}{R} + \dfrac{1}{\mathrm{j}\omega L} + \mathrm{j}\omega C} = \frac{\dfrac{1}{R}}{\dfrac{1}{R} + +\mathrm{j}\left(\omega C - \dfrac{1}{\omega L}\right)} \tag{14.32}$$

由式（14.32）可得电流增益传递函数的幅值为

$$|H(\mathrm{j}\omega)| = \frac{1}{\sqrt{1 + \left(R\omega C - \dfrac{R}{\omega L}\right)^2}} \tag{14.33}$$

通过对式（14.33）进行变换，可以得到与并联谐振电路品质因数有关的电流增益传递函数幅值的表达式，即

$$|H(\mathrm{j}\omega)| = \frac{1}{\sqrt{1 + \left(R\omega C\dfrac{Q}{Q} - \dfrac{R}{\omega L}\dfrac{Q}{Q}\right)^2}} = \frac{1}{\sqrt{1 + \left(R\omega C\dfrac{Q}{R_0 C} - \dfrac{R}{\omega L}\dfrac{Q}{\dfrac{R}{\omega_0 L}}\right)^2}} = \frac{1}{\sqrt{1 + Q^2\left(\dfrac{\omega}{\omega_0} - \dfrac{\omega_0}{\omega}\right)^2}} \tag{14.34}$$

式（14.34）中，$\omega_0 = \dfrac{1}{\sqrt{LC}}$ 为并联谐振角频率。

根据式（14.34）可以绘制不同品质因数对应的 RLC 并联谐振电路电流增益传递函数幅频特性曲线，如图14.38所示。由幅频特性曲线可以看出，RLC 并联谐振电路与 RLC 串联谐振电路类似，都是带通滤波器。图中传递函数幅值的最大值为1，对应的角频率即并联谐振角频率 ω_0。

由图14.38还可以看出，品质因数越大，曲线越陡，频率选择性越高。这里的频率选择性高指的是仅在谐振频率附近很窄的一个频率范围内的信号可以视为被接收到。对于收音机接收信号而言，频率选择性高指的是当使用者收听想听的电台时，只要相邻频道的电台信号频率与谐振频率离得不是太近，接收到的相邻频道的电台信号就会非常微弱，不会造成干扰。反之，品质因数越小，曲线越缓，频率选择性越低，相邻频道对所收听频道造成干扰的可能性越高。

品质因数并不是越大越好，因为当品质因数过大时，曲线太陡，在调频时很难精确调节到期望的谐振频率，稍有偏差就会出现"调不到台"的情况。

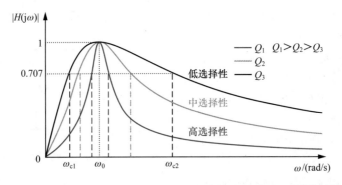

图 14.38　不同品质因数对应的 *RLC* 并联谐振电路电流增益传递函数幅频特性曲线

以上提到*RLC*并联谐振电路幅频特性曲线的陡度都是定性描述。为了定量衡量幅频特性曲线的陡度，可以采用带宽的概念。14.2.2小节定义了带通滤波器的带宽*B*为幅值等于$\sqrt{2}/2$时对应的两个角频率之差，即图14.38中的$\omega_{c2}-\omega_{c1}$。下面推导*RLC*并联谐振电路的带宽表达式。

令式（14.34）的传递函数幅值等于$\sqrt{2}/2$，即

$$\frac{1}{\sqrt{1+Q^2\left(\dfrac{\omega}{\omega_0}-\dfrac{\omega_0}{\omega}\right)^2}}=\frac{\sqrt{2}}{2} \tag{14.35}$$

由式（14.35）可以求出方程的两个解ω_{c1}和ω_{c2}（求解过程较为烦琐，此处省略）。将两个解相减，即可得到带宽为

$$B=\omega_{c2}-\omega_{c1}=\frac{\omega_0}{Q} \tag{14.36}$$

由式（14.36）可见，*RLC*并联谐振电路的带宽与品质因数*Q*成反比，因此品质因数越大，带宽越窄，幅频特性曲线越陡，频率选择性越高，这与图14.38的幅频特性曲线规律一致。*RLC*串联谐振电路的带宽表达式与并联谐振电路的相同，此处不再重复推导。

例14.7　（基础题）　图14.39所示正弦交流电路中的电流源电流有效值为1mA。求电路的并联谐振角频率和带宽，并分别计算谐振时和$\omega=2\times10^4$ rad/s 时的电阻电流有效值。

解　由图14.39电路可得并联谐振角频率为

$$\omega_0=\frac{1}{\sqrt{LC}}=\frac{1}{\sqrt{0.2\times10^{-3}\times8\times10^{-6}}}=2.5\times10^4\ \text{rad/s}$$

并联谐振电路的品质因数为

$$Q=\frac{R}{\omega_0 L}=\frac{10^3}{2.5\times10^4\times0.2\times10^{-3}}=200$$

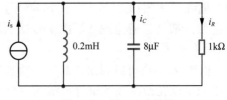

图 14.39　例 14.7 电路图

并联谐振电路的带宽为

$$B=\frac{\omega_0}{Q}=125\ \text{rad/s}$$

当电路发生并联谐振时,LC并联相当于开路,电阻电流等于电流源电流,因此电阻电流的有效值也等于1 mA。

当$\omega = 2 \times 10^4$ rad/s时,电路没有发生并联谐振。根据并联导纳分流与导纳成正比,可得此时电阻电流的有效值为

$$I_R = \left| \frac{\dfrac{1}{R}}{\dfrac{1}{R} + \dfrac{1}{\mathrm{j}\omega L} + \mathrm{j}\omega C} \dot{I}_s \right| = \left| \frac{10^{-3}}{10^{-3} + \dfrac{1}{\mathrm{j}2 \times 10^4 \times 0.2 \times 10^{-3}} + \mathrm{j}2 \times 10^4 \times 8 \times 10^{-6}} \times 1 \right| \approx 0.011\,\text{mA}$$

可见,当信号角频率远离带宽范围时,电阻电流的有效值远小于并联谐振时电阻电流的有效值,因此对谐振信号的干扰极小,可以近似认为不产生干扰。

同步练习14.7 （基础题） 求图14.39电路发生并联谐振时电容电流的有效值。

答案:电容电流的有效值$I_C = 200\,\text{mA}$。

例14.8 （提高题） 已知图14.40所示正弦交流电路中电压源电压的有效值为1V,当电路发生谐振时,求电阻电流的有效值和电感电流的有效值。

解 图14.40中并联的电感和电容可以发生并联谐振,此时相当于开路,电路的总电流等于0 A。因此,电阻电流的有效值$I_R = 0\,\text{A}$。

由于电感和电容发生并联谐振时相当于开路,因此电感电压等于电压源电压。此时,电感电流的有效值为

$$I_L = \left| \frac{\dot{U}_s}{\mathrm{j}\omega_0 L} \right| = \frac{U_s}{\dfrac{1}{\sqrt{LC}}L} = \frac{U_s}{\sqrt{\dfrac{L}{C}}} = \frac{1}{\sqrt{\dfrac{0.2 \times 10^{-3}}{8 \times 10^{-6}}}} = 0.2\,\text{A}$$

仔细观察图14.40所示电路,会发现电压源与电阻串联可以等效为电流源与电阻并联。此时,等效电路与RLC并联谐振电路完全相同,因此例14.8的另一种求解思路是先将电路等效变换成RLC并联谐振电路,再进行求解。

同步练习14.8 （提高题） 已知图14.41所示正弦交流电路中电压源电压的有效值为1 V,求电容的无功功率。

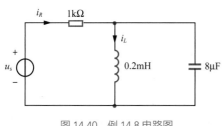

图 14.40　例 14.8 电路图　　　　图 14.41　同步练习 14.8 电路图

答案:电容的无功功率$Q_C = -0.2\,\text{var}$。

本章小结

格物致知

滤波器——取舍与得失

由14.2节关于滤波器的电路知识可知，滤波器用于滤除不需要的频率信号，滤出需要的频率信号。这就涉及"取"与"舍"的问题。在电路中，取舍的依据是实际应用的需要，而在人生中，取舍的标准则取决于社会环境、个人性格、人生观念等因素。

在确定取什么和舍什么之后，接下来面临的是如何取舍的问题。由滤波器的电路知识可知，理想的滤波器是不存在的，实际滤波器或多或少与理想滤波器有一定的差距。通过尽可能合理地设计电路参数与提高滤波器阶数等方法，可以使滤波器的性能尽可能地趋近理想滤波器，但是这需要付出较高的代价，如较长的时间等。

我们在人生中面临取舍时，同样也希望实现"完美取舍"——取的都是绝对好的东西，舍的都是绝对坏的东西。但是，"完美取舍"在现实中是很难做到的，我们只能靠努力和智慧来尽可能地趋近"完美取舍"。取舍越完美，通常意味着付出的代价越高，这就要求我们在效果和代价这两者之间找到一个平衡点。也就是说，要尽力追求完美，但不能过于追求完美。

谐振——同频共振

由14.3节～14.5节关于谐振的电路知识可知，谐振是电路的一种特殊工作状态，此时电路具有很多特别之处，包括很多有益的特征。利用谐振的有益特征可以实现很多电路应用。

在人生中同样也存在一种特殊的状态，我们称之为同频共振。同频共振在生活中广泛存在，既存在于人与社会环境之间，也存在于人与人之间。例如，两个人如果有共同的兴趣，就可能在情感上产生共鸣，进而成为好朋友。成为好朋友后，两个人合作格外愉快，心情分外舒畅，进而对人、对己、对社会都会产生积极正面的影响。这就是同频共振的好处。那么，如何才能实现同频共振呢？同样也可以从电路谐振中得到启迪。

电路中要发生谐振，有两种途径：一种是当L和C不变时，改变电源的频率；另一种是在电源频率不变时，改变L或C。前者是改变外部激励，后者是改变内部参数。同样，人生中要实现同频共振，也有两种途径：一种是利用外部社会环境的多样性和多变性；另一种是改变自身。

1. 利用外部社会环境的多样性和多变性

人类社会是一个非常复杂又丰富多彩的环境，并且在不断发展变化。社会环境的多样性和多变性类似于电路中存在多种频率，且频率可以改变。在这种情况下，我们每个人总能找到与社会环境同频共振的点。寻找同频共振的点可能要历经艰辛，可一旦找到，就能收获满满。

不过，仅靠外部社会环境的多样性和多变性来实现同频共振包含很大的运气成分。要想将命运掌握在自己手中，还可以通过改变自身来实现同频共振。

2. 改变自身

我们每个人都是一个复杂可变的个体，类似于电路中的可变电容或可变电感。既然收音机可以通过调节可变电容来接收电台信号，那么我们也可以通过改变自身的"参数"来实现同频共振。例如，你有一个同学很喜欢围棋，但你对围棋一无所知，如果你很欣赏他，想与他结交，你就可以改变自己，开始认真学习围棋，这类似于电路中改变电容值或电感值。当你学会了围棋，就可以与该同学在围棋这一共同点上同频共振，成为棋友，甚至成为好友。实际上，不同部门之间、人与集体之间、人与社会之间同样应该努力追求同频共振，以使关系更融洽，合作效率更高。

每个人既要相信"天生我材必有用"，也要勇于改变自身的"参数"，充分利用同频共振实现人生价值。

习题

一、复习题

参考答案

14.1节 电路的频率响应

▶ **基础题**

14.1 求题14.1图所示电路的电压增益传递函数 $H(\mathrm{j}\omega) = \dfrac{\dot{U}_C}{\dot{U}_s}$，并定性绘制其幅频特性曲线。

14.2 求题14.2图所示电路的电压增益传递函数 $H(\mathrm{j}\omega) = \dfrac{\dot{U}_o}{\dot{U}_i}$。

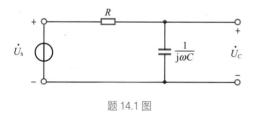

题 14.1 图

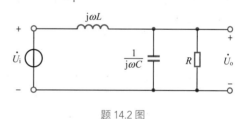

题 14.2 图

14.3 求题14.3图所示电路的转移阻抗传递函数 $H(\mathrm{j}\omega) = \dfrac{\dot{U}_o}{\dot{I}_i}$。

▶ **提高题**

14.4 求题14.4图所示电路的电压增益传递函数 $H(\mathrm{j}\omega) = \dfrac{\dot{U}_2}{\dot{U}_1}$，并定性绘制其幅频特性曲线。

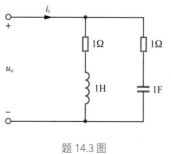

题 14.3 图

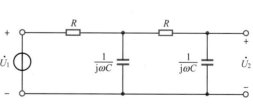

题 14.4 图

14.2节　滤波器

▶ **基础题**

14.5　判断题14.5图所示电路中滤波器的类型，求电压增益传递函数 $H(\mathrm{j}\omega) = \dfrac{\dot{U}_\mathrm{o}}{\dot{U}_\mathrm{i}}$ 及其截止频率，并定性绘制幅频特性曲线。

14.6　判断题14.6图所示电路中滤波器的类型。

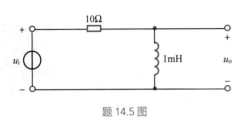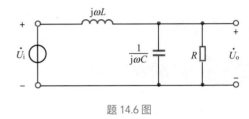

题 14.5 图　　　　　　　　　　　　　题 14.6 图

▶ **提高题**

14.7　判断题14.7图所示电路中滤波器的类型。

14.8　判断题14.8图所示电路中滤波器的类型，求电压增益传递函数 $H(\mathrm{j}\omega) = \dfrac{\dot{U}_\mathrm{o}}{\dot{U}_\mathrm{i}}$，并定性绘制幅频特性曲线。

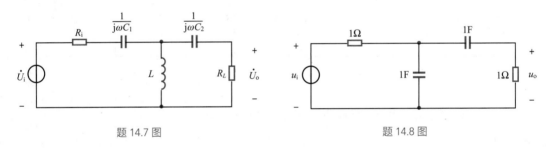

题 14.7 图　　　　　　　　　　　　　题 14.8 图

14.3节～14.5节　谐振

▶ **基础题**

14.9　题14.9图所示为 RLC 串联谐振电路，已知电压源电压的有效值为1 V。求谐振角频率、品质因数、带宽和电容电压的有效值。

14.10　已知题14.10图中电流源电流的有效值为1 A，求并联谐振电路的谐振角频率和电感电流的有效值。

14.11　题14.11图所示为 RLC 串联谐振电路，已知电压源电压的有效值为1 V。求谐振角频率 ω_0，并分别求 $\omega = \omega_0$ 和 $\omega = 1.2\omega_0$ 时电阻电压的有效值。

14.12　证明 RLC 串联谐振电路的品质因数 $Q = \dfrac{1}{R}\sqrt{\dfrac{L}{C}}$，$RLC$ 并联谐振电路的品质因数

$$Q = R\sqrt{\frac{C}{L}} \text{。}$$

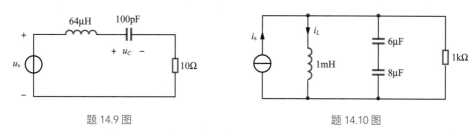

| 题 14.9 图 | 题 14.10 图 |

14.13　求题14.13图所示电路发生并联谐振所需要满足的条件，并求谐振角频率。

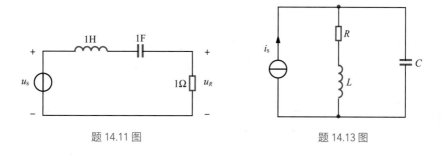

| 题 14.11 图 | 题 14.13 图 |

▶ **提高题**

14.14　求题14.14图所示电路可能出现的谐振类型及对应的谐振角频率。

14.15　求题14.15图所示电路的谐振角频率和谐振时的一端口等效阻抗。

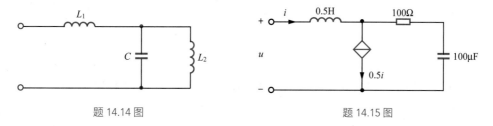

| 题 14.14 图 | 题 14.15 图 |

14.16　题14.16图所示电路中正弦交流电流源的电流角频率 ω 可调，但其不能为无穷大，通过调节 ω 可以改变电阻电流。

（1）当 ω 等于多少时电阻电流的有效值最大？并求此最大值。

（2）当 ω 等于多少时电阻电流的有效值最小？并求此最小值。

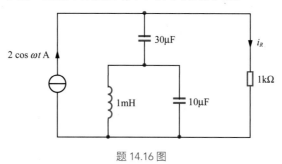

题 14.16 图

二、综合题

14.17　题14.17图所示电路中电压源电压 $u_s = 200\sqrt{2}\cos(1\,000t)$ V，电流表A$_2$和电流表A$_3$的读数相等。求3个电流表各自的读数。

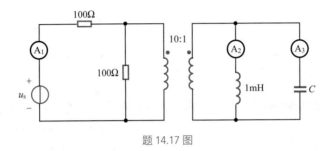

题 14.17 图

14.18　题14.18图所示电路中两个电压表的读数均为200 V，$I_L = I_1 = I_2 = 10$ A，且电路发生串联谐振。求两个电阻各自吸收的有功功率和电压源发出的复功率。

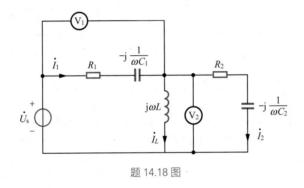

题 14.18 图

三、应用题

14.19　收音机的输入调频电路如题14.19图所示，其由固定电感、固定电容和可变电容并联而成。设可变电容的电容值 C 的变化范围为10 ~ 300 pF。要使可变电容从最大电容值变到最小电容值恰好能覆盖广播电台中波频段535 ~ 1 605 kHz，求固定电感的电感值 L_0 和固定电容的电容值 C_0。

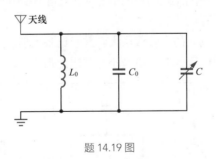

题 14.19 图

第15章

非正弦周期电路

　　第9章~第14章只介绍了单个频率的正弦交流电路的分析方法及其应用。而在现实中，电路的激励信号可能多种多样，不限于单频正弦信号。例如，激励信号可能是非正弦周期信号，包括方波、三角波等，也可能是正弦信号，但频率不止一个，还有可能是非周期信号。本章将介绍非正弦周期信号激励下的电路分析方法，非周期信号激励下的电路分析方法将在第18章介绍。

　　非正弦周期信号在电路中广泛存在，那么为什么前面的章节中都未介绍，到本章才介绍呢？这是因为非正弦周期电路的分析是以正弦交流电路的分析为基础的，并且需要应用叠加定理，前面的章节详细介绍了这些内容，从而为本章讲解非正弦周期电路打下了坚实的基础。

　　既然非正弦周期电路的分析以正弦交流电路的分析为基础，那么就需要建立起非正弦周期信号与正弦信号的关系，这时我们会很自然地想到一个数学知识——傅里叶级数。

　　本章首先介绍采用傅里叶级数表示非正弦周期信号；然后介绍非正弦周期电路的分析方法，并推导非正弦周期电路有效值和平均功率的表达式；最后给出非正弦周期电路的应用。

⚙ 学习目标

（1）掌握非正弦周期信号分解为傅里叶级数的表达式；

（2）了解非正弦周期信号的频谱；

（3）理解并掌握非正弦周期电路的分析方法；

（4）理解并掌握非正弦周期电路有效值和平均功率的表达式；

（5）了解非正弦周期电路的应用；

（6）锻炼将一个复杂问题分解为多个简单问题的能力。

15.1 非正弦周期信号

15.1.1 常见的非正弦周期信号

非正弦周期信号（non-sinusoidal periodic signal）有很多种，常见的非正弦周期信号包括方波、三角波、锯齿波、正弦全波等。图15.1（a）和图15.1（b）分别为方波和三角波非正弦周期信号。

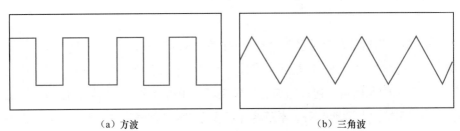

（a）方波 （b）三角波

图 15.1 非正弦周期信号波形

为了便于对比，图15.2给出了正弦信号波形。

表面上看，非正弦周期信号波形与正弦信号波形差异很大，好像没有什么关系。不过根据高等数学知识，非正弦周期信号可以展开为包含常数和无穷多个不同频率正弦信号的傅里叶级数。

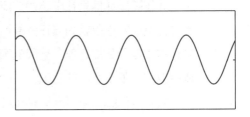

图 15.2 正弦信号波形

15.1.2 非正弦周期信号的傅里叶级数表示

如果一个信号是非正弦周期信号$f(t)$，其周期为T，角频率为ω_0，且满足狄利克雷条件，则该信号可以用以下傅里叶级数（Fourier series）表示：

$$f(t) = a_0 + \sum_{n=1}^{\infty} \left[a_n \cos(n\omega_0 t) + b_n \sin(n\omega_0 t) \right] \tag{15.1}$$

式（15.1）中，ω_0为非正弦周期信号的角频率，又称基波角频率，$n\omega_0$称为n次谐波角频率，a_0、a_n、b_n称为傅里叶系数。傅里叶系数的计算公式为

$$a_0 = \frac{1}{T} \int_0^T f(t) \, \mathrm{d}t \tag{15.2}$$

$$a_n = \frac{2}{T} \int_0^T f(t) \cos(n\omega_0 t) \, \mathrm{d}t \tag{15.3}$$

$$b_n = \frac{2}{T} \int_0^T f(t) \sin(n\omega_0 t) \, \mathrm{d}t \tag{15.4}$$

傅里叶系数计算公式的推导过程

傅里叶系数计算公式的推导过程可以扫描二维码查看。

下面通过例题来详细说明如何将非正弦周期信号展开为傅里叶级数。

例15.1 （提高题）用傅里叶级数表示图15.3所示的锯齿波。

解　由图15.3可见，锯齿波的周期 $T = 4$ s ，因此角频率 $\omega_0 = 2\pi f = \dfrac{2\pi}{T} = \dfrac{\pi}{2}$ rad/s ，在 $0 \sim 4$s 一个周期内的锯齿波函数式为 $f(t) = 5t$ 。

根据式（15.2）~ 式（15.4），可以求得傅里叶系数为

$$a_0 = \frac{1}{T}\int_0^T f(t)\,\mathrm{d}t = \frac{1}{4}\int_0^4 5t\,\mathrm{d}t = \frac{5}{8}t^2\Big|_0^4 = 10 \tag{15.5}$$

$$
\begin{aligned}
a_n &= \frac{2}{T}\int_0^T f(t)\cos(n\omega_0 t)\,\mathrm{d}t = \frac{2}{4}\int_0^T 5t\cos(n\omega_0 t)\,\mathrm{d}t = \frac{2}{4}\int_0^T \frac{5t}{n\omega_0}\,\mathrm{d}[\sin(n\omega_0 t)] \\
&= \frac{5t}{2n\omega_0}\sin(n\omega_0 t)\Big|_0^T - \int_0^T \sin(n\omega_0 t)\,\mathrm{d}\left[\frac{5t}{2n\omega_0}\right] \\
&= \frac{5t}{n\pi}\sin\left(n\frac{\pi}{2}\right)\Big|_0^4 - \frac{5}{2n\omega_0}\int_0^T \sin(n\omega_0 t)\,\mathrm{d}t = 0 - 0 = 0
\end{aligned}
\tag{15.6}
$$

$$
\begin{aligned}
b_n &= \frac{2}{T}\int_0^T f(t)\sin(n\omega_0 t)\,\mathrm{d}t = \frac{2}{4}\int_0^T 5t\sin(n\omega_0 t)\,\mathrm{d}t = \frac{2}{4}\int_0^T \frac{5t}{n\omega_0}\,\mathrm{d}[-\cos(n\omega_0 t)] \\
&= -\frac{5t}{2n\omega_0}\cos(n\omega_0 t)\Big|_0^T - \int_0^T -\cos(n\omega_0 t)\,\mathrm{d}\left[\frac{5t}{2n\omega_0}\right] \\
&= -\frac{5t}{n\pi}\cos\left(n\frac{\pi}{2}t\right)\Big|_0^4 + \frac{5}{2n\omega_0}\int_0^T \cos(n\omega_0 t)\,\mathrm{d}t = -\frac{20}{n\pi} - 0 = -\frac{20}{n\pi}
\end{aligned}
\tag{15.7}
$$

式（15.6）和式（15.7）在推导过程中用到了分部积分公式：

$$\int f(x)\,\mathrm{d}g(x) = f(x)g(x) - \int g(x)\mathrm{d}f(x) \tag{15.8}$$

将式（15.5）~ 式（15.7）的傅里叶系数代入式（15.1），则锯齿波可用傅里叶级数表示为

$$f(t) = 10 - \frac{20}{\pi}\sum_{n=1}^{\infty}\frac{1}{n}\sin\left(\frac{n\pi}{2}t\right) \tag{15.9}$$

由以上计算过程可见，凡是用傅里叶级数表示非正弦周期信号的题目都有一定难度，因此将上述例题归类为提高题。

同步练习15.1 （提高题）用傅里叶级数表示图15.4所示的方波。

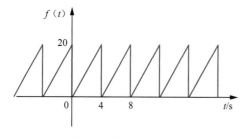

图 15.3　例 15.1 锯齿波波形

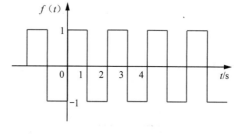

图 15.4　同步练习 15.1 方波波形

答案：$f(t) = \dfrac{4}{\pi}\sum\limits_{n=1}^{\infty}\dfrac{1}{2n-1}\sin\big[(2n-1)\pi t\big]$。

下面给出常用非正弦周期信号的傅里叶级数展开式，如表15.1所示。

表 15.1　常用非正弦周期信号的傅里叶级数展开式

信号	波形	傅里叶级数展开式
方波		$f(t) = \dfrac{4A}{\pi}\sum\limits_{n=1}^{\infty}\dfrac{1}{2n-1}\sin\big[(2n-1)\omega_0 t\big]$
三角波		$f(t) = \dfrac{A}{2} - \dfrac{4A}{\pi^2}\sum\limits_{n=1}^{\infty}\dfrac{1}{(2n+1)^2}\cos\big[(2n-1)\omega_0 t\big]$
锯齿波		$f(t) = \dfrac{A}{2} - \dfrac{A}{\pi}\sum\limits_{n=1}^{\infty}\dfrac{1}{n}\sin(n\omega_0 t)$
脉冲波		$f(t) = \dfrac{A\tau}{T} + \dfrac{2A}{T}\sum\limits_{n=1}^{\infty}\dfrac{1}{n}\sin\dfrac{n\pi\tau}{T}\cos(n\omega_0 t)$
正弦全波整流		$f(t) = \dfrac{2A}{\pi} - \dfrac{4A}{\pi}\sum\limits_{n=1}^{\infty}\dfrac{1}{4n^2-1}\cos(n\omega_0 t)$
正弦半波整流		$f(t) = \dfrac{A}{\pi} + \dfrac{A}{2}\sin(\omega_0 t) - \dfrac{2A}{\pi}\sum\limits_{n=1}^{\infty}\dfrac{1}{4n^2-1}\cos(2n\omega_0 t)$

15.2　非正弦周期电路的计算

15.2.1　非正弦周期电路的计算步骤

15.1节只是从数学上实现了用傅里叶级数表示非正弦周期信号，但还没有将其与电路联系起来。如果电路的激励是非正弦周期信号，则称其为非正弦周期电路。本章只分析非正弦周期电路的稳态响应，其暂态响应将在第18章介绍。

非正弦周期电路的计算分为3步。

第1步：将非正弦周期激励信号用傅里叶级数表示。如果题目已经给出了傅里叶级数展开式，则第1步可以省略。

第2步：分别求傅里叶级数中各分量单独作用时电路的响应。其中，正弦分量单独作用时的响应需要用相量分析法求解。

第3步：根据叠加定理，将各分量单独作用所产生的响应叠加起来。

下面通过例题来具体说明非正弦周期电路的计算步骤。

例15.2（提高题）图15.5（a）所示电路的电压源电压为非正弦周期信号，如图15.5（b）所示。已知 $R = 20\ \text{k}\Omega$，$C = 100\ \mu\text{F}$，求电容电压 $u_C(t)$。

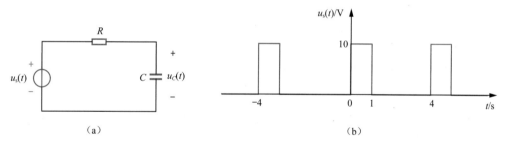

图 15.5　例 15.2 电路图及电压源电压波形

解　第1步：将非正弦周期激励信号用傅里叶级数表示。

由图15.5（b）可以看出非正弦周期激励信号的周期 $T = 4\ \text{s}$，因此角频率 $\omega_0 = \dfrac{2\pi}{T} = \dfrac{\pi}{2}\ \text{rad/s}$。
根据傅里叶系数的计算公式，可得

$$a_0 = \frac{1}{T}\int_0^T f(t)\,\mathrm{d}t = \frac{1}{4}\int_0^1 10\,\mathrm{d}t = 2.5\ \text{V} \tag{15.10}$$

$$a_n = \frac{2}{T}\int_0^T f(t)\cos(n\omega_0 t)\,\mathrm{d}t = \frac{2}{4}\int_0^1 10\cos\left(n\frac{\pi}{2}t\right)\mathrm{d}t = \frac{10}{n\pi}\sin\frac{n\pi}{2}\ \text{V} \tag{15.11}$$

$$b_n = \frac{2}{T}\int_0^T f(t)\sin(n\omega_0 t)\,\mathrm{d}t = \frac{2}{4}\int_0^1 10\sin\left(n\frac{\pi}{2}t\right)\mathrm{d}t = \frac{10}{n\pi}\left(1-\cos\frac{n\pi}{2}\right)\ \text{V} \tag{15.12}$$

非正弦周期激励信号的傅里叶级数展开式为

$$u_s(t) = a_0 + \sum_{n=1}^{\infty} \left[a_n \cos(n\omega_0 t) + b_n \sin(n\omega_0 t) \right]$$

$$= a_0 + \sum_{n=1}^{\infty} \left\{ \sqrt{a_n^2 + b_n^2} \left[\frac{a_n}{\sqrt{a_n^2 + b_n^2}} \cos(n\omega_0 t) + \frac{b_n}{\sqrt{a_n^2 + b_n^2}} \sin(n\omega_0 t) \right] \right\} \quad （15.13）$$

$$= a_0 + \sum_{n=1}^{\infty} \left[\sqrt{a_n^2 + b_n^2} \cos(n\omega_0 t + \varphi_n) \right]$$

式（15.13）中，$\varphi_n = \arctan\dfrac{-b_n}{a_n}$ 是利用三角函数公式得到的（前提是 $a_n > 0$）。式（15.13）中并没有代入傅里叶系数的值，因为代入后表达式会变得非常复杂。之所以要将余弦函数和正弦函数合成为一个余弦函数，是因为后面求解时需要用到相量分析法，而相量对应的正弦量必须是余弦函数（本书统一用余弦函数，当然也可以统一用正弦函数）。

第2步：分别求傅里叶级数中各分量单独作用时电路的响应。

首先求直流分量 $u_s^{(0)} = a_0 = 2.5$ V 单独作用所产生的响应。

观察图15.5（a），可见稳态时电容电压等于直流激励电压，即

$$u_C^{(0)} = u_s^{(0)} = a_0 = 2.5 \text{ V} \quad （15.14）$$

然后求各次谐波分量单独作用时电路的响应。

结合式（15.13）和相量分析法可得

$$\dot{U}_C^{(n)} = \frac{1}{jn\omega_0 C} \times \frac{\dot{U}_s^{(n)}}{R + \dfrac{1}{jn\omega_0 C}} = \frac{1}{jn\omega_0 C} \times \frac{\dfrac{\sqrt{a_n^2 + b_n^2}}{\sqrt{2}} \angle \arctan\dfrac{-b_n}{a_n}}{R + \dfrac{1}{jn\omega_0 C}} = U_C^{(n)} \angle \varphi_C^{(n)} \quad （15.15）$$

将式（15.15）的相量转化为时域量，可得

$$u_C^{(n)} = \sqrt{2} U_C^{(n)} \cos(n\omega_0 t + \varphi_C^{(n)}) \quad （15.16）$$

以上推导过程都没有代入已知条件和求得的傅里叶系数，这是因为代入后表达式会变得非常复杂。

第3步：根据叠加定理，将各分量单独作用所产生的响应叠加起来。

根据叠加定理，可得

$$u_C(t) = u_C^{(0)} + \sum_{n=1}^{\infty} u_C^{(n)} = u_C^{(0)} + \sum_{n=1}^{\infty} \left[\sqrt{2} U_C^{(n)} \cos(n\omega_0 t + \varphi_C^{(n)}) \right] \quad （15.17）$$

将已知条件和傅里叶系数代入式（15.17），可得

$$u_C(t) = 2.5 + 1.37\cos\left(\frac{\pi}{2}t - 117°\right) + 0.5\cos(\pi t - 171°) + 0.16\cos\left(\frac{3\pi}{2}t + 141°\right) + \cdots \text{ V} \quad （15.18）$$

非正弦周期
信号傅里叶
级数分解及
非正弦周期
电路的响应

第3步需要注意两点：一点是叠加必须是时域叠加，也就说在第2步时必须将相量转化为时域量；另一点是应该有无穷多项相加，但是不可能写出所有项，因此一般只给出直流分量和前3个谐波分量，其他分量用省略号表示。

由式（15.18）可以看出，随着谐波次数的增加，电容电压的谐波幅值迅速减小，因此在误差允许的范围内，可以只保留某几个谐波，保留的谐波次数取决于对误差的容忍程度。

同步练习15.2（提高题） 图15.6（a）所示电路的电压源电压为非正弦周期信号，如图15.6（b）所示。已知 $R=5\,\Omega$，$L=2\,\text{H}$，求电感电压 $u_L(t)$。

非正弦周期电路计算的注意事项

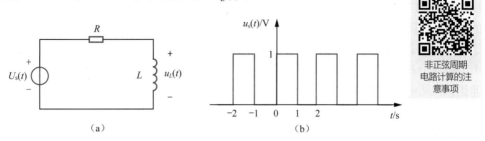

图 15.6　同步练习 15.2 电路图及电压源电压波形

答案：$u_L(t)=\sum\limits_{k=1}^{\infty}\dfrac{4}{\sqrt{25+4n^2\pi^2}}\cos\left(n\pi t-\arctan\dfrac{2n\pi}{5}\right)$ V，$n=2k-1$（k为正整数），化简得

$$u_L(t)=0.498\cos\left(\pi t-51.49^\circ\right)+0.205\cos\left(3\pi t-75.14^\circ\right)+0.126\cos\left(5\pi t-80.96^\circ\right)+\cdots\ \text{V}$$

15.2.2　与谐振滤波相关的非正弦周期电路的计算

利用谐振滤波的依据

非正弦周期信号可以展开成不同频率的正弦量之和，而第14章介绍了利用谐振实现滤波（LC串联谐振相当于短路，电压为0；LC并联谐振相当于开路，电流为0），因此可以利用谐振将非正弦周期信号傅里叶级数展开式中某些频率的信号滤除，也可以令某些频率的信号通过。下面通过例题具体说明什么情况下信号会被滤除，什么情况下信号会通过。

例15.3（基础题） 已知图15.7所示非正弦周期电路中的电压源电压为 $u_s(t)=20+10\cos 1\,000t$ V，求电阻电压 $u_R(t)$。

解　图15.7中LC串联谐振电路的角频率为 $\omega=\dfrac{1}{\sqrt{LC}}=1\,000$ rad/s，其与电压源中的基波分量的角频率相等，因此LC对基波发生串联谐振，相当于短路，即电阻电压的基波分量等于电压源的基波分量。同时，对于直流分量而言，电容相当于开路，因此电压源的直流分量无法通过电容，电路中电流的直流分量等于零，电阻电压的直流分量也等于零。

图 15.7　例 15.3 电路图

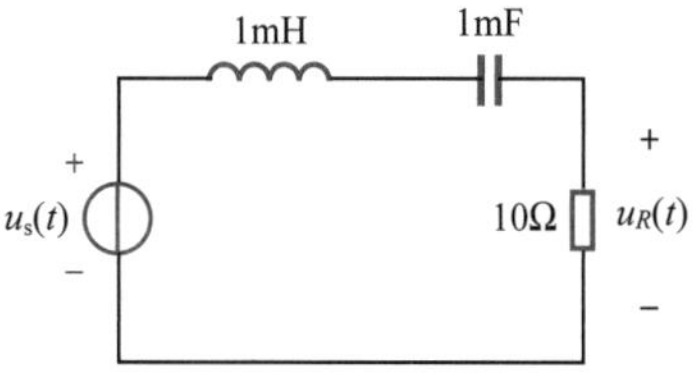

根据以上分析，可得电阻电压为

$$u_R(t)=u_R^{(0)}+u_R^{(1)}=0+10\cos 1\,000t=10\cos 1\,000t\ \text{V}$$

由以上分析可见，LC串联谐振起到了使信号通过的作用。

同步练习15.3（基础题） 已知图15.8所示非正弦周期电路中的电压源电压为 $u_s(t)=60+30\cos 1\,000t$ V，求电流 $i_{R2}(t)$。

答案：$i_{R2}(t)=2$ A。

由例15.3和同步练习15.3可见，LC串联谐振可能会滤出某一频率的正弦量，也可能会滤除某一

频率的正弦量。同样，*LC*并联谐振可能会滤出某一频率的正弦量，也可能会滤除某一频率的正弦量。因此，不能根据谐振类型判断信号通过还是被滤除，而必须根据具体的电路进行具体的分析。

以上非正弦周期激励信号中的正弦量频率只有一个，因此分析比较简单。下面给出含多个正弦量频率的非正弦周期电路分析的例题。

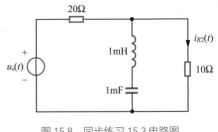

图 15.8　同步练习 15.3 电路图

例15.4 **（提高题）** 已知图15.9所示非正弦周期电路中的电压源电压为 $u_s(t) = 20 + 10\cos 1\,000t + 5\cos 2\,000t$ V，$u(t) = 20$ V，求 C_1 和 C_2。

解　由图15.9可见，对于直流分量而言，电感相当于短路，$u(t)$ 中的直流分量应该等于电压源电压的直流分量，这与已知条件一致。

由已知条件还可以看出，$u(t)$ 既不含基波分量，也不含二次谐波分量。这说明基波分量和二次谐波分量被滤掉了。怎样才能把基波分量和二次谐波分量都滤掉呢？

观察图15.9可以发现，如果 C_1 与并联电感发生并联谐振，相当于开路，电压源电压无法通过，则并联谐

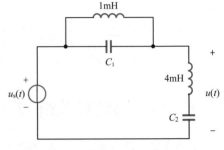

图 15.9　例 15.4 电路图

振可以滤掉一个分量；如果 C_2 与串联电感发生串联谐振，相当于短路，短路电压为0，则串联谐振可以滤掉另一个分量（电压为0，从电压的角度看是被滤掉了）。不过我们无法判断并联谐振和串联谐振各自滤掉哪个频率的分量，因此有两种可能的情况。

情况1：并联谐振滤掉基波分量，串联谐振滤掉二次谐波分量。此时

$$\frac{1}{\sqrt{1 \times 10^{-3} C_1}} = 1\,000$$

$$\frac{1}{\sqrt{4 \times 10^{-3} C_2}} = 2\,000$$

解得 $C_1 = 1\,\text{mF}$，$C_2 = \dfrac{1}{16}\,\text{mF}$。

情况2：串联谐振滤掉基波分量，并联谐振滤掉二次谐波分量。此时

$$\frac{1}{\sqrt{1 \times 10^{-3} C_1}} = 2\,000$$

$$\frac{1}{\sqrt{4 \times 10^{-3} C_2}} = 1\,000$$

解得 $C_1 = \dfrac{1}{4}\,\text{mF}$，$C_2 = \dfrac{1}{4}\,\text{mF}$。

同步练习15.4　（提高题）　已知图15.10所示非正弦周期电路中的电流源电流为 $i_s(t) = 2 + \cos 1\,000t + 0.5\cos(2\,000t + 45°)$ A，$u(t) = 20 + 5\cos(2\,000t + 45°)$ V，求 R、C_1 和 C_2。

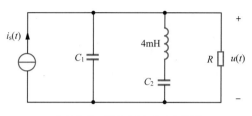

图 15.10　同步练习 15.4 电路图

答案：$R = 10\,\Omega$，$C_1 = \dfrac{1}{12}$ mF，$C_2 = \dfrac{1}{4}$ mF。

15.3　非正弦周期电路的有效值和平均功率

15.3.1　非正弦周期电路的有效值

非正弦周期电路的电压信号与电流信号的有效值定义与正弦量的有效值定义相同，即恒定值为有效值的直流激励在电阻上一个周期内消耗的能量等于一个周期内非正弦周期激励在电阻上消耗的能量。以电压激励为例，定义有效值的公式为

$$\frac{U^2}{R}T = \int_0^T \frac{u^2(t)}{R}\mathrm{d}t \tag{15.19}$$

式（15.19）中，U 为非正弦周期电压信号的有效值，$u(t)$ 为非正弦周期信号，其傅里叶级数的展开式为

$$
\begin{aligned}
u(t) &= a_0 + \sum_{n=1}^{\infty}\left[a_n\cos(n\omega_0 t) + b_n\sin(n\omega_0 t)\right] \\
&= a_0 + \sum_{n=1}^{\infty}\left[\sqrt{a_n^2 + b_n^2}\cos\left(n\omega_0 t + \arctan\frac{-b_n}{a_n}\right)\right] \\
&= U_0 + \sum_{n=1}^{\infty}\left[\sqrt{2}U_n\cos\left(n\omega_0 t + \arctan\frac{-b_n}{a_n}\right)\right]
\end{aligned}
\tag{15.20}
$$

式（15.20）中，$U_n = \dfrac{\sqrt{a_n^2 + b_n^2}}{\sqrt{2}}$ 为各次谐波的有效值。

将式（15.20）代入式（15.19），可得

$$U = \sqrt{\frac{1}{T}\int_0^T u^2(t)\mathrm{d}t} = \sqrt{\frac{1}{T}\int_0^T\left\{U_0 + \sum_{n=1}^{\infty}\left[\sqrt{2}U_n\cos\left(n\omega_0 t + \arctan\frac{-b_n}{a_n}\right)\right]\right\}^2\mathrm{d}t} \tag{15.21}$$

式（15.21）看起来非常复杂，但其实在被积的二项式所展开的无穷多项中，只有常数项和余弦函数的平方项积分不等于零，其他所有二项式展开项的积分都等于零，由此可得

$$U = \sqrt{U_0^2 + \sum_{n=1}^{\infty}U_n^2} \tag{15.22}$$

可见，非正弦周期电压信号的有效值等于傅里叶级数展开式中各分量有效值的平方之和（直流分量的有效值等于直流分量的绝对值），这对电压信号和电流信号都适用。非正弦周期电流信号有效值的表达式为

$$I = \sqrt{I_0^2 + \sum_{n=1}^{\infty} I_n^2} \tag{15.23}$$

下面通过例题来说明如何计算非正弦周期电路的电压信号或电流信号的有效值。

例15.5▶（**基础题**）已知非正弦周期电流信号的表达式为 $i(t) = 2 + \cos 1\,000t + 0.5\cos 2\,000t$ A，求其有效值 I。

解　根据式（15.23）和已知条件可得

$$I = \sqrt{I_0^2 + \sum_{n=1}^{\infty} I_n^2} = \sqrt{2^2 + \left(\frac{1}{\sqrt{2}}\right)^2 + \left(\frac{0.5}{\sqrt{2}}\right)^2} \approx 2.151 \text{ A}$$

同步练习15.5（**基础题**）已知非正弦周期电压信号的表达式为 $u(t) = 5 + 10\cos 1\,000t + 5\cos 3\,000t$ V，求其有效值 U。

答案：$U \approx 9.354$ V。

15.3.2　非正弦周期电路的平均功率

以上仅分析了非正弦周期电路的电压和电流，没有涉及功率。对于非正弦周期电路而言，支路的瞬时功率也会随时间做周期变化，因此可以定义支路的平均功率，其定义式与正弦交流电路平均功率的定义式相同，即

$$P = \int_0^T u(t)i(t)\mathrm{d}t \tag{15.24}$$

假定式（15.24）中的支路电压和支路电流分别为

$$u(t) = U_0 + \sum_{n=1}^{\infty}\left[\sqrt{2}U_n \cos(n\omega_0 t + \varphi_{u_n})\right] \tag{15.25}$$

$$i(t) = I_0 + \sum_{n=1}^{\infty}\left[\sqrt{2}I_n \cos(n\omega_0 t + \varphi_{i_n})\right] \tag{15.26}$$

将式（15.25）和式（15.26）代入式（15.24），可得

$$P = U_0 I_0 + \sum_{n=1}^{\infty}\left[U_n I_n \cos(\varphi_{u_n} - \varphi_{i_n})\right] = P_0 + \sum_{n=1}^{\infty} P_n \tag{15.27}$$

式（15.27）中，P_n 为第 n 次谐波对应的平均功率。可见，非正弦周期电路的支路平均功率刚好等于各次谐波（含直流）的平均功率之和。

在求支路平均功率时，最常求的是电阻支路的平均功率。下面推导非正弦周期电路中电阻支路平均功率的表达式。

对于电阻支路来说，任何一个谐波的电压与电流相位差均为0，即

$$\varphi_{u_n} - \varphi_{i_n} = 0 \tag{15.28}$$

且

$$U_n = R I_n \tag{15.29}$$

将式（15.28）和式（15.29）代入式（15.27），可得

$$P_R = \left(I_0^{\,2} + \sum_{n=1}^{\infty} I_n^{\,2} \right) \times R = \frac{\left(U_0^{\,2} + \sum_{n=1}^{\infty} U_n^{\,2} \right)}{R} = I^2 R = \frac{U^2}{R} \tag{15.30}$$

可见，非正弦周期电路的电阻支路平均功率的表达式非常简单，知道电压傅里叶级数展开式和电流傅里叶级数展开式中的任何一个即可算出该平均功率。

下面通过例题来说明如何计算非正弦周期电路的平均功率。

例15.6 （提高题）图15.11所示为非正弦周期电路，已知电压源的电压为 $u_s(t) = 10 + 5\cos(1\,000t + 60°) + 2.5\cos(2\,000t)$ V，求交流电流表和功率表的读数。

解 由已知条件可见，电压源的电压非正弦周期信号已展开为傅里叶级数（取前3项），且包含3个分量：直流分量、基波分量（ $\omega = \omega_0 = 1\,000$ rad/s ）和二次谐波分量（ $\omega = 2\omega_0 = 2\,000$ rad/s ）。

要求交流电流表的读数（即电流有效值）和功率表的读数（即平均功率），关键是求电流 $i(t)$ 的表达式。

$i(t)$ 的求解思路是先分别求3个分量单独作用所产生的响应，然后叠加。

首先求直流分量单独作用所产生的稳态响应。

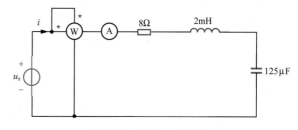

图 15.11 例 15.6 电路图

对于直流激励而言，电路达到稳态时，电容相当于开路，因此没有电流，即

$$i^{(0)}(t) = 0 \text{ A}$$

然后求基波分量单独作用所产生的响应。基波分量为正弦量，因此需要用相量分析法求解。电压源中基波分量对应的相量为

$$\dot{U}_s^{(1)} = \frac{5}{\sqrt{2}} \angle 60° \text{ V}$$

基波分量对应的RLC串联等效阻抗为

$$Z_{eq}^{(1)} = R + j\omega_0 L - j\frac{1}{\omega_0 C} = 8 + j2 - j8 = 8 - j6 \ \Omega$$

根据欧姆定律，可得基波分量单独作用时的电流相量为

$$\dot{I}^{(1)} = \frac{\dot{U}_s^{(1)}}{Z_{eq}^{(1)}} = \frac{\dfrac{5}{\sqrt{2}} \angle 60°}{8 - j6} = \frac{\sqrt{2}}{4} \angle 96.9° \text{ A}$$

叠加定理需要在时域中叠加，因此需要将基波电流相量转换到时域，即

$$i^{(1)}(t) = \frac{1}{2}\cos(1\,000t + 96.9°) \text{ A}$$

接下来求二次谐波分量单独作用所产生的稳态响应。其求解过程与基波分量作用时类似，不同之处是二次谐波角频率是基波分量作用时的2倍，因此，电感阻抗加倍，而电容阻抗减半。

根据欧姆定律，可得二次谐波分量单独作用时的电流相量为

$$\dot{I}^{(2)} = \frac{\dot{U}_s^{(2)}}{Z_{eq}^{(2)}} = \frac{\dot{U}_s^{(2)}}{R + j2\omega_0 L - j\frac{1}{2\omega_0 C}} = \frac{\frac{2.5}{\sqrt{2}}}{8 + j4 - j4} = \frac{5\sqrt{2}}{32} \angle 0° \text{ A}$$

其对应的电流二次谐波分量的时域形式为

$$i^{(2)}(t) = \frac{5}{16}\cos(2\,000t)\text{ A}$$

最后，总的响应等于各分量单独作用所产生响应的叠加，即

$$i(t) = i^{(0)}(t) + i^{(1)}(t) + i^{(2)}(t) = \frac{1}{2}\cos(1\,000t + 96.9°) + \frac{5}{16}\cos(2\,000t)\text{ A}$$

交流电流表的读数即 $i(t)$ 的有效值，因此

$$I = \sqrt{\left(\frac{\frac{1}{2}}{\sqrt{2}}\right)^2 + \left(\frac{\frac{5}{16}}{\sqrt{2}}\right)^2} \approx 0.417\text{ A}$$

功率表的读数代表电压源发出的平均功率，也代表电阻吸收的平均功率。在非正弦周期电路中，电感和电容的平均功率为0（电感和电容在直流作用下，电感电压为0，电容电流为0，因此电感和电容的直流功率为0；电感和电容各次谐波为正弦波，其平均功率也为0，因此非正弦周期电路中的电感和电容总的平均功率为0），因此电压源发出的平均功率即电阻吸收的平均功率，都是功率表的读数。

根据电阻的平均功率表达式（15.30），可得功率表的读数为

$$P = I^2 R = 0.417^2 \times 8 \approx 1.391\text{ W} \tag{15.31}$$

也可以通过计算电压源发出的平均功率得到功率表的读数，下面给出计算过程。

根据已知条件和已经求得的电流表达式，可知电压源电压和电流的表达式分别为

$$u_s(t) = 10 + 5\cos(1\,000t + 60°) + 2.5\cos(2\,000t)\text{ V} \tag{15.32}$$

$$i(t) = \frac{1}{2}\cos(1\,000t + 96.9°) + \frac{5}{16}\cos(2\,000t)\text{ A} \tag{15.33}$$

根据非正弦周期电路支路平均功率的表达式（15.27），可求得电压源发出的平均功率（即功率表读数）为

$$\begin{aligned} P &= U_0 I_0 + U_1 I_1 \cos(\varphi_{u_1} - \varphi_{i_1}) + U_2 I_2 \cos(\varphi_{u_2} - \varphi_{i_2}) \\ &= 10 \times 0 + \frac{5}{\sqrt{2}} \times \frac{\frac{1}{2}}{\sqrt{2}}\cos(-36.9°) + \frac{2.5}{\sqrt{2}} \times \frac{\frac{5}{16}}{\sqrt{2}}\cos 0° \\ &\approx 1.391\text{ W} \end{aligned} \tag{15.34}$$

比较式（15.34）和式（15.31）可见，从电阻的角度求电路的平均功率更加简洁。

同步练习15.6（提高题）　图15.12所示为非正弦周期电路，已知电压源的电压为 $u_s(t) = 2 + 5\cos(1\,000t + 60°) + 2.5\cos(2\,000t)$ V，求交流电流表和功率表的读数。

答案：交流电流表的读数 $I \approx 1.458$ A，功率表的读数 $P \approx 4.25$ W。

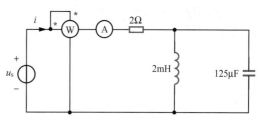

图 15.12　同步练习 15.6 电路图

含受控电源
非正弦周期电路
计算例题分析

*15.4　非正弦周期电路的应用

本章非正弦周期电路分析的关键是对非正弦周期信号进行傅里叶级数展开。展开式包含无穷多项频率为基波频率整数倍的正弦量。各次谐波都有自己的幅值，如果以谐波角频率（或频率）为横坐标，画出各次谐波的幅值，则画出的图形称为非正弦周期信号的频谱图，如图15.13所示。

日常生活中有很多信号就是非正弦周期信号，甚至是非周期信号。例如，一段节奏单一的音乐可被视为非正弦周期信号。通过话筒等设备可以将音乐信号转化为电信号，传送给计算机；计算机可以根据采集到的电信号进行数学计算，得到信号的频谱；我们根据信号的频谱可以判断出这段音乐包含哪些频率的谐波信号及各次谐波的幅值，从而可以定量分析音乐的特点。

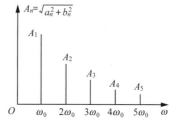

图 15.13　非正弦周期信号的频谱图

当然，大多数音乐不是严格的周期信号，而是非周期信号。可以通过傅里叶变换得到非周期信号的频谱，其频谱不是图15.13所示的竖线，而是包含很多尖峰的曲线。通过频谱分析，可以定量分析音乐的节奏、音调高低等，这对于音乐创作、评判、剪辑等非常有帮助。

傅里叶变换的详细内容本书不做介绍，读者如果感兴趣，可以在后续"信号与系统"课程中学习。

格物致知

任务分解

本章小结

非正弦周期电路的分析分为3步：第1步，傅里叶级数分解；第2步，各分量单独作用；第3步，将各分量叠加，得到总响应。为什么要这么做呢？这是因为非正弦周期信号比较复杂，很难直接分析，所以采用先分解（拆分）、再叠加的方法。

我们面对一件复杂的任务时，如果硬着头皮做，则可能碰得头破血流。此时不能蛮干，那应该怎么办呢？一般应先将复杂的任务分解成若干个相对简单的任务，再分别完成简单的任务。当所有的简单任务都完成时，整个任务也就完成了。

先分解再完成的道理很简单，但真正实现并不容易。任务分解是很难的一步，分解任务合理与否，直接影响后续任务能否顺利完成。在电路分析中，非正弦周期信号的傅里叶级数表示就是非正弦周期电路分析中最难的一步。在现实中，复杂任务的分解值得我们付出精力，任务分解好了，接下来按步骤完成就相对简单了。

习题

一、复习题

15.1节 非正弦周期信号

▶ **提高题**

15.1 写出题15.1图所示非正弦周期函数的傅里叶级数展开式。

15.2节 非正弦周期电路的计算

▶ **提高题**

15.2 题15.2图所示为非正弦周期电路。已知 $u_s(t) = 20 + 20\cos\omega t$ V， $R = \omega L = \dfrac{1}{\omega C} = 10\ \Omega$ ，求 $i_C(t)$ 和 $i_L(t)$ 。

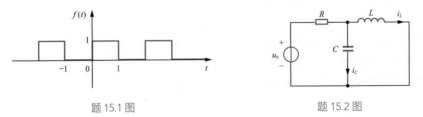

题 15.1 图　　　　　　　　　题 15.2 图

15.3 题15.3图所示为非正弦周期电路。已知 $u_s(t) = 10 + 5\cos(1\,000t + 60°) + 2.5\cos 2\,000t$ V ，求 $i(t)$ 。

15.4 题15.4图所示为非正弦周期电路。已知 $u_s(t) = \dfrac{1}{3} + \dfrac{1}{\pi^2}\displaystyle\sum_{n=1}^{\infty}\left(\dfrac{1}{n^2}\cos nt - \dfrac{\pi}{n}\sin nt\right)$ V ，求 $u_C(t)$ 。

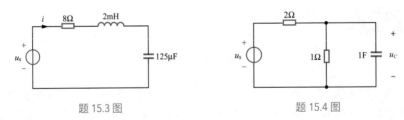

题 15.3 图　　　　　　　　　题 15.4 图

15.5 题15.5图所示为非正弦周期电路。已知 $u_s(t) = 20 + 20\cos(50t + 30°) + 10\cos(100t + 45°)$ V ， $i_1(t) = 2\cos(50t + 30°)$ A ，求 L 、 C_1 和 $i_2(t)$ 。

15.3节 非正弦周期电路的有效值和平均功率

▶ **基础题**

15.6 计算 $u(t) = 2 + 2\cos 100t + \cos 200t$ V 的有效值。

15.7　如果电路某一支路的电压与电流取关联参考方向，电压与电流分别为 $u(t)=2+2\cos100t+\cos200t$ V，$i(t)=1+\cos\left(100t-\dfrac{\pi}{2}\right)+\dfrac{1}{2}\cos\left(200t-\dfrac{2\pi}{3}\right)$ A，求该支路吸收的平均功率。

15.8　题 15.8 图所示为非正弦周期电路。已知 $u_s(t)=10+10\sqrt{2}\cos1\,000t+5\sqrt{2}\cos2\,000t$ V，$i_s(t)=1+0.5\sqrt{2}\cos2\,000t$ A，求 $i(t)$ 和电压源发出的平均功率 P。

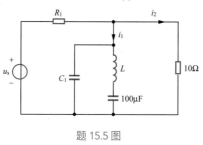
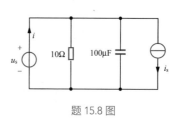

題 15.5 图　　　　　　　　　　題 15.8 图

▶ **提高题**

15.9　题 15.9 图所示为非正弦周期电路。已知 $R=10\Omega$，$L_1=1$H，$L_1=10$mH，$C_1=1\mu$F，$C_2=125$nF，$u_s(t)=100+\sqrt{2}\times50\cos(1\,000t+45°)+\sqrt{2}\times50\cos(3\,000t-20°)$V。（1）求 $i(t)$；（2）求电阻吸收的平均功率。

二、综合题

15.10　题 15.10 图所示为非正弦周期电路。已知 $R=20\,\Omega$，$L_1=25$ mH，$L_2=17.5$ mH，$M=10$ mH，$u_s(t)=10+5\cos1\,000t+2.5\cos2\,000t$ V，$i_2(t)$ 不含基波分量，求 C 和 $i(t)$。

15.11　题 15.11 图所示为非正弦周期电路。已知 $R_1=20\,\Omega$，$C=50$ mF，$L=1.25$ H，$u_{s1}(t)=20+10\cos2t$ V，$u_{s2}(t)=10\cos4t$ V，求两个功率表各自的读数。

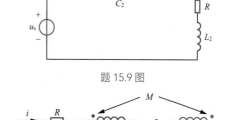

題 15.9 图

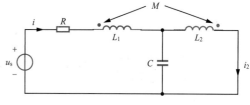

三、应用题

15.12　在电力系统中，除了存在50Hz的基波分量，还存在其他谐波分量，而且这些谐波分量可能会对负载产生不利影响。可通过谐振滤波的方式将某些谐波分量滤除。已知题15.12图所示 $i(t)=\cos100\pi t+\dfrac{1}{3}\cos300\pi t$ A，$i_R(t)$ 不含三次谐波分量，求 C 和 $i_R(t)$。

題 15.10 图

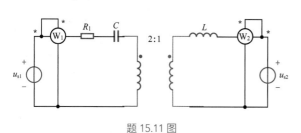

題 15.11 图

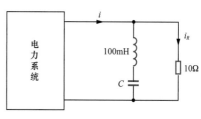

題 15.12 图

第 **16** 章

二端口网络

电路分析包括电路整体分析和电路局部分析。电路整体分析即对一个完整的电路进行分析。电路局部分析即只分析电路的一部分，或者只分析一个电路元件。例如，戴维南等效只针对一端口网络，该一端口网络只是电路的一部分；电阻特性分析只针对一个具有两个端子（即一个端口）的电阻元件。这两个例子都是针对具有一个端口的局部电路，当然，也有具有两个端口的局部电路。例如，第14章介绍的滤波器有输入端口和输出端口，因此其具有两个端口；第13章介绍的磁耦合线圈中两个线圈各有一个端口，因此其也具有两个端口。

具有两个端口的局部电路在电路中很常见，这是因为任何一部分电路最重要的都是输入和输出，输入是一个端口，输出也是一个端口，这自然就构成了具有两个端口的局部电路，我们称之为二端口网络。

本章首先介绍二端口网络的定义和参数，然后给出二端口网络参数的确定方法及二端口网络等效电路的求解方法，接着分析二端口网络的连接方式，最后给出二端口网络的应用。

学习目标

（1）了解二端口网络的定义；
（2）理解并掌握二端口网络参数的定义及其确定方法；
（3）了解并掌握二端口网络的等效电路及其求解方法；
（4）掌握二端口网络的连接方式及复合二端口网络参数的确定方法；
（5）了解二端口网络的应用；
（6）锻炼从更为宏观的角度入手分析和解决问题的能力。

16.1　二端口网络的基本概念

鉴于二端口网络的广泛存在，很有必要对二端口网络进行系统分析。对二端口网络进行分析有三大好处：一是相对于一端口网络而言，可以更宏观地看出局部电路的特性，从而简化电路分析；二是通过设计多个简单的二端口网络，然后将它们连接起来构成更为复杂的电路，可以简化电路设计；三是可以通过测量确定具有输入端口和输出端口的黑匣子二端口网络的参数，在不了解黑匣子内容的情况下，仍然可以对包含黑匣子的电路进行整体分析。可见，二端口网络对某些电路的分析和设计确实很有帮助。

16.1.1　二端口网络的定义

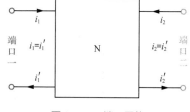

图 16.1　二端口网络

如果图16.1所示网络N具有两个端口，并且满足

$$i_1 = i_1', \ i_2 = i_2'$$

则称网络N为二端口网络（two-port network）。

难道具有两个端口的网络N可能不满足端口的流入电流等于流出电流吗？其实这是有可能的。我们举一个例子。

图16.2所示电路的网络N（不包含电阻R）和网络N_1（包含电阻R）都具有两个端口，假设N_1外接电源，并在电阻R上产生电流，则网络N和网络N_1不可能都满足端口流入电流等于流出电流的条件，否则会与电阻R上产生电流矛盾（例如，若两个网络左侧端口都满足流入电流等于流出电流，即$i_1 = i_x = i_1'$，则根据KCL，电阻R上的电流一定为0，即$i_R = i_1 - i_x = 0$，这与R上产生电流矛盾），也就是说，网络N和网络N_1虽然都有两个端口，但是它们之中至少有一个不符合二端口网络的定义。

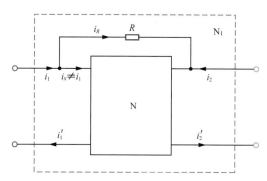

图 16.2　可能不符合二端口网络定义的电路网络

大部分具有两个端口的电路网络符合二端口网络的定义，因此通常不需要判断。

二端口网络N可能含独立电源，也可能不含独立电源。独立电源一般是为电路供电的，通常不会在二端口网络中出现。考虑到含独立电源的二端口网络极少，并且含独立电源时二端口网络分析难度大大增加，因此本章仅讨论不含独立电源的二端口网络。

给出二端口网络的定义后，接下来就需要分析二端口网络的特性。二端口网络的特性需要用二端口网络的参数来表征。

16.1.2 二端口网络的参数

对于包含电阻、电感、电容和受控电源的一端口网络，可以用参数Z或Y表示端口的电压、电流关系。同样，对于图16.1所示二端口网络N，为了表征其特性，也需要定义一些参数，用来反映二端口网络端口的电压、电流关系。

一端口网络只有一个端口电压和一个端口电流，因此只需要用一个元素来表示两者之间的关系，而图16.3所示的二端口网络显然有两个端口电压和两个端口电流，因此必须用一个 2×2 的矩阵来表示两个端口电压和两个端口电流的关系。

根据排列组合，二端口网络两个端口电压和两个端口电流总计有36种可能的电压、电流关系。虽然总数很多，但最具代表性的电压、电流关系有4种，如表16.1所示。

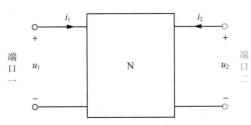

图 16.3　标记端口电压和电流的二端口网络

表 16.1　二端口网络最具代表性的电压、电流关系

序号	二端口网络最具代表性的电压、电流关系
1	u_1、u_2与i_1、i_2的关系
2	i_1、i_2与u_1、u_2的关系
3	u_1、i_2与i_1、u_2的关系
4	u_1、i_1与u_2、i_2的关系

可见，二端口网络的电压、电流关系比一端口网络的电压、电流关系复杂得多。

表16.1中每一种关系都需要一个 2×2 矩阵来表示，这些 2×2 矩阵称为二端口网络的参数，总计有4种参数。

为什么要定义这么多二端口网络的参数呢？我们知道，对于一个电阻器而言，既可以定义电阻R，也可以定义电导G；串联时适合用电阻R，并联时适合用电导G。也就是说，对于一个电阻器而言，定义多个参数是为了适用于不同的场合。同样，二端口网络定义多个参数主要也是为了适用于不同的场合。

下面分别对二端口网络的4种参数（阻抗参数Z、导纳参数Y、混合参数H、传输参数T）进行介绍。

16.1.3 阻抗参数 Z

对于图16.4所示的二端口网络，可以用2个电流表示2个电压：

$$\left.\begin{array}{l} \dot{U}_1 = Z_{11}\dot{I}_1 + Z_{12}\dot{I}_2 \\ \dot{U}_2 = Z_{21}\dot{I}_1 + Z_{22}\dot{I}_2 \end{array}\right\} \qquad （16.1）$$

将式（16.1）中的4个系数组合为一个矩阵：

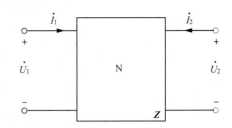

图 16.4　定义阻抗参数 Z 的二端口网络

$$Z = \begin{bmatrix} Z_{11} & Z_{12} \\ Z_{21} & Z_{22} \end{bmatrix} \qquad （16.2）$$

我们称Z为二端口网络的Z参数。此时，式（16.1）也可以写为

$$\begin{bmatrix} \dot{U}_1 \\ \dot{U}_2 \end{bmatrix} = \boldsymbol{Z} \begin{bmatrix} \dot{I}_1 \\ \dot{I}_2 \end{bmatrix} \tag{16.3}$$

由式（16.3）可以看出 $\boldsymbol{Z}$ 参数体现了阻抗的特点，因此称为阻抗参数（impedance parameter）。

图16.4中的电压和电流都采用了相量形式，不过这并不意味着二端口网络只适用于正弦交流电路。如果二端口网络中只有线性电阻和线性受控电源，那么电压和电流也可以采用时域形式。如果二端口网络中有电容和电感，并且电容电压和电感电流的初值为0，当考虑电路暂态响应时，电压和电流需要采用 s 域形式，这将在第18章介绍。可见二端口网络具有广泛的适用性，包括直流电路、交流电路、暂态电路等。本章将以正弦交流电路为例介绍二端口网络的参数。

图16.4中的电压参考方向和电流参考方向都是规定好的，不能改变，二端口网络的参数是在图中参考方向的前提下定义的。

16.1.4　导纳参数 Y

对于图16.5所示的二端口网络，可以用两个电压表示两个电流：

$$\left.\begin{array}{l} \dot{I}_1 = Y_{11}\dot{U}_1 + Y_{12}\dot{U}_2 \\ \dot{I}_2 = Y_{21}\dot{U}_1 + Y_{22}\dot{U}_2 \end{array}\right\} \tag{16.4}$$

将式（16.4）中的4个系数组合为一个矩阵：

$$\boldsymbol{Y} = \begin{bmatrix} Y_{11} & Y_{12} \\ Y_{21} & Y_{22} \end{bmatrix} \tag{16.5}$$

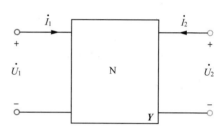

图 16.5　定义导纳参数 Y 的二端口网络

我们称 $\boldsymbol{Y}$ 为二端口网络的 $\boldsymbol{Y}$ 参数。此时，式（16.4）也可以写为

$$\begin{bmatrix} \dot{I}_1 \\ \dot{I}_2 \end{bmatrix} = \boldsymbol{Y} \begin{bmatrix} \dot{U}_1 \\ \dot{U}_2 \end{bmatrix} \tag{16.6}$$

由式（16.6）可以看出 $\boldsymbol{Y}$ 参数体现了导纳的特点，因此称为导纳参数（admittance parameter）。

16.1.5　混合参数 H

对于图16.6所示的二端口网络，其电压与电流的关系可以表示为

$$\left.\begin{array}{l} \dot{U}_1 = H_{11}\dot{I}_1 + H_{12}\dot{U}_2 \\ \dot{I}_2 = H_{21}\dot{I}_1 + H_{22}\dot{U}_2 \end{array}\right\} \tag{16.7}$$

将式（16.7）中的4个系数组合为一个矩阵：

$$\boldsymbol{H} = \begin{bmatrix} H_{11} & H_{12} \\ H_{21} & H_{22} \end{bmatrix} \tag{16.8}$$

我们称 $\boldsymbol{H}$ 为二端口网络的 $\boldsymbol{H}$ 参数。此时，式（16.7）也可以写为

$$\begin{bmatrix} \dot{U}_1 \\ \dot{I}_2 \end{bmatrix} = \boldsymbol{H} \begin{bmatrix} \dot{I}_1 \\ \dot{U}_2 \end{bmatrix} \tag{16.9}$$

式（16.9）等号左右两边都既有电压，又有电流，下标既有1，又有2，多种元素混合在一起，所以 **H** 参数称为混合参数（"混合"的英文单词为hybrid，首字母为h，因此混合参数用 **H** 表示）。

16.1.6 传输参数 *T*

对于图16.7所示的二端口网络，其电压与电流的关系可以表示为

$$\left.\begin{aligned}\dot{U}_1 &= T_{11}\dot{U}_2 + T_{12}(-\dot{I}_2)\\ \dot{I}_1 &= T_{21}\dot{U}_2 + T_{22}(-\dot{I}_2)\end{aligned}\right\}\qquad(16.10)$$

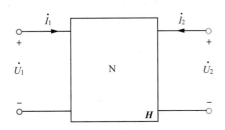

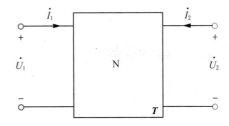

图 16.6 定义混合参数 **H** 的二端口网络　　　图 16.7 定义传输参数 **T** 的二端口网络

将式（16.10）中的4个系数组合为一个矩阵：

$$\boldsymbol{T} = \begin{bmatrix} T_{11} & T_{12} \\ T_{21} & T_{22} \end{bmatrix}\qquad(16.11)$$

我们称 **T** 为二端口网络的 **T** 参数。此时，式（16.10）也可以写为

$$\begin{bmatrix} \dot{U}_1 \\ \dot{I}_1 \end{bmatrix} = \boldsymbol{T}\begin{bmatrix} \dot{U}_2 \\ -\dot{I}_2 \end{bmatrix}\qquad(16.12)$$

式（16.12）等号左边为二端口网络左侧的电压和电流，等号右边为二端口网络右侧的电压和电流，即式（16.12）反映了左右两侧电压、电流的传输关系，因此 **T** 参数称为传输参数（"传输"的英文单词为transmission，首字母为t，所以传输参数用 **T** 表示）。

式（16.12）中比较奇怪的是右侧电流前有一个负号。为什么有负号呢？原因出在"传输参数"的"传输"二字。由图16.7可见，左侧的电流传输到右侧，右侧的电流应该继续向右流。可是图16.7中右侧电流的参考方向为向左，这违背了"传输"的本意。为了不违背"传输"的本意，需要在右侧电流前面加一个负号，相当于将右侧电流变为向右流。

前面已经定义了二端口网络的4种参数，为了便于记忆和查找，我们将这4种参数的定义式总结一下，如表16.2所示。

表 16.2　二端口网络 4 种参数的定义式

参数名称	参数的定义式
阻抗参数 **Z**	$\left.\begin{aligned}\dot{U}_1 &= Z_{11}\dot{I}_1 + Z_{12}\dot{I}_2\\ \dot{U}_2 &= Z_{21}\dot{I}_1 + Z_{22}\dot{I}_2\end{aligned}\right\}$
导纳参数 **Y**	$\left.\begin{aligned}\dot{I}_1 &= Y_{11}\dot{U}_1 + Y_{12}\dot{U}_2\\ \dot{I}_2 &= Y_{21}\dot{U}_1 + Y_{22}\dot{U}_2\end{aligned}\right\}$
混合参数 **H**	$\left.\begin{aligned}\dot{U}_1 &= H_{11}\dot{I}_1 + H_{12}\dot{U}_2\\ \dot{I}_2 &= H_{21}\dot{I}_1 + H_{22}\dot{U}_2\end{aligned}\right\}$
传输参数 **T**	$\left.\begin{aligned}\dot{U}_1 &= T_{11}\dot{U}_2 + T_{12}(-\dot{I}_2)\\ \dot{I}_1 &= T_{21}\dot{U}_2 + T_{22}(-\dot{I}_2)\end{aligned}\right\}$

16.2　二端口网络参数的确定方法

确定二端口网络参数有3种情况：①如果已知二端口网络的拓扑结构和元件参数，则可根据 KCL 和 KVL，结合待求二端口网络参数的定义式来确定二端口网络参数；②对同一个二端口网络，可以一次求出多种二端口网络参数；③如果二端口网络是一个黑匣子，则可以通过实验测量的方法确定二端口网络的参数。下面将详细讲解这3种情况下二端口网络参数的确定方法。

16.2.1　已知拓扑结构和元件参数时确定二端口网络参数

先通过一个例题来说明已知拓扑结构和元件参数时二端口网络参数的确定方法。

例16.1　（基础题）求图16.8所示二端口网络的 **Z** 参数。

解　由图16.8，根据KCL可得

$$\frac{\dot{U}_2}{\dfrac{1}{j\omega C}} = \dot{I}_1 + \dot{I}_2 \qquad (16.13)$$

根据KVL可得

$$\dot{U}_1 = R_1 \dot{I}_1 + \dot{U}_2 \qquad (16.14)$$

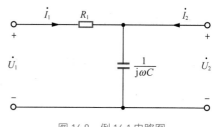

图 16.8　例 16.1 电路图

式（16.13）和式（16.14）可以整理成 **Z** 参数的定义式形式，即用电流表示电压：

$$\left. \begin{aligned} \dot{U}_1 &= \left(R_1 + \frac{1}{j\omega C} \right) \dot{I}_1 + \frac{1}{j\omega C} \dot{I}_2 \\ \dot{U}_2 &= \frac{1}{j\omega C} \dot{I}_1 + \frac{1}{j\omega C} \dot{I}_2 \end{aligned} \right\} \qquad (16.15)$$

对照式（16.15）和 **Z** 参数的定义式 $\left. \begin{aligned} \dot{U}_1 &= Z_{11}\dot{I}_1 + Z_{12}\dot{I}_2 \\ \dot{U}_2 &= Z_{21}\dot{I}_1 + Z_{22}\dot{I}_2 \end{aligned} \right\}$，通过"对号入座"，可得 **Z** 参数为

$$\boldsymbol{Z} = \begin{bmatrix} R_1 + \dfrac{1}{j\omega C} & \dfrac{1}{j\omega C} \\ \dfrac{1}{j\omega C} & \dfrac{1}{j\omega C} \end{bmatrix} \qquad (16.16)$$

以上求二端口网络参数的过程可以简单总结为列方程→整理方程→对号入座。

同步练习16.1　（基础题）求图16.9所示二端口网络的 **Y** 参数。

答案：$\boldsymbol{Y} = \begin{bmatrix} \dfrac{1}{R_2} + \dfrac{1}{j\omega L} & -\dfrac{1}{R_2} \\ -\dfrac{1}{R_2} & \dfrac{1}{R_2} \end{bmatrix}$。

例16.1和同步练习16.1分别确定了**Z**参数和**Y**参数，下面的例题和同步练习题将分别确定**H**参数和**T**参数，确定的方法也是列方程→整理方程→对号入座。

例16.2 （基础题）求图16.10所示二端口网络的**H**参数。

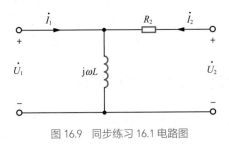

图 16.9　同步练习 16.1 电路图

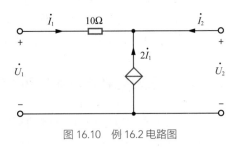

图 16.10　例 16.2 电路图

解　由图16.10，根据KCL可得

$$\dot{I}_1 + \dot{I}_2 + 2\dot{I}_1 = 0 \tag{16.17}$$

根据KVL可得

$$\dot{U}_1 = 10\dot{I}_1 + \dot{U}_2 \tag{16.18}$$

式（16.18）和式（16.17）可以整理成**H**参数的定义式形式：

$$\left.\begin{aligned} \dot{U}_1 &= 10\dot{I}_1 + \dot{U}_2 \\ \dot{I}_2 &= -3\dot{I}_1 + 0 \times \dot{U}_2 \end{aligned}\right\} \tag{16.19}$$

对照式（16.19）和**H**参数的定义式 $\left.\begin{aligned}\dot{U}_1 &= H_{11}\dot{I}_1 + H_{12}\dot{U}_2 \\ \dot{I}_2 &= H_{21}\dot{I}_1 + H_{22}\dot{U}_2\end{aligned}\right\}$，通过"对号入座"，可得**H**参数为

$$H = \begin{bmatrix} 10\,\Omega & 1 \\ -3 & 0\,S \end{bmatrix} \tag{16.20}$$

式（16.20）中矩阵各元素的单位是通过观察**H**参数的定义式 $\left.\begin{aligned}\dot{U}_1 &= H_{11}\dot{I}_1 + H_{12}\dot{U}_2 \\ \dot{I}_2 &= H_{21}\dot{I}_1 + H_{22}\dot{U}_2\end{aligned}\right\}$ 得到的。由于确定各元素的单位很麻烦，因此二端口网络参数的最终结果通常不写单位，除非特别要求写单位。

观察式（16.19）会发现，$0 \times \dot{U}_2$ 是"无中生有"增加的项，目的是方便与二端口网络参数的定义式对照，实现"对号入座"。

同步练习16.2 （基础题）求图16.11所示二端口网络的**T**参数。

答案：$T = \begin{bmatrix} 11 & 110 \\ 0.5 & 5 \end{bmatrix}$。

由以上例题和同步练习题可以看出，记住表16.2中二端口网络参数的定义式是确定二端口网络参数的前提。

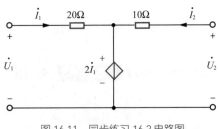

图 16.11　同步练习 16.2 电路图

16.2.2 确定二端口网络的多种参数

二端口网络
多种参数计算
例题分析

16.2.1小节中的例题和同步练习题都只确定了一种二端口网络参数。如果还需要确定二端口网络的其他参数，则没有必要重新列写KCL方程和KVL方程，因为对同一个二端口网络，KCL方程和KVL方程是一样的。确定二端口网络的不同参数的差别在于方程的整理——必须根据不同参数的定义式进行整理。

以例16.1为例，其KCL方程为 $\dfrac{\dot{U}_2}{\dfrac{1}{\mathrm{j}\omega C}} = \dot{I}_1 + \dot{I}_2$，KVL方程为 $\dot{U}_1 = R_1\dot{I}_1 + \dot{U}_2$，求得$\boldsymbol{Z}$参数为

$\boldsymbol{Z} = \begin{bmatrix} R_1 + \dfrac{1}{\mathrm{j}\omega C} & \dfrac{1}{\mathrm{j}\omega C} \\ \dfrac{1}{\mathrm{j}\omega C} & \dfrac{1}{\mathrm{j}\omega C} \end{bmatrix}$。如果还要确定$\boldsymbol{T}$参数，则不需要重新列写方程，只需要将已经列写的

KCL方程和KVL方程整理成$\boldsymbol{T}$参数的定义式形式：

$$\left.\begin{aligned} \dot{U}_1 &= \left(\mathrm{j}\omega C R_1 + 1\right)\dot{U}_2 - R_1\dot{I}_2 \\ \dot{I}_1 &= \mathrm{j}\omega C \dot{U}_2 - \dot{I}_2 \end{aligned}\right\} \tag{16.21}$$

对照式（16.21）和$\boldsymbol{T}$参数的定义式 $\left.\begin{aligned} \dot{U}_1 &= T_{11}\dot{U}_2 + T_{12}(-\dot{I}_2) \\ \dot{I}_1 &= T_{21}\dot{U}_2 + T_{22}(-\dot{I}_2) \end{aligned}\right\}$，通过"对号入座"，可得$\boldsymbol{T}$参数为

$$\boldsymbol{T} = \begin{bmatrix} \mathrm{j}\omega C R_1 + 1 & R_1 \\ \mathrm{j}\omega C & 1 \end{bmatrix} \tag{16.22}$$

以上过程说明，如果已知二端口网络的某一参数，就可以求出其他参数。例如，假设已知二端口网络的$\boldsymbol{Y}$参数，求二端口网络的$\boldsymbol{H}$参数，则可以先根据已知的$\boldsymbol{Y}$参数列写出$\boldsymbol{Y}$参数的定义式形式：

$$\left.\begin{aligned} \dot{I}_1 &= Y_{11}\dot{U}_1 + Y_{12}\dot{U}_2 \\ \dot{I}_2 &= Y_{21}\dot{U}_1 + Y_{22}\dot{U}_2 \end{aligned}\right\} \tag{16.23}$$

再根据$\boldsymbol{Y}$参数的定义式形式，经过整理方程，得到$\boldsymbol{H}$参数的定义式形式：

$$\left.\begin{aligned} \dot{U}_1 &= \frac{1}{Y_{11}}\dot{I}_1 - \frac{Y_{12}}{Y_{11}}\dot{U}_2 \\ \dot{I}_2 &= \frac{Y_{21}}{Y_{11}}\dot{I}_1 + \left(Y_{22} - \frac{Y_{12}}{Y_{11}}\right)\dot{U}_2 \end{aligned}\right\} \tag{16.24}$$

将式（16.24）与$\boldsymbol{H}$参数的定义式 $\left.\begin{aligned} \dot{U}_1 &= H_{11}\dot{I}_1 + H_{12}\dot{U}_2 \\ \dot{I}_2 &= H_{21}\dot{I}_1 + H_{22}\dot{U}_2 \end{aligned}\right\}$ 对照可得

$$\boldsymbol{H} = \begin{bmatrix} \dfrac{1}{Y_{11}} & -\dfrac{Y_{12}}{Y_{11}} \\ \dfrac{Y_{21}}{Y_{11}} & Y_{22} - \dfrac{Y_{12}}{Y_{11}} \end{bmatrix} \tag{16.25}$$

确定二端口网络的参数时，有一点需要注意：某些二端口网络不一定能确定4种参数，因为这些二端口网络只存在某些二端口网络参数，而另外的一些二端口网络参数根本不存在，也就是说，并不是所有二端口网络都有4种参数。这也是二端口网络要定义4种参数的原因之一，即如果

只定义1种参数，那么对于有些二端口网络而言，这种参数可能不存在，而多定义几种参数就可以保证每个二端口网络至少有1种参数。

下面通过一个例题来说明二端口网络可能没有某些参数。

例16.3 （基础题） 求图16.12所示二端口网络的T参数和Z参数。

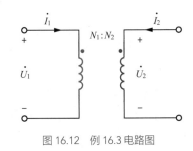

图 16.12 例 16.3 电路图

解 根据理想变压器的电压关系和电流关系可得

$$\frac{\dot{U}_1}{\dot{U}_2} = \frac{N_1}{N_2} \tag{16.26}$$

$$\frac{\dot{I}_1}{\dot{I}_2} = -\frac{N_2}{N_1} \tag{16.27}$$

式（16.26）和式（16.27）可以整理成T参数的定义式形式：

$$\dot{U}_1 = \frac{N_1}{N_2}\dot{U}_2 + 0 \times (-\dot{I}_2)$$
$$\dot{I}_1 = 0 \times \dot{U}_2 - \frac{N_2}{N_1}\dot{I}_2 \tag{16.28}$$

对照式（16.28）和T参数的定义式 $\left.\begin{array}{l}\dot{U}_1 = T_{11}\dot{U}_2 + T_{12}(-\dot{I}_2)\\ \dot{I}_1 = T_{21}\dot{U}_2 + T_{22}(-\dot{I}_2)\end{array}\right\}$，通过"对号入座"，可得$T$参数为

$$T = \begin{bmatrix} \dfrac{N_1}{N_2} & 0 \\[3mm] 0 & \dfrac{N_2}{N_1} \end{bmatrix} \tag{16.29}$$

接下来求Z参数。

观察式（16.26）和式（16.27）可以发现，我们无法将方程整理成Z参数的定义式形式，因为Z参数的定义式 $\left.\begin{array}{l}\dot{U}_1 = Z_{11}\dot{I}_1 + Z_{12}\dot{I}_2\\ \dot{U}_2 = Z_{21}\dot{I}_1 + Z_{22}\dot{I}_2\end{array}\right\}$ 要求用电流表示电压，但式（16.26）和式（16.27）只有电压之间的关系和电流之间的关系，没有电压与电流之间的关系。这意味着图16.12所示的二端口网络没有Z参数。

同步练习16.3 （基础题） 求图16.12所示的二端口网络的H参数和Y参数。

答案： $H = \begin{bmatrix} 0 & \dfrac{N_1}{N_2} \\[3mm] -\dfrac{N_1}{N_2} & 0 \end{bmatrix}$，$Y$参数不存在。

黑匣子二端口网络综合计算例题分析

16.2.3 已知二端口网络为黑匣子时确定二端口网络参数

如果已知二端口网络为黑匣子，即不知道网络内的拓扑结构和元件参数，则不可能列写KCL

方程和KVL方程，因此以上介绍的二端口网络参数确定方法不再适用。

既然不能列写方程，那么只能通过实验测量结合二端口网络参数定义式的方法来确定二端口网络的参数。

以$\boldsymbol{Z}$参数的确定为例。

图16.13所示为一个黑匣子二端口网络。

二端口网络$\boldsymbol{Z}$参数的定义式为

$$\left.\begin{array}{l}\dot{U}_1 = Z_{11}\dot{I}_1 + Z_{12}\dot{I}_2 \\ \dot{U}_2 = Z_{21}\dot{I}_1 + Z_{22}\dot{I}_2\end{array}\right\} \tag{16.30}$$

由式（16.30）可见，要想用实验测量法确定$\boldsymbol{Z}$参数，可以将式（16.30）中的某一个电流置零。以$\dot{I}_2$置零为例，相当于图16.13中右侧开路，此时在图16.13左侧端口接入一个电压源，如图16.14所示。

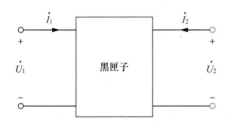

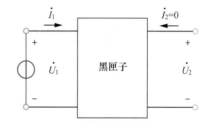

图 16.13　拓扑结构和元件参数未知的二端口网络　　图 16.14　实验测量法确定二端口网络的 $\boldsymbol{Z}$ 参数
（右侧端口开路）

将$\dot{I}_2 = 0$代入式（16.30），可得

$$\left.\begin{array}{l}\dot{U}_1 = Z_{11}\dot{I}_1 \\ \dot{U}_2 = Z_{21}\dot{I}_1\end{array}\right\} \tag{16.31}$$

式（16.31）中，$\dot{U}_1$为接入电压源的电压，该电压已知。通过实验仪器可以测量出$\dot{I}_1$和$\dot{U}_2$。此时，$\boldsymbol{Z}$参数中的Z_{11}和Z_{21}可根据式（16.31）求出，即

$$\left.\begin{array}{l}Z_{11} = \dfrac{\dot{U}_1}{\dot{I}_1} \\[3mm] Z_{21} = \dfrac{\dot{U}_2}{\dot{I}_1}\end{array}\right\} \tag{16.32}$$

用同样的方法可以求出式（16.30）中的Z_{12}和Z_{22}。将式（16.30）中的$\dot{I}_1$置零，相当于图16.13中左侧开路，此时在图16.13右侧端口接入一个电压源，实验测量右侧端口电流和左侧端口开路电压，将$\dot{I}_1 = 0$和实验测量值代入式（16.30），即可求出Z_{12}和Z_{22}。由于该过程与上述过程类似，因此不再详细讲解。

以上为确定黑匣子二端口网络$\boldsymbol{Z}$参数的方法，同样的方法也可被用于确定其他二端口网络参数，只不过有时需要将端口开路，有时需要将端口短路。究竟该开路还是短路，要根据二端口网络参数的定义式来确定。例如，确定$\boldsymbol{Y}$参数时，需要将端口短路。

用实验测量法确定二端口网络的参数时要非常谨慎，外施电压应逐渐增加，以避免二端口网络内的电路元件因电流过大而烧毁。为了提高实验的安全性，还可以在外加电压源时，在另一端口接电阻负载，通过电阻负载限制电流大小，此时如何根据实验测量值确定二端口网络的参数不再详述，读者如果感兴趣，可以自行思考和推导。

实验测量法也可以用于确定知晓拓扑结构和元件参数的二端口网络的参数。不同之处在于，需要实验测量的电压和电流改为通过对电路列写KCL方程和KVL方程计算得到。由于这种方法需要分别计算二端口网络参数矩阵中的4个元素，并且需要外加电源，还要对端口进行短路或开路，过程极为烦琐，因此不建议采用。

16.3　纯阻抗二端口网络的等效电路

多个阻抗串并联可以等效变换为一个阻抗，或者说纯阻抗一端口网络可以等效变换为一个阻抗，通过这样的等效变换可以简化电路。那么，一个纯阻抗二端口网络是否也可以等效变换呢？如果可以等效变换，又该如何得到其等效电路呢？接下来介绍纯阻抗二端口网络的等效电路。

*16.3.1　纯阻抗二端口网络的互易定理

纯阻抗二端口网络的阻抗参数 $\boldsymbol{Z} = \begin{bmatrix} Z_{11} & Z_{12} \\ Z_{21} & Z_{22} \end{bmatrix}$。可见，阻抗参数矩阵中有4个元素，由此我们自然可以猜想需要用4个阻抗来等效替代一个纯阻抗二端口网络。不过，可以证明 $Z_{12} = Z_{21}$，这样一来，就可以仅用3个阻抗来等效替代一个纯阻抗二端口网络。

下面采用互易定理来证明纯阻抗二端口网络 $\boldsymbol{Z}$ 参数矩阵中的 $Z_{12} = Z_{21}$。

图16.15所示的两个电路相当于激励与响应互换位置。

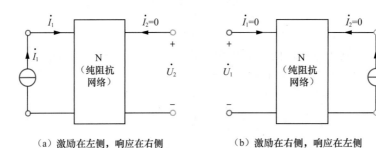

（a）激励在左侧，响应在右侧　　　　　（b）激励在右侧，响应在左侧

图 16.15　采用互易定理证明纯阻抗二端口网络 $Z_{12} = Z_{21}$

根据互易定理，在激励与响应互换位置后，响应与激励之比不变，即

$$\frac{\dot{U}_2}{\dot{I}_1} = \frac{\dot{U}_1}{\dot{I}_2} \tag{16.33}$$

根据 $\boldsymbol{Z}$ 参数的定义式 $\left.\begin{array}{l} \dot{U}_1 = Z_{11}\dot{I}_1 + Z_{12}\dot{I}_2 \\ \dot{U}_2 = Z_{21}\dot{I}_1 + Z_{22}\dot{I}_2 \end{array}\right\}$ 可知，Z_{21} 等于 $\left.\begin{array}{l} \dot{U}_1 = Z_{11}\dot{I}_1 + Z_{12}\dot{I}_2 \\ \dot{U}_2 = Z_{21}\dot{I}_1 + Z_{22}\dot{I}_2 \end{array}\right\}$ 中 $\dot{I}_2 = 0$ 时的 $\dfrac{\dot{U}_2}{\dot{I}_1}$，

即式（16.33）等号左边的比值，因此 $Z_{21} = \dfrac{\dot{U}_2}{\dot{I}_1}$。

根据 $\boldsymbol{Z}$ 参数的定义式 $\left.\begin{array}{l} \dot{U}_1 = Z_{11}\dot{I}_1 + Z_{12}\dot{I}_2 \\ \dot{U}_2 = Z_{21}\dot{I}_1 + Z_{22}\dot{I}_2 \end{array}\right\}$ 可知，Z_{12} 等于 $\left.\begin{array}{l} \dot{U}_1 = Z_{11}\dot{I}_1 + Z_{12}\dot{I}_2 \\ \dot{U}_2 = Z_{21}\dot{I}_1 + Z_{22}\dot{I}_2 \end{array}\right\}$ 中 $\dot{I}_1 = 0$ 时的 $\dfrac{\dot{U}_1}{\dot{I}_2}$，

即式（16.33）等号右边的比值，因此 $Z_{12} = \dfrac{\dot{U}_1}{\dot{I}_2}$。

根据 $Z_{21} = \dfrac{\dot{U}_2}{\dot{I}_1}$、$Z_{12} = \dfrac{\dot{U}_1}{\dot{I}_2}$ 和式（16.33），即可证明

$$Z_{21} = Z_{12} \tag{16.34}$$

采用互易定理，我们还可以证明纯阻抗二端口网络的其他参数满足以下表达式：

$$Y_{21} = Y_{12} \tag{16.35}$$

$$H_{21} = -H_{12} \tag{16.36}$$

$$T_{11}T_{12} - T_{21}T_{12} = 1 \tag{16.37}$$

式（16.34）~式（16.37）可以用来初步检验纯阻抗二端口网络参数计算的正确性，如果纯阻抗二端口网络参数的计算结果不满足式（16.34）~式（16.37）中的任何一个表达式，则计算结果必然是错误的。

16.3.2　二端口网络的 T 形等效电路

16.3.1小节证明了 $\boldsymbol{Z}$ 参数矩阵的4个元素中有2个元素相等，因此我们可以设想采用3个阻抗来等效替代纯阻抗二端口网络。那么这3个阻抗该如何连接呢？最容易想到的是T形连接（也可以称为Y形连接），如图16.16所示。

图16.16给出了等效电路的拓扑结构，但没有给出元件参数。下面确定图中的 Z_a、Z_b 和 Z_c。

确定 Z_a、Z_b 和 Z_c 的前提是已知纯阻抗二端口网络参数中的某一个，即该二端口网络参数可以通过计算得到，或者通过实验测量得到，总之其可被视为已知条件。

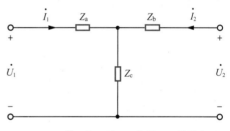

图 16.16　纯阻抗二端口网络的 T 形等效电路

现在假定已知纯阻抗二端口网络的 $\boldsymbol{Z}$ 参数，即 $\boldsymbol{Z} = \begin{bmatrix} Z_{11} & Z_{12} \\ Z_{21} & Z_{22} \end{bmatrix}$ 中的4个元素均已知，则对应的 $\boldsymbol{Z}$ 参数定义式为

$$\left. \begin{aligned} \dot{U}_1 = Z_{11}\dot{I}_1 + Z_{12}\dot{I}_2 \\ \dot{U}_2 = Z_{21}\dot{I}_1 + Z_{22}\dot{I}_2 \end{aligned} \right\} \tag{16.38}$$

要保证图16.16电路是纯阻抗二端口网络的等效变换电路，则图16.16中端口电压与电流的关系必须与式（16.38）相同。

下面推导图16.16中端口电压与电流的关系。

根据图16.16及KVL可得

$$\left. \begin{aligned} \dot{U}_1 = Z_a\dot{I}_1 + Z_c\left(\dot{I}_1 + \dot{I}_2\right) = \left(Z_a + Z_c\right)\dot{I}_1 + Z_c\dot{I}_2 \\ \dot{U}_2 = Z_b\dot{I}_2 + Z_c\left(\dot{I}_1 + \dot{I}_2\right) = Z_c\dot{I}_1 + \left(Z_b + Z_c\right)\dot{I}_2 \end{aligned} \right\} \tag{16.39}$$

若要式（16.39）与式（16.38）相同，则方程中的系数必须相等，即

$$Z_a + Z_c = Z_{11} \tag{16.40}$$

$$Z_c = Z_{12} \tag{16.41}$$

$$Z_b + Z_c = Z_{22} \tag{16.42}$$

由式（16.40）~式（16.42）可得

$$Z_a = Z_{11} - Z_{12} \tag{16.43}$$

$$Z_c = Z_{12} \tag{16.44}$$

$$Z_b = Z_{22} - Z_{12} \tag{16.45}$$

至此，我们就确定了图16.16所示T形等效电路中的3个阻抗。

16.3.3　二端口网络的 Π 形等效电路

图16.16中的T形连接是最常用的等效电路拓扑。除了T形连接，3个阻抗还有很多种连接方式，不过没有必要一一推导。这里我们介绍另一种常用的连接方式，如图16.17所示。

根据图16.17的电路拓扑特点，我们将该连接方式称为Π形连接。下面确定图中的Z_a、Z_b和Z_c。

确定Z_a、Z_b和Z_c的过程与16.3.2小节相同：首先写出已知二端口网络参数的定义式；然后列写等效电路的KCL方程和KVL方程；接着将方程整理成定义式的形式；最后令方程中相关系数相等，即可求出等效阻抗。下面给出详细推导过程。

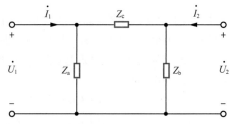

图 16.17　纯阻抗二端口网络的 Π 形等效电路

假设已知纯阻抗二端口网络的H参数，即 $\boldsymbol{H} = \begin{bmatrix} H_{11} & H_{12} \\ H_{21} & H_{22} \end{bmatrix}$ 中的4个元素均已知，且根据互易定理 $H_{21} = -H_{12}$，则H参数的定义式为

$$\left. \begin{aligned} \dot{U}_1 &= H_{11}\dot{I}_1 + H_{12}\dot{U}_2 \\ \dot{I}_2 &= H_{21}\dot{I}_1 + H_{22}\dot{U}_2 \end{aligned} \right\} \tag{16.46}$$

要保证图16.17电路是纯阻抗二端口网络的等效变换电路，则图16.17中端口电压与电流的关系必须与式（16.46）相同。

下面推导图16.17中端口电压与电流的关系。

根据图16.17及KCL可得

$$\left. \begin{aligned} \dot{I}_1 &= \frac{\dot{U}_1}{Z_a} + \frac{\dot{U}_1 - \dot{U}_2}{Z_c} \\ \dot{I}_2 &= \frac{\dot{U}_2}{Z_b} + \frac{\dot{U}_2 - \dot{U}_1}{Z_c} \end{aligned} \right\} \tag{16.47}$$

将式（16.47）整理成H参数定义式的形式：

$$\dot{U}_1 = \frac{1}{\dfrac{1}{Z_a} + \dfrac{1}{Z_c}} \dot{I}_1 + \frac{\dfrac{1}{Z_c}}{\dfrac{1}{Z_a} + \dfrac{1}{Z_c}} \dot{U}_2$$

$$\dot{I}_2 = -\frac{Z_c}{\dfrac{1}{Z_a} + \dfrac{1}{Z_c}} \dot{I}_1 + \left(\frac{1}{Z_b} + \frac{1}{Z_c} - \frac{\dfrac{1}{Z_c^{\,2}}}{\dfrac{1}{Z_a} + \dfrac{1}{Z_c}} \right) \dot{U}_2$$

（16.48）

若要式（16.48）与式（16.46）相同，则方程中的系数必须相等，即

$$\frac{1}{\dfrac{1}{Z_a} + \dfrac{1}{Z_c}} = H_{11} \tag{16.49}$$

$$\frac{\dfrac{1}{Z_c}}{\dfrac{1}{Z_a} + \dfrac{1}{Z_c}} = H_{12} \tag{16.50}$$

$$\frac{1}{Z_b} + \frac{1}{Z_c} - \frac{\dfrac{1}{Z_c^{\,2}}}{\dfrac{1}{Z_a} + \dfrac{1}{Z_c}} = H_{22} \tag{16.51}$$

由式（16.49）～式（16.51）可得

$$Z_a = \frac{H_{11}}{1 - H_{12}} \tag{16.52}$$

$$Z_c = \frac{H_{11}}{H_{12}} \tag{16.53}$$

$$Z_b = \frac{1}{H_{22} - \dfrac{H_{12}}{H_{11}} + \dfrac{H_{12}^{\,2}}{H_{11}}} \tag{16.54}$$

纯阻抗二端口
网络等效电路
参数计算例题
分析

至此，我们就确定了图16.17所示Ⅱ形等效电路中的3个阻抗。可见，纯阻抗二端口网络的等效电路都需要按照相同的步骤求解：首先写出已知二端口网络参数的定义式；然后列写等效电路的KCL方程和KVL方程；接着将方程整理成定义式的形式；最后令方程中相关系数相等，进而求出等效阻抗。

如果二端口网络中有受控电源，则其等效电路还需要包含受控电源，这种情况比纯阻抗二端口网络的等效变换更加复杂，此处不再介绍。如果读者有兴趣进一步探索，可自行查阅相关资料。

16.4 二端口网络的连接

以上介绍的都是单个的二端口网络。由于二端口网络有两个端口，可以分别视为输入端口和输出端口，因此可以将多个简单的二端口网络相互连接，进而构成复杂的二端口网络。例如，图16.18所示为5个二端口网络相互连接所构成的复杂二端口网络。

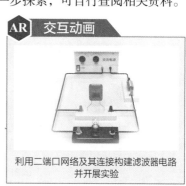

AR　交互动画

利用二端口网络及其连接构建滤波器电路
并开展实验

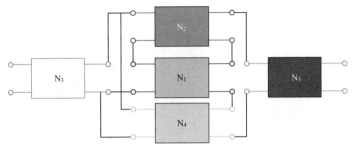

图 16.18　复杂二端口网络

为什么要介绍二端口网络的连接呢？主要有以下2个原因。

（1）二端口网络相互连接，可以构成更为复杂的二端口网络，也就是"聚沙成塔"，从而实现更多功能。图16.18就显示了二端口网络连接的这一特点。

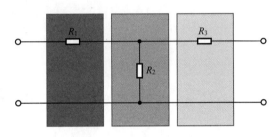

（2）相对复杂的二端口网络可以分解为多个相对简单的二端口网络的连接，也就是"化整为零"，如图16.19所示。图中拆分出的每个二端口网络都非常简单，只包含一个电阻。

图 16.19　二端口网络拆分

16.4.1　二端口网络的连接方式

由图16.18可见，二端口网络有很多种连接方式。常见的二端口网络连接方式包括级联、串联、并联、串并联和并串联。其中最常见的连接方式是级联，如图16.20所示。另外4种连接方式（串联、并联、串并联、并串联）分别如图16.21（a）~图16.21（d）所示。

图 16.20　两个二端口网络级联

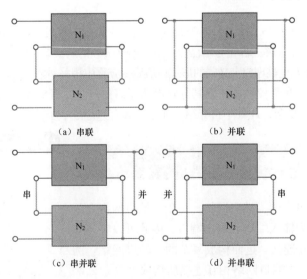

（a）串联　　　　　　　　（b）并联

（c）串并联　　　　　　　（d）并串联

图 16.21　两个二端口网络的串联、并联、串并联和并串联

由图16.20和图16.21可见，两个二端口网络连接后构成了新的复合二端口网络。那么，复合二端口网络的参数与原来的二端口网络参数之间有什么样的关系呢？下面我们以最常见的二端口网络级联为例来详细说明。

16.4.2 级联、串联和并联复合二端口网络的参数

假设图16.22所示两个级联的二端口网络的T参数分别为T'和T''，则由两个级联的二端口网络构成的复合二端口网络（虚线框内）的T参数为

$$T = T'T'' \tag{16.55}$$

这个结论无法通过直接观察得到，下面我们来证明。

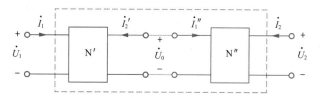

图 16.22 标记电压和电流的两个二端口网络级联

根据图16.22可以写出T'和T''的定义式：

$$\begin{bmatrix} \dot{U}_1 \\ \dot{I}_1 \end{bmatrix} = T' \begin{bmatrix} \dot{U}_0 \\ -\dot{I}_2' \end{bmatrix} \tag{16.56}$$

$$\begin{bmatrix} \dot{U}_0 \\ \dot{I}_1'' \end{bmatrix} = T'' \begin{bmatrix} \dot{U}_2 \\ -\dot{I}_2 \end{bmatrix} \tag{16.57}$$

由图16.22可见

$$-\dot{I}_2' = \dot{I}_1'' \tag{16.58}$$

将式（16.58）和式（16.57）代入式（16.56）可得

$$\begin{bmatrix} \dot{U}_1 \\ \dot{I}_1 \end{bmatrix} = T'T'' \begin{bmatrix} \dot{U}_2 \\ -\dot{I}_2 \end{bmatrix} \tag{16.59}$$

二端口网络连接
例题分析

结合图16.22和式（16.59）可见，两个二端口网络级联构成的复合二端口网络的T参数为

$$T = T'T'' \tag{16.60}$$

可见，级联复合二端口网络的T参数等于两个二端口网络的T参数相乘。

同样，我们还可以证明：串联复合二端口网络的Z参数等于两个二端口网络的Z参数之和，即$Z = Z' + Z''$；并联复合二端口网络的Y参数等于两个二端口网络的Y参数之和，即$Y = Y' + Y''$。由于证明过程类似，此处省略证明过程。读者如果感兴趣，可以尝试自己证明。

*16.4.3 二端口网络连接的有效性

两个二端口网络连接以后，表面上看就构成了一个复合二端口网络，但是这一结论不一定永远成立，因为有可能两个二端口网络连接以后不满足二端口网络定义的条件，即每个端口的流入

电流必须等于流出电流。我们只要给出一个例子，就可以说明这一情况。

图16.23所示为两个二端口网络串联。在串联以前，两个网络各自只有两个电阻，满足端口流入电流等于流出电流的条件。串联以后，可以发现下方电阻R_3被短路，其电压和电流均等于零，而上方电阻R_1的电流不等于零，这就导致上方网络的左侧端口不满足流入电流等于流出电流的条件（流入电流不等于零，但流出电流等于零），因此，串联以前，上方是二端口网络，串联以后，上方不再是二端口网络，也就是说，二端口网络串联导致二端口网络失效。此时，16.4.2小节中的所有复合二端口网络的公式都不再成立，即公式全部失效。

判断两个二端口网络连接以后是否会失效，是一件很困难的事情，好在这种情况比较少。另外还有一个好消息：最常用的二端口网络连接方式——级联永远有效，即级联以后必然满足二端口网络定义的条件，因此不需要判断二端口网络级联的有效性。这是为什么呢？

图16.24所示为二端口网络级联永远有效的示意图。由图可见，4个虚线圆圈均为封闭曲线，因此这些封闭曲线包围的部分都可以视为广义节点。广义节点的流入电流一定等于流出电流，这就保证了图16.24中所有的端口都满足流入电流等于流出电流，即满足二端口网络定义的条件。这就证明了两个二端口网络级联永远有效。

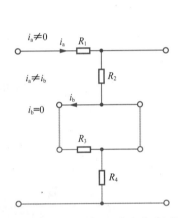

图 16.23 两个二端口网络串联后失效

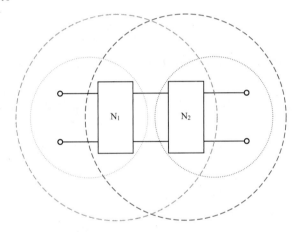

图 16.24 二端口网络级联永远有效的示意图

*16.5 二端口网络的应用

二端口网络可以用于简化电路分析和电路设计。

首先通过一个例子说明二端口网络在简化电路分析中的应用。

图16.25所示为典型的电力系统输电环节的电路图。图中左侧理想变压器起升压作用，中间理想变压器起降压作用，右侧理想变压器起进一步降压的作用。图中两个阻抗Z_1和Z_2代表输电线路本身的阻抗。

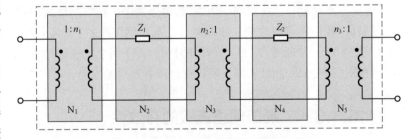

图 16.25 典型的电力系统输电环节的电路图

图16.25电路看起来非常复杂，但通过仔细观察可以发现，这个复杂的电路整体是一个二端口网络，由5个简单的二端口网络相互级联而成。要想体现图16.25电路的特性，显然用二端口网络参数T最合适，并且根据式（16.60）可知，级联二端口网络总的T参数等于各级联二端口网络的T参数依次相乘，即

$$T = T_1 T_2 T_3 T_4 T_5 \tag{16.61}$$

图16.25中5个二端口网络的T参数很容易确定，因此省略过程，直接给出结果：

$$T_1 = \begin{bmatrix} \dfrac{1}{n_1} & 0 \\ 0 & n_1 \end{bmatrix}, T_2 = \begin{bmatrix} 1 & Z_1 \\ 0 & 1 \end{bmatrix}, T_3 = \begin{bmatrix} n_2 & 0 \\ 0 & \dfrac{1}{n_2} \end{bmatrix}, T_4 = \begin{bmatrix} 1 & Z_2 \\ 0 & 1 \end{bmatrix}, T_5 = \begin{bmatrix} n_3 & 0 \\ 0 & \dfrac{1}{n_3} \end{bmatrix} \tag{16.62}$$

将式（16.62）代入式（16.61），可得

$$T = \begin{bmatrix} \dfrac{n_2 n_3}{n_1} & \dfrac{Z_1}{n_1 n_2 n_3} + \dfrac{n_2 Z_2}{n_1 n_3} \\ 0 & \dfrac{n_1}{n_2 n_3} \end{bmatrix} \tag{16.63}$$

这个例子充分体现了二端口网络参数和二端口网络连接在简化电路分析中的应用。

然后再举一个例子，用来说明二端口网络在电路设计中的应用。

图16.26（a）和图16.26（b）所示的二端口网络分别是低通滤波器和高通滤波器，那么如何才能构成带通滤波器和带阻滤波器呢？

要想实现带通滤波器，只需要将图16.26（a）和图16.26（b）两个二端口网络级联起来，如图16.27所示。在图16.27中，低通滤波器二端口网络滤除高频信号，高通滤波器二端口网络滤除低频信号，两者级联，先后滤除高频信号和低频信号，只允许中间一个频带的信号通过，因此构成了带通滤波器。

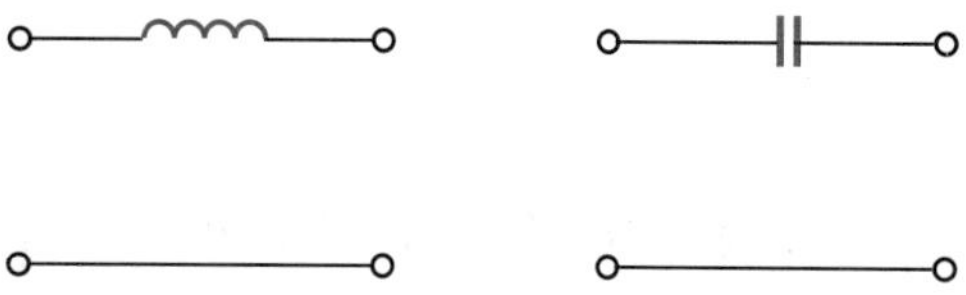

（a）低通滤波器   **（b）高通滤波器**

图 16.26 滤波器二端口网络

要想实现带阻滤波器，我们只需要将图16.26（a）和图16.26（b）两个二端口网络并联起来，如图16.28所示。在图16.28中，低通滤波器二端口网络允许低频信号通过，高通滤波器二端口网络允许高频信号通过，两者并联，高频信号和低频信号都可以通过，只剩下中间一个频带的信号被阻止（即被滤除），因此构成了带阻滤波器。

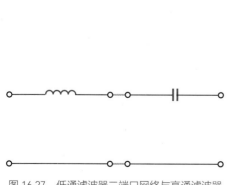

图 16.27 低通滤波器二端口网络与高通滤波器
二端口网络级联构成带通滤波器二端口网络

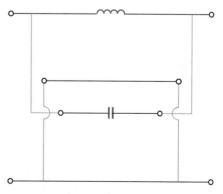

图 16.28 低通滤波器二端口网络与高通滤波器二端口
网络并联构成带阻滤波器二端口网络

以上例子虽然很简单，但这种思想非常有用，可以推广应用于更复杂的电路设计。

本章小结

格物致知

胸怀大局

本章关注的不是单个电路元件，也不是一端口网络，而是更加宏观的二端口网络。也就是说，二端口网络从一个更加宏观的角度来看待和分析电路，这类似于我们在现实中看待事物的大局观。

我们做一件事情的时候，要想把事情做好，关注细节固然重要，注重大局同样重要，前者决定了做事的精细度，后者决定了做事的系统性。只关注细节，眼界难免狭窄，做事的效率和效果也会受限。

从更加宏观的角度分析和设计电路有很多好处。同样，我们做事也要注意从大局着眼，从而达成更宏伟的人生目标。

📝 习题

一、复习题

参考答案

16.2节 二端口网络参数的确定方法

▶ **基础题**

16.1 求题16.1图所示二端口网络的**Y**参数。

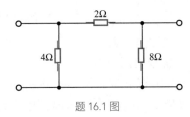

题 16.1 图

16.2 求题16.2图所示二端口网络的**Z**参数。

16.3 求题16.3图所示二端口网络的**Z**参数和**Y**参数。

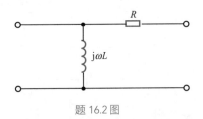

题 16.2 图

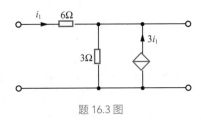

题 16.3 图

16.4 求题16.4图所示二端口网络的**H**参数。

16.5 求题16.5图所示二端口网络的**T**参数。

16.6 求题16.6图所示二端口网络的**H**参数和**T**参数。

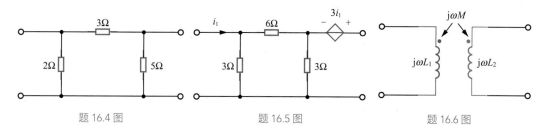

题 16.4 图　　　　　　　题 16.5 图　　　　　　　题 16.6 图

▶ 提高题

16.7 已知二端口网络的阻抗参数 $Z = \begin{bmatrix} 6 & 4 \\ 4 & 6 \end{bmatrix}$，求混合

参数 H 和传输参数 T。

16.8 求题16.8图所示二端口网络的 Z 参数。

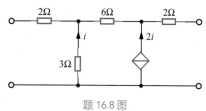

题 16.8 图

16.3节　纯阻抗二端口网络的等效电路

▶ 提高题

16.9 已知由线性电阻构成的二端口网络的 Z 参数为 $Z = \begin{bmatrix} 4 & 2 \\ 2 & 8 \end{bmatrix}$，求其T形等效电路。

16.10 已知由线性电阻构成的二端口网络的 T 参数为 $T = \begin{bmatrix} 3 & 17 \\ 1 & 6 \end{bmatrix}$，求其Π形等效电路。

16.4节　二端口网络的连接

▶ 基础题

16.11 题16.11图所示二端口网络N_1的T参数为 $T_1 = \begin{bmatrix} 1 & 2 \\ 3 & 4 \end{bmatrix}$，二端口网络$N_2$的$T$参数为

$T_1 = \begin{bmatrix} 5 & 6 \\ 7 & 8 \end{bmatrix}$，求两个二端口网络级联后的复合二端口网络的$T$参数。

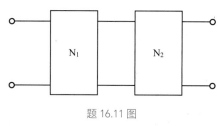

题 16.11 图

▶ 提高题

16.12 （1）如果二端口网络1与二端口网络2并联，且并联后构成复合二端口网络，证明：复合二端口网络的Y参数等于二端口网络1和二端口网络2的Y参数之和。（2）求题16.12图所示二端口网络的Y参数。

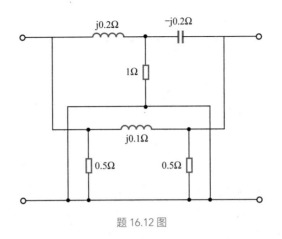

题 16.12 图

二、综合题

16.13 已知题16.13图所示二端口网络N的 **Y** 参数为 $\boldsymbol{Y} = \begin{bmatrix} 1 & -0.25 \\ -0.25 & 0.5 \end{bmatrix}$。负载电阻 R_L 为何值时可获得最大功率？并求此最大功率。

16.14 题16.14图所示电路中的二端口网络N由线性电阻构成。当 $R = 0$ 时，$i_1 = 1.6\,\mathrm{A}$，$i_R = 0.8\,\mathrm{A}$。当 $R = \infty$ 时，$u_2 = 12\,\mathrm{V}$。（1）求 **H** 参数；（2）当 $R = 15\,\Omega$ 时，求 i_1 和 i_R。

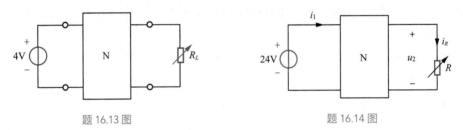

题 16.13 图　　　　　　　　　　　　题 16.14 图

16.15 题16.15图所示电路中N为仅含线性电阻和线性受控电源的二端口网络，开关S原来断开。已知二端口网络N的阻抗参数为 $\boldsymbol{Z} = \begin{bmatrix} 1 & 2 \\ 3 & 4 \end{bmatrix}$，$t = 0$ 时开关闭合，请列写开关闭合后以 u_C 为变量的二阶微分方程，并判断二阶电路工作于哪种状态。

三、应用题

16.16 如果能通过测量得到二端口网络的参数，则可以利用测量得到的二端口网络参数进一步求出我们所关心的其他量。题16.16图所示的滤波器是一个二端口网络。测量得到滤波器二端口网络的传输参数 $\boldsymbol{T} = \begin{bmatrix} T_{11} & T_{12} \\ T_{21} & T_{22} \end{bmatrix}$，求电路的传递函数 $H(\mathrm{j}\omega) = \dfrac{\dot{U}_{\mathrm{out}}}{\dot{U}_{\mathrm{in}}}$。

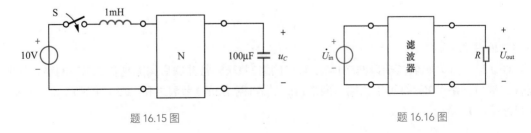

题 16.15 图　　　　　　　　　　　　题 16.16 图

第 **17** 章

含有运算放大器的电路

运算放大器是一种由独立电源供电进行工作的电路元件，与电阻、电容和电感等不需要电源的电路元件有着本质的不同。因此，学习本章时要特别注意理解和掌握运算放大器的特殊性。

由于运算放大器工作需要供电电源，并且性质极为特别，能够实现很多其他器件无法实现的功能，因此运算放大器在信号处理、功率放大等电路中有着广泛的应用。

本章首先简要介绍运算放大器及其特性，然后给出由运算放大器近似得到的理想运算放大器的定义、特性和理想运算放大器电路的计算方法，最后介绍运算放大器在电路中的应用。

学习目标

（1）了解运算放大器的电路模型和特性；

（2）理解并掌握理想运算放大器的"虚断"和"虚短"特性及其适用条件；

（3）熟练掌握含理想运算放大器电路的计算方法；

（4）了解负反馈和正反馈的基本原理；

（5）掌握运算放大器在电路中的常见应用方法；

（6）锻炼利用电路元件特性设计满足要求的电路的能力。

17.1　运算放大器

17.1.1　运算放大器简介

运算放大器（operational amplifier），简称运放，是将晶体管、电阻、电容等电路元件集成到一起的集成电路。运算放大器的图形符号如图17.1所示，这是国家相关标准里面规定的图形符号。不过，在有些教材和仿真软件中，运算放大器也采用图17.2所示的图形符号。对比图17.2和图17.1可见，图17.2更加简明，而图17.1包含的信息更多。本书采用图17.1所示的图形符号。

图17.1所示的运算放大器包含三个对外连接的端子，其中左侧的两个端子为输入端子，分别称为同相输入端和反相输入端，右侧的端子为输出端，如图17.3所示。

图 17.1　运算放大器图形符号　图 17.2　部分教材和仿真软件中　图 17.3　标记端子名称的运算放大器

的运算放大器图形符号

17.1.2　运算放大器的特性

运算放大器之所以能够实现放大功能，是因为它是有源元件，即运算放大器工作时要由供电电源提供功率才能实现信号放大。显示供电电源的运算放大器如图17.4所示。两个供电电压源的电压 $u_{cc} > 0$，连接点处接地，电位等于零，因此运算放大器上方供电端子的电位大于零，而下方供电端子的电位小于零。

由于显示供电电源会使电路看起来比较复杂，因此接下来在介绍运算放大器时，供电电源将省略不画。

运算放大器是一个三端元件（两个输入端和一个输出端），与前面章节介绍的二端元件差异很大。

要讲解运算放大器的特性，首先要介绍运算放大器的等效电路模型，如图17.5所示。图中，R_i 为输入电阻，通常阻值很大（$10^6 \sim 10^{13}\Omega$）；R_o 为输出电阻，通常阻值很小（$1 \sim 100\Omega$）。

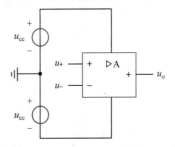

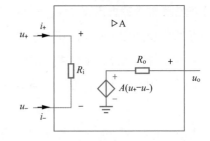

图 17.4　显示供电电源的运算放大器　　图 17.5　运算放大器的等效电路模型

由于图17.5中的输出电阻阻值很小，因此一般可以忽略其压降作用，此时图中输出电压与输入电压的关系为

$$u_o = A(u_+ - u_-) \qquad (17.1)$$

式（17.1）中，u_+、u_-、u_o 分别为同相输入端、反相输入端和输出端的电压，A 为运算放大器的放大倍数，通常在 10^5 以上。可见，输入信号可被大幅度放大，这是运算放大器中"放大"的含义。

式（17.1）给人的感觉是运算放大器可以将任意一个输入电压放大 10 万倍以上，例如，如果输入电压为 10 V，则输出电压会超过 1 000 000 V。其实这种感觉是错误的，因为运算放大器的输出电压 u_o 不能超出供电电源电压的范围，即 $-u_{cc} \leqslant u_o \leqslant u_{cc}$，这是由构成运算放大器的电路决定的，后续在"模拟电子技术"课程中将对此做详细介绍。也就是说，式（17.1）的成立是有条件的，即输入电压 $u_+ - u_-$ 通常需要足够小（一般为 μV 级别，甚至更小），否则输出电压的大小会超过供电电源电压，而运算放大器的输出电压不允许超出供电电源电压的范围。这貌似在现实中不可能做到，因为输入电压怎么可能这么小呢？后面的 17.3.1 小节将对此作出解释。

根据以上关于输入电压和输出电压关系的描述，可以绘制出运算放大器的输入电压和输出电压的关系曲线，如图 17.6 所示。图中线性放大区中输出电压和输入电压为比例关系，比例系数为运算放大器的放大倍数，饱和区中输出电压不随输入电压的改变而改变。

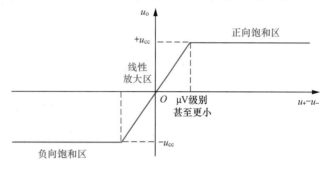

图 17.6　运算放大器的输入电压和输出电压的关系曲线

17.2　理想运算放大器

如果电路中有运算放大器，要想分析电路，就需要将运算放大器用图 17.5 所示的等效电路模型代替。可是，图 17.5 中的运算放大器等效电路模型比较复杂，不利于电路分析，因此需要想办法简化含运算放大器电路的分析。简化的方法是分析运算放大器等效电路模型的特点，将其近似为具有简单特性的理想运算放大器。

17.2.1　理想运算放大器的定义

当图 17.5 所示运算放大器等效电路模型满足以下 3 个条件时，我们称之为理想运算放大器。

（1）输入电阻 R_i 无穷大。

（2）输出电阻 R_o 为 0。

（3）放大倍数 A 无穷大。

实际运算放大器的输入电阻 R_i 的阻值范围为 $10^6 \sim 10^{13}\Omega$，因此可以近似为无穷大；输出电阻 R_o 的阻值范围为 $1 \sim 100\Omega$，因此可以近似为 0；放大倍数 A 在 10^5 以上，因此可以近似为无穷大。也就是说，实际运算放大器近似满足理想运算放大器的 3 个条件，因此将实际运算放大器近似为理想运算放大器是合理的近似。下面分析理想运算放大器的特性。

17.2.2　理想运算放大器的特性

将图 17.5 视为理想运算放大器后，由输入电阻 R_i 无穷大可知，两个输入端的电流近似为 0，即

$$i_+ = -i_- \approx 0 \tag{17.2}$$

式（17.2）表明理想运算放大器的两个输入端的电流均近似为0，因此理想运算放大器的两个输入端可以视为断路。由于这种断路与真正的断路不同（真正的断路是直接断开，此处的断路只是因为电流近似为0而被视为断路），似断（看来好像断了，因为电流为0）非断（其实没有断，因为两个输入端之间有一个输入电阻），因此我们称之为"虚断"。

对于理想运算放大器而言，"虚断"是永远成立的，因为图17.5中的$R_i = \infty$，决定了理想运算放大器的两个输入端电流为0，可视为断路。

由理想运算放大器输出电阻R_o为0可知，图17.5中输出电压等于受控电压源电压，即

$$u_o = A(u_+ - u_-) \tag{17.3}$$

对于理想运算放大器来说，当输出电压u_o没有进入图17.6中的饱和区时，其电压值小于运算放大器供电电源电压，是一个有限值。而式（17.3）中放大倍数A为无穷大，因此为了保证u_o为有限值，式（17.3）中必须满足

$$(u_+ - u_-) = 无穷小 \tag{17.4}$$

由式（17.4）可见，u_+和u_-近似相等，即

$$u_+ \approx u_- \tag{17.5}$$

式（17.5）表明，可以近似认为理想运算放大器的两个输入端等电位（电位差近似为0），因此两个输入端之间可以视为短路。由于这种短路与真正的短路不同（真正的短路是用电阻为零的理想导线连接，此处的短路只是因为电位差近似为0而被视为短路），似短（两个输入端电位相等，好像是短路了）非短（两个输入端之间有输入电阻，并没有短路），因此我们称之为"虚短"。

对于理想运算放大器而言，"虚短"不是永远成立的，因为"虚短"需要满足一个前提，即运算放大器的输出电压没有进入饱和区。对绝大多数含有理想运算放大器的电路而言，"虚短"是成立的。

图17.7所示为理想运算放大器"虚断"和"虚短"示意图，本书后面在分析含理想运算放大器的电路时，将以该示意图为基础。

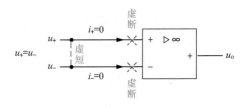

图 17.7　理想运算放大器"虚断"和"虚短"示意图

图17.7中理想运算放大器的图形符号与图17.1实际运算放大器的图形符号略有不同，图17.1中的"A"被换成了"∞"，以体现理想运算放大器放大倍数无穷大这一特点。由于实际运算放大器可以近似为理想运算放大器，因此以后不管是实际运算放大器，还是理想运算放大器，为了简洁，均简称为运算放大器。

图17.7只标记了两个输入端满足"虚断"和"虚短"，并没有给出输出端的特点。直觉上，既然两个输入端电流为0，那么根据KCL，运算放大器的输出端电流也应该为0。但是，这个直觉是错误的。这是因为图17.7中没有包含图17.4所示的两个供电电源，供电电源会流过电流，因此运算放大器输出端的电流不一定为0。总之，要特别注意：运算放大器的输出端电流不满足"虚断"，只有输入端满足"虚断"；输出端电压为待求量。

17.2.3　含有理想运算放大器的电路的求解

理想运算放大器具有极为简单，但极为特殊的性质："虚断"和"虚短"。这决定了含有理

想运算放大器电路的求解既简单，又易错。

下面介绍含有理想运算放大器电路的求解方法。

含理想运算放大器电路的求解方法包含3个步骤。

第1步：根据图17.7，在电路中所有运算放大器的输入端完整地标记出"虚断"和"虚短"。

第2步：针对电路中运算放大器的输入端列写KCL方程。

第3步：求解KCL方程，得到输出电压。

仅看文字描述无法真正掌握含有理想运算放大器电路的求解方法，下面结合例题来详细介绍含有理想运算放大器电路的求解。

例17.1　（**基础题**）　求图17.8所示电路中的u_o。

解　第1步：根据图17.7，在电路中所有运算放大器的输入端完整地标记出"虚断"和"虚短"。

在图17.8电路中运算放大器的输入端标记"虚断"和"虚短"，如图17.9所示。

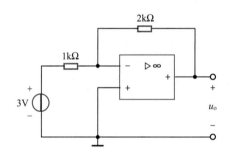

图 17.8　例 17.1 电路图

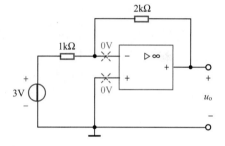

图 17.9　图 17.8 电路运算放大器输入端标记"虚断"和"虚短"

图17.9中，标记"虚断"指的是在运算放大器的两个输入端"打叉"，这意味着两个输入端的电流为0；标记"虚短"指的是标出运算放大器两个输入端等电位：运算放大器的同相输入端接地，电位为0，运算放大器的反相输入端与同相输入端等电位，因此电位也为0。

第2步：针对电路中运算放大器的输入端列写KCL方程。

针对图17.9中的运算放大器反相输入端列写KCL方程：

$$\frac{3-0}{1}=\frac{0-u_o}{2} \tag{17.6}$$

第3步：求解KCL方程，得到输出电压。

由式（17.6）可以解得输出电压为

$$u_o=-6\text{ V}$$

由以上求解过程可见，只要严格遵循求解步骤，含理想运算放大器电路的求解过程非常简单。不过，很多人往往不习惯以上求解步骤，自作主张，凭经验求解，这样经常会出错，出错的原因都是对运算放大器的"虚断"和"虚短"没有真正理解。

同步练习17.1　（**基础题**）　求图17.10所示电路中的u_o。

答案：$u_o=9\text{ V}$。

例17.2 （提高题）求图17.11所示电路中的 u_o 。

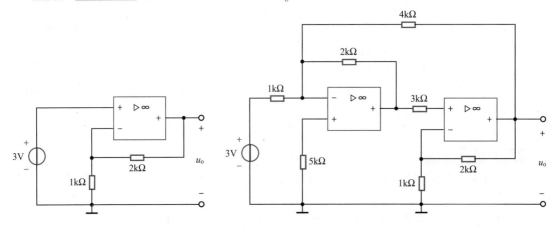

图 17.10　同步练习 17.1 电路图　　　　　图 17.11　例 17.2 电路图

解 图17.11所示电路看起来非常复杂，让人感觉眼花缭乱，无从下手。不过，只要严格遵循前面介绍的含有理想运算放大器电路的求解步骤，就能做到思路清晰，问题也能迎刃而解。

第1步：根据图17.7在电路中所有运算放大器的输入端完整地标记出"虚断"和"虚短"。

在图17.11电路中运算放大器的输入端标记"虚断"和"虚短"，如图17.12所示。

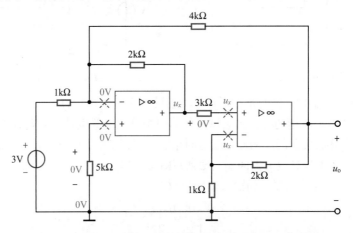

图 17.12　图 17.11 电路运算放大器输入端标记"虚断"和"虚短"

在图17.12中，由于"虚断"，5kΩ 和3kΩ 电阻上的电流为0，根据欧姆定律，这两个电阻上的电压也为0，电阻两端等电位。图中标记 u_x 是因为该处电压未知，只要是未知的电压，就设为未知数。

标记"虚断"和"虚短"虽然比较烦琐，但是极为必要，是含有理想运算放大器电路正确求解最关键的一步。

第2步：针对电路中运算放大器的输入端列写KCL方程。

针对图17.12中的运算放大器反相输入端列写KCL方程：

$$\frac{3-0}{1}=\frac{0-u_o}{4}+\frac{0-u_x}{2} \tag{17.7}$$

$$\frac{0-u_x}{1}=\frac{u_x-u_o}{2} \tag{17.8}$$

第3步：求解KCL方程，得到输出电压。

由式（17.7）和式（17.8）可以解得输出电压为

$$u_o = -7.2 \text{ V}$$

同步练习17.2 （提高题）求图17.13所示电路中的 u_o。

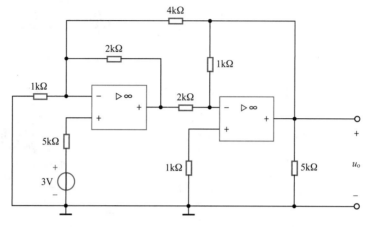

图 17.13　同步练习 17.2 电路图

含多个理想运算
放大器的电路
求解例题分析
（1）

含多个理想运算
放大器的电路
求解例题分析
（2）

含理想运算
放大器的动态
电路求解例题
分析

答案：$u_o = -7 \text{ V}$。

17.3 由运算放大器构成的运算电路

17.1.2小节已经揭示了"运算放大器"中"放大"的含义，那么"运算"又是什么意思呢？

"运算"是指运算放大器可以用在电路中实现"运算"功能。运算放大器电路能够实现的"运算"功能有很多，如比例运算、加减运算、微分运算、积分运算等。本节将介绍这些"运算"电路的构成方式，首先介绍"运算"电路的关键概念——负反馈和正反馈。

17.3.1 负反馈和正反馈

仔细观察例17.1、同步练习17.1、例17.2和同步练习17.2的电路，会发现含有运算放大器的电路中每个运算放大器的输出端都通过电阻连接该运算放大器的反相输入端。要解释这样做的原因，就需要了解负反馈和正反馈的概念。

后续的"自动控制原理"课程会详细介绍负反馈和正反馈，"模拟电子技术"课程中也有相关介绍。此处我们不做具体的理论分析，只给出简要的介绍，并通过类比来定性说明负反馈和正反馈的概念。

负反馈和正反馈都是反馈。反馈（feedback）指的是一个系统的输出信号全部或部分返回输入端并改变输入信号。如果反馈削弱输入信号，则称为负反馈（negative feedback）；如果反馈增强输入信号，则称为正反馈（positive feedback）。

负反馈示意框图和正反馈示意框图分别如图17.14和图17.15所示。

由示意框图难以理解负反馈和正反馈的运行机理，读者可以扫描二维码，通过日常生活中的例子来直观形象地理解负反馈和正反馈。

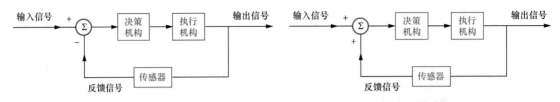

图 17.14 负反馈示意框图　　　　　　　　图 17.15 正反馈示意框图

负反馈和
正反馈

用成语来形容，负反馈可以描述为"雪中送炭"，用"热"来抵消"冷"，起到"稳定温度"的作用；正反馈可以描述为"雪上加霜"，"冷"上加"冷"，"冷酷到底"。

下面举一个负反馈运算放大器电路的例子，如图17.16所示。图17.16中的输出电压会受到干扰，通过 R_1 和 R_2 两个电阻串联分压（两个电阻之所以是串联，是因为反相输入端"虚断"），输出信号的一部分（$\frac{R_1}{R_1+R_2}u_o$）会反馈到输入端（u_-），并且输入信号（$u_i=u_+$）会与反馈信号相减（u_+-u_-），因此构成负反馈。当输出电压 u_o 受到干扰而减小时，图中的 $A(u_+-u_-)$ 会增大，这使 u_o 也会增大，从而抵消了干扰导致的输出电压减小。反之，当输出电压 u_o 受到干扰而增大时，图中的 $A(u_+-u_-)$ 会减小，这使 u_o 也会减小，从而抵消干扰导致的输出电压增大。通过这样的负反馈过程，输出信号虽然受到干扰，但是仍能保持基本不变。

以上关于负反馈和正反馈的分析过程读者理解即可，不需要熟练掌握。进一步学习负反馈和正反馈是后续课程的要求。

以烤火取暖类比含有运算放大器电路的负反馈

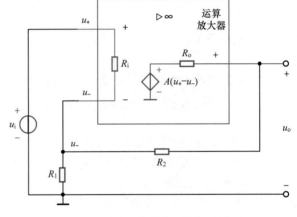

图 17.16 含有运算放大器的负反馈电路

理解负反馈和正反馈的运行机理后，我们即可基于运算放大器构成不同的运算电路。下面主要介绍3类常见的运算电路：比例电路、加减电路和微积分电路。

17.3.2 反相比例电路和同相比例电路

图17.17所示为反相比例电路。

在图17.17中，根据虚短可得

$$u_+=u_-=0 \qquad (17.9)$$

根据虚断和KCL可得

$$\frac{u_i-0}{R_1}=\frac{0-u_o}{R_2} \qquad (17.10)$$

由式（17.10）可得

$$u_o = -\frac{R_2}{R_1} u_i \qquad (17.11)$$

由式（17.11）可见，输出电压等于输入电压乘以一个比例系数，并且该系数为负值，因此称图17.17所示电路为反相比例电路。

怎样才能实现同相比例运算呢？显然，将两个反相比例电路级联，就构成了同相比例电路，如图17.18所示。

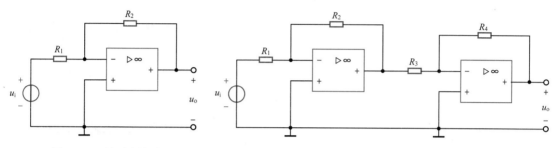

图 17.17　反相比例电路　　　　　　图 17.18　反相比例电路级联构成同相比例电路

根据虚短、虚断和KCL，可得图17.18电路的输出电压与输入电压的关系为

$$u_o = \frac{R_2}{R_1} \times \frac{R_4}{R_3} u_i \qquad (17.12)$$

由式（17.12）可见，输出电压等于输入电压乘以一个比例系数，并且该系数为正值，因此称图17.18所示电路为同相比例电路。只要改变图中电阻的阻值，就可以实现任意的比例系数，不过图17.18电路包含2个运算放大器和4个电阻，成本较高。那么，能不能只用1个运算放大器和2个电阻实现同相比例运算呢？

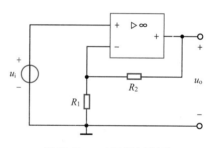

图 17.19　一个同相比例电路

图17.19所示为一个同相比例电路。此处省略推导过程（读者可以自己推导一下），直接给出图17.19电路的输出电压与输入电压的关系

$$u_o = \frac{R_1 + R_2}{R_1} u_i \qquad (17.13)$$

由式（17.13）可见，输出电压等于输入电压乘以正的比例系数，因此图17.19所示电路为同相比例电路。虽然该电路只包含1个运算放大器和2个电阻，电路结构简单，成本相对较低，但是由式（17.13）可见，该电路只能实现比例系数大于1的比例运算（$\frac{R_1 + R_2}{R_1} > 1$），无法实现比例系数小于1的比例运算。图17.19电路和图17.18电路的对比体现了"鱼与熊掌不可兼得"的道理，这一道理在工程实践中具有广泛的适用性：我们在设计电路时，不要去追求所有性能指标都最优，因为当某一方面性能指标最优时，通常其他性能指标就无法达到最优，因此需要根据实际工程需要有所取舍。

17.3.3　反相加法电路和减法电路

图17.20所示为反相加法电路。

在图17.20中，根据虚短、虚断和KCL可得

$$\frac{u_{i1}-0}{R_1}+\frac{u_{i2}-0}{R_1}=\frac{0-u_o}{R_2}\tag{17.14}$$

由式（17.14）可得

$$u_o=-\left(u_{i1}+u_{i2}\right)\tag{17.15}$$

由式（17.15）可见，输出电压等于两个输入电压之和的相反数，因此称图17.20所示电路为反相加法电路。

要实现同相加法运算，只需要在反相加法电路后面级联一个比例系数为-1的反相比例电路即可。

图17.21所示为减法电路。

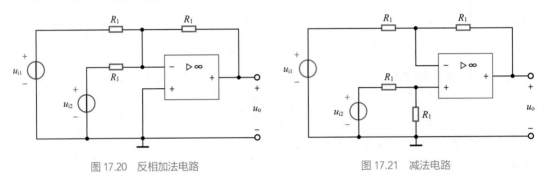

图 17.20　反相加法电路　　　　　　　　图 17.21　减法电路

在图17.21中，根据虚断、虚短和KCL可得

$$\frac{u_{i2}-\dfrac{u_{i1}}{2}}{R_1}=\frac{\dfrac{u_{i1}}{2}-u_o}{R_1}\tag{17.16}$$

由式（17.16）可得

$$u_o=u_{i1}-u_{i2}\tag{17.17}$$

由式（17.17）可见，输出电压等于两个输入电压相减，因此称图17.21所示电路为减法电路。

17.3.4　反相微分电路和反相积分电路

图17.22所示为反相微分电路。

在图17.22中，根据虚断、虚短和KCL可得

$$C\frac{d\left(u_i-0\right)}{dt}=\frac{0-u_o}{R}\tag{17.18}$$

由式（17.18）可得

$$u_o=-RC\frac{du_i}{dt}\tag{17.19}$$

由式（17.19）可见，输出电压与输入电压的微分成正比，且比例系数为负值，因此称图17.22

所示电路为反相微分电路。

图17.23所示为反相积分电路。

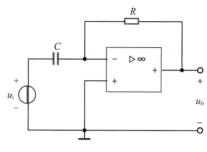

图 17.22 反相微分电路

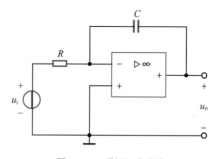

图 17.23 反相积分电路

在图17.23中，根据虚断、虚短和KCL可得

$$\frac{u_i - 0}{R} = C \frac{d(0 - u_o)}{dt} \tag{17.20}$$

由式（17.20）可得

$$u_o = -\frac{1}{RC} \int u_i dt \tag{17.21}$$

由式（17.21）可见，输出电压与输入电压的积分成正比，且比例系数为负值，因此称图17.23所示电路为反相积分电路。

以上介绍的3类基于运算放大器构成的运算电路（比例电路、加减电路、微积分电路）建议读者牢记，以便在以后设计电路时直接应用，也有利于更快捷地进行电路计算。

17.4 运算放大器的应用

运算放大器在电路中应用范围非常广泛，17.3节介绍的基于运算放大器构成的运算电路是运算放大器应用的冰山一角。为了体现运算放大器应用的广泛性，下面再给出运算放大器的4个应用。

17.4.1 基于运算放大器构成电压跟随器和电压限幅器

图17.24所示为电压跟随器。

在图17.24中，根据虚短可得

$$u_o = u_i \tag{17.22}$$

可见，只要输入电压变化，输出电压一定随之变化，因此图17.24所示电路称为电压跟随器。乍一看，电压跟随器纯属画蛇添足，但是电压跟随器自有其用处。

电压跟随器的一个用处是将输出与输入隔离，使输出端的变化不影响输入端。下面通过举例来说明这一点。

如果现在我们手边只有一个10 V的电压源，而负载需要的电压为5 V，那么有什么办法呢？最容易想到的办法是用两个阻值相同的电阻串联进行分压，进而使负载得到5 V电压。可是，这样的电路如果接入负载，如图17.25所示，那么负载会导致左侧的两个相同的电阻不再是串联关系，负载上的电压必然小于5 V，并且会随着负载电阻R_L的变化而变化，这显然没有达成目标。怎么办呢？

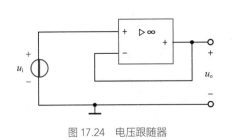

图 17.24　电压跟随器

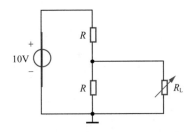

图 17.25　负载电阻可变电路

我们可以在图17.25中负载电阻的左侧接入运算放大器（采用电压跟随器的接法），如图17.26所示。

根据虚断，图17.26中的运算放大器同相输入端电流为0，因此左侧两个电阻为串联，运算放大器同相输入端的电压始终为5 V。根据虚短，运算放大器输出端的电压（即负载电阻电压）也等于5 V。也就是说，无论负载电阻怎么改变，负载电压始终可以保持为5 V，从而达成目标。显然，基于运算放大器构成的电压跟随器在其中起到了关键作用，电压跟随器中运算放大器的"虚断"特性将输入与输出隔开，"虚短"特性使输出电压等于输入电压。

电压跟随器的另一个用处是限幅保护。这一用处利用了运算放大器输出电压不能超过供电电源电压的特性。

表面上看，图17.26中电压跟随器的输出电压等于输入电压，无论输入电压多大，输出电压都能跟随，但由于运算放大器输出电压不能超过供电电源电压，因此当输入电压超过运算放大器供电电源电压时，运算放大器输出电压不再继续跟随，而是等于运算放大器供电电源电压（实际电路中略小于供电电源电压）。也就是说，电压跟随器不是"盲从"，而是有自己的"底线"。根据这一特点，电压跟随器可以用于限幅，也就是无论输入电压多大，电压跟随器的输出电压都不会超过运算放大器供电电源电压。

电压跟随器用于限幅的电路如图17.27所示，该电路称为电压限幅器。图中u_{cc1}和u_{cc2}可以根据右侧所接电路的安全电压范围来设定。例如，如果右侧电路要求电压不能超过±5 V，那么可以设置$u_{cc1} = u_{cc2} = 4$ V（设置4 V而不是5 V，是为了留一定的余地，使电路更安全）。当输入电压$|u_i| \leqslant 4$ V时，电压跟随，即输出电压等于输入电压。当输入电压$|u_i| > 4$ V时，电压跟随失效，此时输出电压受供电电源电压的限制，大小不超过4 V，从而保障了右侧电路的安全。

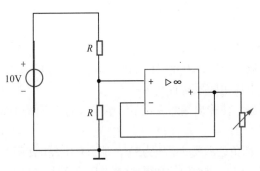

图 17.26　加入电压跟随器的负载电阻可变电路

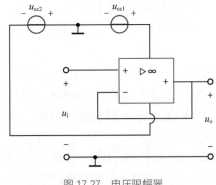

图 17.27　电压限幅器

17.4.2 基于运算放大器构成负电阻

在现实中没有办法直接制造出负电阻，但是有些电路要实现预期的功能，就要用到负电阻。那么，怎样才能实现负电阻呢？基于运算放大器构成负电阻是实现负电阻的一种途径，如图17.28所示。

在图17.28中，当运算放大器工作于线性放大区时，根据虚短可得

$$u_x = u_i \qquad (17.23)$$

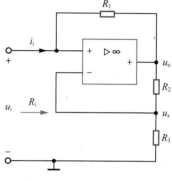

根据虚断，运算放大器的反相输入端电流为0，R_2 和 R_3 串联，因此

$$u_x = \frac{R_3}{R_2 + R_3} u_o \qquad (17.24)$$

由图17.28可见，输入侧电流为

$$i_i = \frac{u_i - u_o}{R_1} \qquad (17.25)$$

图 17.28 基于运算放大器构成负电阻

由式（17.23）、式（17.24）和式（17.25），可得图 17.28电路的输入电阻为

$$R_i = \frac{u_i}{i_i} = -\frac{R_1 R_3}{R_2} \qquad (17.26)$$

式（17.26）说明图17.28电路从端口看进去的输入电阻为负电阻，即实现了负电阻。

17.4.3 基于运算放大器构成有源滤波器

第14章介绍的滤波器都是无源滤波器，即滤波器本身不能对外发出功率。无源滤波器有两个缺点：一是只能滤波，不能实现功率放大；二是有些无源滤波器要用到电感，而电感的制造比电容困难，在成本、占用空间等方面也不如电容。

由于运算放大器具有供电电源，因此基于运算放大器可以构成有源滤波器，从而解决以上两个问题。

图17.29所示为基于运算放大器构成低通有源滤波器。我们可以定性分析一下为什么图中虚线框内的电路构成了低通有源滤波器。

由图17.29可见，如果输入电压为低频信号，则电容的阻抗模值（$\frac{1}{\omega C}$）很大，可以近似视为开路，此时图17.29电路近似视为反相比例电路，$u_o \approx -\frac{R_2}{R_1} u_i$，这意味着低频信号通过。如果输入电压为高频信号，则电容的阻抗模值（$\frac{1}{\omega C}$）很小，可以近似视为短路，此时图17.29中运算放大器反相输入端与运算放大器输出端近似等电位；根据虚短，运算放大器反相输入端电位为0，因此运算放大器输出端的电压也近似为0，这意味着高频信号被阻止。

根据以上描述，图17.29中虚线框内的电路构成了低通有源滤波器。如果要详细分析低通有源滤波器的性能，则可以推导滤波器的传递函数，此处不再展开。读者如果有兴趣，可以尝试自己推导传递函数，并绘制相应的幅频特性曲线。

图17.30所示为基于运算放大器构成高通有源滤波器。我们可以定性分析一下为什么图中虚线框内的电路构成了高通有源滤波器。

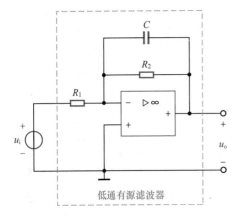

图 17.29　基于运算放大器构成低通有源滤波器

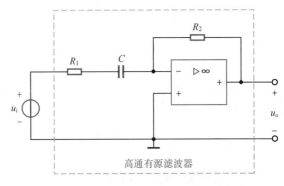

图 17.30　基于运算放大器构成高通有源滤波器

由图17.30可见，如果输入电压为低频信号，则电容的阻抗模值（ $\frac{1}{\omega C}$ ）很大，可以近似视为开路，此时根据虚断和KCL， R_2 的电流近似为0，电压也近似为0，因此输出端近似与运算放大器的反相输入端等电位；根据虚短，运算放大器反相输入端电位为0，因此运算放大器输出端的电压也近似为0，这意味着低频信号被阻止。如果输入电压为高频信号，则电容的阻抗模值（ $\frac{1}{\omega C}$ ）很

小，可以近似视为短路，此时图17.30电路近似视为反相比例电路， $u_o \approx -\frac{R_2}{R_1}u_i$ ，这意味着高频信号通过。

根据以上描述，图17.30中虚线框内的电路构成了高通有源滤波器。

将低通有源滤波器和高通有源滤波器级联，就可以构成带通有源滤波器，如图17.31所示。

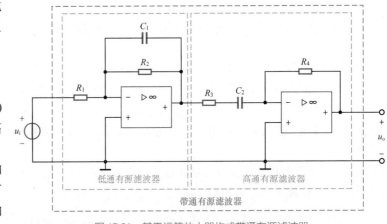

图 17.31　基于运算放大器构成带通有源滤波器

观察图17.29～图17.31基于运算放大器构成的有源滤波器，可以发现电路中没有电感，也就是基于运算放大器构成的有源滤波器可以不使用电感，从而避开了电感制造困难等问题。

17.4.4　基于运算放大器构成电压比较器

以上所有运算放大器电路都是反馈闭环自动控制系统，说明绝大多数运算放大器电路都有反馈。但是，这并不意味着没有反馈的运算放大器电路一定没用。下面我们举一个没有反馈的基于运算放大器的应用电路——电压比较器。

基于运算放大器构成的电压比较器如图17.32所示。

图17.32中，u_{ref} 为参考电压信号，可能为常数，也可能为周期变化的波形。当 u_i 大于 u_{ref} 且 $u_+ - u_- = u_i - u_{ref}$ 超出线性放大区时，根据图17.6可知输出电压进入正向饱和区，$u_o = +u_{cc}$，此时输出电压为高电平，相当于数字逻辑信号"1"。当 u_i 小于 u_{ref} 且 $u_+ - u_- = u_i - u_{ref}$ 超出线性放大区时，根据图17.6可知输出电压进入负向饱和区，$u_o = -u_{cc}$，此时输出电压为低电平，相当于数字逻辑信号"0"。

基于运算放大器构成的电压比较器在数字逻辑电路和电力电子电路等系统中应用非常广泛。

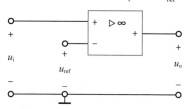

图 17.32　基于运算放大器构成电压比较器

格物致知

雪中送炭、锦上添花、无为而治

本章小结

本章介绍的运算放大器在电路中发挥作用时，大多数情况下处于负反馈闭环控制状态，少数情况下处于正反馈闭环控制状态，个别情况下处于开环运行状态而没有反馈控制。这三种状态可分别对应三个成语："雪中送炭""锦上添花""无为而治"。这三个成语对于我们的人生也颇有启示。

"雪中送炭"字面意思是下雪天给人送炭取暖，比喻在他人困难或危急时，给予物质或精神上的帮助。进一步引申，我们自己也可以给自己"雪中送炭"。雪中为什么要送炭呢？本质上是为了保持体温的稳定。那么我们处于逆境时，就应该用正面、积极的行动来化解困难；处于顺境时，就应该时时警醒，戒骄戒躁，这也是为了保持状态的稳定。

"锦上添花"的字面意思是在有彩色花纹的丝织品上再绣上花朵，比喻美上加美，好上加好。联想到我们的考试成绩，我们自然希望锦上添花，越高越好。不过，当一块锦上已经有了很多"花"，可以"添花"的空间会非常小，难度会非常高。从提高成绩的角度来看，某一科目的成绩越接近满分，进一步提高成绩的难度越高，代价越大。

"无为而治"并不是什么都不做，而是不过多干预，充分发挥民众的创造力，实现国家的自然治理。对于每个人来说，我们自身的潜力就可以保证一些事情顺利完成，如果给自己施加过多的压力，反而可能事倍功半。

"雪中送炭""锦上添花""无为而治"在我们的人生中都是不可缺少的。"雪中送炭"体现了我们对稳定的追求，"锦上添花"体现了我们对进步的追求，"无为而治"体现了我们对平和的追求。"稳定"是"进步"和"平和"的基础，"进步"才能达到新的"稳定"和"平和"，"平和"是"稳定"和"进步"的有力保障。

习题

一、复习题

17.2节　理想运算放大器

参考答案

▶ 基础题

17.1　求题17.1图所示电路的输出电压 u_o。

17.2 求题17.2图所示电路的输出电压u_o。

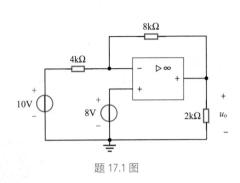

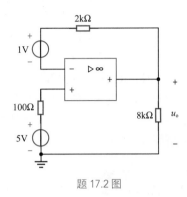

题 17.1 图   题 17.2 图

17.3 求题17.3图所示电路的输出电压u_o和输出电流i_o。

17.4 题17.4图所示$u_s = 6\cos(5\,000t)\mathrm{V}$，求稳态时的$u_o(t)$。

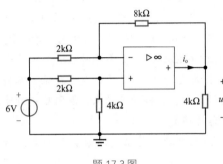

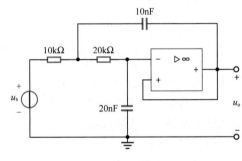

题 17.3 图   题 17.4 图

17.5 求题17.5图所示电路的输出电压u_o。

▶ **提高题**

17.6 题17.6图所示电路中的运算放大器工作在线性放大区，求从端口ab看进去的等效电阻R_{eq}。

17.7 求题17.7图所示电路中的u_o。

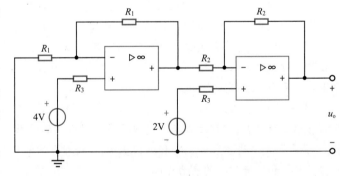

题 17.5 图

17.3节 由运算放大器构成的运算电路

▶ **基础题**

17.8 推导题17.8图所示电路中输出电压$u_o(t)$与输入电压$u_i(t)$的关系式。

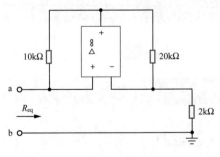

题 17.6 图

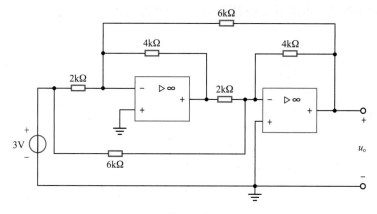

题 17.7 图

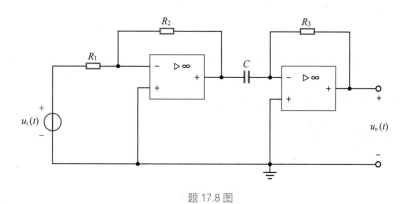

题 17.8 图

▶ 提高题

17.9 推导题17.9图所示电路中输出电压 u_o 与输入电压 u_{i1} 和 u_{i2} 的关系式。

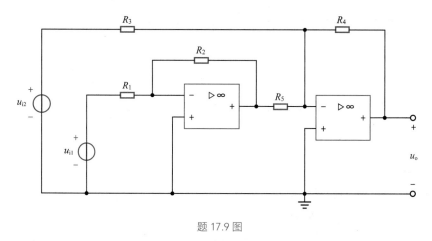

题 17.9 图

二、综合题

17.10 求题17.10图所示电路的传递函数 $H(j\omega) = \dfrac{\dot{U}_o}{\dot{U}_i}$，并判断由运算放大器电路构成的滤波器类型。

17.11 题17.11图所示电路中开关S原来闭合，且电路已达稳态。$t = 0$时开关断开，求开关断开后的$i_o(t)$。

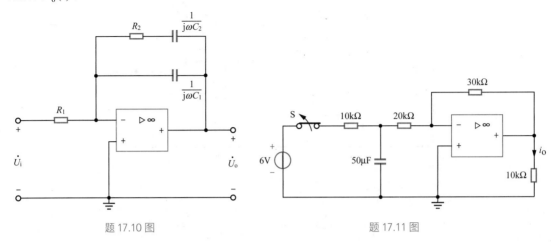

题 17.10 图   题 17.11 图

17.12 题17.12图所示电路中开关S原来断开，电容无初始储能。$t = 0$时开关闭合，求开关闭合后的$u_o(t)$。

17.13 求题17.13图所示二端口网络的Z参数。

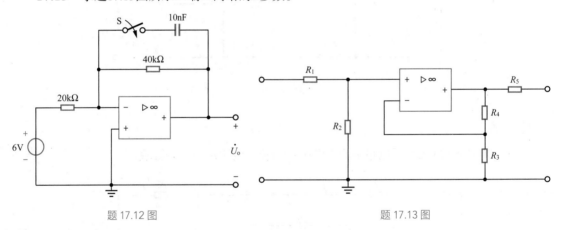

题 17.12 图   题 17.13 图

三、应用题

17.14 题17.14图所示电路利用电容和运算放大器实现电感的功能，因此称其为电感仿真器。求该电感仿真器的等效阻抗$Z_{eq} = \dfrac{\dot{U}_i}{\dot{I}_i}$和等效电感。

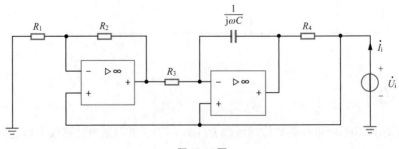

题 17.14 图

第 **18** 章

动态电路的s域分析

第7章和第8章介绍了直流激励动态电路的分析方法，主要分析了一阶动态电路和二阶动态电路的暂态响应。但是，有两种情况用已学知识难以分析：一是激励为任意函数；二是动态电路的阶数较高。下面我们来看一下为什么这两种情况用已学知识难以分析。

图18.1所示为电压源激励是函数 te^{-t} 的二阶动态电路，$t = 0$ 时开关S闭合，电容和电感无初始储能。那么，该如何分析这个二阶动态电路呢？我们可以列写电路的二阶微分方程 $LC\dfrac{d^2u_C}{dt^2} + RC\dfrac{du_C}{dt} + u_C = te^{-t}$，但很难求出这个微分方程的解，因为解包含通解和特解两部分，我们很难求出二阶微分方程的特解。

图18.2所示为直流激励高阶动态电路，$t = 0$ 时开关S闭合，电容和电感无初始储能。那么，该如何分析这个高阶动态电路呢？我们自然会想到先列写高阶微分方程，然后求解。可是，存在两个困难：一是很难写出高阶微分方程；二是即使写出了高阶微分方程，也很难求出高阶微分方程的解。

既然用已学知识难以解决以上问题，我们就只好另寻他法了。解决方法就是本章将要介绍的基于拉普拉斯变换和反变换的动态电路s域分析法。

本章首先介绍与拉普拉斯变换和反变换相关的数学知识；然后基于拉普拉斯变换建立和推导动态电路的s域电路模型和方程；最后给出基于s域电路模型和拉普拉斯反变换的任意动态电路的求解方法，并介绍相关的s域传递函数及其应用。

ⓒ 学习目标

（1）了解拉普拉斯变换和拉普拉斯反变换的定义；

（2）掌握常用的拉普拉斯变换性质和拉普拉斯变换对；

（3）掌握分式展开求拉普拉斯反变换的方法；

（4）掌握动态电路的s域电路模型、方程和求解方法；

（5）掌握动态电路的s域电路传递函数和零状态响应求解方法。

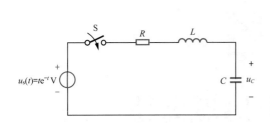

图 18.1　非直流激励二阶动态电路

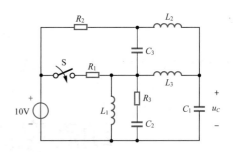

图 18.2　直流激励高阶（六阶）动态电路

18.1　拉普拉斯变换和反变换

动态电路s域分析的基本思路如图18.3所示：首先通过拉普拉斯变换将时域动态电路变换为s域动态电路；然后基于s域动态电路列写并求解代数方程；最后通过拉普拉斯反变换将s域动态电路方程的解变换为动态电路的时域响应。这一思路与正弦交流电路的相量分析法类似，都是将电路由时域变换到另一个域，然后在另一个域中求解，最后再变换回时域。不同之处在于，相量分析法是基于欧拉公式将时域变换到相量域，相量域最后又变换回时域，而动态电路s域分析是基于拉普拉斯变换将时域变换到s域，s域经过拉普拉斯反变换又变换回时域。

可见，动态电路s域分析用到的关键数学知识是拉普拉斯变换和反变换，下面我们首先回顾拉普拉斯变换和反变换的定义。

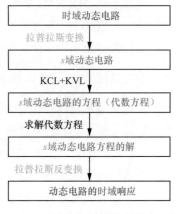

图 18.3　动态电路 s 域分析的基本思路

给定一个函数 $f(t)$，其拉普拉斯变换（Laplace transform）的定义式为

$$\mathcal{L}\big[f(t)\big] = F(s) = \int_{0_-}^{\infty} f(t)\mathrm{e}^{-st}\mathrm{d}t \qquad (18.1)$$

式（18.1）中，s 是一个复数，可以表示为

$$s = \sigma + \mathrm{j}\omega \qquad (18.2)$$

由式（18.2）可知，s与角频率ω有关，同时其又是一个复数，因此我们称s为复频率，拉普拉斯变换所在的s域称为复频域。

式（18.1）称为单边拉普拉斯变换，如果积分下限取$-\infty$，则称其为双边拉普拉斯变换。考虑到动态电路计算都是从0_-开始的，并不关心0_-以前的电路行为，因此本章只采用单边拉普拉斯变换。单边拉普拉斯变换的积分下限为0_-而不是0，这是因为有些函数从0_-到0_+会发生突变，如阶跃函数$\varepsilon(t)$。

式（18.1）的积分可能为有限值（收敛），也可能为无穷大（发散）。拉普拉斯变换存在的条件是式（18.1）的积分收敛，积分收敛条件可查阅相关数学教材获知。好在电路分析中所有函数的拉普拉斯变换都存在，因此不需要判断积分收敛条件。

也许读者会问：难道动态电路s域分析必须进行式（18.1）的积分吗？这一点不用担心，我们只需要通过记忆或查表（在18.3节给出）得到函数的拉普拉斯变换即可，不需要进行积分运算。

定义了拉普拉斯变换，就可以将动态电路由时域变换到 s 域，但是我们最关注的是动态电路的时域响应，因此还必须将 s 域的电路变量变换回时域，这就需要用到拉普拉斯反变换，将 $F(s)$ 变换为 $f(t)$。

拉普拉斯反变换的定义式为

$$\mathcal{L}^{-1}\left[F(s)\right] = f(t) = \frac{1}{2\pi \mathrm{j}} \int_{\sigma-\mathrm{j}\infty}^{\sigma+\mathrm{j}\infty} F(s)\mathrm{e}^{st}\mathrm{d}s \tag{18.3}$$

显然，拉普拉斯反变换的积分很麻烦，不过在电路分析中不需要进行式（18.3）的积分，只需要通过记忆或查表得到函数的拉普拉斯反变换即可。拉普拉斯反变换（inverse Laplace transform）就是拉普拉斯变换所对应的原时域函数，即原时域函数与其拉普拉斯变换是一一对应的，两者构成了一个拉普拉斯变换对。例如，第 7 章介绍的单位阶跃函数 $\varepsilon(t)$ 的拉普拉斯变换是 $\frac{1}{s}$，则 $\frac{1}{s}$ 的拉普拉斯反变换一定是单位阶跃函数 $\varepsilon(t)$。

虽然电路分析中不需要进行积分运算，但是为了深刻理解拉普拉斯变换和反变换，我们有必要通过积分来求一下两个函数的拉普拉斯变换。

首先求单位阶跃函数 $\varepsilon(t)$ 的拉普拉斯变换。

根据式（18.1）可得，单位阶跃函数 $\varepsilon(t)$ 的拉普拉斯变换为

$$F(s) = \int_{0_-}^{\infty} \varepsilon(t)\mathrm{e}^{-st}\mathrm{d}t = \int_{0_-}^{\infty} 1 \times \mathrm{e}^{-st}\mathrm{d}t = \frac{1}{-s}\mathrm{e}^{-st}\Big|_{t=0_-}^{t=\infty} = \frac{1}{-s}\left(0-1\right) = \frac{1}{s} \tag{18.4}$$

然后求单位冲激函数 $\delta(t)$ 的拉普拉斯变换。

$\delta(t)$ 在 $t \neq 0$ 时均为 0，$\int_{-\infty}^{\infty} \delta(t)\,\mathrm{d}t = 1$，且其具有函数筛选的性质，即 $f(t)\delta(t) = f(0)\delta(t)$，因此根据式（18.1）可得，单位冲激函数 $\delta(t)$ 的拉普拉斯变换为

$$F(s) = \int_{0_-}^{\infty} \delta(t)\mathrm{e}^{-st}\mathrm{d}t = \int_{0_-}^{\infty} \delta(t)\mathrm{e}^{-s\times 0}\mathrm{d}t = \int_{0_-}^{\infty}\left[\delta(t)\times 1\right]\mathrm{d}t = 1 \tag{18.5}$$

可见，单位冲激函数 $\delta(t)$ 的拉普拉斯变换表达式为 1，这是函数拉普拉斯变换中最简单的形式。

单位冲激函数和单位阶跃函数的拉普拉斯变换比较简单，容易记住，但是其他函数的拉普拉斯变换比单位冲激函数和单位阶跃函数的复杂，不易记住。要想更容易记住其他常见函数的拉普拉斯变换，则需要了解拉普拉斯变换的性质。

18.2 拉普拉斯变换的性质

拉普拉斯变换的性质有十几条，本节只介绍电路分析中经常用到的几条，并会给出这几条性质的证明过程，帮助读者深入了解这些性质。拉普拉斯变换性质的证明过程不需要记忆，但这些性质本身是必须要记住的。

18.2.1 线性

假设函数 $f_1(t)$ 和 $f_2(t)$ 的拉普拉斯变换分别为 $F_1(s)$ 和 $F_2(s)$，则拉普拉斯变换的线性性质为

$$\mathcal{L}\left[Af_1(t) + Bf_2(t)\right] = AF_1(s) + BF_2(s) \tag{18.6}$$

根据拉普拉斯变换的定义式（18.1）可以证明线性性质：

$$\mathcal{L}\big[Af_1(t)+Bf_2(t)\big]=\int_{0_-}^{\infty}\big[Af_1(t)+Bf_2(t)\big]\mathrm{e}^{-st}\mathrm{d}t$$

$$=A\int_{0_-}^{\infty}f_1(t)\mathrm{e}^{-st}\mathrm{d}t+B\int_{0_-}^{\infty}f_2(t)\mathrm{e}^{-st}\mathrm{d}t=AF_1(s)+BF_2(s)$$

（18.7）

18.2.2 时域尺度变换

拉普拉斯变换的时域尺度变换性质为

$$\mathcal{L}\big[f(at)\big]=\frac{1}{a}F\Big(\frac{s}{a}\Big)$$

（18.8）

式（18.8）中，a 为大于零的常数。

拉普拉斯变换的时域尺度变换性质的证明过程为

$$\mathcal{L}\big[f(at)\big]=\int_{0_-}^{\infty}f(at)\mathrm{e}^{-st}\mathrm{d}t=\int_{0_-}^{\infty}f(at)\mathrm{e}^{-s\frac{at}{a}}\frac{\mathrm{d}(at)}{a}$$

$$=\frac{1}{a}\int_{0_-}^{\infty}f(at)\mathrm{e}^{-\frac{s}{a}at}\mathrm{d}(at)=\frac{1}{a}\int_{0_-}^{\infty}f(x)\mathrm{e}^{-\frac{s}{a}x}\mathrm{d}(x)=\frac{1}{a}F\Big(\frac{s}{a}\Big)$$

（18.9）

18.2.3 时域平移和 s 域平移

拉普拉斯变换的时域平移性质为

$$\mathcal{L}\big[f(t-T)\varepsilon(t-T)\big]=F(s)\mathrm{e}^{-Ts}$$

（18.10）

式（18.10）中，T 为大于零的常数，因此该性质又称为时域延迟性质。

注意，时域平移函数 $f(t-T)$ 后面乘以平移的单位阶跃函数，这样做的目的是保证函数时域平移后，在 $t=T_-$ 之前的值全部为0，这是单边拉普拉斯变换的要求。例如，函数 $\cos\omega t$ 如果只是单纯的时域平移 $\cos\omega(t-T)$，那么在 $t=T_-$ 之前的值不全部为0，拉普拉斯变换的时域平移性质就不再成立，也就是说，时域平移函数 $f(t-T)$ 必须乘以 $\varepsilon(t-T)$，这样才能满足拉普拉斯变换的时域平移性质。

拉普拉斯变换时域平移性质的证明过程为

$$\mathcal{L}\big[f(t-T)\varepsilon(t-T)\big]=\int_{0_-}^{\infty}f(t-T)\varepsilon(t-T)\mathrm{e}^{-st}\mathrm{d}t=\int_{T_-}^{\infty}f(t-T)\mathrm{e}^{-st}\mathrm{d}t$$

$$=\int_{0_-}^{\infty}f(t-T)\mathrm{e}^{-s(t-T+T)}\mathrm{d}(t-T)=\int_{0_-}^{\infty}f(t-T)\mathrm{e}^{-s(t-T)}\mathrm{e}^{-Ts}\mathrm{d}(t-T)$$

（18.11）

$$=\mathrm{e}^{-Ts}\int_{0_-}^{\infty}f(t-T)\mathrm{e}^{-s(t-T)}\mathrm{d}(t-T)=\mathrm{e}^{-Ts}\int_{0_-}^{\infty}f(x)\mathrm{e}^{-s(x)}\mathrm{d}(x)=F(s)\mathrm{e}^{-Ts}$$

拉普拉斯变换的 s 域平移性质为

$$\mathcal{L}\big[f(t)\mathrm{e}^{-at}\big]=F(s+a)$$

（18.12）

可见，函数 $f(t)$ 乘以 e^{-at} 后，其对应的拉普拉斯变换相当于 $F(s)$ 在 s 域内向左平移 a，因此称之为 s 域平移性质。

拉普拉斯变换 s 域平移性质的证明过程为

拉普拉斯变换
时域和复频域平移
性质例题分析

$$\mathcal{L}\big[f(t)\mathrm{e}^{-at}\big]=\int_{0_-}^{\infty}f(t)\mathrm{e}^{-at}\mathrm{e}^{-st}\mathrm{d}t=\int_{0_-}^{\infty}f(t)\mathrm{e}^{-(s+a)t}\mathrm{d}t=F(s+a)$$

（18.13）

18.2.4　时域的微分和积分

拉普拉斯变换的时域微分性质为

$$\mathcal{L}\left[f'(t)\right]=sF(s)-f(0_-) \tag{18.14}$$

拉普拉斯变换时域微分性质的证明过程为

$$
\begin{aligned}
\mathcal{L}\left[f'(t)\right]=sF(s)-f(0_-)&=\int_{0_-}^{\infty}\frac{\mathrm{d}f(t)}{\mathrm{d}t}\mathrm{e}^{-st}\mathrm{d}t=\int_{t=0_-}^{t=\infty}\mathrm{e}^{-st}\mathrm{d}f(t)\\
&=\left[\mathrm{e}^{-st}f(t)\right]\Big|_{t=0_-}^{t=\infty}-\int_{t=0_-}^{t=\infty}f(t)\mathrm{d}\mathrm{e}^{-st}=-f(0_-)-\int_{t=0_-}^{t=\infty}f(t)\mathrm{d}\mathrm{e}^{-st}\\
&=-f(0_-)+\int_{0_-}^{\infty}f(t)s\mathrm{e}^{-st}\mathrm{d}t=s\int_{0_-}^{\infty}f(t)\mathrm{e}^{-st}\mathrm{d}t-f(0_-)=sF(s)-f(0_-)
\end{aligned}
\tag{18.15}
$$

注意，式（18.15）的证明过程用到了高等数学中的分部积分公式 $\int u\mathrm{d}v=uv-\int v\mathrm{d}u$。
对于函数的二阶微分，根据式（18.14）可得

$$
\begin{aligned}
\mathcal{L}\left[f''(t)\right]=\mathcal{L}\left[\frac{\mathrm{d}f'(t)}{\mathrm{d}t}\right]&=sF'(s)-f'(0_-)\\
&=s\left[sF(s)-f(0_-)\right]-f'(0_-)=s^2F(s)-sf(0_-)-f'(0_-)
\end{aligned}
\tag{18.16}
$$

函数 n 阶微分的拉普拉斯变换性质可以以此类推为

$$\mathcal{L}\left[\frac{\mathrm{d}f^{n}(t)}{\mathrm{d}t^{n}}\right]=s^{n}F(s)-s^{n-1}f(0_-)-s^{n-2}f'(0_-)-\cdots-s^{0}f^{(n-1)}(0_-) \tag{18.17}$$

拉普拉斯变换的时域积分性质为

$$\mathcal{L}\left[\int_{0}^{t}f(x)\mathrm{d}x\right]=\frac{1}{s}F(s) \tag{18.18}$$

拉普拉斯变换时域积分性质的证明过程为

$$
\begin{aligned}
\mathcal{L}\left[\int_{0}^{t}f(x)\mathrm{d}x\right]&=\int_{0_-}^{\infty}\left\{\left[\int_{0}^{t}f(x)\mathrm{d}x\right]\mathrm{e}^{-st}\right\}\mathrm{d}t=\int_{t=0_-}^{t=\infty}\left[\int_{0}^{t}f(x)\mathrm{d}x\right]\left(-\frac{1}{s}\right)\mathrm{d}\mathrm{e}^{-st}\\
&=-\frac{1}{s}\left\{\left[\mathrm{e}^{-st}\int_{0}^{t}f(x)\mathrm{d}x\right]\Big|_{t=0_-}^{t=\infty}-\int_{0_-}^{\infty}\mathrm{e}^{-st}\mathrm{d}\left[\int_{0}^{t}f(x)\mathrm{d}x\right]\right\}=-\frac{1}{s}\left\{0-\int_{0_-}^{\infty}f(t)\mathrm{e}^{-st}\mathrm{d}t\right\}=\frac{1}{s}F(s)
\end{aligned}
\tag{18.19}
$$

注意，式（18.19）的证明过程也用到了高等数学中的分部积分公式 $\int u\mathrm{d}v=uv-\int v\mathrm{d}u$。

18.2.5　s 域的微分和积分

拉普拉斯变换的 s 域微分性质为

$$\mathcal{L}\left[tf(t)\right]=-\frac{\mathrm{d}F(s)}{\mathrm{d}s} \tag{18.20}$$

拉普拉斯变换 s 域微分性质的证明过程为

$$-\frac{\mathrm{d}F(s)}{\mathrm{d}s}=-\frac{\mathrm{d}\left[\int_{0_-}^{\infty}f(t)\mathrm{e}^{-st}\mathrm{d}t\right]}{\mathrm{d}s}=-\int_{0_-}^{\infty}f(t)\left(-t\mathrm{e}^{-st}\right)\mathrm{d}t=\int_{0_-}^{\infty}tf(t)\mathrm{e}^{-st}\mathrm{d}t=\mathcal{L}\left[tf(t)\right] \tag{18.21}$$

重复式（18.21）的证明过程，可得拉普拉斯变换的 s 域 n 阶微分性质为

拉普拉斯变换
时域微分性质
例题分析

$$\mathcal{L}\left[t^n f(t)\right] = (-1)^n \frac{\mathrm{d}^n F(s)}{\mathrm{d}s^n} \qquad (18.22)$$

拉普拉斯变换的s域积分性质为

$$\mathcal{L}\left[\frac{f(t)}{t}\right] = \int_s^\infty F(x)\mathrm{d}x \qquad (18.23)$$

式（18.23）中，$F(x)$将$F(s)$中的s换成了x，以便进行定积分。拉普拉斯变换s域积分性质的证明过程省略，读者如果有兴趣，可以尝试自己推导。

电路分析中常用的拉普拉斯变换性质如表18.1所示。

表18.1　电路分析中常用的拉普拉斯变换性质

性质	$f(t)$	$F(s) = \mathcal{L}\left[f(t)\right]$
线性	$Af_1(t) + Bf_2(t)$	$AF_1(s) + BF_2(s)$
时域尺度变换	$f(at)$	$\dfrac{1}{a}F(\dfrac{s}{a})$
时域平移	$f(t-T)\varepsilon(t-T)$	$F(s)\mathrm{e}^{-Ts}$
s域平移	$f(t)\mathrm{e}^{-at}$	$F(s+a)$
时域微分	$f'(t)$；$\dfrac{\mathrm{d}f^n(t)}{\mathrm{d}t^n}$	$sF(s) - f(0_-)$；$s^n F(s) - s^{n-1}f(0_-) - s^{n-2}f'(0_-) - \cdots - s^0 f^{(n-1)}(0_-)$
时域积分	$\int_0^t f(x)\mathrm{d}x$	$\dfrac{1}{s}F(s)$
s域微分	$tf(t)$；$t^n f(t)$	$-\dfrac{\mathrm{d}F(s)}{\mathrm{d}s}$；$(-1)^n \dfrac{\mathrm{d}^n F(s)}{\mathrm{d}s^n}$
s域积分	$\dfrac{f(t)}{t}$	$\int_s^\infty F(x)\mathrm{d}x$

18.3　常用的拉普拉斯变换对

动态电路s域分析的关键是要记住常用的拉普拉斯变换和反变换，即拉普拉斯变换对。将这些拉普拉斯变换对与常用的拉普拉斯变换性质相结合，就可以得到电路分析所需要的拉普拉斯变换和反变换。

表18.2所示为电路分析中常用的拉普拉斯变换对。注意，表中的部分函数乘以$\varepsilon(t)$，目的是保证函数整体在$t = 0_-$以前的值为0，以满足单边拉普拉斯变换的条件。$t > 0_-$时，$\varepsilon(t) = 1$，此时一个函数乘以$\varepsilon(t)$还是函数本身。

表18.2　电路分析中常用的拉普拉斯变换对

$f(t)$	$F(s) = \mathcal{L}\left[f(t)\right]$
$\delta(t)$	1
$\varepsilon(t)$	$\dfrac{1}{s}$
$\mathrm{e}^{-at}\varepsilon(t)$	$\dfrac{1}{s+a}$
$t\varepsilon(t)$	$\dfrac{1}{s^2}$
$t^n \varepsilon(t)$	$\dfrac{n!}{s^{n+1}}$
$\cos(\omega t)\varepsilon(t)$	$\dfrac{s}{s^2 + \omega^2}$
$\sin(\omega t)\varepsilon(t)$	$\dfrac{\omega}{s^2 + \omega^2}$

如果所要变换的函数不在表18.2中，那么可以结合表18.2和表18.1得出其拉普拉斯变换。下面举几个例子。

例18.1 （基础题） 求 $\varepsilon(t-T)$ 的拉普拉斯变换。

解 根据表18.2可知，$\mathcal{L}[\varepsilon(t)] = \dfrac{1}{s}$。

根据表18.1中的时域平移性质，可得 $\mathcal{L}[\varepsilon(t-T)] = \dfrac{1}{s}\mathrm{e}^{-Ts}$。

同步练习18.1 （基础题） 求 $\mathrm{e}^{-a(t-T)}\varepsilon(t)$ 的拉普拉斯变换。

答案：$\mathcal{L}[\mathrm{e}^{-a(t-T)}\varepsilon(t)] = \dfrac{1}{s+a}\mathrm{e}^{-Ts}$。在求函数的拉普拉斯变换时，将 $\varepsilon(t)$ 视为1即可，也就是说，对 $\varepsilon(t)$ 应"视而不见"，以避免不必要的困扰。以下的例题、同步练习题和讲解中均采用这一处理 $\varepsilon(t)$ 的方法。

例18.2 （基础题） 求 $t\mathrm{e}^{-at}\varepsilon(t)$ 的拉普拉斯变换。

解 根据表18.2可知，$\mathcal{L}[t\varepsilon(t)] = \dfrac{1}{s^2}$。

根据表18.1中的 s 域平移性质，可得 $\mathcal{L}[t\mathrm{e}^{-at}\varepsilon(t)] = F(s+a) = \dfrac{1}{(s+a)^2}$。

本例题还有另一种解法。

根据表18.2可知，$\mathcal{L}[\mathrm{e}^{-at}\varepsilon(t)] = \dfrac{1}{s+a}$。

根据表18.1中的 s 域微分性质，可得 $\mathcal{L}[t\mathrm{e}^{-at}\varepsilon(t)] = -\dfrac{\mathrm{d}F(s)}{\mathrm{d}s} = -\dfrac{\mathrm{d}\left(\dfrac{1}{s+a}\right)}{\mathrm{d}s} = \dfrac{1}{(s+a)^2}$。

同步练习18.2 （基础题） 求 $\mathrm{e}^{-at}\cos(\omega t)\varepsilon(t)$ 的拉普拉斯变换。

答案：$\mathcal{L}[\mathrm{e}^{-at}\cos(\omega t)\varepsilon(t)] = \dfrac{s+a}{(s+a)^2 + \omega^2}$。

例18.3 （提高题） 求 $t\mathrm{e}^{-t}\sin(2t)\varepsilon(t)$ 的拉普拉斯变换。

解 根据表18.2可知，$\mathcal{L}[\sin(2t)\varepsilon(t)] = \dfrac{4}{s^2+4}$。

根据表18.1中的 s 域平移性质，可得 $\mathcal{L}[\mathrm{e}^{-t}\sin(2t)\varepsilon(t)] = F(s+1) = \dfrac{4}{(s+1)^2 + 4}$。

根据表18.1中的 s 域微分性质，可得 $\mathcal{L}[t\mathrm{e}^{-t}\sin(2t)\varepsilon(t)] = -\dfrac{\mathrm{d}\left[\dfrac{4}{(s+1)^2+4}\right]}{\mathrm{d}s} = \dfrac{8(s+1)}{\left[(s+1)^2+4\right]^2}$。

同步练习18.3 （提高题） 求 $t^2 \cos(3t)\varepsilon(t)$ 的拉普拉斯变换。

答案： $\mathcal{L}\left[t^2 \cos(3t)\varepsilon(t)\right] = \dfrac{2s\left(s^2 - 27\right)}{\left(s^2 + 9\right)^3}$ 。

以上例题和同步练习题都是已知时域函数，求其拉普拉斯变换。那么，如果已知拉普拉斯变换，该如何得到其反变换对应的时域函数呢？

对于比较简单的拉普拉斯变换表达式，根据表18.1和表18.2通过直接观察即可得到其反变换对应的时域函数。如果拉普拉斯变换的表达式比较复杂，通过直接观察无法得到其反变换对应的时域函数，就需要用到接下来要介绍的分式展开法。

18.4 分式展开法求拉普拉斯反变换

拉普拉斯变换可以表示为两个多项式相除的形式，即

$$F(s) = \frac{F_1(s)}{F_2(s)} = \frac{\displaystyle\sum_{m=0}^{M} a_m s^m}{\displaystyle\sum_{n=0}^{N} b_n s^n} \qquad (18.24)$$

式（18.24）中， a_m 和 b_n 均为实数，且 $b_N = 1$ 。分子 $F_1(s) = 0$ 的解称为式（18.24）的零点，分母 $F_2(s) = 0$ 的解称为式（18.24）的极点。

如果式（18.24）中 $M \geq N$ ，则可以通过多项式相除的方式，将式（18.24）变为

$$F(s) = \frac{F_1(s)}{F_2(s)} = A_1 s^{M-N} + \cdots + A_j s^0 + \frac{\displaystyle\sum_{k=0}^{K} c_k s^k}{\displaystyle\sum_{n=0}^{N} b_n s^n} \qquad (18.25)$$

式（18.25）中， $K < N$ 。例如， $F(s) = \dfrac{s^2 + 1}{s + 1} = \dfrac{s^2 - 1 + 2}{s + 1} = \dfrac{(s+1)(s-1) + 2}{s + 1} = s - 1 + \dfrac{2}{s + 1}$ 。

对于电路分析而言，式（18.24）中 $M \geq N$ 的情况比较少见，因此以下仅讨论 $M < N$ 的情况。

分式展开法就是将式（18.24）展开成简单的分式相加，对于这些简单的分式，可以直接观察出其拉普拉斯反变换对应的时域函数。"电路"教材中通常将"分式展开法"称为"部分分式展开法"，不过"部分"的含义难以准确解释，还容易造成混淆，因此本书将"部分"二字去掉。

分式的展开方法与式（18.24）的极点有关，即与分母 $F_2(s) = 0$ 的解的形式有关。下面分别介绍 $F_2(s) = 0$ 的解为不同形式时的分式展开法。

18.4.1 $F_2(s)=0$ 的解全部为不相等的实根

当 $F_2(s) = 0$ 的解全部为不相等的实根时，式（18.24）可以表示为

$$F(s) = \frac{F_1(s)}{F_2(s)} = \frac{F_1(s)}{(s + p_1)(s + p_2)\cdots(s + p_N)} \qquad (18.26)$$

式（18.26）中， $s = -p_1$ ， $s = -p_2$ ，…， $s = -p_N$ 为 $F_2(s) = 0$ 的不相等实根，即 $F(s)$ 的极点。

式（18.26）可以展开为

$$F(s) = \frac{k_1}{s+p_1} + \frac{k_2}{s+p_2} + \cdots + \frac{k_N}{s+p_N} \qquad （18.27）$$

式（18.27）中，k_1，k_2，$\cdots$，k_N 为待定系数。此时根据表18.2，可以得到式（18.27）的拉普拉斯反变换

$$f(t) = \left(k_1 e^{-p_1 t} + k_2 e^{-p_2 t} + \cdots + k_N e^{-p_N t}\right)\varepsilon(t) \qquad （18.28）$$

可见，拉普拉斯反变换的关键是分式展开，只要展开成可以查表的分式相加即可。

接下来求式（18.27）中的待定系数。

观察式（18.27）可以发现，要想求 k_1，则可在等式两边同时乘以 $s+p_1$，并将式（18.26）代入其中，得到

$$F(s)\left(s+p_1\right) = \frac{F_1(s)}{(s+p_2)\cdots(s+p_N)} = k_1 + \frac{k_2}{s+p_2}(s+p_1) + \cdots + \frac{k_N}{s+p_N}(s+p_1) \quad （18.29）$$

令式（18.29）的 $s = -p_1$，可得

$$\frac{F_1(-p_1)}{(-p_1+p_2)\cdots(-p_1+p_N)} = k_1 + 0 + \cdots + 0 \qquad （18.30）$$

可见，通过式（18.30）可以求出待定系数 k_1，其他待定系数也可以用类似的方法求出。求式（18.27）中任意一个待定系数的公式可以总结为

$$k_i = F(s)\left(s+p_i\right)\big|_{s=-p_i} \qquad （18.31）$$

下面通过一个例子说明如何进行分式展开，进而得到拉普拉斯反变换。

例18.4 （基础题） 求 $F(s) = \dfrac{2s+1}{s^2+3s+2}$ 的拉普拉斯反变换。

解 $F(s) = \dfrac{2s+1}{s^2+3s+2} = \dfrac{2s+1}{(s+1)(s+2)} = \dfrac{k_1}{s+1} + \dfrac{k_2}{s+2}$。

待定系数 $k_1 = F(s)(s+1)\big|_{s=-1} = \dfrac{2s+1}{s+2}\Big|_{s=-1} = \dfrac{2\times(-1)+1}{-1+2} = -1$。

同理，待定系数 $k_2 = F(s)(s+2)\big|_{s=-2} = \dfrac{2s+1}{s+1}\Big|_{s=-2} = \dfrac{2\times(-2)+1}{-2+1} = 3$。

将所求待定系数的值代入 $F(s)$，可得 $F(s) = \dfrac{-1}{s+1} + \dfrac{3}{s+2}$，因此 $f(t) = \left(-e^{-t} + 3e^{-2t}\right)\varepsilon(t)$。

同步练习18.4 （基础题） 求 $F(s) = \dfrac{3s^2+2s+1}{s(2s^2+8s+6)}$ 的拉普拉斯反变换。

答案：$f(t) = \left(\dfrac{1}{6} - \dfrac{1}{2}e^{-t} + \dfrac{11}{6}e^{-3t}\right)\varepsilon(t)$。

由例18.4和同步练习18.4可见，求展开式中的待定系数时，需要计算的量很多，要十分耐心仔细，才能确保准确无误。

18.4.2　$F_2(s)=0$ 的解全部为实根且含有相等的实根

当 $F_2(s)=0$ 的解全部为实根且含有相等的实根时，式（18.24）可以表示为

$$F(s) = \frac{F_1(s)}{F_2(s)} = \frac{F_1(s)}{(s+p_1)(s+p_2)\cdots(s+p_N)(s+p)^m} \tag{18.32}$$

式（18.32）中，$s=-p_1$，$s=-p_2$，$\cdots$，$s=-p_N$ 为 $F_2(s)=0$ 的不相等实根，$s=-p$ 为 $F_2(s)=0$ 的相等实根，这些都是 $F(s)$ 的极点。

式（18.32）可以展开为

$$F(s) = \frac{k_1}{s+p_1} + \frac{k_2}{s+p_2} + \cdots + \frac{k_N}{s+p_N} + \frac{c_1}{s+p} + \frac{c_2}{(s+p)^2} + \cdots + \frac{c_m}{(s+p)^m} \tag{18.33}$$

式（18.33）中，k_1，k_2，$\cdots$，k_N 和 c_1，c_2，$\cdots$，c_m 为待定系数。此时根据表18.2和表18.1中的 s 域平移性质，可以得到式（18.33）的拉普拉斯反变换

$$f(t) = \left(k_1 e^{-p_1 t} + k_2 e^{-p_2 t} + \cdots + k_N e^{-p_N t}\right)\varepsilon(t) + \left[c_1 e^{-pt} + c_2 t e^{-pt} + \cdots + c_m \frac{t^{m-1}}{(m-1)!} e^{-pt}\right]\varepsilon(t) \tag{18.34}$$

式（18.33）中，待定系数 k_1，k_2，$\cdots$，k_N 的计算公式仍为式（18.31），而待定系数 c_1，c_2，$\cdots$，c_m 的确定则要另寻他法。

在式（18.33）的等号两边同时乘以 $(s+p)^m$，可得

$$F(s)(s+p)^m = \frac{k_1}{s+p_1}(s+p)^m + \frac{k_2}{s+p_2}(s+p)^m + \cdots + \frac{k_N}{s+p_N}(s+p)^m + c_1(s+p)^{m-1} + c_2(s+p)^{m-2} + \cdots + c_m \tag{18.35}$$

观察式（18.35）可以发现，只要令 $s=-p$，式（18.35）即可变为

$$F(s)(s+p)^m \big|_{s=-p} = 0 + c_m \tag{18.36}$$

显然，根据式（18.36）可以求出待定系数 c_m。

如果要求 c_1，则可对式（18.35）等号两边同时求 $m-1$ 阶导数，并令 $s=-p$，可得

$$\frac{d^{m-1}F(s)(s+p)^m}{ds^{m-1}}\bigg|_{s=-p} = 0 + (m-1)!c_1 + 0 \tag{18.37}$$

解得

$$c_1 = \frac{1}{(m-1)!} \frac{d^{m-1}F(s)(s+p)^m}{ds^{m-1}}\bigg|_{s=-p} \tag{18.38}$$

由以上推导过程可得

$$c_j = \frac{1}{(m-j)!} \frac{d^{m-j}\left[F(s)(s+p)^m\right]}{ds^{m-j}}\bigg|_{s=-p} \tag{18.39}$$

可见，当 $F_2(s)=0$ 的解含有相等的实根时，展开式中的待定系数求解更麻烦。

下面通过一个例子说明如何在 $F_2(s)=0$ 的解含有相等实根时进行分式展开，进而得到拉普拉斯反变换。

例18.5（**提高题**）求 $F(s) = \dfrac{s}{(s+1)(s+2)^3}$ 的拉普拉斯反变换。

解　$F(s) = \dfrac{s}{(s+1)(s+2)^3} = \dfrac{k_1}{s+1} + \dfrac{c_1}{s+2} + \dfrac{c_2}{(s+2)^2} + \dfrac{c_3}{(s+2)^3}$。

待定系数 $k_1 = F(s)(s+1)\big|_{s=-1} = \dfrac{s}{(s+2)^3}\Big|_{s=-1} = \dfrac{-1}{(-1+2)^3} = 1$。

待定系数 $c_3 = F(s)(s+2)^3\big|_{s=-2} = \dfrac{s}{s+1}\Big|_{s=-2} = \dfrac{-2}{-2+1} = 2$。

待定系数 $c_2 = \dfrac{\mathrm{d}\big[F(s)(s+2)^3\big]}{\mathrm{d}s}\Big|_{s=-2} = \dfrac{\mathrm{d}\left[\dfrac{s}{s+1}\right]}{\mathrm{d}s}\Big|_{s=-2} = \dfrac{1}{(s+1)^2}\Big|_{s=-2} = 1$。

待定系数 $c_1 = \dfrac{1}{2!}\dfrac{\mathrm{d}^2\big[F(s)(s+2)^3\big]}{\mathrm{d}s^{3-1}}\Big|_{s=-2} = \dfrac{1}{2}\dfrac{\mathrm{d}^2\left[\dfrac{s}{s+1}\right]}{\mathrm{d}s^2}\Big|_{s=-2} = -\dfrac{s+1}{(s+1)^4}\Big|_{s=-2} = 1$。

将所求待定系数的值代入 $F(s)$，可得 $F(s) = \dfrac{1}{s+1} + \dfrac{1}{s+2} + \dfrac{1}{(s+2)^2} + \dfrac{2}{(s+2)^3}$，其对应的拉普拉

斯反变换为 $f(t) = \left(\mathrm{e}^{-t} + 2\mathrm{e}^{-2t} + t\mathrm{e}^{-2t} + \dfrac{1}{2}t^2\mathrm{e}^{-2t}\right)\varepsilon(t)$。

同步练习18.5（**提高题**）求 $F(s) = \dfrac{2s+1}{s(s+2)(s+1)^2}$ 的拉普拉斯反变换。

答案：$f(t) = \left(0.5 - 1.5\mathrm{e}^{-2t} - 2\mathrm{e}^{-t} + t\mathrm{e}^{-t}\right)\varepsilon(t)$。

18.4.3　$F_2(s)=0$ 的解含有共轭复根

当 $F_2(s) = 0$ 的解含有共轭复根时，式（18.24）可以表示为

$$F(s) = \frac{F_1(s)}{F_2(s)} = \frac{F_1(s)}{(s+p_1)(s+p_2)\cdots(s+p_N)(s+a+\mathrm{j}\omega_0)(s+a-\mathrm{j}\omega_0)} \tag{18.40}$$

式（18.40）中，$s = -p_1$，$s = -p_2$，$\cdots$，$s = -p_N$ 为 $F_2(s) = 0$ 的不相等实根（为了简单，此处不考虑有相等实根的情况），$s = -a - \mathrm{j}\omega_0$ 和 $s = -a + \mathrm{j}\omega_0$ 为 $F_2(s) = 0$ 的两个共轭复根，这些都是 $F(s)$ 的极点。

式（18.40）可以展开为

$$F(s) = \frac{k_1}{s+p_1} + \frac{k_2}{s+p_2} + \cdots + \frac{k_N}{s+p_N} + \frac{c_1}{s+a+\mathrm{j}\omega_0} + \frac{c_2}{s+a-\mathrm{j}\omega_0} \tag{18.41}$$

式（18.41）中，待定系数 c_1，c_2 的确定方法可以是 k_1，k_2，$\cdots$，k_N 的确定方法，不过这样会涉及较多的复数运算，并且展开后的分式求拉普拉斯反变换时，也需要进行复数运算，还要用到欧拉公式。那么，有更简单的方法吗？

由于 $(s + a + j\omega_0)(s + a - j\omega_0) = (s + a)^2 + \omega_0^2$，因此式（18.40）可以变为

$$F(s) = \frac{F_1(s)}{F_2(s)} = \frac{F_1(s)}{(s + p_1)(s + p_2)\cdots(s + p_N)\left[(s + a)^2 + \omega_0^2\right]} \qquad (18.42)$$

式（18.42）可以展开为

$$F(s) = \frac{k_1}{s + p_1} + \frac{k_2}{s + p_2} + \cdots + \frac{k_N}{s + p_N} + \frac{A(s + a)}{(s + a)^2 + \omega_0^2} + \frac{B\omega_0}{(s + a)^2 + \omega_0^2} \qquad (18.43)$$

此时根据表18.2（特别是余弦函数和正弦函数的拉普拉斯变换对）和表18.1中的s域平移性质，可以得到式（18.43）的拉普拉斯反变换

$$f(t) = \left(k_1 e^{-p_1 t} + k_2 e^{-p_2 t} + \cdots + k_N e^{-p_N t}\right)\varepsilon(t) + \left[A\cos(\omega_0 t)e^{-at} + B\sin(\omega_0 t)e^{-at}\right]\varepsilon(t) \qquad (18.44)$$

接下来求式（18.43）中的待定系数A和B。

在式（18.43）的等号两边同时乘以 $(s + a)^2 + \omega_0^2$，可得

$$F(s)\left[(s + a)^2 + \omega_0^2\right] = \frac{k_1}{s + p_1}\left[(s + a)^2 + \omega_0^2\right] + \frac{k_2}{s + p_2}\left[(s + a)^2 + \omega_0^2\right] + \cdots +$$
$$\frac{k_N}{s + p_N}\left[(s + a)^2 + \omega_0^2\right] + A(s + a) + B\omega_0 \qquad (18.45)$$

观察式（18.45）可以发现，只要令 $s = -a + j\omega_0$，式（18.45）即可变为

$$F(s)\left[(s + a)^2 + \omega_0^2\right]\Big|_{s = -a + j\omega_0} = 0 + j\omega_0 A + B\omega_0 \qquad (18.46)$$

根据式（18.46）可以求出待定系数A和B。

下面通过一个例子说明如何在 $F_2(s) = 0$ 的解含有共轭复根时进行分式展开，进而得到拉普拉斯反变换。

例18.6（提高题） 求 $F(s) = \dfrac{s}{(s + 1)(s^2 + s + 1)}$ 的拉普拉斯反变换。

分式展开法求
拉普拉斯反变换
例题分析

解 $F(s) = \dfrac{s}{(s + 1)(s^2 + s + 1)} = \dfrac{k_1}{s + 1} + \dfrac{A\left(s + \dfrac{1}{2}\right)}{\left(s + \dfrac{1}{2}\right)^2 + \left(\dfrac{\sqrt{3}}{2}\right)^2} + \dfrac{B \times \dfrac{\sqrt{3}}{2}}{\left(s + \dfrac{1}{2}\right)^2 + \left(\dfrac{\sqrt{3}}{2}\right)^2}$。

待定系数 $k_1 = F(s)(s + 1)\big|_{s = -1} = \dfrac{s}{s^2 + s + 1}\big|_{s = -1} = -1$。

在等式 $\dfrac{s}{(s + 1)(s^2 + s + 1)} = \dfrac{k_1}{s + 1} + \dfrac{A\left(s + \dfrac{1}{2}\right)}{\left(s + \dfrac{1}{2}\right)^2 + \left(\dfrac{\sqrt{3}}{2}\right)^2} + \dfrac{B \times \dfrac{\sqrt{3}}{2}}{\left(s + \dfrac{1}{2}\right)^2 + \left(\dfrac{\sqrt{3}}{2}\right)^2}$ 的等号两边同时乘以

$s^2 + s + 1$，并令 $s = -\dfrac{1}{2} + j\dfrac{\sqrt{3}}{2}$，可得 $\dfrac{s}{s + 1}\bigg|_{s = -\frac{1}{2} + j\frac{\sqrt{3}}{2}} = \left[0 + A\left(s + \dfrac{1}{2}\right) + B\dfrac{\sqrt{3}}{2}\right]\bigg|_{s = -\frac{1}{2} + j\frac{\sqrt{3}}{2}}$，解得 $A = 1$，

$B = -\dfrac{2\sqrt{3}}{3}$。

将所求待定系数的值代入 $F(s)$，可得 $F(s) = \dfrac{-1}{s+1} + \dfrac{s+\dfrac{1}{2}}{\left(s+\dfrac{1}{2}\right)^2 + \left(\dfrac{\sqrt{3}}{2}\right)^2} + \dfrac{-\dfrac{2\sqrt{3}}{2} \times \dfrac{\sqrt{3}}{2}}{\left(s+\dfrac{1}{2}\right)^2 + \left(\dfrac{\sqrt{3}}{2}\right)^2}$，其

对应的拉普拉斯反变换为 $f(t) = \left[-\mathrm{e}^{-t} + \cos\left(\dfrac{\sqrt{3}}{2}t\right)\mathrm{e}^{-0.5t} - \dfrac{2\sqrt{3}}{3}\sin\left(\dfrac{\sqrt{3}}{2}t\right)\mathrm{e}^{-0.5t} \right]\varepsilon(t)$。

同步练习18.6（提高题）求 $F(s) = \dfrac{1}{s\left(s^2 + 2s + 2\right)}$ 的拉普拉斯反变换。

答案：$f(t) = \left[\dfrac{1}{3} - \dfrac{1}{2}\cos(t)\mathrm{e}^{-t} - \dfrac{1}{2}\sin(t)\mathrm{e}^{-t} \right]\varepsilon(t)$。

18.1节～18.4节的内容基本都是数学知识，貌似与电路分析风马牛不相及，实际上并非如此，因为前面的4节内容能够给后面的电路分析打下坚实的数学基础。只有在坚实的数学基础之上，动态电路的s域分析才能顺利进行。

下面我们首先基于拉普拉斯变换建立动态电路的s域电路模型；然后根据s域电路模型列写s域电路的方程；最后进行拉普拉斯反变换，从而得到动态电路的时域响应。

18.5 电路元件的 s 域电路模型和 s 域基尔霍夫定律

电路分析都基于KCL、KVL和电路元件的电压与电流关系，在s域中也不例外。本节先建立电路常用电路元件的s域电路模型，再给出s域基尔霍夫定律，从而为列写s域电路的方程打下基础。

18.5.1 电阻 s 域电路模型

图18.4所示的电阻在时域中满足欧姆定律，即

$$u_R(t) = Ri_R(t) \tag{18.47}$$

式（18.47）等号两边同时进行拉普拉斯变换，根据表18.1中的线性性质，可得

$$U_R(s) = RI_R(s) \tag{18.48}$$

式（18.48）中，$U_R(s)$ 和 $I_R(s)$ 分别为 $u_R(t)$ 和 $i_R(t)$ 的拉普拉斯变换。注意，时域的电压变量和电流变量用小写字母表示，s域的电压变量和电流变量用大写字母表示。

由式（18.48）可见，电阻在s域仍然满足欧姆定律，其电路模型如图18.5所示。

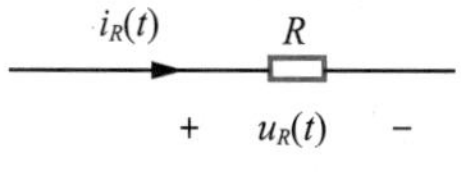

图 18.4 电阻的时域电路模型 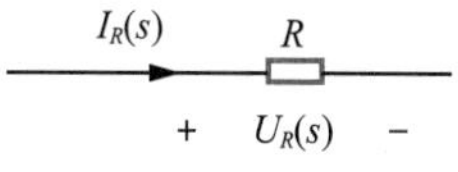　　　图 18.5 电阻的 s 域电路模型

18.5.2 电感 s 域电路模型

图18.6所示电感的电压和电流在时域中满足微分关系，即

$$u_L(t) = L\frac{\mathrm{d}i_L(t)}{\mathrm{d}t} \tag{18.49}$$

式（18.49）等号两边同时进行拉普拉斯变换，根据表18.1中的时域微分性质，可得

$$U_L(s) = L\big[sI_L(s) - i_L(0_-)\big] = sLI_L(s) - Li_L(0_-) \tag{18.50}$$

观察式（18.50）可以发现，如果 $i_L(0_-) = 0\,\text{A}$，则 $U_L(s) = sLI_L(s)$，此时电感在s域仍然满足广义的欧姆定律，其s域阻抗为sL。

式（18.50）中 $Li_L(0_-)$ 的单位显然与电压相同，故其可被视为s域中电压为 $Li_L(0_-)$ 的电压源。可见，式（18.50）表明电感在s域中的电路模型是一个阻抗值为 sL 的阻抗和电压值为 $Li_L(0_-)$ 的电压源串联，如图18.7所示。需要特别注意，图18.7中电压源的电压参考方向与电流参考方向为非关联参考方向，原因是式（18.50）中 $Li_L(0_-)$ 前面有一个负号。

根据等效变换规律，可以将电压源与阻抗串联等效变换为电流源与阻抗并联，因此图18.7也可以等效变换为电流源与阻抗并联，如图18.8所示。在图18.8中，等效阻抗与图18.7相同，等效电流源电流等于图18.7的电压源电压除以电感阻抗。需要特别注意，电流源电流参考方向与等效变换前的电压源电压参考方向为非关联参考方向。

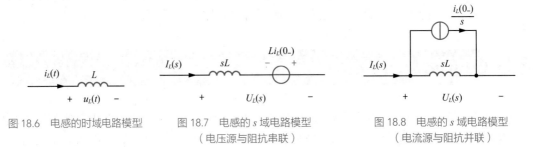

图 18.6　电感的时域电路模型　　　图 18.7　电感的 s 域电路模型　　　图 18.8　电感的 s 域电路模型
（电压源与阻抗串联）　　　　　　（电流源与阻抗并联）

在实际电路分析中，一般采用图18.7所示的电感s域电路模型（电压源与阻抗串联）。图18.8所示的电感s域电路模型（电流源与阻抗并联）一般只在电路并联支路较多的情况下会用到。

18.5.3　电容 s 域电路模型

图18.9所示电容的电流和电压在时域中满足微分关系，即

$$i_C(t) = C\frac{\mathrm{d}u_C(t)}{\mathrm{d}t} \tag{18.51}$$

式（18.51）等号两边同时进行拉普拉斯变换，根据表18.1中的时域微分性质，可得

$$I_C(s) = C\big[sU_C(s) - u_C(0_-)\big] = CsU_C(s) - Cu_C(0_-) \tag{18.52}$$

由式（18.52）可得

$$U_C(s) = C\big[sU_C(s) - u_C(0_-)\big] = \frac{1}{sC}I_C(s) + \frac{u_C(0_-)}{s} \tag{18.53}$$

观察式（18.53）可以发现，如果 $u_C(0_-) = 0\,\text{V}$，则 $U_C(s) = \frac{1}{sC}I_C(s)$，此时电容在$s$域仍然满足广义的欧姆定律，其$s$域阻抗为 $\frac{1}{sC}$。

式（18.53）中 $\dfrac{u_C(0_-)}{s}$ 的单位显然与电压相同，故其可被视为 s 域中电压为 $\dfrac{u_C(0_-)}{s}$ 的电压源。

可见，式（18.53）表明电容在 s 域中的电路模型是一个阻抗值为 $\dfrac{1}{sC}$ 的阻抗和电压值为 $\dfrac{u_C(0_-)}{s}$ 的电压源串联，如图18.10所示。需要特别注意，图18.10中电压源的电压参考方向与电感 s 域电路模型中电压源的电压参考方向刚好相反，千万不可混淆。

图18.10也可以等效变换为电流源与阻抗并联，如图18.11所示。在图18.11中，等效阻抗与图18.10相同，等效电流源电流等于图18.10的电压源电压除以电容阻抗。需要特别注意，电流源电流参考方向与等效变换前的电压源电压参考方向为非关联参考方向。

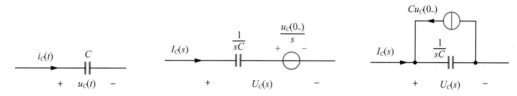

图 18.9　电容的时域电路模型　　　　图 18.10　电容的 s 域电路模型　　　　图 18.11　电容的 s 域电路模型
（电压源与阻抗串联）　　　　　　　（电流源与阻抗并联）

在实际电路分析中，一般采用图18.10所示的电容 s 域电路模型（电压源与阻抗串联）。图18.11所示的电容 s 域电路模型（电流源与阻抗串联）一般只在电路并联支路较多的情况下会用到。

18.5.4　电源 s 域电路模型

电源包含两类：独立电源和受控电源。无论是哪种电源，转换到 s 域都只需要将时域的电压变量和电流变量变成 s 域的电压变量和电流变量。图18.12（a）~图18.12（c）分别给出了独立电压源、独立电流源和电流控制电压源的 s 域电路模型。

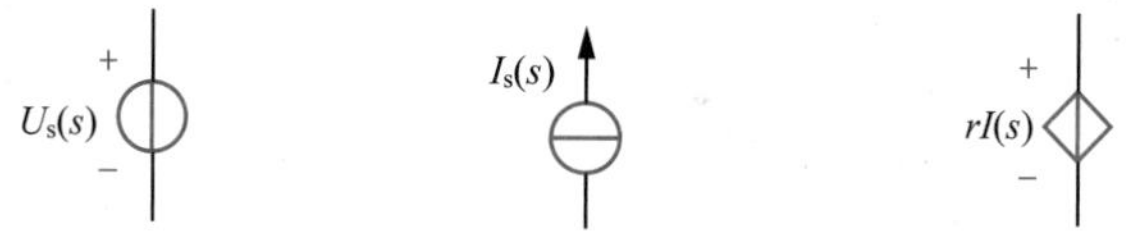

（a）独立电压源　　　（b）独立电流源　　　（c）电流控制电压源

图 18.12　电源的 s 域电路模型

常见电路元件的 s 域电路模型如表18.3所示。

表 18.3　常见电路元件的 s 域电路模型

电路元件	s 域电路模型	电路元件	s 域电路模型
电阻	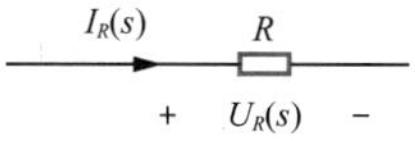	独立电压源	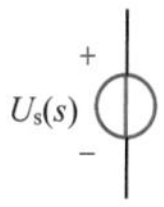
电感	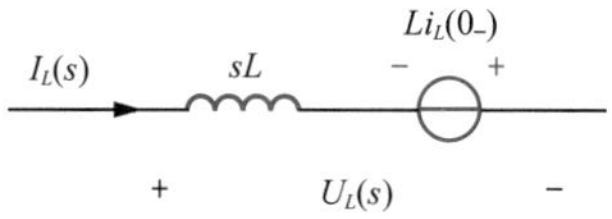	独立电流源	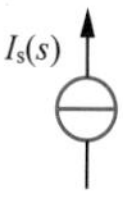
电容	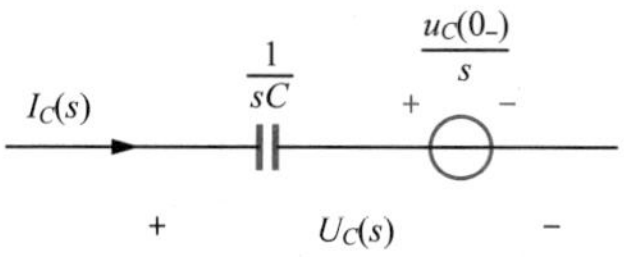	受控电源（以电流控制电压源为例）	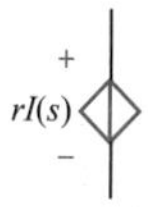

18.5.5　s域基尔霍夫定律

时域中KVL和KCL的表达式分别为

$$\sum [\pm u_k(t)] = 0 \tag{18.54}$$

$$\sum [\pm i_k(t)] = 0 \tag{18.55}$$

根据表18.1中拉普拉斯变换的线性性质，式（18.54）和式（18.55）可分别变换为

$$\sum [\pm U_k(s)] = 0 \tag{18.56}$$

$$\sum [\pm I_k(s)] = 0 \tag{18.57}$$

可见，在s域中KVL和KCL仍然成立。因此以基尔霍夫定律为基础的节点电压法、回路电流法、叠加定理、替代定理、戴维南定理等在s域中仍然成立。也就是说，在s域中，电路分析仍然可以采用前面学过的方法。

下面详细介绍动态电路的s域分析法。

18.6　动态电路的 s 域分析法

动态电路s域分析法的基本思路是对时域电路进行拉普拉斯变换，得到s域电路，然后对s域电路列写方程并求解，最后对s域的解进行拉普拉斯反变换，得到时域的解。

具体来说，动态电路s域分析法包含4个步骤。

第1步：根据表18.3总结的动态电路s域电路模型，将时域电路变换为s域电路。

第2步：根据基尔霍夫定律、节点电压法、回路电流法等列写s域电路的方程。

第3步：解s域电路的方程，得到待求电压和电流的s域表达式。

第4步：根据18.4节介绍的分式展开法和表18.2总结的拉普拉斯变换对进行拉普拉斯反变换，得到时域电压和电流的表达式。

需要注意的是，动态电路s域分析法只适用于线性电路，因为非线性电路无法得到动态电路的s域电路模型。此外，利用s域分析法求解动态电路所得到的时域响应从 $t = 0_-$ 开始，在求冲激响应和阶跃响应等的情况下，必须考虑 $t = 0_-$ 时的响应。不过，在电路分析中，大多数情况下不关注 $t = 0_-$ 时的响应，此时可以只给出 $t > 0$ 时的响应。

下面通过例题具体说明如何利用s域分析法求解动态电路。

例18.7（基础题）　图18.13所示电路中，电压源为直流电压源，已知 $u_C(0_-) = U_0$，开关在 $t = 0$ 时闭合，应用动态电路的s域分析法求开关闭合后的电容电压 $u_C(t)$。

解　第1步：根据表18.3总结的动态电路s域电路模型，将时域电路变换为s域电路。

图18.13中，开关从断开到闭合，起到了单位阶跃函数的作用，与直流电压源共同构成了电压为 $U_s \varepsilon(t)$ 的电压源，如图18.14所示。用单位阶跃函数代替开关作用，是为了便于进行

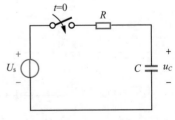

图 18.13　例 18.7 电路图

拉普拉斯变换。单位阶跃函数的拉普拉斯变换为 $\dfrac{1}{s}$。

　　根据表18.3总结的 s 域电路模型，图18.14时域电路可以变换为 s 域电路，如图18.15所示。注意，在 s 域电路中，电容电压必须包含串联电压源的电压。

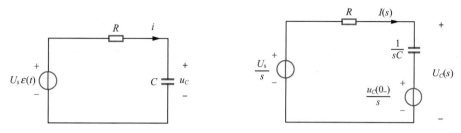

图 18.14　图 18.13 电路用单位阶跃函数代替开关作用　　　图 18.15　由图 18.14 时域电路变换得到的 s 域电路

　　第2步：根据基尔霍夫定律、节点电压法、回路电流法等列写 s 域电路的方程。

　　对图18.15 s 域电路列写KVL方程，可得

$$-\frac{U_s}{s}+RI(s)+\frac{1}{sC}I(s)+\frac{u_C(0_-)}{s}=-\frac{U_s}{s}+RI(s)+\frac{1}{sC}I(s)+\frac{U_0}{s}=0 \tag{18.58}$$

　　第3步：解 s 域电路的方程，得到待求电压和电流的 s 域表达式。

　　由式（18.58）解得 $I(s)=\dfrac{1}{R+\dfrac{1}{sC}}\times\dfrac{U_s-U_0}{s}$。

　　由图18.15可见

$$U_C(s)=\frac{1}{sC}I(s)+\frac{U_0}{s}=\frac{1}{sC}\times\frac{1}{R+\dfrac{1}{sC}}\times\frac{U_s-U_0}{s}+\frac{U_0}{s}=\frac{U_s-U_0+(sRC+1)U_0}{RCs\left(s+\dfrac{1}{sC}\right)} \tag{18.59}$$

　　第4步：根据18.4节介绍的分式展开法和表18.2总结的拉普拉斯变换对进行拉普拉斯反变换，得到时域电压和电流的表达式。

　　由式（18.59）可得

$$U_C(s)=\frac{U_s}{s}+\frac{U_0-U_s}{s+\dfrac{1}{RC}} \tag{18.60}$$

在式（18.60）的推导过程中用到了分式展开式（18.31）（分母为两个不相等实根的情况）。

　　根据表18.2总结的常用拉普拉斯变换对可知，$\mathcal{L}\left[\varepsilon(t)\right]=\dfrac{1}{s}$，$\mathcal{L}\left[\mathrm{e}^{-\frac{t}{RC}}\varepsilon(t)\right]=\dfrac{1}{s+\dfrac{1}{RC}}$。因此，

对式（18.60）进行拉普拉斯反变换，可得开关闭合后电容电压的时域表达式

$$u_C(t)=U_s+\left(U_0-U_s\right)\mathrm{e}^{-\frac{t}{RC}} \tag{18.61}$$

　　式（18.61）与第7章一阶电路求解时得到的表达式相同。第7章的求解方法是先列写时域微分方程，再解微分方程，而本例题是先列写 s 域代数方程，再解代数方程，所以从方法上看有着非常大的区别。对于本例题而言，其实列写和解微分方程更容易，何况第7章还总结了一阶电路的三要素公式，实际解题时连微分方程都不用列写。因此，本例题用 s 域分析法求解

反而更麻烦。

这是否意味着动态电路s域分析法没有用呢？其实不是。用s域分析法进行简单的直流激励一阶电路求解，其实是"杀鸡用牛刀"，自然很不顺手，而"杀牛"才能真正体现"牛刀"的威力，也就是说，s域分析法主要用于阶数较高和激励函数比较复杂的动态电路求解。

同步练习18.7（**基础题**）图18.16所示电路中，电压源为直流电压源，已知$i_L(0_-) = 0 \text{ A}$，开关在$t = 0$时闭合，应用动态电路的s域分析法求开关闭合后的电感电流$i_L(t)$。

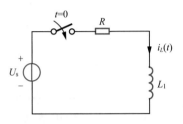

答案：开关闭合后的电感电流$i_L(t) = \dfrac{U_s}{R} - \dfrac{U_s}{R}\text{e}^{-\frac{t}{\frac{L}{R}}} \text{ A}$。

接下来是一个用微分方程法难以求解，用s域分析法却可以流畅求解的较为复杂的动态电路例题。

图 18.16　同步练习 18.7 电路图

例18.8（**提高题**）图18.17所示电路中，已知$i_L(0_-) = 0 \text{ A}$，$u_C(0_-) = 0 \text{ V}$，求$u_C(t)$。

解　图18.17电路显然是一个二阶电路，并且激励函数不是常数。如果采用列写微分方程并求解的方法，则列写微分方程不会很困难，但是解微分方程极为困难，尤其是微分方程的特解根本无从求解。怎么办呢？对于这样一个复杂的动态电路，s域分析法这把"牛刀"就可以派上用场了。

第1步，将图18.17时域电路变换为s域电路，如图18.18所示。图中各参数本来都有单位，但考虑到把单位都标记到电路图中会显得非常凌乱，因此s域电路一般不标记单位。

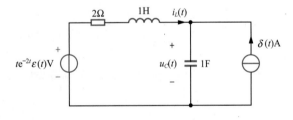

图 18.17　例 18.8 电路图

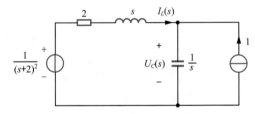

图 18.18　由图 18.17 时域电路变换得到的 s 域电路

第2步，根据图18.18所示s域电路列写节点电压方程

$$\left(\frac{1}{s+2} + s\right)U_C(s) = \frac{\dfrac{1}{(s+2)^2}}{s+2} + 1 \tag{18.62}$$

第3步，解s域电路的方程。由式（18.62）可得

$$U_C(s) = \frac{\dfrac{\dfrac{1}{(s+2)^2}}{s+2}}{\dfrac{1}{s+2} + s} + \frac{1}{\dfrac{1}{s+2} + s} = \frac{1}{(s+1)^2(s+2)^2} + \frac{s+2}{(s+1)^2} \tag{18.63}$$

第4步，求拉普拉斯反变换，得到时域的电容电压表达式。

通过式（18.63）无法直接看出拉普拉斯反变换，因此需要将其展开成分式相加的形式：

$$U_C(s) = \frac{A}{s+1} + \frac{B}{(s+1)^2} + \frac{F}{s+2} + \frac{G}{(s+2)^2} \tag{18.64}$$

式（18.64）中的待定系数可以根据式（18.39）确定，不过确定过程比较麻烦。本例题可以采用因式分解法，快速得到式（18.63）的分式展开式：

$$
\begin{aligned}
U_C(s) &= \left[\frac{1}{(s+1)(s+2)}\right]^2 + \frac{s+1+1}{(s+1)^2} = \left(\frac{1}{s+1} - \frac{1}{s+2}\right)^2 + \frac{1}{s+1} + \frac{1}{(s+1)^2} \\
&= \frac{1}{(s+1)^2} + \frac{1}{(s+2)^2} - 2 \times \frac{1}{s+1} \times \frac{1}{s+2} + \frac{1}{s+1} + \frac{1}{(s+1)^2} \\
&= \frac{1}{(s+1)^2} + \frac{1}{(s+2)^2} - 2 \times \left(\frac{1}{s+1} - \frac{1}{s+2}\right) + \frac{1}{s+1} + \frac{1}{(s+1)^2} \\
&= \frac{-1}{s+1} + \frac{2}{(s+1)^2} + \frac{2}{s+2} + \frac{1}{(s+2)^2}
\end{aligned}
\tag{18.65}
$$

根据表18.2总结的常见拉普拉斯变换对，可得式（18.65）的拉普拉斯反变换

$$u_C(t) = \left(-e^{-t} + 2te^{-t} + 2e^{-2t} + te^{-2t}\right)\varepsilon(t)\ \text{V} \tag{18.66}$$

同步练习18.8（**提高题**）　图18.19所示电路中，已知 $i_L(0_-) = 0\ \text{A}$，$u_C(0_-) = 0\ \text{V}$，求 $u_C(t)$。

答案：$u_C(t) = \left(2e^{-t} - 2e^{-3t}\cos t - 4e^{-3t}\sin t\right)\varepsilon(t)\ \text{V}$。

由于拉普拉斯变换与 0_+ 时刻无关，因此 s 域分析法还特别适合开关动作时电容电压和电感电流发生突变的动态电路求解。下面采用 s 域分析法完成第7章的例7.5。

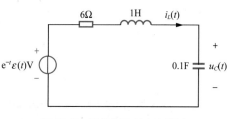

图 18.19　同步练习 18.8 电路图

例18.9（**基础题**）　图18.20所示电路中 U_s 为常数，且电路已达稳态。$t = 0$ 时开关断开，应用 s 域分析法求开关断开后的电感电流 $i_{L1}(t)$。

解　开关断开前，两个电感均相当于短路，显然 L_2 的电流为0，而 L_1 的电流为

$$i_{L1}(0_-) = \frac{U_s}{R_1} \tag{18.67}$$

开关断开后的 s 域电路如图18.21所示。

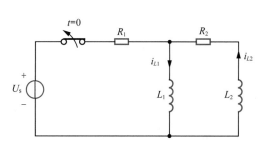

图 18.20　例 18.9 电路图

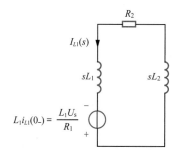

图 18.21　由图 18.20 开关断开后时域电路变换得到的 s 域电路

由图18.21可得

$$I_{L1}(s) = \frac{\dfrac{L_1 U_s}{R_1}}{R_2 + sL_1 + sL_2} = \frac{\dfrac{L_1 U_s}{R_1(L_1 + L_2)}}{s + \dfrac{R_2}{L_1 + L_2}} \qquad (18.68)$$

式（18.68）进行拉普拉斯反变换，可得开关断开后的电感电流表达式

$$i_{L1}(t) = \frac{L_1}{L_1 + L_2}\frac{U_s}{R_1}e^{-\dfrac{t}{\dfrac{L_1 + L_2}{R_2}}} \qquad (18.69)$$

动态电路s域
分析法例题分析

这与第7章例7.5的求解结果相同，但是推导过程被大大简化。因此，本例题如果采用s域分析法，是一道基础题，而如果采用时域分析法，则是一道提高题。

同步练习18.9（基础题）　图18.22所示电路中 U_s 为常数，电路原已达稳态，且已知 $u_{C2}(0_-) = U_2$。$t = 0$时开关闭合，应用s域分析法求开关闭合后的电容电压 $u_{C1}(t)$ 和 $u_{C2}(t)$。

答案：$u_{C1}(t) = \dfrac{C_2}{C_1 + C_2}(U_s - U_2)e^{-\dfrac{t}{R_2(C_1 + C_2)}}$，

$u_{C2}(t) = U_s - \dfrac{C_2}{C_1 + C_2}(U_s - U_2)e^{-\dfrac{t}{R_2(C_1 + C_2)}}$。

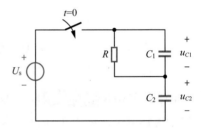

图 18.22　同步练习 18.9 电路图

18.7　s 域传递函数与动态电路的零状态响应

第14章已经介绍了电路的传递函数是以角频率为自变量的函数，其定义为图18.23所示无独立电源的线性电路网络在频域内的输出信号相量与输入信号相量之比：

$$H(j\omega) = \frac{输出信号相量}{输入信号相量} \qquad (18.70)$$

式（18.70）的传递函数定义只适用于稳态响应，严格来说其应被称为频域传递函数。由于本章讲解动态电路暂态响应的s域（复频域）分析，稳态响应的频域传递函数不再适用，因此需要将频域传递函数的定义拓展到s域。

图 18.23　标记输入信号和输出信号的线性电路网络

18.7.1　s 域传递函数

s域传递函数被定义为图18.24所示无独立电源的线性电路网络（网络内所有电容的初始电压为0，所有电感的初始电流为0，即动态电路的初始状态为零状态）在s域内的输出信号（即零状

态响应）与输入信号之比：

$$H(s) = \frac{输出信号(s)}{输入信号(s)} \tag{18.71}$$

之所以要求图18.24中的线性电路网络的初始状态为零状态，是因为根据电容和电感的 s 域电路模型，如果电容电压和电感电流的初值不为0，则电容和电感的 s 域电路模型将包含独立电压源和独立电流源，这与定义 s 域传递函数的前提条件（网络内无独立电源）矛盾。

由于输入信号和输出信号既可能是电压，又可能是电流，因此式（18.71）的比值可能有4种形式：电压比电压、电压比电流、电流比电流、电流比电压。其中最常用的是电压比电压的形式，即

图 18.24　标记输入信号和输出信号的 s 域线性电路网络

$$H(s) = \frac{U_o(s)}{U_i(s)} \tag{18.72}$$

以下在分析和举例时，均采用式（18.72）所示电压比电压的形式。

在 s 域中也可以定义电路的网络函数。网络函数与传递函数的异同在14.1.1小节中已有详细介绍，此处不再赘述。

下面通过例题来说明如何求 s 域传递函数。

例18.10（基础题）求图18.25所示电路的 s 域传递函数 $H(s) = \dfrac{U_C(s)}{U_s(s)}$。

解　图18.25电路的 s 域传递函数为

$$H(s) = \frac{U_C(s)}{U_s(s)} = \frac{\dfrac{1}{sC}}{R + \dfrac{1}{sC}} = \frac{1}{sRC + 1} \tag{18.73}$$

可见，求电路的 s 域传递函数并无任何特别之处，根据 s 域阻抗串联分压求解即可。

如果我们将图18.25电路换成正弦交流电路，如图18.26所示，则频域传递函数

$$H(j\omega) = \frac{\dot{U}_C}{\dot{U}_s} = \frac{\dfrac{1}{j\omega C}}{R + \dfrac{1}{j\omega C}} = \frac{1}{j\omega RC + 1} \tag{18.74}$$

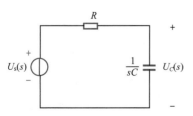

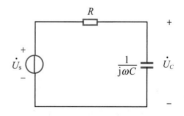

图 18.25　例 18.10 电路图　　　　　图 18.26　图 18.25 电路换成正弦交流电路

观察式（18.73）和式（18.74）可以发现，只要将式（18.73）中的 s 换成 $j\omega$，式（18.73）就

变成了式（18.74），这相当于令 $s = \sigma + j\omega$ 中的 $\sigma = 0$。可见，频域传递函数是 s 域传递函数的一个特例，只要求出 s 域传递函数，就相当于求出了频域传递函数，因此可以通过令 s 域传递函数中的 $s = j\omega$ 来分析电路的频率响应特性。

同步练习18.10（基础题）求图18.27所示电路的 s 域传递函数 $H(s) = \dfrac{U_L(s)}{U_s(s)}$。

答案：$H(s) = \dfrac{U_L(s)}{U_s(s)} = \dfrac{sL}{sL + R}$。

如果电路为时域动态电路，而要求 s 域传递函数，则需要将时域电路变换成 s 域电路。

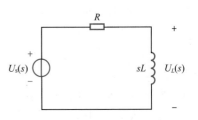

图 18.27 同步练习 18.10 电路图

例18.11（基础题）求图18.28所示电路开关闭合后的 s 域传递函数 $H(s) = \dfrac{U_C(s)}{U_s(s)}$。

解 由图18.28可以得到对应的 s 域电路，如图18.29所示。需要注意的是，求 s 域传递函数时，要求电容电压和电感电流的初值均为0，因此图18.28中电容和电感的 s 域电路模型不含与初值有关的电压源。

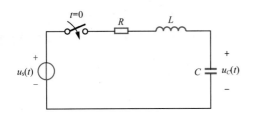

图 18.28 例 18.11 电路图

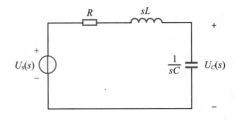

图 18.29 由图 18.28 时域电路变换得到的 s 域电路

由图18.29可得 s 域传递函数为

$$H(s) = \frac{U_C(s)}{U_s(s)} = \frac{\dfrac{1}{sC}}{R + sL + \dfrac{1}{sC}} = \frac{1}{LCs^2 + RCs + 1}$$

同步练习18.11（基础题）求图18.30所示电路开关闭合后的 s 域传递函数 $H(s) = \dfrac{U_R(s)}{U_s(s)}$。

答案：$H(s) = \dfrac{U_R(s)}{U_s(s)} = \dfrac{1}{LCs^2 + \dfrac{L}{R}s + 1}$。

s 域传递函数在电路分析中用处很多，例如，s 域传递函数可用于分析电路的动态响应特性。此外，s 域传递函数的推导比频域传递函数简单，可以先求 s 域传递函数，再将 s 换成 $j\omega$，得到频域传递函数，进而分析正弦交流电路的频率响应特性。s 域传递函数还可用于求动态电路的零状态响应，这就是接下来要介绍的内容。

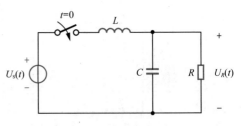

图 18.30 同步练习 18.11 电路图

18.7.2 应用 s 域传递函数求动态电路的零状态响应

s 域传递函数的定义为 $H(s) = \dfrac{输出信号(s)}{输入信号(s)}$。如果输入信号 $(s) = 1$（对应的拉普拉斯反变换为单位冲激函数 $\delta(t)$），则 $H(s) =$ 输出信号 (s)，此时对传递函数 $H(s)$ 做拉普拉斯反变换，即可得到时域的输出信号。可见，s 域传递函数可以用来求单位冲激函数激励下的动态电路零状态响应。

不过，动态电路的激励一般不是单位冲激函数，此时应该如何求零状态响应呢？

由 $H(s) = \dfrac{输出信号(s)}{输入信号(s)}$ 可得

$$输出信号(s) = H(s) 输入信号(s) \tag{18.75}$$

式（18.75）表明，只要求出输入信号的拉普拉斯变换，将其与传递函数 $H(s)$ 相乘，即可得到输出信号的拉普拉斯变换，然后进行反变换即可得到时域的输出信号。

下面举例说明如何应用 s 域传递函数求动态电路的零状态响应。

例18.12（基础题）已知某一电路的传递函数 $H(s) = \dfrac{1}{s+2}$，分别求该电路输入信号为单位冲激函数 $\delta(t)$ 和 $e^{-t}\varepsilon(t)$ 时的输出信号 $y(t)$，即零状态响应。

解 输入信号为单位冲激函数 $\delta(t)$ 时，其输出信号的拉普拉斯变换等于传递函数 $H(s) = \dfrac{1}{s+2}$，此时输出信号为 $y(t) = e^{-2t}\varepsilon(t)$。

输入信号为 $e^{-t}\varepsilon(t)$ 时，其输出信号的拉普拉斯变换为

$$Y(s) = H(s) \times \mathcal{L}\left[e^{-t}\varepsilon(t)\right] = \frac{1}{s+2} \times \frac{1}{s+1} = \frac{1}{s+1} - \frac{1}{s+2} \tag{18.76}$$

对式（18.76）求拉普拉斯反变换可得 $y(t) = \left(e^{-t} - e^{-2t}\right)\varepsilon(t)$。

可见，只要知道电路的 s 域传递函数，求任意输入信号的电路状态响应的步骤都很简单。

同步练习18.12（基础题）已知某一电路的传递函数 $H(s) = \dfrac{s}{s+1}$，分别求该电路输入信号为单位冲激函数 $\delta(t)$ 和 $\cos t\varepsilon(t)$ 时的输出信号 $y(t)$，即零状态响应。

答案：输入信号为单位冲激函数 $\delta(t)$ 时的输出信号 $y(t) = \delta(t) - e^{-t}\varepsilon(t)$。输入信号为 $\cos t\varepsilon(t)$ 时的输出信号 $y(t) = \left(0.8\cos 2t + 0.6\sin 2t - 0.8e^{-t}\right)\varepsilon(t)$。提示：解题过程中用到了分式展开式（18.46）。

例18.13（提高题）已知电路输入信号为 $\varepsilon(t)$ 时的输出信号为 $y(t) = e^{-t}\cos t\varepsilon(t)$，求输入信号为 $e^{-t}\varepsilon(t)$ 时的输出信号 $y(t)$。

解 电路的传递函数为

$$H(s) = \frac{\mathcal{L}\left[e^{-t}\cos t\varepsilon(t)\right]}{\mathcal{L}\left[\varepsilon(t)\right]} = \frac{\dfrac{s}{(s+1)^2 + 1}}{\dfrac{1}{s}} = \frac{s^2}{(s+1)^2 + 1} \tag{18.77}$$

输入信号为 $e^{-t}\varepsilon(t)$ 时的输出信号为

$$Y(s) = H(s)\mathcal{L}\left[e^{-t}\varepsilon(t)\right] = \frac{s^2}{(s+1)^2+1} \times \frac{1}{s+1} = \frac{s^2}{(s+1)\left[(s+1)^2+1\right]} \tag{18.78}$$

式（18.78）可以展开为

$$Y(s) = \frac{K}{s+1} + \frac{A(s+1)}{(s+1)^2+1} + \frac{B}{(s+1)^2+1} \tag{18.79}$$

在式（18.79）的等号两边分别乘以 $s+1$，并令 $s=-1$，可得

$$Y(s)(s+1)\big|_{s=-1} = K+0+0 \tag{18.80}$$

将式（18.78）代入式（18.80），可得

$$K = \frac{s^2}{(s+1)^2+1}\bigg|_{s=-1} = 1 \tag{18.81}$$

在式（18.79）的等号两边分别乘以 $(s+1)^2+1$，并令 $s=-1+j$，可得

$$Y(s)\left[(s+1)^2+1\right]\big|_{s=-1+j} = 0 + \left[A(s+1)+B\right]\big|_{s=-1+j} \tag{18.82}$$

将式（18.78）代入式（18.82），可得

$$\frac{s^2}{s+1}\bigg|_{s=-1+j} = \left[A(s+1)+B\right]\big|_{s=-1+j} \tag{18.83}$$

解得 $A=0$，$B=-2$。

将求得的待定系数代入式（18.79），可得

$$Y(s) = \frac{1}{s+1} + \frac{-2}{(s+1)^2+1} \tag{18.84}$$

对式（18.84）进行拉普拉斯反变换，可得 $y(t) = \left(e^{-t} - 2e^{-t}\sin t\right)\varepsilon(t)$。

同步练习18.13 （提高题） 已知电路输入信号为 $\varepsilon(t)$ 时的输出信号为 $y(t) = 12te^{-3t}\varepsilon(t)$，求输入信号为 $\delta(t)$ 时的输出信号 $y(t)$。

答案： $y(t) = \left(12e^{-3t} - 36te^{-3t}\right)\varepsilon(t)$。提示：解题过程中用到了分式展开式（18.39）。

*18.8 动态电路 s 域分析的应用

动态电路s域分析是一种方法，18.5节 ~ 18.7节所介绍的内容都是动态电路s域分析的应用。除了这些应用，下面还将介绍动态电路s域分析的另外两个应用：解微分方程和判断电路的稳定性。

18.8.1 动态电路 s 域分析用于解微分方程

本小节通过一个例子来说明如何基于动态电路s域分析解微分方程。

第8章解二阶微分方程曾让我们很头疼，因为求解过程很麻烦。下面我们改用s域分析法解二阶微分方程。

例18.14 （基础题） 一个二阶电路的微分方程为 $\dfrac{d^2 u_C(t)}{dt^2} + 2\dfrac{du_C(t)}{dt} + u_C(t) = 6$ ，且 $u_C(0_-) = 2\ \text{V}$ ，

$\dfrac{du_C}{dt}(0_-) = 0$ ，求 $t > 0$ 时的 $u_C(t)$ 。

解 根据表18.1中拉普拉斯变换的时域微分性质，对二阶微分方程进行拉普拉斯变换，可得

$$s^2 U_C(s) - s u_C(0_-) - u_C{}'(0_-) + 2[s U_C(s) - u_C(0_-)] + U_C(s) = \frac{6}{s} \qquad (18.85)$$

代入已知条件，可得

$$U_C(s) = \frac{2(s^2 + 2s + 3)}{s(s+1)^2} \qquad (18.86)$$

对式（18.86）进行分式展开可得

$$U_C(s) = \frac{6}{s} + \frac{-4}{s+1} + \frac{-6}{(s+1)^2} \qquad (18.87)$$

对式（18.87）进行拉普拉斯反变换，可得 $t > 0$ 时的电容电压表达式为

$$u_C(t) = 6 - 4e^{-t} - 6te^{-t}\ \text{V} \qquad (18.88)$$

可见，s 域分析法将电路微分方程求解变换为代数方程求解，简化了计算。对于二阶微分方程，这种简化的作用体现得不太明显，但当微分方程的阶数变高后，s 域分析法的简化作用就会体现得较为明显。

同步练习18.14 （基础题） 一个二阶电路的微分方程为 $\dfrac{d^2 i_L(t)}{dt^2} + 3\dfrac{d i_L(t)}{dt} + 2 i_L(t) = 4$ ，且

$i_L(0_-) = 1\ \text{A}$ ， $\dfrac{d i_L}{dt}(0_-) = 0$ ，求 $t > 0$ 时的 $i_L(t)$ 。

答案： $i_L(t) = 2 - 3e^{-t} + 2e^{-2t}\ \text{A}$ 。

18.8.2 动态电路 s 域分析用于判断电路的稳定性

通过拉普拉斯变换 $F(s) = \dfrac{F_1(s)}{F_2(s)} = \dfrac{F_1(s)}{(s+p_1)(s+p_2)\cdots(s+p_N)}$ 的分式形式可以发现，$F(s)$ 的极点（即分母 $F_2(s) = 0$ 的解）对其拉普拉斯反变换的结果影响极大。无论极点是不等实数，还是相等实数，又或是共轭复数，只要所有极点的实部都小于零，那么 $F(s)$ 的拉普拉斯反变换 $f(t)$ 的每一项中都必然会含有类似 e^{at} （$a < 0$）的衰减因子，这意味着电路是稳定的。反之，只要 $F(s)$ 中出现了实部大于零的极点，那么 $F(s)$ 的拉普拉斯反变换 $f(t)$ 中就至少有一项含有类似 e^{at} （$a > 0$）的增长因子，该增长因子随着时间的增长会趋于无穷大，这意味着电路是不稳定的。可见，通过计算 $F(s)$ 的极点可以判断电路的稳定性。

绝大部分电路都是稳定的，包括本章前面所举的所有电路例子。下面举一个电路不稳定的例子。

例18.15 （基础题） 判断图18.31所示电路的稳定性。

解 根据图18.31列写节点电压方程

$$\left(\frac{1}{1}+\frac{1}{1}+\frac{1}{\frac{1}{s}}\right)U_C(s)=\frac{\frac{10}{s}}{1}-\frac{3\times\frac{\frac{10}{s}-U_C(s)}{1}}{1}$$

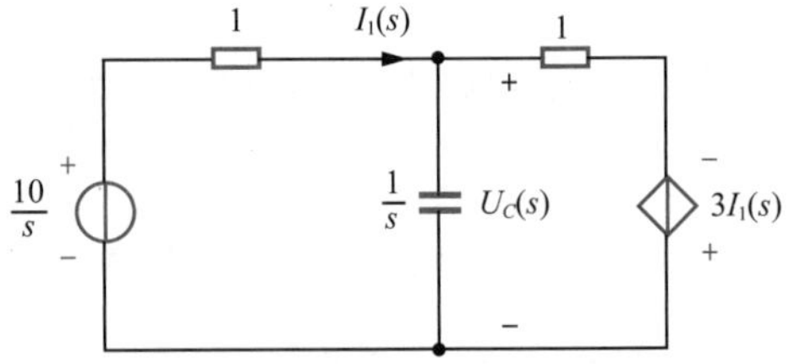

解得

$$U_C(s)=\frac{-20}{s(s-1)}$$

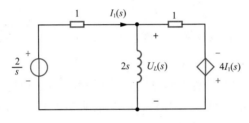

图 18.31　例 18.15 电路图

由于 $U_C(s)$ 含有实部大于零的极点 $s=1$，因此电路不稳定。

同步练习18.15 （基础题） 判断图18.32所示电路的稳定性。

图 18.32　同步练习 18.15 电路图

答案：电路不稳定。

通过计算 $F(s)$ 的极点不但可以判断线性电路的稳定性，还可以判断其他线性系统的稳定性，该知识点在后续的"信号与系统""自动控制理论"等课程中会经常用到。

格物致知

会当凌绝顶，一览众山小

学完本章，相信读者会有两个感受：一是"太难了"；二是"太牛了"。"难"是因为基于拉普拉斯变换分析电路不太容易理解，记忆表18.1总结的常用拉普拉斯变换性质和表18.2总结的常用拉普拉斯变换对很不容易，利用分式展开法求拉普拉斯反变换的待定系数公式也不易理解和记忆。"牛"是因为动态电路s域分析法竟然可以求任意阶数和任意激励函数的动态响应，还可以用来分析频率响应特性、解微分方程和判断系统的稳定性！这让我们想起了一首诗。

杜甫《望岳》诗云：

岱宗夫如何？齐鲁青未了。

造化钟神秀，阴阳割昏晓。

荡胸生层云，决眦入归鸟。

会当凌绝顶，一览众山小。

这首诗告诉我们，要想看到极其壮观的美景，就要爬上高山。而要爬上高山，辛苦攀登是必不可少的。我们在自己的人生中也要追求卓越，这样才能视野开阔，境界高远，举重若轻，为国家和社会做出更大的贡献。

曾经让我们觉得很难的一阶动态电路和二阶动态电路，在 s 域分析法面前变成"小菜一碟"，这充分说明登得高才能望得远。同样，我们在自己的人生中也应不畏艰险，勇攀高峰！

📝 习题

一、复习题

参考答案

18.3节　常用的拉普拉斯变换对

▶ 基础题

18.1　求 $e^{-3t}\varepsilon(t)$ 的拉普拉斯变换。

18.2　求 $2\delta(t)-3\varepsilon(t-2)$ 的拉普拉斯变换。

18.3　求 $\left[3\cos(100t)e^{-t}+4\sin(100t)e^{-2t}\right]\varepsilon(t)$ 的拉普拉斯变换。

▶ 提高题

18.4　求 $e^{-t}\varepsilon(t-2)$ 的拉普拉斯变换。

18.5　求 $t^2 e^{-at}\varepsilon(t)$ 的拉普拉斯变换。

18.4节　分式展开法求拉普拉斯反变换

▶ 基础题

18.6　求 $\dfrac{s+2}{s(s^2-1)}$ 和 $\dfrac{6s^2+26s+26}{(s+1)(s+2)(s+3)}$ 的拉普拉斯反变换。

18.7　求 $\dfrac{4s^2+7s+1}{s(s+1)^2}$ 和 $\dfrac{2s-1}{(s-1)(s+2)^2}$ 的拉普拉斯反变换。

18.8　求 $\dfrac{2s}{3s^2+6s+6}$ 和 $\dfrac{10(s^2+119)}{(s+5)(s^2+10s+169)}$ 的拉普拉斯反变换。

▶ 提高题

18.9　求 $\dfrac{100(s+25)}{s(s+5)^3}$ 的拉普拉斯反变换。

18.10　求 $\dfrac{e^{-s}}{s(s^2+1)}$ 的拉普拉斯反变换。

18.6节 动态电路的s域分析法

▶ **基础题**

18.11 题18.11图所示电路开关S原来断开，已知$u_{C1}(0_-) = u_{C2}(0_-) = 1\text{ V}$，$t > 0$时开关闭合，应用s域分析法求开关闭合后的$u_{C1}(t)$和$u_{C2}(t)$。

18.12 题18.12图所示电路开关S原来断开，已知$u_{C1}(0_-) = 3\text{ V}$，$u_{C2}(0_-) = 0\text{ V}$，$t > 0$时开关闭合，应用s域分析法求开关闭合后的$u_{C1}(t)$和$i(t)$。

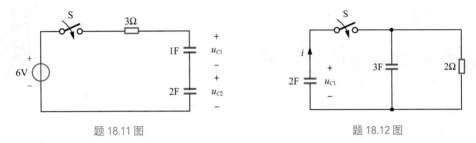

题 18.11 图　　　　　　　　　　　题 18.12 图

18.13 题18.13图所示电路开关S原来断开，电感和电容均无初始储能。$t = 0$时开关闭合，应用s域分析法求开关闭合后的$i(t)$。

18.14 题18.14图所示电路开关S原来断开，且电路已达稳态。$t = 0$时开关闭合，应用s域分析法求开关闭合后的$u_C(t)$。

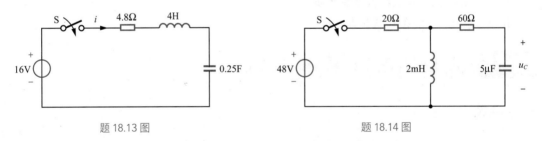

题 18.13 图　　　　　　　　　　　题 18.14 图

▶ **提高题**

18.15 题18.15图所示电路中电压源电压$u_s(t) = \begin{cases} 125\text{ V} & t < 0 \\ 250 - 125\mathrm{e}^{-2t}\text{ V} & t \geqslant 0 \end{cases}$。应用基于拉普拉斯变换的运算法求$t > 0$时的$i_L(t)$。

18.16 题18.16图所示电路开关原来断开，已知$i_L(0_-) = 1\text{ A}$，$t = 0$时开关闭合。应用s域分析法求开关闭合后的$i_L(t)$。

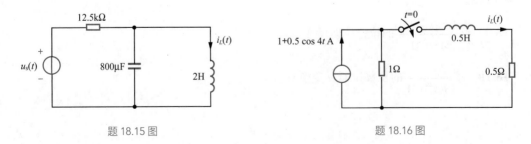

题 18.15 图　　　　　　　　　　　题 18.16 图

18.17 应用 s 域分析法求题18.17图所示电路的 $u_C(t)$。

18.7节 s 域传递函数与动态电路的零状态响应

▶ **基础题**

18.18 求题18.18图所示电路的 s 域传递函数 $H(s) = \dfrac{U(s)}{I_s(s)}$，并求电容电压的单位冲激响应和单位阶跃响应。

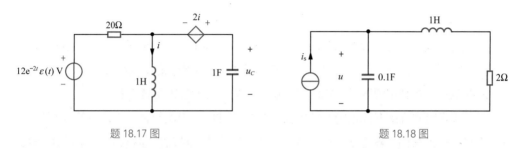

题 18.17 图　　　　　　　　　　　题 18.18 图

▶ **提高题**

18.19 已知一个网络的单位冲激响应为 $h(t) = \left[\mathrm{e}^{-t} \sin\left(\dfrac{\sqrt{2}}{2} t \right) \right] \varepsilon(t)$。（1）求该一端口网络的传递函数 $H(s)$；（2）求该网络的单位阶跃响应。

二、综合题

18.20 题18.20图所示电路中开关S原来断开，且电路已达稳态。$t=0$时开关闭合，应用动态电路的 s 域分析法求开关闭合后的 $i_1(t)$ 和 $i_2(t)$。

18.21 题18.21图所示电路中开关S原来断开，电容无初始储能。$t=0$时开关闭合，应用动态电路的 s 域分析法求开关闭合后的 $u_o(t)$。

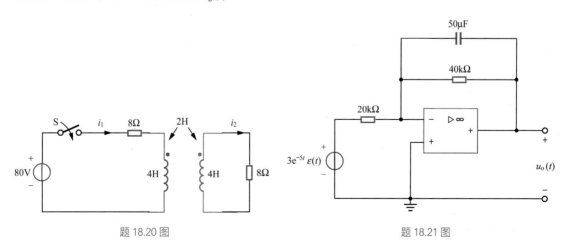

题 18.20 图　　　　　　　　　　　题 18.21 图

第**19**章

非线性电路

经过漫长而又奇妙的电路旅程，我们终于来到了本书的最后一章。最后一章不同于前面任何章节，因为前面所有章节都是关于线性电路的，而本章要介绍的是非线性电路。本章将要展示的电路"风景"较之以往更加瑰丽神奇！

本章首先介绍非线性电路的定义和常见的非线性电路元件，然后介绍非线性电路方程的列写和求解方法，接着分析非线性动态电路的动力学行为，最后介绍非线性电路的应用。

⏻ 学习目标

（1）掌握非线性电路的定义；

（2）了解非线性电路与线性电路的异同；

（3）了解常见的非线性电路元件；

（4）掌握非线性电路方程的列写方法；

（5）掌握非线性电路的小信号分析法；

（6）了解非线性电路的数值求解法；

（7）了解非线性动态电路常见的动力学行为；

（8）了解非线性电路的应用；

（9）锻炼采用合理近似的方式简化复杂问题求解过程的能力。

19.1 非线性电路的定义及与线性电路的比较

19.1.1 非线性电路的定义

给出既严格又容易判断的非线性电路的定义是一件很困难的事。下面我们尝试从不同的角度来给出非线性电路的定义。

非线性电路（nonlinear circuit）的第一种定义：不是线性电路的电路称为非线性电路。这一定义看起来无懈可击，也很容易理解。要想证明一个电路是非线性电路，可以用反证法，即如果一个电路不是线性电路，那么它一定是非线性电路。

可是，如何证明一个电路是线性电路呢？线性电路是满足可加性和齐性的电路，即 $f(ax_1 + bx_2) = af(x_1) + bf(x_2)$。因此，要想证明一个电路是线性电路，就要证明电路满足可加性和齐性。但每个电路都这样去证明既困难又烦琐，因此，非线性电路的第一种定义虽然很严格，却不太适用于判断某个电路是不是非线性电路。

非线性电路的第二种定义：含有非线性电路元件的电路称为非线性电路。这一定义的关键是非线性电路元件。那么，什么是非线性电路元件呢？

非线性电路元件是不满足可加性和齐性的电路元件，即 $f(ax_1 + bx_2) \neq af(x_1) + bf(x_2)$。判断一个电路元件是线性元件还是非线性元件看似不容易，但其实如果一个电路元件的电压与电流关系为 $u = Ri$，那么显然它就是一个线性电路元件，而如果 $u = i^2$，那么显然它就是一个非线性电路元件。

可见，用非线性电路的第二种定义来判断一个电路是不是非线性电路比较容易。可是这种定义不够严格，因为有些电路虽然含有非线性电路元件，但不一定是非线性电路。

例如，运算放大器的图形符号及其输出电压与输入电压的关系曲线如图19.1所示。当运算放大器工作在线性放大区时，它是线性电路元件；当运算放大器工作在饱和区时，它是非线性电路元件（当输入电压为1 V时，输出电压等于正向饱和电压；当输入电压为2 V时，输出电压还是等于正向饱和电压，而没有增大为原来的2倍，因而不满足齐性；当输入电压为3 V时，输出电压仍然等于正向饱和电压，而不等于输入1 V和输入2 V响应的叠加，因而不满足可加性）；当运算放大器既工作在线性放大区，又工作在饱和区时，它是非线性电路元件。那么，运算放大器究竟是线性电路元件，还是非线性电路元件呢？显然，运算放大器只工作在线性放大区时是一个线性电路元件，运算放大器工作进入饱和区就是一个非线性电路元件。因此，仅靠判断电路中是否含有非线性电路元件来判断电路是不是非线性电路是不全面的。事实上，有些电路既是线性电路，又是非线性电路。

综合以上非线性电路的两种定义可知：第一种定义非常严格，但是可操作性差（不容易判断）；第二种定义易于判断电路是不是非线性电路，但不够全面和严格。在实际电路分析中，通常采用第二种定义，如果遇到不够全面和严格的情况，则可以结合第一种定义进行判断。

为什么仅仅一个非线性电路的定义就要绕来绕去，解释这么多呢？这是因为学习任何电路知识，首要的是概念和定义。如果连非线性电路的定义和判断方法都不知道，就直接进行分析，有可能会画蛇添足（明明是线性电路，却用非线性电路的方法分析），也有可能会南辕北辙（明明是非线性电路，却用线性电路的方法分析）。

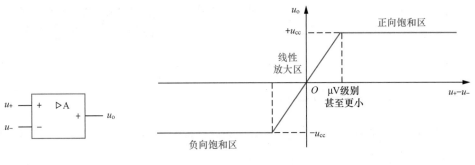

（a）运算放大器图形符号　　　　　　　（b）运算放大器输出电压与输入电压的关系曲线

图 19.1　运算放大器图形符号及其输出电压与输出电压的关系曲线

19.1.2　非线性电路与线性电路的比较

我们了解了非线性电路的定义，但仍不清楚在现实中有哪些常见的非线性电路。

非线性电路在现实中广泛存在。例如，在电力电子电路中，开关是必不可少的电路元件，而开关就是一种非线性电路元件，因此，所有的电力电子电路都是非线性电路。电力电子电路广泛用于开关电源、风力和太阳能发电、直流输电等领域。我们所用的手机、笔记本电脑等都有电源适配器，这些电源适配器的电路都是电力电子电路。再如，变压器在现实中应用广泛。电力系统中的变压器通常工作在线性放大区，可视为线性电路元件，但是如果电力系统发生故障或特殊情况，变压器就很可能会工作在饱和区，此时应将其视为非线性电路元件。又如，热敏电阻也是一种非线性电路元件。顾名思义，热敏电阻对温度敏感，其阻值随着温度的变化而改变。热敏电阻的温度与功率有关，功率又与电流有关，因此热敏电阻的阻值与电流有关，也就是说，它是一种非线性电路元件。热敏电阻在现实中可用于传感测量和电路过流保护等。最后再举一个例子，"电路"的后续课程之一是"模拟电子技术"。在模拟电子电路中，三极管是常见的电路元件，而三极管的电压与电流的关系曲线是非线性曲线（这在"模拟电子技术"课程中会详细讲解），因此凡含有三极管的电子电路都是非线性电路。

以上举例充分说明非线性电路在现实中广泛存在，并且用处很大。那么，为什么本书前面的章节都只介绍线性电路，直到最后一章才介绍非线性电路呢？我们先来比较一下非线性电路和线性电路。

非线性电路与线性电路既有相似之处，又有不同之处。

相似之处：非线性电路和线性电路都满足基尔霍夫定律（KCL和KVL）。

不同之处：

（1）线性电路满足叠加定理和齐性定理，而非线性电路不满足，这由两者的定义决定；

（2）线性电路要么无解，要么有唯一解，而非线性电路可能无解，可能有唯一解，也可能有多个解，例如，$u^2 + 3u + 2 = 0$ 有两个解；

（3）线性电路如果激励是角频率为 ω 的正弦量，那么稳态响应一般也是角频率为 ω 的正弦量，而非线性电路如果激励是角频率为 ω 的正弦量，那么稳态响应一般包含角频率不为 ω 的量，例如，$i = u_s^2 = \left(\cos \omega t\right)^2 = \dfrac{1 + \cos 2\omega t}{2}$，激励是角频率为 ω 的正弦量，稳态响应却包含直流分量和一个 2ω 正弦量，这在线性电路中是不可能的；

（4）非线性电路中可能出现的现象远比线性电路丰富，并且更加复杂，例如，混沌只能在非线性电路中出现，而不可能在线性电路中出现；

（5）非线性电路的分析难度远比线性电路的分析难度大。

可见，非线性电路与线性电路的不同之处远多于相似之处。这是否意味着分析非线性电路与分析线性电路没有什么关系呢？答案是否定的，主要有以下3点原因：

（1）非线性电路和线性电路都满足KCL和KVL，因此列写电路方程的方法基本相同；

（2）非线性电路或多或少含有线性电路元件，线性电路元件显然满足线性特性；

（3）非线性电路比线性电路复杂得多，直接分析非常困难，因此在有些情况下可以对非线性电路进行线性化近似处理，然后采用线性电路的分析方法进行分析。

现在，我们就能回答为什么本书前面的章节都介绍线性电路，直到最后一章才介绍非线性电路了，主要有以下3点原因：

（1）线性电路相对于非线性电路更简单，介绍电路知识应先易后难，因此前面的章节介绍线性电路，最后介绍非线性电路；

（2）由于非线性电路的一些分析方法与线性电路的分析方法相同或相关，因此先介绍线性电路可以为非线性电路的分析打下基础；

（3）非线性电路在现实中广泛存在，线性电路在现实中不仅广泛存在，而且相对容易分析，因此先大篇幅介绍线性电路是合情合理的。

非线性电路在现实中广泛存在，按理说也应该大篇幅介绍，不应该只用最后一章介绍，但是"电路"课程课时有限，本书篇幅也有限，因此仅在本章做简要介绍。读者要想更深入地了解和分析非线性电路，建议在后续课程中学习或自学相关知识。

19.2　非线性电路元件

非线性电路的关键是非线性电路元件。非线性电路元件有很多，无法一一介绍，下面介绍几种常见的非线性电路元件。

19.2.1　非线性电阻

线性电阻满足欧姆定律，其电压与电流之间为线性代数关系，即 $u = Ri$，而图19.2所示非线性电阻的电压与电流之间为非线性代数关系：

$$i = g(u) \tag{19.1}$$

或

$$u = f(i) \tag{19.2}$$

式（19.1）和式（19.2）中，$g(u)$ 和 $f(i)$ 为非线性函数。

为了使非线性电阻的电压与电流关系更直观，下面给出几种非线性电阻的电压与电流关系曲线，如图19.3所示。

由图19.3（a）可见，每一个电压值对应一个电流值，而每一个电流值对应两个可能的电压值，这种非线性电阻称为压控型非线性电阻，其电压与电流关系可用式（19.1）表示。

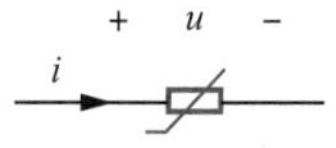

图 19.2　非线性电阻的图形符号

由图19.3（b）可见，每一个电流值对应一个电压值，而每一个电压值对应两个可能的电流值，这种非线性电阻称为流控型非线性电阻，其电压与电流关系可用式（19.2）表示。

由图19.3（c）可见，电压与电流一一对应，此时不需要区分是流控型还是压控型，电压与电流关系用式（19.1）或式（19.2）表示都可以。

图19.3（d）的电压与电流关系曲线是分段折线，对应的电路元件也是非线性电路元件，读者可以自己判断一下其是压控型还是流控型。

在现实中，PN结二极管、隧道二极管、碳化硅电阻、避雷器等都是非线性电阻。

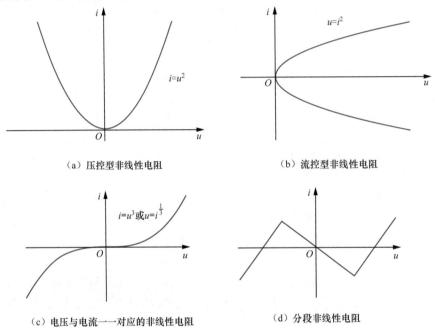

（a）压控型非线性电阻　　　　　　　　　　　（b）流控型非线性电阻

（c）电压与电流一一对应的非线性电阻　　　　　　（d）分段非线性电阻

图 19.3　非线性电阻的电压与电流关系曲线

19.2.2　非线性电感

线性电感的磁链与电流满足线性代数关系，即 $\psi = Li$；电压与电流满足线性微分关系，即 $u = L\dfrac{\mathrm{d}i}{\mathrm{d}t}$；而图19.4所示非线性电感的磁链与电流之间为非线性代数关系：

$$\psi = f(i) \qquad\qquad （19.3）$$

根据法拉第电磁感应定律，可得

$$u = \frac{\mathrm{d}\psi}{\mathrm{d}t} = \frac{\mathrm{d}[f(i)]}{\mathrm{d}t} = \frac{\mathrm{d}[f(i)]}{\mathrm{d}i}\frac{\mathrm{d}i}{\mathrm{d}t} \qquad （19.4）$$

图 19.4　非线性电感的图形符号

可见，非线性电感的电压与电流之间为非线性微分关系。

在现实中，铁芯电感是典型的非线性电感，其磁链与电流关系曲线如图19.5所示，图中忽略了磁滞效应。

由图19.5可见，当电流值较小时，磁链 ψ 与电流 i 近似为线性关系，此时铁芯电感可近似为线性电感；但当电流值较大时，磁链 ψ 与电流 i 为非线性关系，并且随着电流 i 的进一步增大，磁链 ψ 会趋于饱和。

19.2.3　非线性电容

线性电容的电量与电压满足线性代数关系，即 $q = Cu$；电流与电压满足线性微分关系，即 $i = C\dfrac{\mathrm{d}u}{\mathrm{d}t}$；而图19.6所示非线性电容的电量与电压之间为非线性代数关系：

$$q = f(u) \tag{19.5}$$

根据电流的定义，可得

$$i = \frac{\mathrm{d}q}{\mathrm{d}t} = \frac{\mathrm{d}\left[f(u)\right]}{\mathrm{d}t} = \frac{\mathrm{d}\left[f(u)\right]}{\mathrm{d}u}\frac{\mathrm{d}u}{\mathrm{d}t} \tag{19.6}$$

可见，非线性电容的电流与电压之间为非线性微分关系。

在现实中，某些电容的绝缘介质采用陶瓷材料（如二氧化钛、钛酸钡、钛酸锶等）制造而成，这类电容称为陶瓷电容。陶瓷电容的电量与电压呈现图19.7所示的非线性关系曲线。

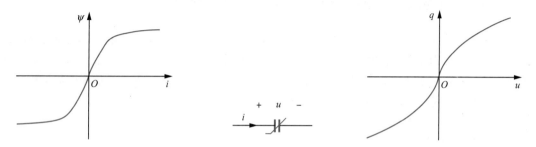

图 19.5　铁芯电感的磁链与电流关系曲线　图 19.6　非线性电容的图形符号　图 19.7　陶瓷电容的电量与电压关系曲线

19.2.4　开关

理想开关（ideal switch）的图形符号如图19.8所示。显然，理想开关闭合时，$u = 0$，i 由外电路决定；理想开关断开时，$i = 0$，u 由外电路决定。理想开关的电压与电流关系曲线如图19.9所示。

由图19.8和图19.9可见，理想开关在闭合时相当于阻值为0的电阻，在断开时相当于阻值为无穷大的电阻，因此理想开关可视为分段非线性电阻，也就是说，理想开关是非线性电阻中的一种非常特殊的类型。

在现实中，开关无处不在，并且种类繁多。例如，仅电力电子电路中所用的半导体开关，就有二极管、晶闸管、MOSFET等，图形符号如图19.10所示。

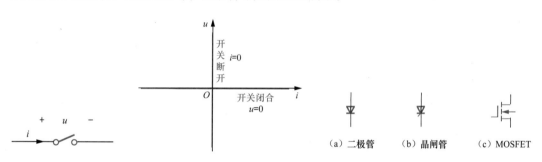

图 19.8　理想开关的　　图 19.9　理想开关的电压与电流关系曲线　　图 19.10　半导体开关的图形符号
　　　　图形符号

半导体开关的开关特性无法做到理想，例如，导通和关断都需要时间（虽然时间很短），导通时阻值不为0（虽然阻值很小）。在实际电路分析中，如果对分析精度要求不高，半导体开关一般可以近似视为理想开关。

由于开关的性质极为特殊，其功能也极为强大，远远超出其他非线性电阻，因此开关在本小节单独介绍，而不是在19.2.1小节介绍。

19.3　非线性电路的方程

当电路中有非线性电路元件时，电路为非线性电路。分析非线性电路首先要列写非线性电路的方程，下面介绍非线性电路方程的列写方法。

19.3.1　不含动态元件的非线性电阻电路的代数方程

当非线性电路的非线性电路元件只有非线性电阻，且电路中不含电容和电感等动态元件时，非线性电路的方程为非线性代数方程，其列写方法与线性电阻电路方程的列写方法基本相同，唯一不同的是在方程中要体现非线性电阻的电压与电流关系。下面通过例题来具体说明如何列写不含动态元件的非线性电阻电路的方程。

例19.1　（**基础题**）已知图19.11所示电路中的非线性电阻的电压与电流关系为 $u = 2i^3$，请列写电路的方程。

解　图19.11电路只有一个回路，因此不需要列写KCL方程，只需要列写KVL方程：

$$-10 + u + 5i = 0 \tag{19.7}$$

将非线性电阻的电压与电流关系 $u = 2i^3$ 代入式（19.7），可得

$$-10 + 2i^3 + 5i = 0 \tag{19.8}$$

由以上列写过程可见，当电路中有非线性电阻时，相对于以往的线性电路，列写方程时只需要增加一个步骤，就是将非线性电阻的电压与电流关系代入方程。

同步练习19.1　（**基础题**）已知图19.12所示电路中的非线性电阻的电压与电流关系为 $i = 3u^2$，请列写电路的方程。

答案：$2 = 3u^2 + u$ 。

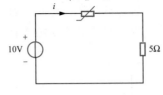

图 19.11　例 19.1 电路图

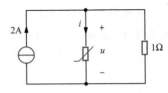

图 19.12　同步练习 19.1 电路图

例19.2　（**提高题**）已知图19.13所示电路中的非线性电阻的电压与电流关系为 $i = 3u^2$，请列写电路的节点电压方程。

解　图19.13所示电路的节点电压方程为

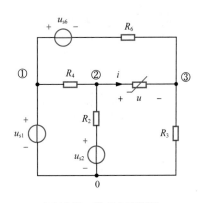

$$u_{n1} = u_{s1}$$
$$-\frac{1}{R_4}u_{n1} + \left(\frac{1}{R_2} + \frac{1}{R_4}\right)u_{n2} = \frac{u_{s2}}{R_2} - i = \frac{u_{s2}}{R_2} - 3u^2$$
$$-\frac{1}{R_6}u_{n1} + \left(\frac{1}{R_3} + \frac{1}{R_6}\right)u_{n3} = -\frac{u_{s6}}{R_6} + i = -\frac{u_{s6}}{R_6} + 3u^2$$
$$u_{n2} - u_{n3} = u$$

该方程可以进一步整理为

$$u_{n1} = u_{s1}$$
$$-\frac{1}{R_4}u_{n1} + \left(\frac{1}{R_2} + \frac{1}{R_4}\right)u_{n2} + 3\left(u_{n2} - u_{n3}\right)^2 = \frac{u_{s2}}{R_2}$$
$$-\frac{1}{R_6}u_{n1} + \left(\frac{1}{R_3} + \frac{1}{R_6}\right)u_{n3} - 3\left(u_{n2} - u_{n3}\right)^2 = -\frac{u_{s6}}{R_6}$$

图 19.13　例 19.2 电路图

可见，列写节点电压方程时，根据非线性电阻的电压与电流关系式（压控型非线性电阻），可以将非线性电阻视为一个非线性的电压控制电流源。

如果非线性电阻的电压与电流关系式为 $u = f(i)$（流控型非线性电阻），那么在列写方程时，将线性电阻视为非线性电流控制电压源即可。同步练习19.2就是这样的例子。

同步练习19.2（提高题）已知图19.14所示电路中的非线性电阻的电压与电流关系为 $u = 3i^2$，请列写电路的节点电压方程。

答案：
$$\left(\frac{1}{R_1} + \frac{1}{R_4} + \frac{1}{R_6}\right)u_{n1} - \frac{1}{R_4}u_{n2} - \frac{1}{R_6}u_{n3} = \frac{u_{s1}}{R_1}$$
$$-\frac{1}{R_4}u_{n1} + \left(\frac{1}{R_2} + \frac{1}{R_4}\right)u_{n2} = \frac{u_{s2}}{R_2} - i$$
$$-\frac{1}{R_6}u_{n1} + \left(\frac{1}{R_3} + \frac{1}{R_6}\right)u_{n3} = i$$
$$u_{n2} - u_{n3} = u$$
$$u = 3i^2$$

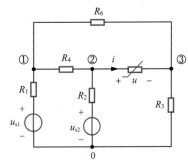

图 19.14　同步练习 19.2 电路图

19.3.2　非线性动态电路的微分方程

非线性动态电路的方程为微分方程，其列写方法分两种情况：一是电路中有非线性电阻，动态元件为线性电容和线性电感；二是电路中有非线性电容或非线性电感。

对于电路中有非线性电阻，动态元件为线性电容和线性电感的情况，其微分方程的列写方法与线性动态电路微分方程的列写方法基本相同，只需要在方程中反映非线性电阻的电压与电流关系。下面通过例题来具体说明如何列写这种情况下电路的微分方程。

例19.3（基础题）已知图19.15所示电路中的非线性电阻的电压与电流关系为 $u = 2i^3$，请列写电路的微分方程。

解　图19.15电路只有一个回路，因此不需要列写KCL方程，只需要列写KVL方程：

$$-10+u+2\frac{\mathrm{d}i}{\mathrm{d}t}=0 \qquad (19.9)$$

将非线性电阻的电压与电流关系 $u=2i^3$ 代入式（19.9），可得

$$-10+2i^3+2\frac{\mathrm{d}i}{\mathrm{d}t}=0 \qquad (19.10)$$

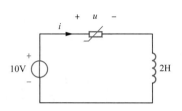

图 19.15　例 19.3 电路图

这就是图19.15电路的微分方程，该微分方程显然是一个非线性微分方程。

同步练习19.3（基础题）已知图19.16所示电路中的非线性电阻的电压与电流关系为 $i=5u^2$，请列写电路的微分方程。

答案：$5\times(10-u_C)^2=2\dfrac{\mathrm{d}u_C}{\mathrm{d}t}$。

对于电路中有非线性电感或非线性电容的情况，其微分方程的列写方法与线性动态电路微分方程的列写方法基本相同，不过需要将非线性电感或非线性电容的非线性代数表达式转化为电压与电流的非线性微分表达式，然后代入方程。下面通过例题来具体说明如何列写这种情况下电路的微分方程。

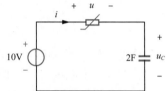

图 19.16　同步练习 19.3 电路图

例19.4（提高题）列写图19.17所示电路的微分方程。

解　图19.17电路的KVL方程为

$$-10+5i+u=0 \qquad (19.11)$$

根据法拉第电磁感应定律和非线性电感的磁链与电流关系式，可得

$$u=\frac{\mathrm{d}\psi}{\mathrm{d}t}=\frac{\mathrm{d}(2i^3)}{\mathrm{d}t}=\frac{\mathrm{d}(2i^3)}{\mathrm{d}i}\frac{\mathrm{d}i}{\mathrm{d}t}=6i^2\frac{\mathrm{d}i}{\mathrm{d}t} \qquad (19.12)$$

将式（19.12）代入式（19.11），可得

$$-6i^2\frac{\mathrm{d}i}{\mathrm{d}t}+5i=10 \qquad (19.13)$$

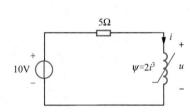

图 19.17　例 19.4 电路图

同步练习19.4（提高题）列写图19.18所示电路的微分方程。

答案：$20u\dfrac{\mathrm{d}u}{\mathrm{d}t}+u=10$。

列写非线性电路的方程后，接下来就要解方程。可是，只有极少数非线性电路的方程可以直接求解，如 $u^2+3u+2=0$。如果非线性电路方程中有随时间变化的量，甚至方程本身就是微分方程，则很难直接得到方程的解析解，且在大

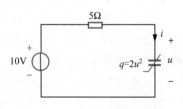

图 19.18　同步练习 19.4 电路图

非线性电路状态方程例题分析

多数情况下根本得不到解析解。例如，方程 $u^5 + 3u + 2 = 0.1\cos\omega t$ 只是一个非线性代数方程，但难以求出其解析解，$u^3 \dfrac{\mathrm{d}^2 u}{\mathrm{d}t^2} + u\dfrac{\mathrm{d}u}{\mathrm{d}t} + 2 = 3\cos\omega t$ 是一个并不太复杂的非线性微分方程，但也很难求出其解析解。

解非线性电路方程的方法有很多，如小信号分析法、谐波平衡法、分段线性化求解法和数值求解法等。在众多求解方法中，小信号分析法和数值求解法较为常用。其中，小信号分析法只适用于特定的情况，这将在接下来的19.4节介绍；数值求解法适用于任意非线性电路方程，这将在19.5节介绍。其他非线性电路方程的求解方法在实际的非线性电路分析中使用较少，因此本书不进行介绍。读者如果感兴趣，可以自行查阅相关资料进行学习。

19.4 非线性电路的小信号分析法

小信号分析法（small signal analysis method）是求解非线性电路的一种常用方法，其基本思想是，在一定的前提条件下，将非线性电路的非线性方程近似为线性方程，或者把非线性电路近似为线性电路。注意，这里用的是"近似"，并且要求满足一定的前提条件。

明明是非线性电路和非线性方程，怎么可以近似为线性电路和线性方程呢？我们做一个类比即可说明这种"近似"在一定条件下是可以成立的。

我们平常走路时，速度不可能完全均匀，也就是速度会不断变化，是变速运动。可是，如果我们选择走路过程中一段极短的时间，那么在这段极短的时间内，我们的速度虽然会变化，但变化极小，因此可以近似认为这段极短时间内的运动为匀速运动。可见，用"匀速"来近似"变速"，貌似不合理，但在极短的时间内则合乎情理。

在一定的前提条件下，小信号分析法既适用于不含动态元件的非线性电阻电路，也适用于非线性动态电路。下面分别介绍这两种情况下的小信号分析法。

19.4.1 不含动态元件的非线性电阻电路的小信号分析法

如果非线性电路不含动态元件，则电路中的非线性电路元件为非线性电阻。

假设非线性电阻的电压与电流关系曲线如图19.19所示。图19.19中的曲线从总体上看是非线性曲线，但是如果只取曲线中的很小一段，那么这很小的一段"曲线"可以近似为"直线"，从而可以将"非线性"近似为"线性"。由于这一段"很小"，因此这种方法被称为"小"信号分析法。那么"小"到什么程度才算是"很小"呢？

第一种判断方法是用眼睛观察感觉某一段近似于直线，就可以认为这一段"很小"。例如，图19.20所示曲线上的第1段和第2段可以近似认为是"很小"的一段，而第3段用直线代替曲线显然误差较大，不能视为"很小"的一段，即不能视为小信号。将第1段和第2段比较，显然第2段比第1段长得多，但第1段和第2段都符合"小"的要求。将第2段和第3段比较，两段曲线长短差不多，但第2段可视为"小"，而第3段只能视为"大"。可见，不能以曲线的长短来判断信号是"大"还是"小"，而应以是否可以用直线近似代替来判断"大小"。

第一种判断方法显然过于依赖直觉，是一种定性的判断方法。下面介绍的第二种判断方法是从数学角度给出的定量的判断方法。

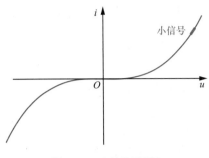
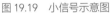

图 19.19 小信号示意图

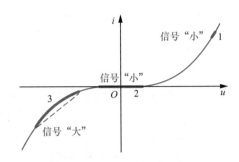

图 19.20 判断信号"大小"的示意图

由高等数学知识可知，非线性函数 $f(x)$ 可以展开为泰勒级数：

$$f(x_0 + \Delta x) = f(x_0) + f'(x_0)\Delta x + \frac{1}{2!}f''(x_0)(\Delta x)^2 + \cdots + \frac{1}{\infty!}f^{(\infty)}(x_0)(\Delta x)^\infty \quad (19.14)$$

当式（19.14）中的 Δx 非常小时，Δx 的高阶项可以忽略，此时式（19.14）可以近似为

$$f(x_0 + \Delta x) \approx f(x_0) + f'(x_0)\Delta x \quad (19.15)$$

可见，式（19.15）将非线性函数近似为线性函数（曲线近似为直线）。

判断式（19.15）是否成立，关键是判断 $\frac{1}{2!}f''(x_0)(\Delta x)^2 + \cdots + \frac{1}{\infty!}f^{(\infty)}(x_0)(\Delta x)^\infty$ 相对于 $f'(x_0)\Delta x$ 而言是否足够小。这样的定量判断方法其实并不容易操作，因此泰勒级数展开的主要作用是从理论上证明，在小信号（Δx 很小）的前提下，可以用线性函数来近似表示非线性函数。实际判断是否满足小信号的条件，一般采用第一种判断方法。

如果非线性电阻电路满足小信号的条件，那么该如何分析电路呢？接下来结合例题从两种不同的角度具体介绍小信号分析法：一是数学角度；二是电路与数学相结合的角度。

例19.5 （提高题）已知图19.21所示电路中的非

线性电阻的电压与电流关系为 $i = g(u) = \begin{cases} u^2 & u \geq 0 \\ 0 & u < 0 \end{cases}$，

用小信号分析法求 u。

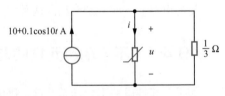

图 19.21 例 19.5 电路图

解 首先从数学角度介绍小信号分析法的求解过程。

图19.21电路的KCL方程为

$$i + \frac{u}{1/3} = 10 + 0.1\cos 10t \quad (19.16)$$

将非线性电阻的电压与电流关系式代入式（19.16），可得

$$u^2 + 3u = 10 + 0.1\cos 10t \quad (19.17)$$

假设 $u = u_0 + \Delta u$（u_0 为常数），将其代入式（19.17），可得

$$(u_0 + \Delta u)^2 + 3(u_0 + \Delta u) = 10 + 0.1\cos 10t \quad (19.18)$$

对式（19.18）进一步整理，可得

$$u_0^2 + 2u_0\Delta u + (\Delta u)^2 + 3u_0 + 3\Delta u = 10 + 0.1\cos 10t \quad (19.19)$$

当 Δu 非常小，满足小信号的条件时，式（19.19）中的 $(\Delta u)^2$ 可以忽略，此时式（19.19）变为

$$u_0^2 + 3u_0 + (2u_0 + 3)\Delta u = 10 + 0.1\cos10t \qquad (19.20)$$

由于 u_0 为常数，因此式（19.20）需要满足常数项和非常数项分别相等，由此可得

$$u_0^2 + 3u_0 = 10 \qquad (19.21)$$

$$(2u_0 + 3)\Delta u = 0.1\cos10t \qquad (19.22)$$

由式（19.21）可以解得 $u_0 = 2\,\text{V}$ 或 $u_0 = -5\,\text{V}$。如果 $u_0 = -5\,\text{V}$，由非线性电阻的电压与电流关系 $i = g(u) = \begin{cases} u^2 & u \geq 0 \\ 0 & u < 0 \end{cases}$ 可得 $i = 0\,\text{A}$，将此电流代入图19.21，可知非线性电阻上没有电流，线性电阻上的电流等于电流源电流，因此线性电阻上的电压为 $(10 + 0.1\cos10t) \times \dfrac{1}{3}$，这显然与 $u_0 = -5\,\text{V}$ 矛盾，因此 $u_0 = -5\,\text{V}$ 这个解需要舍去。用同样的方法可以判断 $u_0 = 2\,\text{V}$ 这个解不需要舍去。

将 $u_0 = 2\,\text{V}$ 代入式（19.22），可得

$$\Delta u = \frac{1}{70}\cos10t\,\text{V}$$

因此

$$u = u_0 + \Delta u = 2 + \frac{1}{70}\cos10t\,\text{V}$$

以上是从数学角度进行小信号分析，思路简单清晰，易于理解。不过，感觉好像在做数学题，而不是电路题。下面我们从电路与数学相结合的角度介绍小信号分析法的求解过程。

小信号分析法的前提是信号的波动范围很小，由此可以将信号分解为常数和微小的波动量之和，即 $u = u_0 + \Delta u$，其中 u_0 表示常数，对应的点称为静态工作点，Δu 表示微小的波动量。由于信号的波动范围很小，因此电路可以近似视为线性电路，满足叠加定理，也就是说，u_0 和 Δu 可以分别视为直流激励和交流激励单独作用所产生的响应。在可以线性近似的情况下，总的响应等于各激励单独作用所产生的响应的叠加。下面分别求这两部分激励单独作用时的响应。

当图19.21电路中的直流激励单独作用时，电路如图19.22所示。

对图19.22电路列写KCL方程，并将非线性电阻的电压与电流关系式代入其中，可得

$$u_0^2 + 3u_0 = 10$$

解得 $u_0 = 2\,\text{V}$ 或 $u_0 = -5\,\text{V}$（舍去）。

接下来求正弦交流激励（小信号激励）单独作用时的响应。

当图19.21电路中的正弦交流激励单独作用时，电路如图19.23所示。

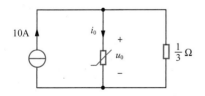

图 19.22 图 19.21 电路中直流激励单独作用时的电路

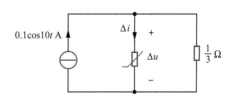

图 19.23 图 19.21 电路中正弦交流激励单独作用时的电路

由于图19.23电路中非线性电阻上的电压与电流都非常小，因此非线性电阻可以近似为线性

电阻，其阻值为非线性函数在静态工作点 u_0 处的斜率，即

$$R_\mathrm{d} = \frac{\Delta u}{\Delta i} = \frac{1}{\dfrac{\Delta i}{\Delta u}} \approx \frac{1}{\dfrac{\mathrm{d}i}{\mathrm{d}u}} = \frac{1}{\left.\dfrac{\mathrm{d}\left(u^2\right)}{\mathrm{d}u}\right|_{u=u_0}} = \frac{1}{2u_0} = \frac{1}{4}\,\Omega$$

近似的线性电阻 R_d 称为动态电阻。将图19.23中的非线性电阻近似为线性电阻后，电路如图19.24所示。

由图19.24可得

$$\Delta u = \frac{\dfrac{1}{4} \times \dfrac{1}{3}}{\dfrac{1}{4} + \dfrac{1}{3}} \times 0.1\cos 10t = \frac{1}{70}\cos 10t\ \mathrm{V}$$

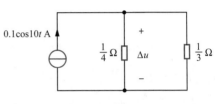

图 19.24　图 19.21 电路中正弦交流激励
单独作用时的近似线性电路

根据叠加定理可得

$$u = u_0 + \Delta u = 2 + \frac{1}{70}\cos 10t\ \mathrm{V}$$

这与从数学角度介绍的小信号分析法的结果相同。

可见，以上两种不同角度的小信号分析法各有优缺点：从数学角度出发，思路简单清晰，但是较为枯燥；从电路与数学相结合的角度出发，亲切易接受，但是不易理解。

同步练习19.5（提高题）已知图19.25所示电路中的非线性电阻的电压与电流关系为

$$u = f(i) = \begin{cases} i^2 & i \geq 0 \\ 0 & i < 0 \end{cases}$$，请用小信号分析法求 i 。

答案：$i = 1 + 0.05\cos 2t\ \mathrm{A}$ 。

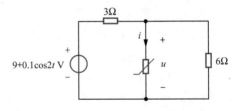

图 19.25　同步练习 19.5 电路图

*19.4.2　非线性动态电路的小信号分析法

如果非线性电路含有动态元件，则列写的方程为非线性微分方程，解非线性微分方程的难度比解非线性代数方程更高。此时如果满足小信号条件，也可以基于小信号分析法分析非线性动态电路，分析思路与非线性电阻电路的小信号分析法类似，但又略有不同。下面结合例题介绍非线性动态电路的小信号分析法。

非线性电阻电路
小信号分析法
例题分析

例19.6（提高题）已知图19.26所示电路中的非线性电阻的电压与电流关系为 $i = g(u) = u^3$ ，请列写电路的微分方程，并用小信号分析法对微分方程进行初步分析。

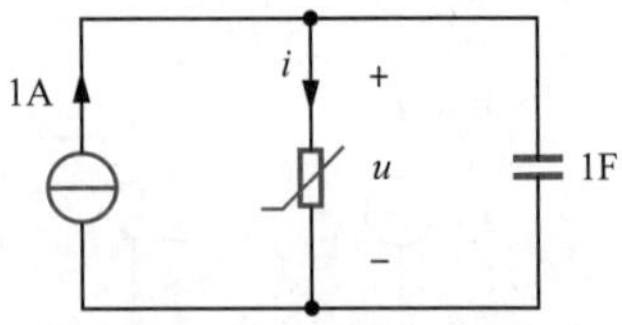

解　图19.26电路的KCL方程为

$$1 = i + C\frac{\mathrm{d}u}{\mathrm{d}t} \tag{19.23}$$

代入已知条件，可得

图 19.26　例 19.6 电路图

$$\frac{\mathrm{d}u}{\mathrm{d}t} = 1 - u^3 \qquad (19.24)$$

虽然该微分方程因过于简单而可以直接求解，但本例题的重点在于通过简单的例子介绍非线性动态电路的小信号分析法，因此假定该微分方程难以求解。

当式（19.24）微分方程的等号右边等于零，即

$$1 - u^3 = 0 \qquad (19.25)$$

时，$\frac{\mathrm{d}u}{\mathrm{d}t} = 0$，此时电容电压不再随时间变化。式（19.25）的解 $u_0 = 1\,\mathrm{V}$ 称为非线性微分方程的平衡点。非线性动态电路的小信号分析法就是要分析微分方程在平衡点附近小范围内的变化规律。因为变化范围很小，因此称为小信号分析法。

在满足小信号条件的情况下，令 $u = u_0 + \Delta u = 1 + \Delta u$，将其代入式（19.24），可得

$$\frac{\mathrm{d}(1 + \Delta u)}{\mathrm{d}t} = 1 - (1 + \Delta u)^3 \qquad (19.26)$$

对式（19.26）等号右边进行泰勒级数展开，并忽略 Δu 的高阶项，可得

$$\frac{\mathrm{d}(\Delta u)}{\mathrm{d}t} = -3 \times 1^2 \times \Delta u = -3\Delta u \qquad (19.27)$$

显然，式（19.27）为线性微分方程，这样一来，就将非线性微分方程近似为了关于小信号的线性微分方程。

式（19.27）的解为

$$\Delta u = \mathrm{e}^{-3t}\,\mathrm{V} \qquad (19.28)$$

因此

$$u = u_0 + \Delta u = 1 + \mathrm{e}^{-3t}\,\mathrm{V} \qquad (19.29)$$

注意，式（19.29）只是电容电压在平衡点附近小范围内（数学中称为邻域）的近似表达式，并不是电容电压的真正表达式。式（19.29）可以体现平衡点附近的电路响应规律，显然，随着时间的增长电容电压会最终收敛到 1 V。

同步练习19.6（提高题）已知图19.27所示电路中的非线性电阻的电压与电流关系为 $u = f(i) = i^3$，列写电路的微分方程，并用小信号分析法对微分方程进行初步分析。

答案：微分方程为 $\frac{\mathrm{d}i}{\mathrm{d}t} = 4 - \frac{i^3}{2}$，平衡点为 $i_0 = 2\,\mathrm{A}$，在平衡点附近 $i = 2 + \mathrm{e}^{-6t}\,\mathrm{A}$。

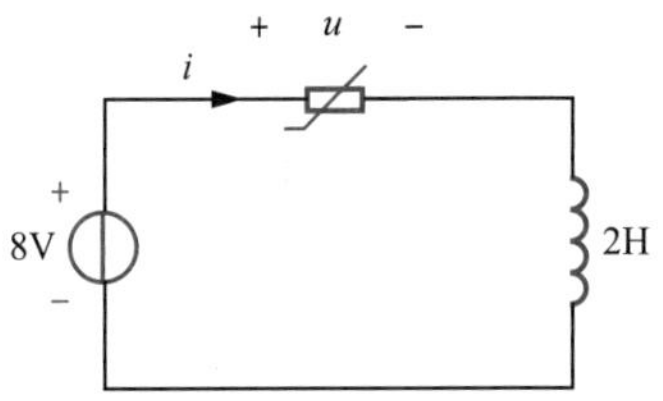

图 19.27 同步练习 19.6 电路图

以上关于非线性动态电路的小信号分析法只涉及一阶动态电路，没有涉及更高阶动态电路。更高阶非线性动态电路的小信号分析法与一阶动态电路类似，也是在满足小信号条件的前提下，将非线性一阶微分方程组（又称状态方程）近似为关于小信号的线性微分方程组，不过这涉及矩阵运算，需要通过求雅可比矩阵的特征值来分析电路在平衡点附近的行为。这超出了本书的范畴，读者如果感兴趣，可以自行查阅和学习相关知识。

*19.5 非线性电路的数值求解法

虽然小信号分析法能够用于求解非线性电路的方程，但是必须满足小信号条件，这就决定了小信号分析法使用范围有限，不是普适的方法，因此必须寻找其他方法。

在所有非线性电路的分析方法中，只有数值求解法可以求解任意非线性电路的方程（无论方程是非线性代数方程，还是非线性微分方程）。本节只介绍数值求解法中解非线性代数方程的牛顿法，至于数值求解法中解非线性微分方程的欧拉法、龙格-库塔法等，读者如果感兴趣，可以自行查阅和学习。

假设非线性电路满足代数方程

$$f(x) = 0 \tag{19.30}$$

代数方程的解即函数曲线 $f(x)$ 与 x 轴的交点，如图19.28所示。显然，$x = x_s$ 是函数曲线 $f(x)$ 与 x 轴的交点，即式（19.30）的解。

怎样才能求出 x_s 呢？图19.29所示为 x_s 的数值求解过程示意图。首先取一个起始点 $x = x_0$，做一条垂线，其与函数曲线 $f(x)$ 相交于A点。在A点做一条切线，其与 x 轴相交于 $x = x_1$。再从 $x = x_1$ 做一条垂线，其与函数曲线 $f(x)$ 相交于B点。在B点再做一条切线，其与 x 轴相交于 $x = x_2$。重复以上过程，由图19.29可见，重复次数越多，切线与 x 轴的交点越接近函数曲线 $f(x)$ 与 x 轴的交点 x_s，这就是数值求解法中解非线性代数方程的牛顿法。

可见，牛顿法求解非线性代数方程是一种通过不断迭代，最终近似得到方程解的方法。图19.29作为示意图虽然非常直观，却并不适用于非线性方程的实际求解。下面给出牛顿法的详细求解过程。

首先，令 $x = x_0$，可以求出图19.29中A点对应的函数值 $f(x_0)$。然后，在A点做切线，切线的斜率为A点的导数，即 $f'(x_0)$。由图19.29可得

$$\frac{f(x_0)}{x_0 - x_1} = f'(x_0) \tag{19.31}$$

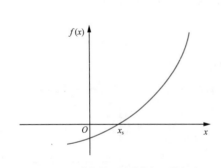

图 19.28 非线性函数曲线与 x 轴相交

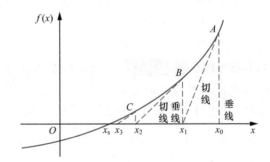

图 19.29 牛顿法求解过程示意图

整理可得

$$x_1 = x_0 - \frac{f(x_0)}{f'(x_0)} \tag{19.32}$$

这一过程可以不断重复，从而得到相邻两个x轴交点的关系式

$$x_{k+1} = x_k - \frac{f(x_k)}{f'(x_k)} \qquad (19.33)$$

给定一个初值，利用式（19.33）可以反复迭代。经过无穷多次迭代，最终的迭代值将趋于方程 $f(x) = 0$ 的解。不过无穷多次迭代显然无法接受，实际上只要迭代值基本不再发生变化，就可以近似认为迭代值为方程的解。判断可以终止迭代的条件为

$$|x_{k+1} - x_k| < \varepsilon \qquad (19.34)$$

式（19.34）中，ε 是人为设定的值，该值越小，计算出的近似解误差越小，代价是迭代次数越多。

迭代的过程计算量非常大，靠人力很难完成，不过对于计算机而言，式（19.33）的迭代过程几乎瞬间就可以完成。

数值求解法可以解一切非线性电路方程，那么为什么前面还要介绍小信号分析法呢？这是因为数值求解法自身存在两点不足：

（1）极少数电路可以直接求出非线性电路方程的解析解，此时显然没有必要再用数值求解法求解，因为解析解肯定优于数值解；

（2）有些非线性电路的方程虽然不能求出解析解，但是可以通过小信号分析法等方法求出近似解表达式。近似解表达式也优于数值解，因为通过近似解表达式总能看出一定的规律，而数值解只是一个个的数字，很难看出规律。

数值求解法自身存在的不足提醒我们：不能完全依赖计算机（或计算机仿真）求数值解。数值求解法只能算出数字，难以得出规律，而规律对于理解、分析和设计电路非常重要。更何况计算机求数值解的结果不一定正确（人可能犯低级错误，可能仿真步长不合理，可能数值求解法选择不合理等），如果我们对电路理论一无所知，即使仿真结果错误，也会信以为真，而如果我们对电路理论比较熟悉，就可以通过电路理论定性判断仿真结果是否有误。

*19.6 非线性动态电路的动力学行为简介

19.4.2小节基于小信号分析法对非线性动态电路进行了初步的分析，本节将简要介绍非线性动态电路常见的动力学行为。

19.6.1 平衡点的稳定性

19.4.2小节已经介绍了平衡点的概念，即导数等于零时对应的点。导数等于零，意味着变量不再随时间变化，那么这是否意味着电路最终永远工作在平衡点处？答案是不一定。

如果非线性动态电路完全不受扰动，那么电路可以永远工作在平衡点处。可是，非线性动态电路总会受到或大或小的扰动，电路可能在扰动后重新回到平衡点，也可能在扰动后远离平衡点，再也回不来。

关于平衡点的稳定性，我们可以做一个简单的类比。图19.30所示 A_0 和 B_0 均为小球的平衡点，小球只要不受扰动，就可以保持在平衡点处不动。不过，如果小球受轻微扰动向右偏离平衡点，显然 A_0 点处的小球受扰动后还会重新回到 A_0

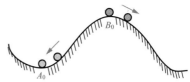

图 19.30　用小球受扰动类比平衡点的稳定性

点，因此A_0是稳定的平衡点，而B_0点处的小球受扰动后会彻底远离B_0点，因此B_0是不稳定的平衡点。

我们仍通过例19.6来介绍如何判断非线性动态电路平衡点的稳定性。

例19.6的非线性微分方程为

$$\frac{\mathrm{d}u}{\mathrm{d}t} = 1 - u^3 \qquad (19.35)$$

式（19.35）非线性微分方程的平衡点为$u_0 = 1$。如果式（19.35）在平衡点处微扰，则令$u = u_0 + \Delta u$，根据前面小信号分析法的分析结果，可将非线性微分方程近似为关于微扰量的线性微分方程：

$$\frac{\mathrm{d}(\Delta u)}{\mathrm{d}t} = -3\Delta u \qquad (19.36)$$

该线性微分方程的特征值$\lambda = -3 < 0$，这意味着随着时间的增长，扰动信号会不断减小，直至减小为0，这说明平衡点$u_0 = 1$为稳定的平衡点。

如果某一非线性电路的非线性微分方程为

$$\frac{\mathrm{d}u}{\mathrm{d}t} = u^3 - 1 \qquad (19.37)$$

则非线性微分方程的平衡点仍为$u_0 = 1$。式（19.37）在平衡点处微扰，令$u = u_0 + \Delta u$，根据小信号分析法，可将非线性微分方程近似为关于微扰量的线性微分方程：

$$\frac{\mathrm{d}(\Delta u)}{\mathrm{d}t} = 3\Delta u \qquad (19.38)$$

该线性微分方程的特征值$\lambda = 3 > 0$，这意味着随着时间的增长，扰动信号会不断增大，直至趋于无穷大，这说明平衡点$u_0 = 1$为不稳定的平衡点。

可见，判断平衡点稳定性的方法是在非线性微分方程平衡点处基于小信号分析法得到关于微扰量的近似线性微分方程，通过线性微分方程的特征值的正负来判断平衡点的稳定性。

19.6.2 分岔

分岔（bifurcation）：如果非线性动力系统的参数改变时，系统的定性行为发生改变，则称系统发生了分岔。

仅从上面的定义很难直观理解什么是分岔。下面通过一个例题来具体说明。

例19.7 （提高题）已知图19.31所示电路中的非线性电阻的电压与电流关系为$i = g(u) = u^2$，电流源为直流电流源，且I_s可能为正值，也可能为负值。请列写电路的微分方程，计算I_s取不同值时的平衡点，并分析平衡点的稳定性。

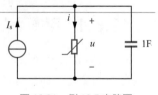

图 19.31　例 19.7 电路图

解 图19.31的KCL方程为

$$I_s = i + C\frac{\mathrm{d}u}{\mathrm{d}t} \qquad (19.39)$$

代入已知条件，可得

$$\frac{\mathrm{d}u}{\mathrm{d}t} = I_s - u^2 \qquad (19.40)$$

平衡点需要满足式（19.40）等号右边等于零，即

$$I_s - u^2 = 0 \qquad\qquad (19.41)$$

显然，如果 $I_s < 0$，则式（19.41）无解，意味着没有平衡点。如果 $I_s \geq 0$，则式（19.41）的解为

$$u_{1,2} = \pm\sqrt{I_s} \qquad\qquad (19.42)$$

即 $u_1 = \sqrt{I_s}$ 和 $u_2 = -\sqrt{I_s}$ 是非线性微分方程的两个平衡点。下面分析这两个平衡点的稳定性。

令 $u = u_1 + \Delta u_1 = \sqrt{I_s} + \Delta u_1$，将其代入式（19.40）并进行小信号分析，可得关于微扰量的近似线性微分方程：

$$\frac{\mathrm{d}\left(\Delta u_1\right)}{\mathrm{d}t} = -2\sqrt{I_s}\,\Delta u_1 \qquad\qquad (19.43)$$

该线性微分方程的特征值 $\lambda = -2\sqrt{I_s} < 0$，意味着随着时间的增长，扰动信号会不断减小，直至减小为0，这说明平衡点 $u_1 = \sqrt{I_s}$ 为稳定的平衡点。

令 $u = u_2 + \Delta u_2 = -\sqrt{I_s} + \Delta u_2$，将其代入式（19.40）并进行小信号分析，可得关于微扰量的近似线性微分方程：

$$\frac{\mathrm{d}\left(\Delta u_2\right)}{\mathrm{d}t} = 2\sqrt{I_s}\,\Delta u_2 \qquad\qquad (19.44)$$

该线性微分方程的特征值 $\lambda = 2\sqrt{I_s} > 0$，意味着随着时间的增长，扰动信号会不断增大，直至趋于无穷大，这说明平衡点 $u_2 = -\sqrt{I_s}$ 为不稳定的平衡点。

由式（19.41）可得

$$I_s = u^2 \qquad\qquad (19.45)$$

可见，参数 I_s 与平衡点的关系为一条抛物线，如图19.32所示。

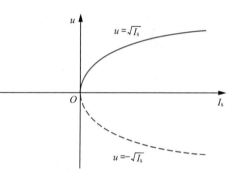

图 19.32　式（19.40）对应的分岔图

图19.32中，抛物线的上半部分为实线，表示抛物线上半部分的平衡点为稳定的平衡点；抛物线的下半部分为虚线，表示抛物线下半部分的平衡点为不稳定的平衡点。

由图19.32可见，当 $I_s < 0$ 时，系统没有平衡点。随着参数 I_s 不断增大，当 $I_s > 0$ 时，出现了两个平衡点（一个是稳定的平衡点，另一个是不稳定的平衡点）。这说明随着参数的改变，系统的定性行为发生了改变，即发生了分岔。

关于分岔的内容读者了解即可，此处不再给出关于分岔的同步练习题。读者如果对分岔感兴趣，可以自行查阅和学习相关知识。

19.6.3　混沌

关于混沌（chaos），迄今尚无公认的严格定义。不过，我们可以介绍混沌的几个主要特征，帮助读者认识混沌。

（1）混沌是一种在确定的非线性动力系统中发生的不是随机但貌似随机的行为，其频谱为连续频谱，但不是常数。

（2）混沌具有初值敏感性，即非线性动力系统从两个差异极小的初值出发，随着时间的增长，系统的发展轨迹逐渐分开，最终分道扬镳。这导致混沌的行为短期可以预测，长期无法预测。

以上关于混沌主要特征的描述涉及不少读者没有见过的专业术语，本书不对这些专业术语做进一步说明，因为这需要很长的篇幅。读者对混沌有初步了解即可，如果对混沌感兴趣，可以自行查阅和学习相关知识。

下面我们用具体的例子来解释混沌。先举一个天气系统的例子。

很多人都听说过蝴蝶效应，其大概意思是，在地球上某一个地方的一只蝴蝶轻轻扇动一下翅膀，很可能会导致地球上另一个地方发生一场巨大的风暴。蝴蝶扇动一下翅膀与没有扇动翅膀，就相当于两个差异极小的初值，结果没有扇动翅膀不会导致风暴，而扇动一下翅膀竟然导致了风暴。这看起来不可思议的现象正是混沌初值敏感性的体现。

地球上的天气系统是一个确定的非线性动力系统，这为混沌的发生提供了条件。蝴蝶扇动翅膀竟然有可能引起风暴，这就导致长期准确预报天气是一件不可能的事情，毕竟比蝴蝶扇动翅膀更大的扰动随时都在发生，都可能会对天气的演变产生巨大的影响。实际的天气预报一天内基本准确，预报一周后参考价值会大打折扣，而预报一个月后就几乎没有参考价值了。

本小节介绍非线性动态电路的混沌行为，因此下面举一个非线性动态电路发生混沌的例子。

图19.33（a）和图19.33（b）分别是蔡氏电路和蔡氏电阻的电压与电流关系曲线。蔡氏电路是蔡少棠于1983年提出的一个非线性动态电路。由于蔡氏电路中可以出现混沌等非常复杂的非线性动力学行为，因此蔡氏电路（Chua's circuit）成为混沌研究史上一个非常经典的案例。

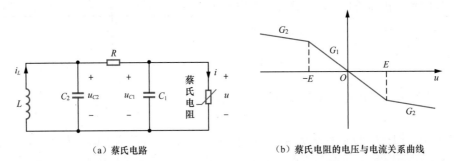

（a）蔡氏电路　　　　　　　　　（b）蔡氏电阻的电压与电流关系曲线

图 19.33　蔡氏电路和蔡氏电阻

由图19.33可见，蔡氏电路中只有一个非线性电路元件，即蔡氏电阻，其电压与电流关系$i = g(u)$对应的曲线是分段折线，G_1和G_2为各段直线的斜率。中间一段直线的斜率G_1一定为负值，相当于负电阻，而负电阻会发出功率，因此蔡氏电路虽然表面上看没有独立电源供电，但蔡氏电阻本身可以发出功率。蔡氏电阻不是一个单独的电路元件，此处不对蔡氏电阻的具体构成进行介绍，读者如果感兴趣，可以自行查阅和学习相关知识。

接下来列写蔡氏电路的非线性微分方程。

对图19.33（a）电路列写KCL方程和KVL方程，可得

$$
\left.
\begin{aligned}
C_1 \frac{\mathrm{d}u_{C_1}}{\mathrm{d}t} &= \frac{u_{C_2} - u_{C_1}}{R} - i = \frac{u_{C_2} - u_{C_1}}{R} - g(u) = \frac{u_{C_2} - u_{C_1}}{R} - g(u_{C_1}) \\
C_2 \frac{\mathrm{d}u_{C_2}}{\mathrm{d}t} &= i_L - \frac{u_{C_2} - u_{C_1}}{R} \\
L \frac{\mathrm{d}i_L}{\mathrm{d}t} &= u_{C_2}
\end{aligned}
\right\}
\qquad (19.46)
$$

式（19.46）中，$i = g(u_{C_1})$ 是蔡氏电阻的电压与电流关系，根据图19.33（b）该关系可以表示为

$$i = g(u_{C_1}) = G_2 u_{C_1} + 0.5(G_1 - G_2)\left(\left|u_{C_1} + E\right| - \left|u_{C_1} - E\right|\right) \tag{19.47}$$

式（19.46）看起来有点乱，为了使微分方程组看起来更简洁，可以进行变量替换：

$$x = \frac{u_{C_1}}{E}, y = \frac{u_{C_2}}{E}, z = \frac{Ri_L}{E}, \tau = \frac{t}{RC_2}, a = RG_1, b = RG_2, \alpha = \frac{C_2}{C_1}, \beta = \frac{C_2 R^2}{L} \tag{19.48}$$

变量替换后，式（19.46）变为

$$\left.\begin{aligned}
\frac{\mathrm{d}x}{\mathrm{d}\tau} &= \alpha\left\{y - x - \left[bx + 0.5(a-b)(|x+1| - |x-1|)\right]\right\} \\
\frac{\mathrm{d}y}{\mathrm{d}\tau} &= x - y + z \\
\frac{\mathrm{d}z}{\mathrm{d}\tau} &= -\beta y
\end{aligned}\right\} \tag{19.49}$$

式（19.49）是一个非线性微分方程组，虽然无法求出解析解，但是可以通过计算机用数值求解法求解。

当 $\alpha = 15$，$\beta = 25.58$，$a = -\dfrac{3}{7}$，$b = -\dfrac{8}{7}$ 时，可以用计算机绘制出 x，y，z 随时间变化的轨迹（一般称为相轨迹或相图），如图19.34所示。

图19.34中，x，y，z 的相轨迹构成了非常复杂的双涡卷，称之为双涡卷吸引子（吸引子指的是动态电路达到稳态时的相轨迹）。这一复杂的相轨迹随时间变化永不重复，从长期来看根本无法预测非线性动态电路的行为。

混沌只可能在非线性动态电路中出现，而在线性动态电路中不可能出现，这也是非线性动态电路有别于线性动态电路的特点之一。

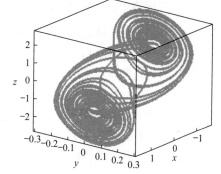

图 19.34 蔡氏电路发生混沌时的相轨迹

*19.7 非线性电路的应用

非线性电路在现实中应用广泛，19.1.2小节已经提及非线性电路的一些应用，不过并没有展开介绍。本节将展开介绍非线性电路在现实中的3个应用，以体现如何利用非线性电路的特点解决实际问题。

19.7.1 避雷器

顾名思义，避雷器是可以避雷的器件。在正常工作电压下，避雷器呈现高阻状态，只流过极小的电流（毫安级或微安级）；而当发生雷击时，避雷器电阻值急剧下降，呈现低阻状态，可以

流过非常大的电流，即雷击能量可以通过避雷器泄流，从而达到保护其他电力设备的目的。

　　由避雷器的上述工作原理可见，避雷器是电阻值受电压影响的电路元件，因此是一种非线性电阻元件，其电压与电流的非线性关系曲线示意图如图19.35所示。

　　避雷器的详细结构和特性等不在本书讨论范畴。读者如果感兴趣，可以自行查阅和学习相关知识。

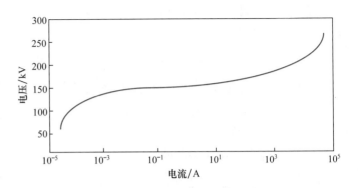

图 19.35　避雷器电压与电流非线性关系曲线示意图

19.7.2　磁阀式可控电抗器

　　磁阀式可控电抗器的结构示意图如图19.36所示。图中，铁芯中较细的部分称为磁阀。对于相同的磁通量，由于磁阀的截面积较之铁芯其他部分的截面积很小，因此根据 $B(磁感应强度) = \dfrac{\varPhi(磁通量)}{S(面积)}$，可知磁阀中的磁感应强度远大于铁芯其他部分。

　　图19.36中，晶闸管和二极管的作用是产生额外的直流偏置电流，从而调节磁场强度H的大小。

　　铁芯的磁化曲线示意图如图19.37所示。当没有直流偏置电流时，磁场强度H较小，磁阀和非磁阀部分的铁芯均工作在线性区，而线性区的磁导率近似为常数，这意味着电感值为恒定值。如果令图19.36中的晶闸管导通，则会产生直流偏置电流，H增大，磁阀会进入非线性区，甚至进入饱和区，非线性区和饱和区的磁导率小于线性区。非磁阀部分的铁芯由于截面积较大，B和H较小，因此仍然工作在线性区。

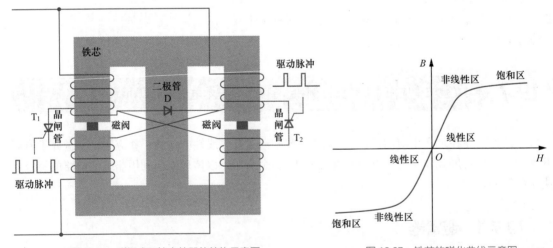

图 19.36　磁阀式可控电抗器的结构示意图　　　　图 19.37　铁芯的磁化曲线示意图

　　通过控制晶闸管可以控制直流偏置电流的大小，从而控制磁阀式可控电抗器磁阀进入非线性区和饱和区的程度，进而控制等效磁导率的大小，即控制等效电感值的大小。可见，磁阀式可控电抗器实际上是一种可以自动控制电感值的非线性电感。由于电感值可以自动控制，因此磁阀式可控电抗器非常适合用于动态无功补偿等领域。

19.7.3 功率因数校正变换器

第11章已经介绍了功率因数的概念，即有功功率与视在功率的比值。功率因数 $\lambda = \cos\varphi$（φ 为电压与电流的相位差），可见功率因数的最大值为1。

我们通常希望功率因数越大越好。增大功率因数有很多种途径，第11章介绍了给感性负载并联电容，本小节将介绍一种既可以实现最大功率因数1，又可以将正弦交流电压变换成直流电压的途径，这种途径通过功率因数校正（power factor correction，PFC）变换器实现。

PFC变换器的电路如图19.38所示。

图19.38中，电压源为正弦交流电压源，$u_i = U_m \sin\omega t$。MOSFET是全控型开关。当驱动脉冲信号为高电平时，MOSFET导通，电感充电，电容放电，二极管处于关断状态。当驱动脉冲信号为低电平时，MOSFET关断，电感电流通过二极管续流，给电容充电。驱动脉冲信号由一个控制电路提供，此图中控制电路省略不画，读者如果感兴趣，可以自行查阅和学习相关知识。

通过控制MOSFET的导通和关断，可以实现两个功能：一是 i_i 为与 u_i 同频率且同相位（即功率因数为1）的正弦量；二是输出电压 u_o 为基本恒定的直流电压。PFC变换器输入和输出（如 u_i、i_i 和 u_o）的波形示意图如图19.39所示。

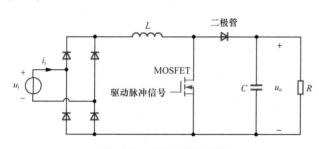

图 19.38　PFC 变换器电路

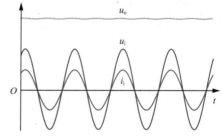

图 19.39　PFC 变换器输入和输出波形示意图

PFC变换器能输出直流电压，关键依靠图19.38中的非线性电路元件——开关（二极管和MOSFET）。如果是线性电路，并且激励是正弦量，则任意支路的电压和电流必然为同频率的正弦量，不可能输出直流电压。

PFC变换器在现实中应用非常广泛。例如，手机和笔记本电脑都可以由锂电池供电，在给锂电池充电时，必须通过电源适配器连接220V的正弦交流电源，而锂电池的电压为直流电压，因此需要通过PFC变换器将220V的正弦交流电压变换为锂电池所需的直流电压进行充电。

格物致知

天上浮云似白衣，斯须改变如苍狗

本章介绍了在非线性动态电路中可能出现混沌。当系统处于混沌状态时，系统的行为非常复杂，并且由于混沌的初值敏感性而无法长期预测。这不禁让我们想起杜甫的一句诗："天上浮云似白衣，斯须改变如苍狗"。这句诗是成语"白云苍狗"的出处，比喻世事变幻无常，无法预料。

世事变幻无常，无法预料，这正与混沌的特点一致。没有人能够完全准确地预料一段时间以

本章小结

后世界和人生的发展情况。那么，我们该怎样面对变化多端、无法预料的世界和人生呢？

世事变幻无常，无法预料，这并不意味着我们只须得过且过，随遇而安。混沌状态下系统的行为虽然从长期看无法预测，但短期可以预测。例如，我们可以像天气预报一样预料短期内的世界和人生。同时，混沌的相轨迹有千万种，各有各的美感。这启示我们应该通过努力创造人生的轨迹，使世界因我们而变得更加美好。

有的人认为个人的力量微不足道，但要记住混沌具有初值敏感性——我们每个人看起来微不足道的努力完全可能对世界和人生的发展产生巨大的影响。

📝 习题

一、复习题

19.2节　非线性电路元件

参考答案

▶ 基础题

19.1　某一非线性电阻的电压与电流关系为 $i = u^2 + u$。已知 $u = \cos\omega t$，分析 i 包含哪些分量。

19.2节　非线性电路的方程

▶ 基础题

19.2　题19.2图所示电路中非线性电阻的电压与电流关系为 $i = 2u^3$，列写以 u 为变量的方程。

19.3　题19.3图所示电路中非线性电阻的电压与电流关系为 $u = 3i^2$，列写以 i 为变量的方程。

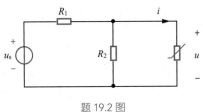

题 19.2 图

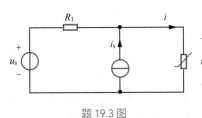

题 19.3 图

19.4　题19.4图所示电路中非线性电阻的电压与电流关系为 $i = 2u^3$，以最下方电压源负极所在节点为参考节点，列写电路的节点电压方程。

19.5　以 q 为变量，列写题19.5图所示电路的微分方程。

▶ 提高题

19.6　题19.6图所示电路中两个非线性电阻的电压与电流关系分别为 $i_1 = u_1^2$ 和 $u_2 = i_2^3$，以最下方受控电压源负极所在节点为参考节点，列写电路的节点电压方程。

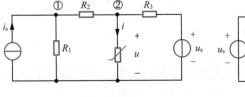

题 19.4 图

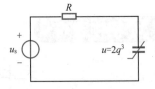

题 19.5 图

19.7　分别以 u_C 和 i_L 为变量，列写题19.7图所示电路的二阶非线性微分方程。

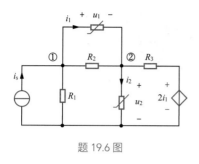

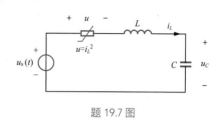

题 19.6 图

题 19.7 图

19.4节 非线性电路的小信号分析法

▶ **提高题**

19.8 题19.8图所示电路中，非线性电阻的电压
与电流关系为 $i = \begin{cases} u^2 - 1.5u & u \geq 0 \\ 0 & u < 0 \end{cases}$，应用小信号分析
法求 $u(t)$ 和 $i(t)$。

19.9 题19.9图所示电路中，非线性电阻的电压
与电流关系为 $u = \begin{cases} i^2 + i - 8 & i \geq 0 \\ 0 & i < 0 \end{cases}$，应用小信号分析法
求 $i(t)$ 和 $u(t)$。

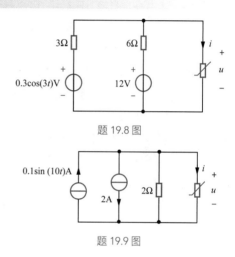

题 19.8 图

题 19.9 图

二、综合题

19.10 以 u_C 和 i_L 为状态变量，列写题19.10图所示电路的状态方程。

19.11 题19.11图所示电路中二端口网络N的传输参数为 $\boldsymbol{T} = \begin{bmatrix} 2.5 & 5 \\ 0.05 & 1.5 \end{bmatrix}$，非线性电阻的电
压与电流关系为 $i = 1 - u + u^2$，求 u 和 i。

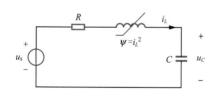

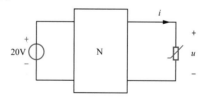

题 19.10 图

题 19.11 图

19.12 题19.12图所示电路中的运算放大器既可能工作在线
性放大区，也可能工作在饱和区，输出电压 u_o 的饱和上限和饱
和下限分别是 U_{sat} 和 $-U_{sat}$。请绘制端口的伏安特性曲线，以 u
为横轴，i 为纵轴，既要包含运算放大器工作在线性放大区的情
况，也要包含运算放大器工作在饱和区的情况。

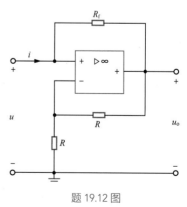

题 19.12 图

参考文献

[1] 邱关源，罗先觉. 电路[M]. 6版. 北京: 高等教育出版社，2022.

[2] 江缉光，刘秀成. 电路原理[M]. 2版. 北京: 清华大学出版社，2007.

[3] 陈洪亮，张峰，田社平. 电路基础[M]. 北京: 高等教育出版社，2007.

[4] 汪建，李开成. 电路原理[M]. 3版. 北京: 清华大学出版社，2021.

[5] 于歆杰，朱桂萍，陆文娟. 电路原理[M]. 北京: 清华大学出版社，2007.

[6] 燕庆明. 电路分析教程[M]. 4版. 北京: 高等教育出版社，2022.

[7] 王志功，沈永朝. 电路与电子线路基础: 电子电路部分[M]. 北京: 高等教育出版社，2013.

[8] 邹建龙，高昕悦，王超，等. 电路实验[M]. 北京: 高等教育出版社，2022.

[9] 欧阳星明，溪利亚，陈国平. 数字电路逻辑设计: 微课版[M]. 3版. 北京: 人民邮电出版社，2021.

[10] ULABY F T, MAHARBIZ M M, FURSR C M. Circuits [M]. 3rd ed. Austin: National Technology and Science Press，2016.

[11] ALEXANDER C K, SADIKU M. Fundamentals of Electric Circuits [M]. 5th ed. New York: McGraw-Hill，2012.

[12] NILSSON J W, RIEDEL S A. Electric Circuits [M]. 10th ed. New Jersey: Pearson Education，2015.